岩相古地理与页岩气地质调查

牟传龙　王秀平　王启宇　等　著

科学出版社

北京

内容简介

本书基于页岩气地质调查工作的研究与勘探现状和页岩气地质调查新资料，提出以岩相古地理研究和编图技术为重要基础和关键技术方法，对页岩气进行选区评价，以实现页岩气地质调查工作的任务目标。在对页岩气定义重新理解的基础上，全面系统分析影响页岩气富集的重要因素，总结认为"沉积环境是决定页岩气富集程度的根本因素"。在深入论述岩相古地理与页岩气富集关系的基础上，首次明确提出"岩相古地理研究与编图可为页岩气地质调查工作之指南"的重要认识。本书以川南及邻区志留系龙马溪组为例，首先通过详细的岩相古地理研究，确定富有机质泥页岩的空间展布特征，在此基础上，有效叠加矿物组成、有机碳含量、成熟度、厚度等页岩气选区评价参数，进一步确定页岩气的有利勘探区。最终将岩相古地理研究与编图技术方法升华为页岩气地质调查工作中的方法论和共识性的认识，以此抛砖引玉，以期对国内正在进行的规模化页岩气地质调查工作及进一步的勘探开发提供科学的指导和帮助。

本书是结合国内外页岩气地质调查工作现状及相关领域学者的研究成果和范例，在作者已有的科研和实践积累基础上编著而成。可供基础地质、矿产地质、石油天然气地质和煤田地质工作者参考，同时，对沉积、岩相古地理、地层和油气等领域的科研和教学人员具有较高的参考价值。

图书在版编目（CIP）数据

岩相古地理与页岩气地质调查/牟传龙等著. —北京：科学出版社，2017.3
ISBN 978-7-03-051875-0

Ⅰ. ①岩⋯　Ⅱ. ①牟⋯　Ⅲ. ①岩相－古地理学－研究　②油页岩－地质调查－研究　Ⅳ. ①P586　②P618.12

中国版本图书馆 CIP 数据核字（2017）第 035529 号

责任编辑：张　展　唐　梅/责任校对：韩雨舟
责任印制：罗　科/封面设计：墨创文化

科学出版社 出版
北京东黄城根北街 16 号
邮政编码：100717
http://www.sciencep.com
四川煤田地质制图印刷厂印刷
科学出版社发行　各地新华书店经销

*

2017 年 3 月第　一　版　开本：787×1092　1/16
2017 年 3 月第一次印刷　印张：15
字数：350 千字
定价：148.00 元
（如有印装质量问题，我社负责调换）

本书作者

牟传龙　王秀平　王启宇

周恳恳　葛祥英　梁　薇　陈小炜

前　言

一直作为传统油气地质理论中勘探禁区的富有机质泥页岩，随着微一纳米级孔隙、非达西渗流等理论的创新以及水平井、多级水力压裂等技术的突破与工业化运用，最终实现了商业性的开采，谓之页岩气。页岩气是烃源岩中未被及时排出的"残留气"，以吸附气、游离气或溶解气形式存在，主要为生物成因气、热成因气或两者的混合。现今，页岩气不仅成为世界油气研究与勘探开发的热点领域，在天然气生产中发挥着越来越重要的作用，而且改变了世界的能源战略格局。其中的领路者是以美国为首的北美国家。

影响页岩气富集成藏最为关键的因素可总结为两点，一是页岩必须是能产生大量热成因气或生物成因气的烃源岩，本身必须具有充足的原位含气量；二是页岩必须有足够的有机质、基质孔隙。基本地质要素主要包括有机碳含量（TOC）、有机质类型及成熟度（Ro）、含气页岩厚度、矿物组分、储层特征、埋深和地层压力等，而页岩发育的基本物质基础要素，如有机碳含量、有机质类型及矿物组分等，实际上又均受沉积环境或沉积相的控制。已有研究表明，沉积环境不仅控制了泥页岩的厚度、分布面积和有机质含量等特征，沉积相还严重影响了沉积岩石类型及岩石矿物组成，而岩石类型以及矿物组成差异又决定了储层物性发育的特点，进而影响页岩气的成藏。所以，从本质上讲，决定页岩气富集程度的根本因素是沉积环境。

在中国，经过前期大约三个阶段特别是近 10 年来的研究与发展，页岩气藏的研究与勘探开发取得了一系列重大进展，尤为突出的是涪陵页岩气田的诞生。前期的初步调查及与美国页岩气成藏条件进行大量对比研究后发现，中国南方的扬子板块地区、中东部地区、西北地区及青藏地区都具有非常良好的页岩气勘探前景，特别是中国南方地区页岩气资源潜力巨大。现阶段，随着我国经济水平的迅速发展，对油气资源的需求加剧，油气供需矛盾突出。若我国的页岩气工业能够取得实质性、广泛性的突破，那么油气储量将有极大增长，从而缓解油气供需矛盾，进而优化能源结构。这也与我国正在进行的大规模页岩气地质调查工作的背景相符。针对我国页岩气的研究与勘探正处于起步并迅速发展阶段的现状，我国页岩气的地质调查工作应有三个重要任务：①弄清烃源岩的特征，如岩性特征、沉积环境、沉积微（岩）相类型及特征、有机质含量和矿物组成等；②明确烃源岩的时空分布规律，包括其厚度、埋深、精细的展布及面积等；③优选页岩气藏的远景区与有利区，进一步综合研究圈定勘探靶区，为页岩气的最终开发提供科学依据。如何实现这三个最为基本且又非常重要的目标？答案是岩相古地理研究与编图。

理论上讲，岩相古地理学是沉积地质学中的一个重要分支，对于研究油气在地质历史时期中的构造演化背景、构造作用控制下的沉积盆地属性和运移等具有重要的理论意义。

实践上，岩相古地理学指导着油气资源的研究、勘探开发、沉积层控矿产远景预测以及水资源勘查等，其相关编图方法技术能够初步揭示沉积与能源、矿产资源分布等的内在联系，是一种有效的找矿（油气）方法。页岩气的地质调查工作也不例外，沉积环境决定了有机质的含量和类型、矿物组成和含量、沉积厚度等页岩气基本地质要素的特征，以详细的构造背景研究为前提，在开展区域的精细沉积相研究的基础上，通过岩相古地理编图方法，可以明确烃源岩有利相带的时空分布，从而为页岩气勘探提供基础和方向。在进一步的页岩气选区评价中，结合精细的沉积相、成岩作用及成岩演化分析确定页岩气藏富集的关键影响因素，选择合适的参数界限做等值线图，并有效地叠合在岩相古地理图上，它们之间耦合良好的区域将是下一步勘探开发的重点地区。

近年来，前人在四川盆地东南部地区做了大量针对页岩气的研究工作，并在页岩气地质勘探方面发现了涪陵页岩气田和大量的页岩气显示。但总的来说，取得的进展和成果与该地区所具有的巨大潜力不相匹配，特别是在烃源岩沉积相精细研究、高精度岩相古地理编图及页岩气选区评价方法技术上等相关研究的广度和深度尚显不够，以岩相古地理研究与编图技术作为页岩气地质调查工作的指导理论和关键技术方法的运用尚未引起重视与关注。

2012～2014 年，笔者承担了中国石油化工股份有限公司勘探南方分公司委托的"四川盆地南部下组合页岩气成藏条件研究与选区评价"项目以及 2013 年伊始中国地质调查局成都地质调查中心的"四川盆地下古生界海相页岩气基础地质调查"二级项目。研究区相当于大地构造上的扬子内克拉通及其之上的隆后盆地。具体的研究任务是以沉积学及岩相古地理学理论为指导，以岩相古地理编图为关键技术方法，岩石矿物学—地球化学—岩相古地理—页岩气勘探目标评选为技术路线，开展对该地区页岩气区块的评价与优选研究。

通过对野外露头、钻井、地震剖面和室内综合分析的研究，运用沉积学、岩相古地理学的理论和编图方法，结合地球化学、构造地质学等知识，编制了烃源岩段沉积综合柱状图、页岩气综合柱状图、页岩气发育层组精细岩相古地理图、富有机质泥页岩有机碳含量平面分布图和富有机质泥页岩平均脆性矿物含量分布图、有利生烃潜力区分布图及有利勘探区分布图等图件；在页岩气烃源岩段地层划分对比、烃源岩精细沉积相及沉积环境、烃源岩段精细岩相古地理、烃源岩发育特征、沉积相对页岩气的影响及页岩气有利区等方面均取得了重要的进展及认识，形成了一套较系统的页岩气基础地质调查工作方法。以龙马溪组黑色岩系页岩气藏为例，初步研究认为其最有利的发育地区是深水陆棚相区，但进一步研究表明，并非所有的深水陆棚相区都是有利的页岩气藏发育地区。若在不考虑勘探开发成本，不计埋深的情况下，最为有利的地区往往是碳（硅）泥质深水陆棚相区，且黑色岩系的 TOC 通常大于 2.0%，矿物组分中的碳酸盐矿物含量小于 30%，成熟度 Ro 适中（2.0%～3.0%）。所以，在龙马溪组的页岩气地质调查过程中，笔者通过采用"在岩相古地理研究及编图的基础上，有效叠加体现页岩气发育的主要地质特征参数（综合分析优选），如有机质含量及类型、成熟度、矿物组分等，耦合古地理图与各页岩气评价参数等值线图，厘清岩性、物性、脆性等富有机质泥页岩特征及其相互之间的匹配关系"的方法，逐步优选出四川盆地南部及邻区龙马溪组黑色岩系页岩气远景区和有利区；并通过进一步考虑地表条件和埋藏深度等影响因素的综合研究工作，可以圈定达到商业开发的勘探开发靶区要求。最终的勘探开发实践表明，以岩相古地理研究和编图作为关键的技术手段，能够带来页岩气地质调查工作的重大突破。并最终提出了"岩相古地理研究可作为页岩气地质调查之指南"的观点。

本专著结合笔者自身的工作经验和研究成果，将此方法升华为一种页岩气地质调查工作及勘探开发研究中的方法论和共识性的认识，并以四川盆地南部及邻区页岩气发育层系龙马溪组为例加以佐证，以此抛砖引玉，以期对国内正在进行的大规模页岩气地质调查工作及进一步的勘探开发提供科学的、可靠的和最为直接的指导和帮助。需要强调的是，针对页岩气的地质调查工作，我们强调的是以岩相古地理研究及其相关编图方法作为指导和关键技术方法，从宏观—微观—超微观不同尺度下，研究页岩气的形成、空间展布等特征，并结合影响页岩气富集因素的研究成果，综合研究其富集规律与选区优选等。

本书前言和结论由牟传龙主笔完成，王启宇和王秀平参与；第1章和第2章由牟传龙、王启宇和王秀平共同完成；第3章由牟传龙和王启宇主笔完成，王秀平参与；第4章由牟传龙、王秀平主笔完成，王启宇、周恳恳、梁薇、葛祥英和陈小炜等参与。

项目研究过程中，得到了中国石油化工股份有限公司勘探南方分公司郭旭升、魏志红、胡东风、黄庆球等专家的关心和帮助，并得到了中国地质调查局成都地质调查中心领导的大力支持。中国地质调查局成都地质调查中心刘宝珺院士、许效松研究员、余谦教授级高工给予了倾情的指导和帮助。陈超、侯乾和张建军三位博士，郑斌嵩、王远翀、孙小勇、谭志远、徐鹏辉、门欣、童琳等硕士研究生在项目研究及专著的编写过程中提供了无私的帮助，在此一并表示衷心的感谢。

本书参考和引用了所列参考文献的某些内容，其中部分文献由于年代久远无法查证其出处，谨向上述文献作者致以诚挚的谢意。

另外，综合研究与编图进行选区评价及优选的过程中肯定存在纰漏或者不足，本专著中编制的系列图件及提出的指导思想和方法技术可能对页岩气地质调查工作及进一步科研、勘探开发工作中的一些重要发现和新认识没能充分考虑、反映，在此笔者表示抱歉，同时希望各位专家、同行提出宝贵意见，望不吝指正。

作　者

2016.10

Preface

As a kind of natural gas, shale gas is the type of "residual gas", which was not discharged from the hydrocarbon source rocks in time. It exists in the form of absorbed gas, free gas or solution gas, mainly being biogas, thermogenic gas or the mixtures of both. Nowadays, shale gas is not merely turning into a hot field of oil-gas in the terms of the exploration and development, but also changing the world strategic pattern of energy. In China, significant progress was achieved in shale gas reservoir research and exploration after the earlier three stages, particularly in the recent 10 years. The emergence of Fuling shale gas field is especially prominent among the achievements. There is a favorable exploration prospect in many areas, such as Yangtze plate, which located in southern China, then central and eastern China, northwest of China, Tibetan Plateau. Particularly in the area of Yangtze plate, where has gigantic resource potential.

In order to find the prospecting areas of shale gas, the main purpose of carrying out geological survey of shale gas is to find out the basic geologic features, sedimentary facies, and regularities of spatial-temporal distribution of hydrocarbon source rocks. The basic geologic features of "hydrocarbon source rocks" including the content and types of organic matter, the composition and content of minerals, the thickness and cover depth of the strata and so on, which are depended on sedimentary environment. Therefore, the sedimentary environment determines the basic geological element characteristics of shale gas. The lithofacies-paleogeography not only has important theoretical value toward the research of sedimentary basin properties, the oil-gas migration in each geological time, but also guides the exploration and development of oil-gas. Lithofacies-paleogeography is an effective method for oil-gas exploration, the mapping method and technology of it can reveal the inherent relationship of the sedimentary facies and energy distribution. By mapping the lithofacies-paleogeography, the spatial-temporal distribution of favorable sedimentary facies for hydrocarbon source rocks can be confirmed. Then, it can offer the basis and direction for the exploration of shale. As the conclusive guidance, mapping the lithofacies-paleogeography is a basic method and technology for achieving the goal task of geological survey of shale gas.

Taking Silurian Longmaxi Formation in Sichuan Basin and its adjacent areas as an example. Firstly, the spatial-temporal distribution of shales which were rich in organic matter was confirmed from the detailed research of lithofacies-paleogeography. Then, by effectively superimposing the evaluation parameters of shale gas, the prediction of the favorable exploration and target areas could be delineated. In a word, the research and mapping of lithofacies-paleogeography as a basic method and key technology can offer a guide for geological survey of shale gas. In this monograph, we sublimated the method and technology into methodology and consensus, and we hope what we proposed in this book could be a guide and help to make some contributions to the large-scale geological survey and further exploration as well as development of shale gas.

目　　录

第 1 章　引言 ……………………………………………………………………… 1

　1.1　页岩气国内外研究现状 …………………………………………………… 4

　　1.1.1　页岩气国外研究现状 ………………………………………………… 5

　　1.1.2　页岩气国内研究现状 ………………………………………………… 14

　1.2　岩相古地理学研究现状 …………………………………………………… 26

　　1.2.1　国外岩相古地理学的发展历史 ……………………………………… 26

　　1.2.2　国内岩相古地理学的研究现状 ……………………………………… 31

　　1.2.3　岩相古地理学在页岩气工业中的应用现状 ………………………… 34

　1.3　本章小结 …………………………………………………………………… 39

第 2 章　页岩气富集影响因素分析 …………………………………………… 41

　2.1　页岩气的定义 ……………………………………………………………… 41

　2.2　页岩气地质特征 …………………………………………………………… 42

　2.3　页岩气富集影响因素 ……………………………………………………… 43

　　2.3.1　有机碳含量 …………………………………………………………… 44

　　2.3.2　有机质类型及成熟度 ………………………………………………… 45

　　2.3.3　含气页岩厚度 ………………………………………………………… 47

　　2.3.4　矿物组分 ……………………………………………………………… 47

　　2.3.5　储层特征 ……………………………………………………………… 48

　　2.3.6　埋深和地层压力 ……………………………………………………… 49

　　2.3.7　保存条件 ……………………………………………………………… 49

　　2.3.8　影响因素综合分析 …………………………………………………… 50

　2.4　本章小结 …………………………………………………………………… 52

第 3 章　页岩气地质调查 ·· 53

　3.1　页岩气地质调查工作的任务 ·· 53

　3.2　页岩气地质调查工作的方法 ·· 54

　　3.2.1　沉积盆地与页岩气 ··· 55

　　3.2.2　沉积相（环境）与页岩气 ·· 58

　　3.2.3　岩相古地理与页岩气 ··· 63

　　3.2.4　具体的方法步骤 ··· 66

　3.3　本章小结 ·· 69

第 4 章　实例——以川南及邻区志留系龙马溪组为例 ···························· 70

　4.1　区域地质概况 ·· 70

　　4.1.1　研究区位置 ··· 70

　　4.1.2　区域地质背景 ·· 71

　　4.1.3　地层划分对比 ·· 73

　　4.1.4　研究区下志留统龙马溪组地质背景 ······································ 76

　　4.1.5　研究思路及技术方法 ·· 79

　4.2　沉积特征及岩相古地理 ··· 81

　　4.2.1　岩石学特征 ··· 81

　　4.2.2　沉积相类型及沉积特征 ··· 84

　　4.2.3　沉积相对比 ··· 93

　　4.2.4　龙马溪组下段岩相古地理 ·· 97

　　4.2.5　本节小结 ·· 98

　4.3　有机地球化学特征 ·· 99

　　4.3.1　有机质类型 ··· 99

　　4.3.2　黑色岩系的有机质丰度 ··· 104

　　4.3.3　黑色岩系的有机质成熟度 ··· 104

　　4.3.4　有机质最高热解峰温异常探讨 ·· 114

　　4.3.5　本节小结 ··· 114

　4.4　岩石矿物组分特征及其对页岩气的影响 ···································· 115

4.4.1 矿物组分类型及特征 ………………………………………… 115

4.4.2 矿物岩石类型划分 …………………………………………… 117

4.4.3 脆性矿物的分布特征 ………………………………………… 118

4.4.4 黏土矿物特征 ………………………………………………… 120

4.4.5 矿物组分对页岩气的影响 …………………………………… 123

4.4.6 本节小结 ……………………………………………………… 145

4.5 储集空间及物性特征 ……………………………………………… 146

4.5.1 储层物性特征 ………………………………………………… 146

4.5.2 储集空间类型 ………………………………………………… 147

4.5.3 储集空间发育特征影响因素分析 …………………………… 154

4.5.4 本节小结 ……………………………………………………… 156

4.6 成岩作用研究 ……………………………………………………… 157

4.6.1 成岩作用类型及成岩矿物 …………………………………… 157

4.6.2 成岩序列 ……………………………………………………… 162

4.6.3 成岩作用对页岩气的影响 …………………………………… 167

4.6.4 本节小结 ……………………………………………………… 169

4.7 沉积相对页岩气的影响 …………………………………………… 170

4.7.1 岩相与页岩气地质条件的关系 ……………………………… 171

4.7.2 沉积环境与页岩气地质条件的关系 ………………………… 175

4.7.3 沉积相对页岩气有利区的划分 ……………………………… 179

4.7.4 本节小结 ……………………………………………………… 180

4.8 页岩气选区评价 …………………………………………………… 180

4.8.1 页岩气选区评价指标 ………………………………………… 181

4.8.2 川南及邻区志留系龙马溪组黑色岩系页岩气选区评价 …… 184

4.8.3 本节小结 ……………………………………………………… 190

4.9 本章小节 …………………………………………………………… 191

结　论 …………………………………………………………………… 192

参考文献 ………………………………………………………………… 195

Contents

Chapter 1: Introduction ··· 1

  1. 1   Research status of shale gas at home and abroad ································· 4

     1. 1. 1   Research status of shale gas abroad ····································· 5

     1. 1. 2   Domestic research status of shale gas ································· 14

  1. 2   Research status of lithofacies-paleogeography ···························· 26

     1. 2. 1   History of lithofacies-paleogeography abroad ··················· 26

     1. 2. 2   Domestic research status of lithofacies-paleogeography ·········· 31

     1. 2. 3   Application status of the lithofacies-paleogeography in shale gas industry

         ·· 34

  1. 3   Summary of this chapter ·· 39

Chapter 2: Analysis of influencing factors of shale gas enrichment ················· 41

  2. 1   Definition of shale gas ··· 41

  2. 2   Geological characteristics of shale gas ·· 42

  2. 3   Influencing factors of shale gas enrichment ······························ 43

     2. 3. 1   Organic carbon content ·· 44

     2. 3. 2   Type and maturity of the organic matter ······················· 45

     2. 3. 3   Thickness of the gas-bearing shale ······························· 47

     2. 3. 4   Mineral composition ·· 47

     2. 3. 5   Reservoir property ··· 48

     2. 3. 6   Burial depth and formation pressure ······························ 49

     2. 3. 7   Preservation conditions ··· 49

     2. 3. 8   Comprehensive analysis of influencing factors ················ 50

  2. 4   Summary of this chapter ·· 52

Chapter 3: Geological survey for shale gas ··· 53

  3. 1   Tasks of the geological survey for shale gas ······························ 53

  3. 2   Methods of the geological survey for shale gas ··························· 54

     3. 2. 1   Sedimentary basin and shale gas ··································· 55

3. 2. 2　Sedimentary facies（environment）and shale gas ·················· 58

3. 2. 3　Lithofacies-paleogeography and shale gas ····················· 63

3. 2. 4　Method and procedure of the geological survey for shale gas ··········· 66

3. 3　Summary of this chapter ································· 69

Chapter 4：Example —— taking Longmaxi Formation from southern Sichuan Basin and it's adjacent area for example ························· 70

4. 1　Regional geological setting ······························· 70

4. 1. 1　Location ······································· 70

4. 1. 2　Tectonics setting ·································· 71

4. 1. 3　Classification and correlation of stratigraphy ··············· 73

4. 1. 4　Geological background of the lower Silurian Longmaxi Formationin ··· 76

4. 1. 5　Research ideas and methods ·························· 79

4. 2　Sedimentary characteristics and lithofacies-paleogeography ··········· 81

4. 2. 1　Petrologic feature ································ 81

4. 2. 2　Sedimentary facies and sedimentary characteristics ············ 84

4. 2. 3　Contradistinction of sedimentay facies ·················· 93

4. 2. 4　Lithofacies-paleogeography of the lower Longmaxi Formation ········ 97

4. 2. 5　Summary of this section ···························· 98

4. 3　Organic geochemical characteristics ······················· 99

4. 3. 1　Organic matter type ································ 99

4. 3. 2　TOC of the black rock series ························ 104

4. 3. 3　Maturity of the black rock series ····················· 104

4. 3. 4　Discussion of the abnormal Tmax of organic matter ············ 114

4. 3. 5　Summary of this section ··························· 114

4. 4　Mineral composition and the effect on shale gas ··············· 115

4. 4. 1　Type and characteristics of minerals ··················· 115

4. 4. 2　Division of rock types by minerals ···················· 117

4. 4. 3　Distribution characteristics of the brittle mineral ············· 118

4. 4. 4　Clay minerals characteristics ························ 120

4. 4. 5　Influence of mineral composition on shale gas ·············· 123

4. 4. 6　Summary of this section ··························· 145

4. 5　Reservoir space and physical properties ··················· 146

4. 5. 1　Physical properties of reservoir ······················ 146

4. 5. 2　Types of reservoir space ··························· 147

4. 5. 3　Influence factors for reservoir space　·· 154

4. 5. 4　Summary of this section　·· 156

4. 6　Diagenesis　··· 157

4. 6. 1　Diagenesis and diagenetic minerals　·· 157

4. 6. 2　Diagenetic sequence　··· 162

4. 6. 3　Influence of diagenesis on shale gas ·· 167

4. 6. 4　Summary of this section　·· 169

4. 7　Influence of sedimentary facies on shale gas　······························· 170

4. 7. 1　Relationship between facies and geological condition of shale gas　······ 171

4. 7. 2　Relationship between sedimentary environment and geological condition of shale gas　··· 175

4. 7. 3　Evaluation of shale gas by sedimentary facies　·························· 179

4. 7. 4　Summary of this section　·· 180

4. 8　Evaluation of target selection for shale gas　······························· 180

4. 8. 1　Evaluation index of shale gas　·· 181

4. 8. 2　Shale gas evaluation of Silurian Longmaxi Formation in Sichuan Basin and its adjacent area　·· 184

4. 8. 3　Summary of this section　·· 190

4. 9　Summary of this chapter　·· 191

Conclusion　·· 192

References　·· 195

第1章 引 言

页岩气是非常规天然气资源的重要类型之一（叶军和曾华胜，2008）。近年来，随着社会对清洁能源需求的不断扩大、天然气价格的不断上涨、对页岩气成藏条件认识的不断深化、钻井工艺的不断进步，页岩气勘探开发正由北美向全球扩展（杜金虎等，2011）。页岩气在非常规天然气中异军突起，成为全球非常规油气资源勘探开发的新亮点，加快页岩气资源勘探开发，已经成为世界页岩气资源大国的共同选择（杜金虎等，2011）。中国也不例外，随着非常规油气勘探、开发的日益加强，正在页岩气前期工作基础上进一步开展大规模的页岩气基础地质调查工作。

与美国、加拿大页岩气发育层系相对集中、页岩气资源类型相对单一等特征不同的是，中国的页岩气发育层系较多，寒武系、奥陶系、志留系、石炭系、二叠系、侏罗系等各地质历史时期都有分布；页岩气资源类型多，海相、海陆过渡相及陆相类型都有。经过"十一五"及"十二五"的概略地质调查，初步估计中国海相烃源岩沉积分布面积多达 $300 \times 10^4 \, \text{km}^2$，海陆过渡相烃源岩沉积面积超过 $200 \times 10^4 \, \text{km}^2$，陆相烃源岩沉积面积约 $280 \times 10^4 \, \text{km}^2$（张大伟，2011）。当然，随着页岩气地质调查的进一步开展，相关理论的进一步确认与认识，以及相关技术的进步，实际上中国的烃源岩沉积面积有可能减少，特别是优质烃源岩的沉积面积。另外，从地域分布情况看，优质海相烃源岩主要分布在中国南方，其中又以扬子地块特别是中上扬子地区为主（刘成林等，2004a；李玉喜等，2009），烃源岩岩性多为硅质页岩、黑色页岩、钙质页岩和砂质页岩，优质烃源岩尤以前两者为主，该地区也是现阶段我国页岩气地质调查及勘探开发的备选和前沿地区（龙鹏宇等，2009）。而海陆过渡相的烃源岩主要分布在中国南方、华北地区以及西北的准噶尔等地区，分布虽相对分散，但资源量、资源潜力较大。烃源岩岩性多为硅质页岩、含煤黑色页岩、含煤钙质、粉砂质页岩等，是国内正在得到重视和关注的重要页岩气资源类型。陆相烃源岩的分布与海陆过渡相类型相似，在中国三大板块范围内都有分布，但是作为页岩气资源研究且取得较好成果的以中国南方的侏罗系为首，其次是华北地区的中新生界地层，以及准噶尔盆地及青藏高原的少量烃源岩层系。主要的岩性为一套湖相的黑色页岩、钙质、粉砂质页岩等。可以看出我国页岩气具有资源类型多、分布广、潜力大等特征。

近十年来，国内自开展初步的页岩气地质调查及针对重点地区的页岩气深入勘探及开发以来，许多的地质工作者进行了大量的、初步系列化的相关研究工作（张金川等，2003，2004，2008a，2008b；刘成林等，2004；赵群等，2008；叶军和曾华胜，2008；邹才能等，2009；龙鹏宇等，2009；李登华等，2009；程克明，2009；王社教，2009；王兰生，2009；王世谦，2009；张林晔等，2008）；2005～2009 年，以中生代含油气盆地烃源岩层位作为研究对象，初步分析了其页岩气地质条件，并在研究盆地内和出露区古生界烃源岩分布规律的基础上，分析了相关层位的页岩气资源前景；进一步与美国的页岩气发育层系的地质特征进行了对比，在其研究基础上，重点分析了上扬子地区页岩气资源前景，初步优选了远景区。"十二五"期间，是我国页岩地质调查与研究取得重要突破的阶段，不仅根据我国页岩气发育的基本地质特点，分层次在全国范围内有重点地开展了页岩气资源战略调查，还启动了全国页岩气资源潜力调查评价及有利区优选等（张金川等，2009，2010，2012；邹才能等，2009，2010，2013；陈波等，2009a，2009b；潘仁芳和黄晓松，2009；李建忠等，2009；王兰生等，2009；黄籍中，2009b；徐士林和包书景，2009；李桂范和赵鹏大，2009；李玉喜等，2009；聂海宽等，2009a，2011b，2012；蒋裕强等，2010；张大伟，2011；杜金虎等，2011；曾祥亮等，2011；陈波等，2011；付小东等，2011；何金先等，2011；梁超等，2012；张春明等，2012，2013a，2013b；张涛等，2013；吴馨等，2013；王阳等，2013a，2013b；郑和荣等，2013；李海等，2014；李委员等，2015；王志刚等，2015；焦方正等，2015；张维生等，2015）。可喜的是，在其地质调查与有利区优选的基础上取得了我国页岩气勘探开发的工业性突破，建立了我国第一个大型页岩气田——涪陵页岩气田。更可喜的是，2016 年更多的前景区取得了实质性的勘探突破，进入了工业化、准工业化建立、生产等阶段。

我国页岩气勘探开发取得的研究进展及工业性突破固然可喜，但是，在这个过程中，我们看到更多的是不足，限于页岩气地质调查程度整体性偏低以及相关地质调查工作指导思想和关键技术方法的缺乏，实际上页岩气地质调查取得的成果与我国页岩气具有资源类型多、分布广、潜力大（张大伟，2011）等特点的身份不符。众所周知，页岩气藏从发现到最终实现工业性、商业性的开发，不仅得益于油气地质理论的发展与新认识，如微—纳米级孔隙、非达西渗流理论的创新，也得益于工业技术的突破与进步，如水平井开发技术及多级水力压裂技术。同样，开展大规模的页岩气基础地质调查工作也需要有相应的地质学科知识及理论的指导和关键技术方法的运用。

实际上，我国对页岩气发育的区域地质背景及相关基本地质特征的研究，如：泥页岩的空间展布、沉积—成岩、储层特征、富集成藏（有机质类型、有机碳含量、热演化程度、岩石类型和矿物组分等综合条件特征）、评价优选等一系列研究还处于相对滞后阶段，页岩气地质调查工作程度整体偏低，造成的结果就是除四川盆地的涪陵等极少数地区外，大部分地区尚无页岩气勘探开发的重大突破。同时，随着页岩气地质调查工作的深入，研究和勘探程度的不断提高，越来越多的关键地质问题和关键技术方法已不能跟上生产发展速度的需求，集中的问题总结起来主要有：大量的页岩气相关研究虽然取得了一系列的研究成果，但这些研究大多是针对某些地区或地层分区的局部研究，依然缺乏对整个页岩气藏发育层系的发育特征、富集规律、空间展布规律的了解；以烃源岩为对象进行沉积体系、层序地层和岩相古地理研究还缺乏系统性；作为烃源岩且同时作为储集体的富有机质泥页岩的纵横向时空分布特征的研究还不够系统、深入，需要运用具有基础性、可操作性的关键研究方法和手段进一步深化；沉积、成岩过程对页岩气的形成机理尚未完全弄清，尤其是页岩气储层的成岩矿物、成岩作用、成岩演化和孔隙演化等方面的研究程度很低；

页岩气储层的形成机理,尚未进行系统探讨等。以上问题使得众多的学者、单位等在页岩气地质调查的实际工作中面临着许多困难,如页岩气资源家底尚不清楚;页岩气地质调查及勘探过程中的关键地质问题尚未梳理和解决;页岩气地质调查评价体系尚未形成标准,评价成果地区性特征较强;页岩气远景区、有利区和目标区的优选方法、技术手段尚未建立;除个别地区外,页岩气尚未获得区域上、整体上的突破,勘探开发遇到较大瓶颈等。

总之,针对我国复杂地质条件背景下的页岩气地质调查工作的研究缺乏整体性、系统性和统一性,更缺乏地质调查工作相关的基础地质理论及关键技术方法的指导。一句话概括为:还不善于从何角度、用什么方法去认识研究它。当然,解决之道还得从其目的和任务角度出发。

通过综合对比研究,笔者认为,页岩气地质调查及勘探开发的关键是了解页岩气赋存载体——烃源岩的基本地质特征及其空间展布,摸清家底,优选其远景区、有利区及目标区等。这也是页岩气地质调查工作的基本任务,总结为以下三个方面。

(1)弄清烃源岩的特征,如岩性特征、沉积环境、沉积微(岩)相类型及特征、有机质含量、矿物组成等。

(2)明确烃源岩的时空分布规律,包括其厚度、埋深、精细的展布及面积等。

(3)优选页岩气藏的远景区与有利区,进一步综合研究圈定勘探靶区,为页岩气的最终勘探开发提供科学依据。

不难看出,从理论上讲,页岩气地质调查与研究的关键是要重视基础地质调查与研究,重视对作为页岩气发育赋存载体——烃源岩的基础地质调查与研究,特别是岩相古地理及其编图方面的研究;另一关键点是要遵循科学的研究顺序,运用合理的地质理论,选用合理且关键的研究方法。

结合实际情况来看,四川盆地南部及邻区是中国页岩气地质调查工作的重点地区,区内下寒武统牛蹄塘组及上奥陶统五峰组—下志留统龙马溪组都是良好的页岩气发育层系,其黑色岩系具有较大的页岩气资源潜力。2008 年以来,国土资源部、中国地质调查局成都地质调查中心、中国石油、中国石化及相关科研生产单位在该地区开展了页岩气的地质调查及进一步的勘探开发工作,最为主要的成果是建立了我国首个大型页岩气田。而相关的勘探实践历程表明:沉积(微)相分析,精细岩相古地理研究,甚至是层序地层学研究,与相关地球化学、油气地质学等学科的联合应用,对页岩气的前期基础地质调查工作是十分有效的方法,且十分有利于后期页岩气勘探及开发工作的开展。

编者通过对四川盆地南部及邻区龙马溪组黑色岩系页岩气藏的研究,初步认为其最有利的发育地区是深水陆棚相区,但进一步研究表明,并非所有的深水陆棚相区都是有利的页岩气藏发育地区。若在不考虑勘探开发成本,不计埋深的情况下,最为有利的地区往往是(硅)泥质深水陆棚相区,且黑色岩系的 TOC 通常大于 2.0%,矿物组分中的碳酸盐矿物含量小于 30%,成熟度 Ro 适中(2.0%~3.0%)。所以,在具体的龙马溪组页岩气地质调查过程中,作者通过采用"在岩相古地理研究及编图的基础上,有效叠加体现页岩气发育的主要地质特征参数,如有机质含量及类型、成熟度、矿物组分等,耦合古地理图与各页岩气评价参数等值线图,厘清岩性、物性、脆性等富有机质泥页岩特征及其相互的匹配关系"的方法，逐步优选出了四川盆地南部及邻区龙马溪组黑色岩系页岩气远景区、有利区；并通过进一步考虑埋藏深度等因素的综合研究工作，可以圈定达到商业开发的勘探开发靶区要求，最终建立了一套相关的评价体系及地质调查工作方法。四川盆地南部及邻区龙马溪组黑色岩系页岩气最终的、实际的勘探结果表明，这种新理论和新方法、关键的技术手段能够带来页岩气地质调查工作的重大成功。

据此，结合作者自身的工作经验和研究成果，本专著以沉积学、岩相古地理学、地球化学等相关理论为指导，将页岩气赋存载体——烃源岩作为一个整体的研究对象，提出"针对页岩气的地质调查工作，以岩相古地理研究及其相关编图方法作为指导和关键技术方法，从宏观、微观、超微观不同尺度下，能够指导研究页岩气的形成、空间展布特征、富集规律与最终的选区优选等"的新认识。将以上方法升华为一种页岩气地质调查工作及勘探开发研究中的方法论和共识性的认识，并辅以"四川盆地南部及邻区页岩气发育层系龙马溪组的相关研究过程及成果"为例加以佐证，以此抛砖引玉，以期对国内正在进行的大规模页岩气地质调查工作及进一步的勘探开发提供科学的、可靠的和最为直接的指导和帮助。

本专著依托中国石油化工股份有限公司勘探南方分公司"四川盆地南部下组合页岩气成藏条件研究与选区评价"项目、中国地质调查局成都地质调查中心"四川盆地下古生界海相页岩气基础地质调查"二级项目，对川南及邻区志留系龙马溪组黑色岩系沉积（微）相、岩相古地理特征、沉积－成岩特征及其对页岩气的控制作用进行研究，主要通过对其沉积（微）相、岩相古地理演化、沉积－成岩方面与页岩气地质条件关系的分析，判断研究区页岩气富集的基本地质因素，以此为基础优选出页岩气的有利发育区，形成一套较详细系统的页岩气基础地质调查工作方法。

1.1 页岩气国内外研究现状

根据岩石学定义，粘土岩是指以黏土矿物为主（含量大于50%）的沉积岩（赵澄林等，2001；姜在兴，2003），已固结成岩的粘土岩称为泥岩和页岩，由此可见，泥、页岩是粒度小于0.0039mm（即小于$4\mu m$），主要由黏土矿物组成的岩石。而细粒沉积物是指粒径小于$62\mu m$的黏土级和粉砂级沉积物，成分主要包含黏土矿物、粉砂、碳酸盐、有机质等（Schieber and Zimmerle，1998；Aplin and Macqueaker，2011）。姜在兴等（2013）将由细粒沉积物组成的沉积岩称为细粒沉积岩或泥状岩，其中页理发育的称为页岩，页理不发育的称为泥质岩。黏土指粒径小于$4\mu m$的组分，粉砂是指粒径介于$4\sim62\mu m$的物质；由于黏土和粉砂颗粒肉眼均难以分辨，故将泥质笼统地认为是黏土－粉砂级的混合物。另外，细粒沉积岩分布广泛，约占沉积岩的2/3（Macquaker and Adns，2003；Aplin and Macquaker，2011），这与我国学者刘宝珺（1980）、姜在兴（2003）等提出的粘土岩占沉积岩中的比例一致，由此推断，我国学者认为的粘土岩与国外划分的细粒沉积岩可能一致，只是在结构和成分限制上过于局限。而页岩气储层通常包括粘土岩、泥灰岩、砂岩和碳酸盐质岩石等（张金川等，2008b；Bust et al.，2011），因此，页岩气中的"页岩"

（shale）通常作为地质建造的术语应用，而非岩性术语（Bust et al.，2011）。实际上，页岩气地层主要由细粒沉积岩组成，而非真正的泥页岩，但根据现今研究的习惯，依旧将页岩气地层的岩性统称为"页岩"。

页岩（细粒沉积岩）由于粒度小、观察难度大以及受超微观实验条件的限制，细粒物质的沉积、成岩作用是沉积学界乃至于地质学界研究的薄弱领域。而页岩气地层中细粒沉积岩的研究不仅对沉积岩成因、沉积环境分析有重要作用，而且还具有重要的石油地质意义。在油气系统中，页岩（细粒沉积岩）通常作为烃源岩或盖层，产生烃类向物性较好的储层运移或封堵储集层中的油气扩散，而页岩气的发现，说明页岩（细粒沉积岩）具有作为烃源岩和储集层的双重特征。

页岩气的研究和发展已有近 200 年的历史。美国是最早进行页岩气勘查及商业性开发的国家，归纳起来，美国的页岩气发展先后经历了页岩气早期勘查开发阶段（1821～1975年）、地质理论与勘查技术攻关阶段（1975～2000 年）、快速发展阶段（2000～2006 年）及产量快速上升阶段（2007 年至今）4 个主要阶段（汪明等，2012）。美国悠久的研究历史和勘探经验，加上其工业工艺上钻井和开采技术的逐步增强，现今，页岩气已成为美国主要的能源供给之一。无可厚非，美国页岩气产量的快速增长及整个行业展现出来的良好形式，除了受天然气市场价格等因素的影响外，还归功于国家、行业主管部门及协会的长期支持（汪明等，2012）。但是，从页岩气本身角度来看，更为重要及基础的是，页岩气研究的相关地质理论和方法的创新与进步促使美国最先成为全球实现页岩气商业勘探开发的国家。

鉴于页岩气的清洁能源属性和世界上常规油气勘探开发的瓶颈，页岩气的研究及勘探开发已从以美国为首的北美地区蔓延到了世界各地，成为近 10 年来能源勘探的热点。这对于油气资源短缺但富有机质页岩广泛发育的我国来说，具有较好的启示作用。整体上看，虽然我国的页岩气研究起步较晚，但走过了"裂缝油气藏勘探与偶然发现（2005 年以前）、基础研究与技术准备（2005～2009 年）和工业化突破（2010 年）"等 3 个阶段（邹才能等，2010b；汪明等，2012）后，目前已基本形成了页岩气研究与勘探的浪潮，并向着地质理论、地质调查及勘查技术方法攻关方向发展，向着更为精细和微观的研究方向发展。目前，我国已成为继美国和加拿大之后，正式进行页岩气勘探开发的国家。

1.1.1 页岩气国外研究现状

1821 年被公认为是美国年轻的页岩气工业的开始，Mitchell 能源公司在美国 Chautauqua 县泥盆系 Durdirk 页岩中钻探的第一口天然气生产井就是页岩气井（在井深 21m 处，从 8m 厚的页岩裂缝中产出天然气），当时纽约州弗里多尼亚乡村地区已将页岩气用于家庭照明（Curtis，2002）。美国开发最积极的页岩气富集带位于 Texas 的 Fort Worth 盆地的 Barnett 页岩气藏，它的成功开发得到了工业界的广泛关注（李欣等，2011）。自从 1981 年 Mitchell 能源与开发公司在 Barnett 页岩中打了第一口油气钻井后，历经 20 年的尝试，并利用水力压裂技术使得页岩中的天然气释放，后发现直井中采气量快速下降，促使了水平井技术的兴起（Boyer et al.，2011）。1992 年，在 Barnett 页岩气藏完成第一口水平井，通过不断提高的水力压裂技术和工艺，加速了 Barnett 页岩气藏的开发（李欣等，2011）。利用水平井的水力压裂开采技术，在此后的 20 年里，Barnett 页岩气藏的开发生产模式在北美工业界得到了推广；在过去的 10 年间，Barnett 页岩气的采收率从 2% 增加到 50%（李欣等，2011）。2008 年，Barnett 页岩成为美国最大的产气层，向全国输送了 7% 的天然气（Boyer et al.，2011）。

水平井与水力压裂技术的应用使非常规页岩气藏的经济性开发得以实现（Rahm，2011）。在美国 48 个州（除阿拉斯加和夏威夷）广泛分布着高有机质页岩，资源量为 $1483 \times 10^{12} \sim 1859 \times 10^{12} \, m^3$（李欣等，2011）。随着钻井和开采技术的增强，页岩气已成为美国主要的能源供给之一。由于海相页岩具较低的黏土含量和较高的脆性矿物含量，有利于水力压裂，迄今为止，页岩气主要采自古生代富硅的海相沉积地层（Jenkins and Boyer，2008；Chalmers et al.，2012a）。湖相富有机质泥页岩的研究也已开始进行，例如，Zhang 等（2012）对德国西北部早白垩世湖湘沉积的 Wealden 页岩进行了研究，用有机地化的方法反演了沉积环境，并用 3D 数字油气模拟方法展示了不同地区的页岩气特征。

1. 北美页岩气的勘探开发现状

据统计，20 世纪 70 年代中期美国页岩气步入规模化发展阶段，2000 年，美国页岩气产气盆地有 5 个：密歇根（Michigan）盆地 Antrim 页岩、阿帕拉契亚（Appalachian）盆地 Ohio 页岩、伊利诺伊（Illinois）盆地 New Albany 页岩、福特沃斯（Fort Worth）盆地 Barnett 页岩和圣胡安（San Juan）盆地 Lewis 页岩，5 大盆地页岩气地质资源量为 $12.85 \times 10^{12} \sim 25.14 \times 10^{12} \, m^3$，探明地质储量 $6994.3 \times 10^8 \, m^3$（Curtis，2002），页岩气生产井约 28000 口，页岩气年产量约 $122 \times 10^8 \, m^3$；2007 年页岩气生产井增加到近 42000 口，页岩气年产量为 $450 \times 10^8 \, m^3$，约占美国天然气年总产量（$5596.57 \times 10^8 \, m^3$）的 8%。其中，福特沃斯盆地 Barnett 页岩为美国最大的页岩气产区，2007 年约有 8500 口（其中水平井 4982 口）页岩气生产井，页岩气年产量达 $305.8 \times 10^8 \, m^3$，占美国页岩气产量的 71%；1981 年在福特沃斯盆地发现的 Newark East 页岩气田是目前美国的第二大气田，2007 年页岩气产量达 $217 \times 10^8 \, m^3$；至 2007 年，美国页岩气产气盆地除先前发现的五大盆地外，另有俄克拉河玛盆地（Woodford 页岩）、阿科马盆地（Fayetteville 页岩）、威利斯顿盆地（Bakken 页岩）等，共 20 余个盆地（闫存章等，2009；周小琳等，2012），主要有 Barnett、Marcellus、Fayetteville、Haynesville、Woodford、Lewis、Antrim、Newlbany 共 8 套页岩投入规模生产。

随着美国成功勘探开发页岩气，加拿大也开始页岩气的区域勘查、摸底和试验。早期勘探开发的地区主要集中在不列颠哥伦比亚省（British Columbia）东北部中泥盆世牛角河（Horn River）盆地与三叠纪蒙特利（Montney）页岩区，近年来又逐渐扩展到了安大略省、魁北克省等其他省份（周小琳等，2012）。初步预测西部沉积盆地（British Columbia 东部和 Alberta 地区）上白垩 Wilrich 组及其同时代地层、侏罗系 Nordegg/Fernie 组、三叠系 Doig/Doig Phosphate/Montney 组、Exshaw/Bakken 组和泥盆系 Ireton/Duvernay 组页岩气资源量约 $2.83 \times 10^8 \, m^3$（闫存章等，2009），也展示了较好的页岩气资源潜力。加拿大非常规天然气协会（CSUG）认为西部（包括 British Columbia 北部 Bowser 盆地）Colorado 页岩段、侏罗系及古生界页岩和东南部的泥盆系页岩具有开发潜力。目前，已有多家油气生产商在加拿大西部地区进行页岩气开发试验，2007 年该区页岩气产量约 $8.5 \times 10^8 \mathrm{m}^3$，其中 3 口水平井日产量较高（$9.4 \times 10^4 \sim 14.2 \times 10^4 \mathrm{m}^3$）（闫存章等，2009）。牛角河（Horn River）与蒙特利（Montney）现为加拿大已知的规模较大的两个页岩气藏（周小琳等，2012）。

2. 北美页岩气的地质背景

美国非常规油气公司在注重页岩气开发技术创新的同时，逐渐开始关注页岩气藏的地质特征与区域地质背景，以期增加高产井的数量，达到提高经济效益的目的（周小琳等，2012）。北美页岩气盆地主要分布在被大陆边缘演化为前陆盆地的区域和古生界克拉通地台区，常规油气资源丰富（Montgomery et al.，2005；Pollastro et al.，2007；李新景等，2009；曾祥亮等，2011）。含气页岩富集带具有多种成熟程度、天然气成因和岩相，沉积环境复杂，东部含油气盆地如 Appalachian 盆地、墨西哥湾地区的 Fort Worth 盆地、加拿大西部沉积盆地以黑色页岩为主，其沉积环境的推断与解释仍然众说纷纭（李新景等，2009）。Loucks 和 Ruppel（2007）、Algeo 和 Barry（2008）提出 Fort Worth 盆地、Appalachian 盆地中部泥盆系—密西西比系 Barnett 组富有机质黑色页岩是前陆盆地局限深水沉积产物，沉积于深水（120～215m）环境中，具有低于风暴浪基面和低氧带（OMZ）的缺氧—厌氧特征，与开放海沟通有限；沉积物主要为半远洋软泥（来自浅水陆棚）和生物骨架残骸，沉积营力基本上通过浊流、泥石流、密度流等悬浮机制完成，属于静水深斜坡—盆地相。Hill 等（2007a）通过生物标志研究，也认为 Barnett 页岩的主要生油气层沉积于缺氧、正常盐度且具有强烈上升流的海水中。西加盆地（WCSB）下侏罗统 Gordondale 组 C 段富有机质泥岩则沉积于水深 200m 以内的缓坡（Ross and Bustin，2008）。Hammes 等（2011）首次对 Haynesville 页岩的地质背景、沉积环境、地层特征及页岩气潜力等进行研究，认为 Haynesville 页岩沉积于静海闭塞缺氧的环境中。Romero 和 Philp（2012）对美国俄克拉荷马州的 Woodford 页岩进行了研究，也认为沉积水体表现为高盐度和浓度较高的特征。

上述实例说明北美大多数黑色页岩沉积之初海平面位置较高，富含养分的上升洋流夹带着来自深海动植物残骸的充足养分，使生物产率高，形成较强还原环境（李新景等，2009）。

应用沉积相研究和沉积学方法，可以预测页岩气藏有利的地理与地层分布范围，形成页岩气的物质基础干酪根的类型和页岩气藏岩性的变化；而层序对比方法是模拟盆地岩性变化，提供细分页岩气层的基础，并有助于确定最佳的压裂带；所以沉积学和层序地层学的分析应用对于区域上寻找页岩气资源，预测页岩气潜力等都非常有价值（周小琳等，2012）。泥页岩的层序地层结构划分，比粗粒的碎屑岩和碳酸盐地层的研究程度相对较浅（Bohacs，1998），含页岩气地层的层序地层学研究程度较低。

Harris（2011）结合沉积学、地球化学特征，对帕米亚盆地中 Woodford 页岩进行层序地层划分，在 Woodford 组下段识别出一个二级海平面下降旋回，形成的低水位体系域，其有机碳（TOC）相对较富集，而 Woodford 组中段上段海侵体系域和高水位体系域则没有富集很高的有机碳（TOC）。Hemmesch 等（2014）也对德克萨斯州西部的帕米亚盆地上泥盆统 Woodford 富有机质页岩的海平面变化和层序地层特征进行了研究，根据页岩夹层的特征，划分出二级层序和三级层序的海平面特征。Abouelresh 和 Slatt（2012）根据海平面的升降特征，将 Fort Worth 中东部地区的 Barnett 页岩下段划分为 1～7 个沉积单元，上段划分为 8～16 个沉积单元，并指出 Barnett 页岩下段沉积于水体相对较深、低能且远离物源区的沉积环境中，Barnett 页岩上段沉积于富氧的水体较浅的环境中，且可能受构造事件的影响，海平面变化频繁。由上可知，层序地层的划分，对于富有机质页岩的发育具有一定的指导意义。

3. 北美页岩气的岩石学特征

1）Barnett 页岩的岩石类型

福特沃斯（Fort Worth）盆地中的密西西比系 Barnett 页岩地层作为经典页岩气系统（Loucks and Ruppel，2007），对其页岩气地质特征研究较早，且研究程度相对较高。Barnett页岩分布在德克萨斯州的 Fort Worth 盆地中的 38 个郡内，主要产气区位于盆地的北部和南部；在盆地东部 Barnett 页岩与下伏奥陶系 Viola 灰岩不整合接触，其上与宾夕法尼亚系的 Marble Falls 灰岩整合接触（Jarvie et al.，2007）。

对岩相的辨识是进行 Barnett 页岩储层评价、流体运移能力和物理性质等研究的重要步骤；不同岩相具有不同的岩石物理、机械力学性质和有机质含量（Hickey and Henk，2007）。Barnett 页岩层包括多种岩相，主要为黏土、粉砂级沉积物。例如，Fort Worth 盆地 Barnett 组富有机质黑色页岩主要由含钙硅质页岩（硅质主要为黏土级－粉砂级结晶质石英，属生物成因）和含黏土灰质泥岩构成，夹薄层生物骨架残骸，陆源碎屑物较少（Loucks and Ruppel，2007）。Hickey 和 Henk（2007）通过对 Mitchell 2 T. P. Sims 钻井的岩心观察，并结合孔隙度和有机地化等方面的分析，对其岩相进行分析，Barnett 页岩碎屑组分主要由有机质、黏土矿物、陆源粉砂/泥以及骨架碎屑组成；并识别出：富有机质页岩、含生屑页岩、含菱形状白云石页岩、白云质页岩、含碳酸盐质页岩及含结核碳酸盐 6 种岩相。Abouelresh 和 Slatt（2012）利用岩心、薄片和扫描电镜对 Barnett 页岩岩相进行了详细分析，认为 Barnett 黑色页岩为水流搬运和悬浮沉积过程的共同产物；在垂向上从下向上识别出了 6 个主要的岩相：块状泥岩相、韵律粉砂质粘土相、波痕低角度丘状层理相、微正粒序泥质岩相、粘土岩帽相、富骨针泥质岩相；同时发现很多指示搬运沉积和沉积后作用的沉积结构和构造，这些作用过程可能包括高密度流沉积、浊流沉积、风暴沉积和/或斜坡等深流沉积；并指出水流成因的泥岩相特征包括毫米到厘米级的交错层理和平行层理、冲刷面、碎屑/生物粒序排列、正常粒序和逆粒序层理。

2）Barnett 页岩矿物组分

产气的黑色页岩矿物的组成以石英为主，其次为黏土矿物，碳酸盐矿物包括方解石和白云石，并含有少量的黄铁矿、长石、菱铁矿等，有机质含量较高，还有微量天然铜和磷酸盐矿物（李登华等，2009；李新景等，2009）。脆性矿物含量较高，其中石英含量多为20%～70%，碳酸盐矿物含量多低于 20%（Loucks and Ruppel，2007；Jarvie et al.，2007；Ross and Bustin，2008；Milliken et al.，2012）。黏土矿物主要为微含蒙皂石的伊利石（Bowker，2003），成分成熟度较高。根据矿物、结构、生物和构造等，Barnett 页岩的岩相划分为硅质型页岩、黏土质型页岩和部分泥质碳酸盐岩（Loucks and Ruppel，2007；Jarvie et al.，2007；Ross and Bustin，2008）。

矿物组分为页岩气优质井的关键因素，Barnett 页岩中最有利产区为含 45% 硅质和27% 黏土矿物的层段（Bowker，2003）。页岩的脆性与石英和碳酸盐的含量相关（Jarvie et al.，2007）。Martineau（2001）认为在 Barnett 页岩中不同地区含有不同含量的硅质、碳酸盐和黏土矿物，造成了不同的裂缝特征。因此，Bowker（2007）认为 Barnett 页岩能达到了如此高的页岩气产量，是由于其脆性达到了有效的水力压裂程度，如果不存在其所表现的矿物组分特征，在当今开采工艺下，Barnett 页岩的页岩气开采无法获得成功。

3）其他页岩的岩石学特征

北美其他页岩气层系的研究近几年也快速发展，对其岩石学特征的研究较多，岩性与 Barnett 页岩相似，但也存在一定的差别。例如，德克萨斯州西部 Bossier 含气页岩储层为页岩、砂岩和粉砂岩混合岩性（Jarvie et al.，2007）。Hemmesch 等（2014）将 Woodford 富有机质页岩共划分为七种岩相：页岩、含磷酸盐结核页岩、白云岩、燧石层、含放射虫钙质纹层、含生屑泥岩、硅质岩。西加盆地泥盆系—密西西比系页岩矿物组分以石英为主，含量介于 58%～93%，较低的硅质含量是受较高的碳酸盐矿物的影响，黏土矿物以伊利石为主，并见不均匀分布的高岭石，且硅质主要为有机成因（Ross and Bustin，2008）。北美页岩有关硅质的有机成因，多位学者的研究结果一致（Bowker，2003；Loucks and Ruppel，2007；Ross and Bustin，2007）。同福特沃斯（Fort Worth）盆地中的密西西比 Barnett 页岩一样，北美其他富有机质页岩的矿物组分也多以脆性矿物为主，黏土矿物含量通常小于 50%，著名的 Uinta 盆地绿河页岩黏土矿物含量则小于 10%；北海地区 Healther 泥页岩石英含量为 53%～57%，黏土矿物含量小于 5%（Hunt，1996）。同样的，Bai 等（2013）通过对 Fayetteville 页岩的黏土矿物、有机质含量、演化成熟度和湿度及孔隙结构的分析，也认为石英、碳酸盐和黏土矿物三者的相对比例会导致岩石的物理性质不同，且岩石组分是影响钻井和水力压裂实施效果的最根本因素。

总体来说，北美页岩气主要以富有机质硅质型页岩为主，并含少量的钙质，黏土矿物含量较少，生屑较发育。受生物作用的影响，硅质主要为生物成因，陆源碎屑石英含量较少。

4. 北美页岩的有机质特征

北美含页岩气地层均为重要的烃源岩，Curtis（2002）通过对北美五大盆地中页岩气有利层系的镜质体反射率、有机质含量、有利页岩厚度和吸附气量等页岩气地质与地球化学特征的对比研究，认为 Barnett 页岩的有机碳含量介于 2.0%～7.0%，平均为 4.5%，Antrim 页岩和 New Albany 页岩有机碳含量部分超过 20%，Ohio 页岩与 Lewis 页岩的有机碳含量较低,多小于5%;Antrim 页岩和 New Albany 页岩中吸附气含量最低为13%,最高可达70%。从美国主要产页岩气盆地页岩气成因看包括生物成因气、热成因气和两种混合成因气,即包含低成熟度页岩气(Antrim 页岩 Ro 为 0.4%～0.6%)、高成熟度页岩气(Barnett 页岩 Ro 为 1.0%～2.1%)和高低成熟度混合页岩气(Ohio 页岩与 NewAlbany 页岩的 Ro 分别为 0.4%～1.3% 与 0.4%～1.0%);干酪根类型以 I～II₁ 型为主(Curtis,2002;Montgomery et al.,2005)。西加盆地泥盆系—密西西比系的地层,TOC 介于 0.9%～5.7%(Ross and Bustin,2008);美国俄克拉荷马州的 Woodford 页岩的有机碳含量很高,为 5.01%～14.81%,有机质以 II 型干酪根为主(Romero and Philp,2012)。

由此可看出,不同页岩气盆地中,有机质的含量与热演化程度相差较大。目前美国页岩气勘探实践表明:美国页岩气产区的页岩成熟度普遍大于 1.3%(Martineau,2007;Pollastro et al.,2007),在阿巴拉起亚盆地的西弗吉尼亚州南部最高可达 4.0%,且只有在成熟度较高的区域才有页岩气的产出,页岩储层中有机质成熟度不是影响页岩气成藏的关键因素,但成熟度越高越有利于页岩气成藏(蒋裕强等,2010)。另外,黏土矿物具亲水性,而有机质具亲甲烷性(Zhang et al.,2012),则有机质含量是影响页岩气体吸附能力的最主要因素(Chalmers and Bustin,2008a)。

5. 北美页岩气储层特征

页岩中看似孤立单一的孔隙,其实是由平直狭小的喉道连接的,孔隙具有复杂的内部结构和多孔隙复合的特征。美国五大页岩气盆地中富有机质页岩的孔隙度多大于5%,New Albany 页岩中的孔隙度大于10%,渗透率较小(Curtis,2002)。有机质页岩中的孔隙可划分为微孔(<2nm)、中孔(2～50nm)和大孔(>50nm)(Chalmers and Bustin,2008a,2008b;Ross and Bustin,2009)。页岩的气体吸附量主要与微孔有关(Ross and Bustin,2009),Barnett 页岩中的微孔隙主要有有机质成熟生烃演化、黏土矿物转化、生物化石硅化、莓状黄铁矿等形成的粒间微孔、粒内微孔、自生矿物的晶间微孔等(Loucks et al.,2009;Ross and Bustin,2009)。

储层的研究很大程度上依赖于先进的分析测试技术,现今应用比较多的有高倍扫描电镜、背散射及其 2D、3D 成像技术等。例如,Slatt 等(2011b)利用偏光显微镜和扫描电镜等手段对北美地区 Barnett 与 Woodford 页岩气有利层系的孔隙特征进行了研究,分辨出了絮状体中的孔隙、有机质内的孔隙、矿物晶间孔和基质孔隙及微裂缝几种类型;Curtis 等(2012)利用聚集离子束技术与背散射或扫描电镜相结合,对北美 9 个不同地区不同层位的页岩气岩心样品进行观察,建立了其扫描电镜图像的 3-D 数字特征,依次对其孔隙大小分配特征、孔隙结构特征、连通状态、共生矿物等方面进行了直观的分析,并确定出 3～6nm 的孔隙数目最多,但对总孔隙体积的贡献较小。说明页岩气储层中以微孔和中孔为主,孔隙度较小。Clarkson 等(2013)运用低角度和极低角度中子扫描技术结合低压吸附和高压压汞技术对北美页岩气储层的孔隙结构进行了研究,并认为孔隙度是由孔隙大小决定的。

页岩气储层中孔隙类型多样，受成岩作用和生烃作用的共同影响，演化过程十分复杂。Chalmers 等（2012a）通过对北美不同地区的页岩气有利层系样品的物性分析、有机地球化学分析及岩石组分分析，综合评价了其页岩气孔隙发育特征，认为孔隙度与孔隙的大小有关，而微孔对孔隙度的贡献最小，孔隙演化特征是随着孔隙度的降低，微孔含量增加而中孔和大孔的含量减少；并指出孔隙度及孔隙大小分配特征与岩石矿物组分和有机质含量、类型和演化程度的关系，中孔和大孔为晶间孔或粒间孔或者是有机质孔，并不随着页岩层理的方向呈定向性。由于孔隙大小与比表面积呈反比（Beliveau，1993），微孔比中孔含有更多的比表面积，大孔最少，由此可推测，孔隙度随着微孔的增加、中孔和大孔的减少而减少。孔隙形成于干酪根逐渐成熟并生成烃类的过程中（Jarvie et al.，2007），随着干酪根逐渐成熟，微孔孔隙度增加（Chalmers and Bustin，2008a；Ross and Bustin，2009）。由于中孔和小孔为页岩孔隙的主要组成，其对页岩气具有经济意义（Keller et al.，2011），页岩气以吸附气的形式存在其中。Barnett 页岩中大孔主要来自干酪根热降解，有机质裂解生成油气、体积减小的过程中（Jarvie et al.，2007；Chalmers and Bustin，2007；Loucks et al.，2009；Modiaca and Lapierre，2012；Mastalerz et al.，2013）。Mastalerz 等（2013）通过对 New Albany 页岩的有机质分析、矿物组分分析及物性和含气性分析，对其成岩演化过程中的孔隙演化进行了研究，认为成岩过程中的孔隙演化并不遵循一成不变的趋势，而是随着烃类的产生，孔隙度产生几个最小值，并呈现波动特征；随着成熟度的增高，孔隙度和孔隙总体积随着孔隙大小分配和孔隙类别的变化而变化；有机质生烃作用和烃类运移造成有机质的转化是造成孔隙度变化和不同的关键因素。

Jarvie 早在 1991 年就指出富有机质泥页岩中有机质在生烃过程中发生转变是造成孔隙变化的主要原因。Peters（1986）认为成岩早期（Ro 为 0.6%）干酪根转化的烃类达 0.6wt%；而在成岩过程中，随着有机质的逐渐成熟，孔隙度会减少；在晚成熟阶段，由于早期孔隙被油或固态沥青充填，使得可用的开放孔隙减少并限制了流体流动。孔喉大小与岩石的孔隙度和渗透率密切相关（Nelson and Batzle，2006）。Jarvie 等（2007）认为沥青质残留物堵塞吼道，导致渗透率很低，随着热演化的进一步进行，孔隙度随着油和沥青向干气转化，产生微裂缝而增加，使得原封闭的孔隙体系开放。

由此可见，北美页岩气储层中，孔隙度较高，渗透率很低，主要为微孔和中孔，大孔不发育；孔隙度与孔隙的类型有关，即孔隙的大小决定孔隙度的大小；孔隙的产生与变化主要与成岩作用和有机质的生烃演化过程有关。

6. 成岩作用研究

成岩作用研究对于常规储层的孔渗分析、储层综合评价、储层预测及天然气生产等具有重要意义（杨仁超等，2012）。对于页岩气，成岩作用不仅控制有机质的热演化程度，还对页岩矿物组成，特别是对黏土矿物组成有着重要影响，成岩作用强弱也是储集空间发育的主控因素之一（梁超等，2012）。成岩作用对页岩的机械性质具有控制性作用，压实作用使得疏松质软的粘土岩向泥岩、页岩转变；胶结作用（如碳酸盐和石英等矿物胶结作用）的加强会造成沉积岩的力学性质由相对塑性向脆性转变（Bjørlykke and Karre，

1997)。随着研究的深入，页岩气详细成岩作用的研究逐渐受到关注，Laughrey 等 (2011) 对宾夕法尼亚州 Sullivan 地区 Marcellus 组的成岩史进行了详细分析，认为当 Maecellus 组沉积物埋藏深度约为 500m 时，早期成岩作用与机械压实和泥岩脱水有关，随着埋深的加大，化学压实作用主要表现为石英胶结和黏土矿物的转化，当埋深超过 8000m 时，从后生作用后期直至沉积变质时期，有机质孔隙明显发育。Milliken 等 (2012) 通过对 Fort Worth 盆地东部地区较高成熟度（Ro 为 1.52%～2.15%）Barnett 页岩样品的孔隙度、渗透率和 TOC 进行分析，发现受成岩作用的影响，储层各因素未能显示出与岩石的成分、结构特征的关系；压实作用和胶结作用造成绝大多数的原生粒间孔丧失；孔隙以次生孔隙为主，且多被沥青质充填；碎屑颗粒被交代。

然而，页岩气储层同时作为生烃层，在埋藏成岩过程中，应受到有机与无机作用的共同改造，其形成过程比较复杂。因此，前人对于页岩气（尤其是中国页岩气）成岩作用的研究程度相对较低，尚未对页岩气储层的成岩作用和成岩演化及其对储层储集空间的影响进行详细、系统的研究。考虑到页岩气地层同时作为油气系统中的烃源岩和储层，其岩石类型主要为黏土矿物含量较高的泥页岩，其成岩作用的研究可以借鉴烃源岩和泥页岩的研究方法及部分结果。例如在烃源岩中黏土矿物组合和成岩演化明显受地层流体酸碱性及流体成分的影响（Niu，2000）。

7. 北美页岩气藏特征及评价

从石油地质观点看，烃源岩经过一系列地质条件作用生成大量天然气，并在持续压力作用下大量排出，向渗透性地层如砂岩和碳酸盐岩运移、聚集成构造或岩性气藏，而残留在细粒沉积岩层系中的部分形成页岩气资源（田文广等，2005）。页岩气既生又储的模式，相对简化了其成藏过程，也使得气藏特征分析与储层评价合二为一，成为异于常规油气储层评价或气藏分析的综合分析过程。

北美页岩气藏为大面积连续成藏，以吸附气、溶解气和游离气 3 种状态赋存，主要为吸附气与游离气；来源于生物成因、热成因和混合成因 3 种成因类型，以热成因为主（杜金虎等，2011；肖贤明等，2013）。同一盆地中的同一套页岩层，受不同热演化程度的影响，表现为不同的气藏类型，例如，美国俄克拉荷马州晚泥盆－早密西西比世的 WoodFord 页岩，不同地区的有机质的热演化程度不同，具生物成因气与热成因气藏不同类型（Cardott，2012）。研究表明，热成因型页岩气藏主要受页岩热成熟度控制，生物成因型页岩气藏的主控因素为地层水盐度和裂缝（李登华等，2009）。

页岩气藏或储层的分析、评价过程作为页岩气资源勘探、开发的综合性研究手段，对每个页岩气盆地、层系均有研究。例如，Ross 和 Bustin（2007）通过对加拿大不列颠哥伦比亚省东北部皮斯河（Peace River）地区早侏罗世 Gordondale 泥岩的有机质含量、有机质成熟度、含气性的特征及其之间的关系研究，对页岩气潜力进行了分析；Bowker (2007) 通过对德克萨斯州中北部地区的 Barnett 页岩的有机质分析（干酪根类型与有机质含量等）、有机质热演化特征（镜质体反射率）和有机质的转化特征，与页岩的吸附气量和矿物组分等相结合，对其页岩气系统进行分析；Ross 和 Bustin（2008）在西加盆地泥盆系－密西西比系的地层、构造分析的基础上，结合有机质和矿物组分分析，并对其含气性进行检测，对其页岩气资源潜力进行综合分析；Chalmers 和 Bustin（2012b）通过对加拿大不列颠哥伦比亚省东北部的白垩纪 Shaftesbury 组的有机地化［包括最高热解（Tmax）和有机碳含量（TOC）和干酪根类型］、矿物组分、孔隙度、含气量等方面的分析，对其页岩气潜力进行分析，并认为页岩地层现今埋藏和有机质成熟度比 TOC 含量对生烃能力的影响更强；美国地质调查局（USGS）通过对墨西哥湾海岸北部中生代地层的油气调查，认为德克萨斯州南部的下白垩统 Pearsall 组具有潜在的页岩气资源，Hackley（2012）通过对其岩性、地层和沉积环境进行分析，验证其页岩气藏的潜在性。

由北美页岩气开发实例可知，页岩气藏以吸附气为主，而页岩吸附能力决定了吸附气量。页岩的吸附能力与矿物组分、有机质的含量、干酪根类型、地层水含量、孔隙大小和结构特征、有机质演化程度等因素有关，较高有机质含量、较高热演化程度、较低地层水含量的富有机质页岩的吸附气量较高（Ross and Bustin，2007，2009；Hao et al.，2013）。其中矿物组分对吸附气的影响表现为：石英和碳酸盐矿物含有较低的内表面积，因此对气体的吸附量较少（Ross and Bustin，2007）；Ross 和 Bustin（2009）指出在干燥的条件下，伊利石和蒙皂石比高岭石的吸附气量更大；Schettler 和 Parmoly（1990）认为在 Appalachian 盆地的泥盆纪页岩中，伊利石提供主要的吸附气空间，干酪根含有较少的吸附气空间；而 Zhang 等（2012）的研究则认为富有机质页岩中，矿物对于气体的吸附量要低于有机质。Hill 等（2007b）对 Fort Worth 盆地 Barnett 页岩进行热解分析，原有机碳含量为 5.5%、镜质体反射率为 0.44% 的样品，当有机质演化到 Ro 约为 1.1% 时，其产生的气体烃为 230 L/t（7.4 scf/t）；当有机质演化到 Ro 约为 2.0% 时，其产生的气体烃为 5800 L/t（186 scf/t）。因此页岩气的体积与页岩有机质的含量、厚度和成熟度有关。

总结发现，在低基质孔隙的页岩中，含气性及微裂缝发育特征，是影响其页岩气生产能力的控制因素（Curtis，2002）。页岩气的含气性与有机质含量和类型、有机质的演化程度、岩石类型、岩石矿物组分及物性特征相关，尤其是岩石矿物组分和有机质特征，是页岩气发育的基础，有机质热演化程度则决定了页岩气藏的类型和储集空间。页岩的矿物组成、有机碳含量和有机质成熟度是页岩储层发育的三个最重要因素（Curtis，2002；Jarvie et al.，2005）。因此，页岩气储层的评价、页岩气藏的分析及潜在资源量的预测均是以岩相、岩石组分、有机质特征和有机质的成熟度及储层特征作为首先和协同分析的方面，并在此基础上对页岩气进行基本的认识和评价。泥页岩的成岩作用和原始组分应作为储层评价时考虑的因素（Ross and Bustsin，2007）。

虽然 Barnett 页岩中裂缝是高产气的必要条件，而其宏观裂缝由于已被碳酸盐矿物充填，对水力压裂影响较小（Bowker，2003）。在 Barnett 页岩中，大部分为封闭系统，生烃演化所产生的有机和无机气体并未立即释放，因此产生高压（Jarvie et al.，2007）。Gaarenstroom 等（1993）对油气裂解估算，认为封闭系统中 1% 的油裂解产生的压力，已达到岩石产生破裂的门限。由此可知，Barnett 页岩中的微裂缝和运移通道，至少有一部分是来自早期烃类和非烃气体的产生，以及达到生油、生气后的烃类的二次裂解过程中。Bowker（2007）发现，虽然从 2001 年开始，Newark East 便是 Fort Worth 盆地最大的天然气田，但受裂缝系统发育特征的影响，Fort Worth 盆地不同地区的产气量差别较大，Barnett 页岩在靠近断层和褶皱处产气量较低贫，构造裂缝决定了 Barnett 的产气量。

Montgomery 等（2005）认为页岩气的开发需要依靠地质特征、地球化学分析和开发技术的综合研究，地质特征研究可以确定页岩储层的部分特征，地球化学分析可以确定页岩潜在的生产力和页岩气的形成模式，在确定储层和资源潜力的基础上，开发技术最终决定页岩的生产力。因此，在多级水力压裂水平井开发技术的基础上，对页岩气储层的地质特征和地球化学分析，是页岩气勘探、开发的基础与决定性部分，对其沉积学、岩石学和成岩作用及有机地球化学方面的研究，决定了页岩气藏的开发效果。

根据美国页岩气生产实践，总结出有利的热成因型页岩气藏的储层特征为：TOC≥2%，厚度大于等于 15m，Ro 为 1.1%～3%，石英含量大于等于 28%（李登华等，2009）。高产且经济效益好的页岩气储层往往分布面积广、埋深适中、厚度大（大于30m）、有机质丰度高（TOC≥2%）、Ⅰ型和Ⅱ₁型有机质页岩气最好、成熟程度适中（Ro 为 1.1%～2.5%）、含气量较高（3～10m³/t）、产水量较少、黏土含量中等（小于40%）和脆性较高（即低泊松比、高杨氏弹性模量）以及围岩条件有利于水力压裂控制（上下地层均为灰岩）（Curtis，2002；Montgomery et al.，2005；Pollastro et al.，2007；李景新等，2009），且储层岩石类型多样、游离气为主、发育良好的盖层并表现为超压地层的致密储层（肖贤明等，2013）。Curtis（2002）通过对北美五大盆地中页岩气有利层系的镜质体反射率、有机质含量、有利页岩厚度和吸附气量等页岩气地质与地球化学特征的对比研究，认为影响页岩气产率的几大因素是可以相互补偿的。

1.1.2 页岩气国内研究现状

中国是继美国和加拿大之后，正式开始页岩气勘探开发的国家，我国页岩气资源丰富，初步估算资源量为 23.5×10¹²（张金川等，2008b）～100×10¹² m³（赵群，2008），与美国页岩气资源量大体相当（张金川等，2009）。毫无疑问，页岩气的勘探开发将成为未来我国天然气能源新的增长点（叶军和曾华胜，2008）。但是我国页岩气研究领域刚刚开始发展，页岩气藏研究相对欠缺，页岩气勘探开发技术尚未成熟，与常规天然气和煤层气相比仍属起步阶段（安晓璇等，2010）。

中国页岩气走过了裂缝油气藏勘探与偶然发现（2005 年以前）、基础研究与技术准备（2005～2009 年）和工业化突破（2010 年）3 个阶段（邹才能等，2010a）。从 20 世纪 60 年代开始，我国陆续在不同盆地中发现了工业性泥页岩裂缝油气藏，但并未引起足够重视。2004 年，国土资源部油气资源战略研究中心和中国地质大学（北京）开展页岩气资源的前期研究工作，这是国内第一次关注页岩气。2006 年以来，国土资源部油气资源战略研究中心组织中国地质大学（北京）、中石油、中石化、中国地质调查局成都地质调查中心、重庆地质矿产研究院等科研院，设立了"中国重点地区页岩气资源潜力与有利区优选"项目，开始了我国页岩气的探索起步。目前，将全国分为上扬子及滇黔桂区、中下扬子及东南区、华北及东北区、西北区和青藏区开展页岩气选区评价，并建立了川渝黔鄂先导试验区、松辽盆地齐家古龙页岩油－页岩气调查先导试验区、沁水盆地北部页岩气一致密气−煤层气综合调查先导试验区、下扬子皖浙页岩气调查先导试验区，优选出了一批重点区块。同时，中石油、中石化、中海油及延长石油集团组建了专门的页岩气勘探公司，开始了页岩气的勘探，并在局部地区获得了页岩气的工业突破。此外，各科研院所、民营企业纷纷组建了页岩气专门勘探研究队伍，目前基本形成了页岩气勘探研究的浪潮。2014年7月，涪陵页岩气田的诞生标志着我国工业化大型优质页岩气田的开发正式拉开帷幕。

中国页岩气资源类型多、分布广、潜力大。页岩地层在各地质历史时期十分发育，形成了海相、海陆交互相及陆相多种类型的富有机质页岩层系。中国海相沉积分布面积多达 $300 \times 10^4 \, \mathrm{km^2}$，海陆交互相沉积面积超过 $200 \times 10^4 \, \mathrm{km^2}$，陆上海相沉积面积约 $280 \times 10^4 \, \mathrm{km^2}$（张大伟，2011）。海相厚层富有机质页岩主要分布在中国南方，以扬子地块为主；海陆交互相中薄层富有机质泥页岩主要分布在中国北方，以华北、西北和东北地区为主；湖相中厚层富有机质泥页岩，主要分布在大中型含油气盆地，以松辽、鄂尔多斯等盆地为主（刘成林等，2004；李玉喜等，2009）。中国南方扬子地区海相页岩多为硅质页岩（如扬子地区牛蹄塘组、五峰组和龙马溪组底部页岩）、黑色页岩、钙质页岩和砂质页岩，风化后呈薄片状，页理发育；海陆过渡相页岩多为砂质页岩和炭质页岩；陆相页岩页理发育，渤海湾盆地、柴达木盆地新生界陆相页岩钙质含量高，为钙质页岩；鄂尔多斯盆地中生界陆相页岩石英含量较高（邹才能等，2010a）。盆地内古生界页岩以海相沉积为主，区域稳定分布，厚度大，有机质丰富，演化程度高，已见大量油气显示，是页岩气勘探开发的现实领域（邹才能等，2010a）。我国南方地区古生界在演化过程中经历了复杂的构造变动，具有与美国东部地区典型页岩气盆地相似的地质条件和构造演化特点，是我国页岩气勘探开发的备选领域（龙鹏宇等，2009）。

我国页岩气研究目前主要集中在页岩气富集机理（张金川等，2003，2004）、页岩气聚集条件（张金川等，2008a；程克明等，2009；王社教等，2009；王兰生等，2009；王世谦等，2009；聂海宽等，2009a）和有利区评价（张金川等，2008b；赵群等，2008；陈波和皮定成，2009；潘仁芳和黄晓松，2009；李建忠等，2009）等方面，其中大中型含油气盆地的研究程度较高（张林晔等，2008；王兰生等，2009；黄籍中，2009b），南方海相地层的研究程度最高。张金川等（2009）根据页岩气聚集的机理条件和中、美页岩气地质条件的相似性对比结果认为：中国页岩气富集地质条件优越，具有与美国大致相同的页岩气资源前景及开发潜力；中国含气页岩具有高有机质丰度、高有机质热演化程度及高后期改造程度的"三高"特点，页岩气具有海陆相共存、沉积分区控制以及分布多样复杂等特点。由于直接的页岩气井筒资料较少，故目前的多数研究仍不得不借用常规油气勘探资料数据、煤层气和固体矿产勘探资料数据，页岩样品也主要采自地表和近地表；由于缺少第一手资料，通过借鉴美国等国外资料开展类比研究的也较多（张金川等，2004；徐士林和包书景，2009；聂海宽等，2009a；曾祥亮等，2011；陈波等，2011）；同时对页岩气勘探理论和方法的研究则相对薄弱，这在一定程度上制约了我国页岩气工业化的进程（李桂范和赵鹏大，2009）。

李建忠等（2012）通过对比中国页岩气的地质特征和成藏条件，总结认为，我国海相页岩气勘探前景最好，其中四川盆地及其周缘地区最为现实；海陆过渡相与煤系页岩气勘探潜力有待落实；湖相页岩气主要分布于凹陷中心区，具有一定的勘探潜力。综上所述，现阶段中上扬子区的海相页岩气在国内研究最为广泛，研究程度最高。本书所研究的范围为四川盆地南部及其周缘地区，目的层为志留系龙马溪组。因此，此次主要以中国南方海相页岩气的研究现状进行论述，所涉及的层位主要为奥陶系五峰组－志留系龙马溪组，部分为古生界的寒武系牛蹄塘组/筇竹寺组。

1. 中国南方页岩气的地质背景

中上扬子区古生界主要发育了下寒武统、上奥陶统－下志留统、上二叠统 3 套区域性海相优质烃源岩；下寒武统牛蹄塘组或筇竹寺组和上奥陶统五峰组－下志留统龙马溪组，优质烃源岩主要为层系下部的硅质岩段与黑色泥页岩段；上二叠统龙潭组或吴家坪组和大隆组优质烃源岩主要为泥质岩与硅质岩段，灰岩段 TOC 值较低，为非烃源岩－差烃源岩（付小东等，2011）。同北美页岩气相似，中国南方页岩气有利层段寒武系牛蹄塘组/筇竹寺组与奥陶系五峰组－志留系龙马溪组，均处于前陆盆地形成早期前渊（或拗陷带）深水台地沉积（陈波等，2011）。扬子地台自震旦纪晚期一直处于稳定的热沉积阶段，早古生代处于“两盆一台”的构造格局，台内坳陷和台缘斜坡是页岩沉积的主要沉积背景。下寒武统牛蹄塘组沉积主要受被动大陆边缘地理格局控制，页岩主要沉积于台内坳陷和台地边缘的浅－深水陆棚，具有水深则页岩厚度较薄有机碳含量高，水浅则厚度大而有机碳含量低的特点；晚奥陶世－早志留世页岩沉积正处于华南板块与扬子板块的汇聚早期，五峰组与龙马溪组页岩沉积与分布于板块汇聚早期形成的坳陷内，坳陷内页岩厚度大、有机质含量高，而在坳陷外地区高含有机质的页岩厚度相对较薄（陈波等，2011；梁狄刚等，2009）。

中上扬子地区的演化始于南华纪统一超级大陆 Rodinia 大陆的裂解，震旦纪到早奥陶世时期，整个中上扬子地区处于伸展裂离背景，在陆块内部形成稳定的中上扬子克拉通盆地（曾祥亮等，2011）。中上扬子震旦纪—志留纪克拉通盆地的时空分布存在差异，经历了由伸展到挤压的两大阶段，由裂谷盆地到裂隙盆地以及坳陷盆地的演化过程。第一阶段，震旦纪—早奥陶世早期，处于拉张环境，具有从早期的裂谷演化为裂隙盆地的特征，沉积建造以碳酸盐为主。第二阶段，早奥陶世晚期—志留纪，处于挤压应力环境，盆地性质为克拉通内继承性挤压坳陷盆地，克拉通边缘普遍挤压隆升，整体为受隆起分割围限的盆地格局，沉积建造以碎屑岩和混积型为主，剖面结构具有碳酸盐减少，碎屑岩增多的趋势（黄福喜等，2011）。

董大忠等（2010）从露头、钻井、岩心等资料出发，以沉积、地球化学、储层及含气性等为重点，指出上扬子区早古生代的浅海－深水陆棚沉积环境控制了筇竹寺组、龙马溪组富有机质黑色页岩的发育和分布，下组合地层具有优越的页岩气形成地质条件。陈洪德等（2009a）、黄福喜等（2011）、李一凡等（2012）先后对研究区及其周围区域的志留系龙马溪组的沉积层序地层进行了研究，结果表明龙马溪组黑色页岩形成于海侵体系域中，且发生缓慢海退的地区有机质发育，有利于页岩气的形成；随后海平面开始缓慢下降，进入高位体系域，高位体系域主要为半深水陆棚沉积，砂质含量增多时期的主要表现特征为灰黑色的页岩、粉砂质页岩、泥质粉砂岩及粉砂岩构成向上变浅的层序序列。

2. 岩石学特征

1）岩相及矿物组分

对于四川盆地及其周缘龙马溪组岩石学的研究，不同学者的研究程度不同，岩相划分差别较大，而矿物组分却相似。例如，曾祥亮等（2011）认为四川盆地龙马溪组主要包括3 种岩相，炭质页岩相、粉砂质泥页岩相和泥灰岩相；龙马溪组黑色页岩中普遍含有砂质，石英分布不均，页岩中微含钙质，黄铁矿丰富，多呈分散状分布。梁超等（2012）通过野外露头、岩心观察及显微镜下分析，根据泥页岩的成分差异，将五峰组－龙马溪组页岩划分为 5 种岩石相：炭质页岩、硅质页岩、粉砂质页岩、钙质页岩和普通页岩；页岩矿物成分以石英和黏土矿物为主，含斜长石、钾长石、方解石、白云石和黄铁矿等；黏土矿物含量为 24.7%～65.7%，平均 47.6%，石英含量为 25%～65%，平均 42.4%，碳酸盐矿物含量较少，为 2%～20%，平均 3.2%；黏土矿物以伊利石为主，含少量的高岭石和绿泥石，伊利石相对含量为 75%～91%，高岭石相对含量变化较小，为 2%～5%，绿泥石相对含量为 7%～20%。刘树根等（2011）则将四川盆地东部地区龙马溪组黏土－粉砂级细粒沉积物，划分为层状与非层状泥/页岩白云质粉砂岩、层状钙质泥/页岩泥质粉砂岩、层状与非层状粉砂质泥/页岩、粉－细粒砂岩、钙质结核、富含有机质非层状页岩 8种岩相，矿物组分以石英为主，碳酸盐矿物含量较高。而张正顺等（2013）认为四川盆地志留系龙马溪组由黑色、灰黑色及深灰色含钙质和硅质页岩、砂质页岩或薄层粉砂岩组成，具有纹层理构造；显微镜下可以鉴定出碎屑矿物主要为石英、长石、方解石、白云石、白云母和黄铁矿，占岩石中矿物总量的 54%～92%；X-衍射分析确定，样品中黏土矿物主要为伊利石和绿泥石，个别样品中含有少量蒙脱石、海泡石和皂石，黏土矿物占岩石中矿物总量的 8%～46%。陈文玲等（2013）通过对长芯 1 井的岩心观察和常规薄片鉴定，认为龙马溪组岩石主要类型有纹层状泥（页）岩、纹层状（含）灰质泥（页）岩、纹层状（含）云质泥（页）岩、纹层状碳酸盐泥（页）岩、纹层状粉砂质泥（页）岩，纹层由泥级的石英、长石、黏土、有机质、粉砂级的石英、长石、交代成因的方解石、白云石及黄铁矿（局部，少）形成，含量不等。王志峰等（2014）从页岩沉积的水动力成因角度出发，划分出强、弱两类水动力带，共 8 种岩相，并指出弱水动力带下硅质页岩、含钙硅质页岩与泥晶钙质页岩具有较高的有机碳含量。

泥页岩的岩石矿物组分明显受沉积环境的影响，例如，海相台内凹陷环境下形成的优质页岩一般高硅质、钙质生物，微含或不含黏土矿物，硅质、钙质矿物主要为各种成烃生物的遗骸或碎屑埋藏后经各种成岩作用后演化而来（秦建中等，2010a）。而海陆交互或陆相湖盆沉积环境下形成的泥页岩通常高含黏土矿物，有机质通过黏土矿物吸附，以有机质黏土矿物集合体的形式赋存（陆现彩等，1999；蔡进功等，2006，2007；李善营等，2006；余和中等，2006）。

作为海相页岩气，总体来说，四川盆地及其周缘龙马溪组岩性与北美页岩相似，均以页岩为主，包括炭质页岩、硅质页岩、（含）粉砂质页岩等，且发育一定量的细粉砂岩、

（含）泥质粉砂岩等粉砂级细粒碎屑岩；矿物组分以石英为主，有机质含量较高，钙质不均匀分布，且广泛发育黄铁矿。然而，与北美页岩生物硅质不同，研究区龙马溪组石英以陆源输入为主，生物和成岩交代成因的石英相对较少（曾祥亮等，2011；陈尚斌等，2011；刘树根等，2011；张春明等，2012；梁超等，2012）。而秦建中等（2010a，2010b）、付小东等（2011）通过对中上扬子地区海相优质烃源岩岩石学、矿物学及生物特征进行分析后认为，硅质以生物成因为主，中国南方优质烃源岩主体矿物的来源主要是由底栖的硅质或钙质格架埋藏后形成，南方优质烃源岩应该以生物成因为主。海相优质页岩中的硅质和钙质类矿物多含一定量的有机质，它们的形状不规则，有的具明显的生屑特征，元素组成复杂，常含其他少量或微量元素，表面光滑程度或颜色深浅变化大。这些特征表明，优质页岩中的硅质、钙质并非从陆源搬运而来（秦建中等，2010a）。张春明等（2012）也发现，在阳深1井、南川三汇、石柱干河构等地区还可见放射虫和硅质海绵骨针等，同时泥质深水陆棚环境中，动物有机碎屑组成含量特别突出，最高相对含量达37%，平均为14%，成为重要的生烃组分。有机质丰富的硅质岩是热水活动与生物沉积共同作用的结果，石英主要来自生物沉积和热水导致的 SiO_2 化学沉淀，这也可以解释层状暗色硅质岩常富有机质，单化学沉淀作用形成的燧石层有机质含量却很低的原因（付小东等，2011）。

岩性、岩石矿物成分是控制岩石力学性质乃至裂缝发育程度的重要内在因素（隋风贵等，2007），也是影响页岩气储层孔隙结构的根本因素（陈尚斌等，2013），因此在目前的研究程度下，岩石矿物组成及脆性矿物含量是龙马溪组富有机质泥岩储层描述及评价的重要指标（刘伟等，2012）。四川盆地志留系龙马溪组各剖面均表现出黏土矿物与方解石含量向上具有增加的趋势，石英向上呈减少的趋势（梁狄刚等，2009；陈尚斌等，2011；刘伟等，2012）。沉积中心分区富有机质泥岩脆性矿物总体含量可达50%~75%，远离陆地的局限浅海相带，碳酸盐矿物含量呈增高的趋势，相应陆源碎屑矿物略有下降（刘伟等，2012）。

另外，黄铁矿的广泛发育也与生物作用有关。在缺氧条件下，硫酸盐在细菌作用下和有机质发生氧化还原反应，生成大量的 H_2S，在早期成岩阶段，H_2S 与铁离子结合形成硫化物，与有机质中的活性官能团反应形成有机硫；但金属离子在竞争结合 H_2S 时具有优势，即在铁离子存在的环境下，黄铁矿的形成优先于有机硫（张小龙等，2013）。

2）黏土矿物特征

黏土矿物是细分散的含水的层状硅酸盐和含水的非晶质硅酸盐矿物的总称，它是地层中最丰富的矿物（李娟等，2012）。泥岩/页岩中黏土矿物的形成、转变、消失及其所反映的分布规律受古环境、成岩作用及物源母质等多种因素控制（赵杏媛和陈洪起，1988），不同地区、不同层位黏土矿物的控制因素往往不同，其黏土矿物的分布及类型也不相同。分析黏土矿物的类型、产状、含量及其变化特征，有助于分析其所经历的古环境和成岩作用。长期以来，黏土矿物被认为是寻找油气的有力工具，沉积岩中具有丰富的蒙脱石，经成岩作用会利于油气的生成和运移（Daoudi et al.，2011）；伊/蒙混层含量与有机质具协同演化的规律，黏土矿物吸附了大量的有机质，而且对成烃过程有强烈的催化作用（张正顺等，2013），其含量的高低及类型是影响烃含量的重要因素和指标。

页岩气有关黏土矿物的专门研究很少。李娟等（2012）对渝东南地区黑色页岩中黏土矿物特征进行了分析，并探讨了其对储层物性的影响，研究表明，黑色页岩黏土矿物组合与分布特征、黏土矿物的形成机理，不仅反映了页岩的沉积、成岩环境，而且对孔隙度和渗透率具有一定的影响。由此可见，对页岩气储层的研究，应加强对黏土矿物的研究。

3. 有机质特征及与矿物组分的关系

1）有机质特征

龙马溪组黑色岩系中有机质含量较高，渲染岩石呈不透明的黑色、灰黑色。通过镜下鉴定和电子探针分析，可鉴定出岩石中的有机质有几种不同的赋存形式：①赋存于岩石后期充填的细脉中，隐晶质石英、伊利石呈不连续状充填；②赋存于脆性矿物颗粒的裂隙和周围；③赋存于石英和方解石加大边或次生颗粒内部；④赋存于原生方解石、白云母的解理缝中，由此可见，碎屑矿物中解理或裂隙的存在及发育程度对页岩气的生成和运移有重要的影响；⑤页岩中黏土矿物含量较多，其颗粒细，比表面积大，吸附能力强，表面活性高，可以吸附大量有机物质（张正顺等，2013）。四川地区龙马溪组具有两个生烃凹陷分别为川东万县—石柱生烃中心和川南自贡—泸州—宜宾生烃中心（王社教等，2009），川东和川北地区志留系烃源岩埋藏深度均高于川南地区，但3个地区烃源岩成熟度相近（曾祥亮等，2011）。

有机质丰度是评价烃源岩的重要指标。有机碳含量（TOC）、生烃潜量（S_1+S_2）和氯仿青"A"是评价烃源岩有机质丰度的常规指标，由于四川盆地古生界烃源岩整体处于高-过演化成熟阶段，氯仿沥青"A"和生烃潜量已不能准确地反映高-过成熟烃源岩的生烃能力，因而总有机碳含量成为评价四川盆地古生界泥/页岩生烃强度的最主要指标（吴陈君等，2013）。由此可见，总有机碳含量是烃源岩丰度评价的重要指标，也是衡量生烃强度和生烃量的重要参数。根据页岩气定义，页岩中的有机质是页岩气的生气母质，也是页岩中吸附气的重要吸附介质和载体（李新景等，2007；张小龙等，2013）。

与北美页岩气有机质含量相似，研究区龙马溪组有机质含量较高，具有较好的生烃潜力。例如，据周边露头和井下岩样有机碳含量分析结果，川南地区龙马溪组 TOC 含量为0.35%～18.40%，平均2.52%；其中261块井下样品 TOC 含量为0.50%～8.75%，平均2.53%，TOC 含量大于2.0%以上的占45%，TOC 含量大于2%的高有机碳页岩主要分布于龙马溪组下部（黄金亮等，2012）。朱炎铭等（2010）对四川地区志留系龙马溪组富有机质页岩的有机地球化学分析表明，四川地区页岩的有机质含量为1.2%～5.6%，平均达3.1%。

四川盆地龙马溪组页岩有机质类型为典型的腐泥型，有机质呈无定形状，母质来源于低等水生生物（黄金亮等，2012）；干酪根在扫描电镜下为絮状体；有机质中藻类-无定形组为58.9%～78.3%，平均71.2%；动物有机碎屑组为7.5%～26.4%，平均15.9%；次生组为11.2%～14.8%，平均12.7%（朱炎铭等，2010）。由于高的热演化程度使得干酪根类型不能通过岩石热解分析的 H/C 和 O/C 比确定，加之干酪根碳同位素组成受热演化影响较小（Hao and Chen，1992；Huang et al.，1997），因此，利用 $\delta^{13}C$ 值确定有机质类型。干酪根类型具有 Ⅰ～Ⅱ$_1$ 型干酪根的特点，泥（页）岩的干酪根 $\delta^{13}C$ 为（−32.04‰）～（−28.78‰），平均−30.23‰（王顺玉等，2000）。陈文玲等（2013）根据显微组分特征，认为长芯 1 井龙马溪组底部页岩的干酪根类型是 Ⅰ 型，腐泥质含量为 68.7%～77.4%，平均73.58%；藻粒体含量为 7.7%～11.2%，平均 9.53%；碳沥青含量为 2.4%～6.8%，平均 4%；微粒体含量为 4.6%～9.4%，平均 6.65%；动物体含量为 2.1%～11.6%，平均 7.76%；郭彤楼和刘若冰（2013）利用 JY1 井岩心分析资料，认为龙马溪组底部地层厚为 38m，TOC 平均值为 3.5%，干酪根镜检分析表明泥页岩有机质类型为 Ⅰ 型，$\delta^{13}C$（PDB）值为（−29.2‰）～（−29.3‰），天然气碳同位素具有明显的倒转现象，$\delta^{13}C_1$（PDB）值为−29.2‰，$\delta^{13}C_2$（PDB）值为−34.05‰。由此可见，研究区龙马溪组有机质类型以 Ⅰ 型为主，含有少量的 Ⅱ$_1$ 型，与北美页岩气干酪根以 Ⅱ 型为主相比，具有更好的生气潜力。

同北美页岩气相比，研究区龙马溪组具有更高的热演化程度，我国已发现的页岩气藏均为热成因型，成藏条件与美国有相似之处，但也存在明显的差异（李建忠等，2012）。四川盆地龙马溪组在早二叠世末处于低成熟阶段（Ro 为 0.5%～0.7%），三叠纪末达到生烃高峰（Ro 为 0.9%～1.1%），早侏罗世末进入湿气−凝析油阶段（Ro 为 1.3%），现今为过成熟阶段晚期，液态烃全部裂解成干气（黄金亮等，2012）。研究表明，四川地区现今龙马溪组黑色页岩埋藏深度变化较大，最大埋深超过 5000m，而有机质的成熟度（Ro）介于 2.2%～4.0%，已达高−过成熟阶段（王世谦等，2009；刘树根等，2009；王社教等，2009；朱炎铭等，2010；陈文玲等，2013）。

2）有机质与矿物组分等的关系

实验表明，有机质含量往往与页岩气的生气率和吸附气量呈正比（王社教等，2009；王庆波等，2012），而岩石矿物组分是页岩气总含气量的主要影响因素之一（Ross and Bustin，2008），因此，岩石矿物组成与有机碳含量应具有一定的相关性。例如，张正顺等（2013）发现有机质赋存于岩石后期充填的细脉中，与隐晶质石英、伊利石共存的有机质可能和岩石的硅化作用有关；黏土和大量隐晶质超细粒石英吸附了大量有机物质，而且对成烃过程有强烈的催化作用；此外，在原生矿物的解理缝或者裂隙中，以及次生加大边中都有有机质的存在，说明该区在成岩作用过程中可能发生过多次油气运移。

秦建中等（2010a，2010b）、付小东等（2011）先后对中上扬子区海相优质烃源岩矿物组分进行了研究，分析表明中上扬子古生界海相烃源岩矿物组分包括黏土矿物、脆性矿物（石英＋长石）、碳酸盐矿物（方解石＋白云石），还有少量的硫酸矿物和硫化物。付小东等（2011）分别对黏土矿物和硫化物的组分及特征进行了分析，认为烃源岩 TOC 值与矿物组成虽然共同受沉积环境等因素的影响，但 TOC 值与无机矿物含量之间不存在普遍的相关性，在不同的沉积环境下可形成有机质丰度相近而矿物组成不同的烃源岩。而秦建中等（2010b）对南方海相各时代的优质页岩烃源岩（TOC>1.5%）进行了较系统的全岩X-衍射分析，数据显示矿物成分以石英及碳酸盐矿物等为主，粉砂含量较高，黏土含量低，这与通常认为的海相优质页岩烃源岩黏土矿物高的认识并不一致；并通过统计分析，指出南方海相页岩烃源岩总有机碳含量与矿物含量具有一定的相关性：黏土矿物含量有随TOC含量增加而降低的趋势，而石英的含量随TOC的增加呈现上升的趋势，这种关系可能是因为有利于海相优质页岩形成的台盆、台内凹陷及泻湖稳定环境不利于大量陆源碎屑黏土随水体搬运沉积所致。另外，矿物组成与有机质类型表现出一定的相关性，与二者都受沉积环境、物源等因素的影响有关（付小东等，2011）。

然而，中上扬子古生界海相烃源岩黏土矿物、石英含量与有机质成熟度无明显的相关性，黏土矿物中伊利石、伊/蒙混层矿物等的相对含量与井深有较明显的线性关系，伊利石随井深的增加而明显增加，而伊/蒙混层随井深的增加而明显降低（付小东等，2011）。由此可见，矿物组分特征与有机质的含量具有明显的相关性，有机质的成熟演化与黏土矿物的转化相辅相成。从而，初步推断，页岩气地层的有机质含量与矿物组分主要是受沉积作用的影响，沉积之初有机生物产率、随后的有机物质保存以及陆源碎屑的供给都对页岩有机质丰度产生重要影响。温度、盐度、水体深度适宜的古地理环境，水生生物发育相对繁盛，有机质生产效率高，可提供丰富的物质基础，还原、缺氧条件有利于有机质保存；相反高能、富氧环境不利于有机质保存，陆源碎屑供应量增多，有机质遭到稀释，含量相对减少（李新景等，2009），而成岩作用以黏土矿物的转化最为发育（陈践发等，1995）。

四川盆地志留系龙马溪组有机质特征与沉积环境的关系可描述为：控制龙马溪组烃源岩有机质富集的主要原因是海平面升高、气候变暖和深水还原环境，导致有机质产率高且保存好。奥陶系五峰组和志留系龙马溪组底部高有机质海相泥岩是页岩气富集的最有利层段（张小龙等，2013）。深水陆棚－底栖藻席模式为中国南方主要海相烃源岩的形成模式（梁狄刚等，2009）。海相沉积背景下，欠补偿的浅水－深水盆地、深水陆棚盆地、深水陆棚相、台内凹陷等沉积环境有利于海相优质烃源岩的形成（陈践发等，2006a；秦建中等，2009）。

4. 储层特征

中国海相富有机质页岩微米至纳米孔十分发育，既有粒间孔，也有粒内孔和有机质孔，尤其有机质成熟后形成的纳米级孔喉甚为发育，这些纳米级孔喉是页岩气赋存的主要空间（聂海宽等，2009a）。邹才能等（2011c）在页岩气储层中首次发现纳米级孔隙，并将其分为有机质纳米孔、颗粒内纳米孔及微裂缝等，由此拉开了中国页岩气储集空间可视研究的序幕。

研究区龙马溪组黑色页岩的孔隙度、渗透率及孔隙类型与北美页岩相似，然而由于采集样品与分析方法的差异，不同学者得到的龙马溪组黑色页岩的储集物性特征差别较大，而孔隙类型却相似。曾祥亮等（2011）认为，四川盆地龙马溪组岩性十分致密，孔隙度常不及2%，页岩储层微孔隙主要为伊利石片状微孔隙、微裂隙及基质微孔、粒内溶蚀微孔、莓状黄铁矿粒间微孔等；四川盆地及其周缘五峰组－龙马溪组页岩的氦气法分析平均孔隙度为2.11%～12.46%，平均渗透率为 $0.0063 \times 10^{-3} \sim 104.41 \times 10^{-3} \mu m^2$，除川南外，其他区块物性较好；扫描电镜分析发现，同样整体上层间微缝隙及次生微孔隙较发育，缝隙范围为（0.5～2）$\mu m \times$（50～60）μm，次生孔径范围为 $1 \sim 40 \mu m$，平均面孔率为 8.77%

左右（王庆波等，2012）。据美国威德福公司对龙马溪组 33 块井下样品测试结果，龙马溪组页岩孔隙度为 $1.15\%\sim5.80\%$，平均 3.00%，80% 样品孔隙度大于 2%，其中威远页岩气突破井龙马溪组页岩 8 块页岩样品的孔隙度为 $1.7\%\sim5.8\%$，平均 4.2%；渗透率为 $0.00025\times10^{-15}\sim1.73700\times10^{-15}\,\mathrm{m}^2$，平均 $0.421\times10^{-15}\,\mathrm{m}^2$（黄金亮等，2012）。王玉满等（2012）通过利用高倍扫描电镜对四川南部地区的 69 个样品进行分析，发现其孔隙类型丰富多样，黑色页岩发育残余原生孔隙、有机质孔隙、黏土矿物层间微孔隙、不稳定矿物溶蚀孔等 4 种基质孔隙以及大量天然裂缝，其中有机质微孔隙和黏土矿物层间微孔隙是页岩储集空间的主要贡献者，位于龙马溪组下部的富有机质页岩段裂缝更发育。有机质微孔隙和黏土矿物层间微孔隙是页岩基质孔隙的主要贡献者，这是页岩储层与砂岩储层的显著区别，且二者均为成岩作用的产物。梁超等（2012）通过观察渝页 1 井岩心发现，页岩的储集空间主要为构造张裂缝、构造剪裂缝、层间页理缝、黄铁矿晶间孔隙、黏土矿物晶间微孔及微裂缝、石英颗粒边缘微裂缝和有机质孔隙等 7 种，宏观的裂缝、孔隙多为方解石充填。Guo（2013）通过对 JY1 井的 159 件样品的物性分析，表明龙马溪组 38m 优质页岩层段孔隙度为 $2.78\%\sim7.08\%$，平均为 4.80%，渗透率为 $0.0016\times10^{-3}\sim216.601\times10^{-3}\,\mu\mathrm{m}^2$，平均 $0.16\times10^{-3}\,\mu\mathrm{m}^2$；通过岩心薄片、氩离子抛光、扫描电镜观察发现，富有机质泥页岩中储集空间类型多样，主要包含有机质孔、晶间孔、粒间孔、溶蚀孔、有机质收缩孔、构造裂缝及页理缝等储集空间类型，裂缝不发育段渗透率均小于 $0.01\times10^{-3}\,\mu\mathrm{m}^2$；陈文玲等（2013）利用酒精法测试孔隙度和气体法测试渗透率结果表明，长芯 1 井龙马溪组孔隙度的平均值为 5.68%（$1.92\%\sim10.64\%$），渗透率值（含裂缝渗透率）为 $2.36\times10^{-3}\sim32.37\times10^{-3}\,\mu\mathrm{m}^2$。

由此可见，四川盆地志留系龙马溪组黑色页岩，储集空间的发育主要受矿物成分、岩相类型、有机碳含量和有机质成熟度及成岩作用的影响。储集空间发育多种类型，以有机质孔、黏土矿物层间微孔、晶间孔为主，并发育少量的溶蚀孔隙和晶间孔，微裂缝十分发育且对于储层物性和水力压裂效果具有一定的贡献。孔隙度较高，多大于 2%，渗透率很低，多小于 $0.5\times10^{-3}\,\mu\mathrm{m}^2$，微裂缝的发育可极大地促进渗透性，对油气的运移和页岩气的开发具有显著作用。储层特征与矿物组分具有很好地相关性，例如，Chen 等（2011）认为四川盆地南部龙马溪组随埋深的增加孔隙度增大，孔隙度含量与石英等脆性矿物含量成正比，与黏土矿物含量呈反比。

5. 成岩作用研究

中国页岩气的勘探开发虽起步晚，但却是在很好地借鉴了北美页岩气成功勘探开发的基础上进行的，因此，发展相对迅速。然而，同北美页岩气一样，我国对储层成岩方面的研究程度也很低。页岩气储层成岩作用的研究，前人多根据其烃源岩特征，侧重其有机方面，对有机质的含量及演化程度进行分析（刘树根等，2011；王庆波等，2012；黄金亮等，2012；左中航等，2012；王社教等，2012；聂海宽等，2012a；李娟等，2012；王玉满等，2012），无机成岩方面也有关注（陈尚斌等，2011；梁超等，2012；王社教等，2012；李娟等，2012；王玉满等，2012）。李娟等（2012）对渝东南地区黑色页岩中的黏土矿物的特征、转化及对储层物性的影响进行了研究，认为蒙皂石的伊利石化过程产生微裂隙，可构成部分页岩储层的储渗空间；王社教等（2012）认为成岩阶段与储层脆性有密切联系，页岩处于成熟晚期或变生阶段，岩石矿物向脆而稳定的矿物转化；实现页岩气富集高产的重要条件是富有机质页岩必须具有一定规模的储集条件，泥页岩中受压实作用的影响，残余原生孔隙少，次生孔隙和裂隙作为主要的储集空间，是泥页岩中有机质生烃、黏土矿物转化和不稳定溶蚀作用形成的（刘树根等，2011；王玉满等，2012）；对于成岩阶段的划分，陈尚斌等（2011）认为高而稳定的伊利石含量表明成岩作用已经历晚成岩阶段，反映的成熟度表明四川盆地南缘龙马溪组具有适宜的页岩气成熟条件；页岩气储层同时作为生烃层，在埋藏成岩过程中，应受到有机与无机作用的共同改造，其形成过程比较复杂。因此，前人对于页岩气（尤其是中国页岩气）成岩作用的研究程度相对较低，尚未对页岩气储层的成岩作用和成岩演化进行综合、系统的研究。

6. 气藏特征及评价

从四川盆地南部长芯 1 井的分析测试数据看，页岩气的勘探、生产价值取决于其中游离气和吸附气的含量，游离气的含量高低与其构造保存条件密切相关，而吸附气含量受温度、压力等环境因素影响，在相同情况下，吸附气量高低与有机质含量呈正相关（王社教等，2009）；长芯 1 井有机质丰度与含气量的关系显示，有机碳含量与含气量呈正相关关系，即有机质丰度越高，含气量越大；龙马溪组有机质丰度高、成熟度较高、微裂缝发育、埋深适中，具有形成页岩气藏的优越条件。由此可以看出，我国页岩气研究刚开始起步时，主要是利用有机质丰度对页岩气藏进行评价。

泥页岩中的干酪根和黏土矿物是吸附烃的重要载体，黏土岩的微孔隙发育特征和气体吸附能力不仅与黏土矿物类型有关，而且明显受成岩演化程度和岩石成因的影响，黏土岩微孔隙的发育程度控制着岩石矿物的比表面积，从而决定它们的气体吸附能力（吉利明等，2012），因此，页岩气储层评价要以岩石学特征为基础。评价页岩储层除与常规储层有相同的岩石学、物性等储层基本特征外，还应考虑页岩气藏形成的含气性及能否被开采等条件（朱华等，2009）。页岩气藏以吸附气为主，在一定的温度和压力下，气体吸附量主要与有机碳含量呈正比，但也与有机质类型、成熟度、矿物组分（尤其是黏土矿物）、湿度（含水度）、孔隙结构有明显的相关性（Hao et al.，2013）。吸附能力是评价页岩气储层的重要指标之一，评价参数包括：岩石组成、矿物组分、结构构造、TOC 和 Ro、有机质显微组分与成岩作用（于炳松，2012）。Hao 等（2013）主要对页岩气吸附性的物理特征进行了分析，并对中国页岩气勘探过程的主要潜在困难进行了分析，富有机质页岩中的页岩气吸附能力的控制因素主要有：有机质的特征（富集程度、类型和成熟度）、矿物的组分、孔隙大小和结构、含水量及区域温压特征。Zhang 等（2012）通过实验发现，有机质成熟度越高，页岩的吸附气量越高；而富有机质页岩中，矿物对于气体的吸附量要低于有机质。在实验室中，气体吸附量与压力成正比，与温度成反比（Zhang et al.，2012）；在实际地质条件下，气体吸附量受压力影响，随埋深的增加而增加，而达到一定程度后，由于地温增加而减少（Hao et al.，2013）。

我国学者在页岩气成藏条件研究方面，结合美国页岩气勘探成功经验，根据页岩本身特点（如厚度、矿物组成、孔隙度、渗透率、裂缝发育程度等）、页岩成烃能力（如有机质类型及含量、成熟度等）、页岩聚烃能力（如吸附能力及影响因素等）开展了实验和类比研究（李玉喜等，2009；蒋裕强等，2010；梁超等，2012）。

我国页岩气勘探区优选评价方面，早期主要是通过与美国五大开发成功的含气页岩进行地质要素比照分析，多数研究者也主要依据页岩层厚度、埋深、总有机碳含量（TOC）和热演化程度（Ro）来优选有利区，部分研究者获取了等温吸附能力参数，丰富了有利目标区优选参数，但含气量等直接参数尚不丰富，从这一点看，我国页岩气有利区优选初期仍主要处于富含有机质泥页岩优选阶段，优选出的主要是页岩气发育远景区，主体还没有进入页岩气富集有利区、核心区优选阶段。初步结论认为，我国页岩气资源分布极为广泛，南方海相地层发育区具有优越的页岩气成藏地质条件和丰富的页岩气资源，有望成为我国油气资源的重要战略接替新领域，四川地区最值得首先关注；就近期勘探首选目标的选择上，可以从页岩气成藏的条件机理以及勘探开发等不同角度，对四川地区页岩气成藏的物质基础、地质条件、勘探油气显示以及实验结果等方面有针对性的研究；综合研究来看，将四川地区的威远、泸州、宜宾和自贡区域的龙马溪组作为未来勘探开发首选区及层位较为可行，并且随着储层特征研究的深入和开发技术的发展，资源量估算值可能会更大（朱炎铭等，2010）。

影响页岩气规模开发的因素很多，最核心的因素是首先要通过建立地质评价标准，选出页岩气核心区；核心区的确定关系到在页岩气勘探初期，是否能找准页岩气最富集的目标，选择最有利地区进行勘探，突破出气关，进而实现大规模经济开发（王社教等，2012）。由于不同学者对页岩气地质评价的标准不同，所划分的有利区范围及地质特征具有一定的差别。例如，王庆波等（2012）认为四川盆地周缘上奥陶统五峰组—下志留统龙马溪组具有厚度大（黑色页岩厚度多为 40~100m）、有机碳含量高（大部分地区有机碳含量在 1.5% 以上，部分地区高达 5.8%）、成熟度高（Ro 平均为 1.49%~3.135%）和含气量高（单井总含气量平均大于 $2m^3/t$）等特点，具备形成页岩气的地质条件；并通过与美国主要产页岩气盆地参数类比分析，对四川盆地及周缘该套页岩气藏有利发育区进行了预测，研究结果表明川西南五指山—美姑，川东南涪陵—綦江东南部，川东北地区镇巴东南部为页岩气藏有利的发育区。左中航等（2012）确定川东南地区页岩气选区评价的主要内容包括：有机质丰度、热成熟度、有机质类型、脆性矿物含量、页岩层厚度、埋藏深度、构造形态等七大关键地质因素；有利勘探区的评价标准为：①烃源岩层厚度大于 100m；②龙马溪组烃源岩的顶面埋深深度小于 2400m；③有机质含量大于 2%；④烃源岩的成熟度大于 1.3；⑤区域构造强度弱。川东南地区页岩气开发最有利带主要有两个，第一个有利带位于黔江—宣恩一带，该区域内龙马溪页岩埋深较浅，大部分在 2000m 以内，厚度为 200~500m，有机碳含量超过 3%，属于页岩气勘探 I 类有利区；第二个有利带位于道真县一带，烃源岩厚度为 100~400m，有机碳含量也超过了 3%，埋深在 1200m 以内，也属于页岩气勘探 I 类有利区。黄金亮等（2012）认为四川盆地南部地区志留系龙马溪组具备有利的页岩气形成条件，具体为：具备良好的物质基础，页岩 TOC 含量为 0.50%~

8.32%，平均 2.53%；页岩有效厚度为 20~260m，主要位于龙马溪组下部；有机质为腐泥型，热演化程度高（Ro>1.8%），处于高—过成熟度阶段；页岩纳米级孔隙发育，具有一定储集条件，孔隙度为 1.15%~5.80%，平均 3.00%；脆性矿物含量高，页岩含气量为 0.3~5.1m³/t，平均 1.9m³/t；钻井过程中页岩层段气显示丰富，并已在威远等地区取得了工业性突破；现今埋深浅于 3600m，页岩气资源潜力较大。因此，川南地区志留系龙马溪组页岩是有利的页岩气勘探开发领域之一，隆昌—永川、威远、长宁—珙县地区是研究区 3 个比较现实的志留系页岩气勘探开发有利区，其中隆昌—永川地区最为有利。

王社教等（2012）借鉴北美页岩气的勘探开发和研究成果，结合我国页岩气的勘探开发和研究新进展，初步建立了我国页岩气核心区地质评价标准，并优选出我国南方海相页岩气的核心区，指出四川盆地南部是我国最现实的页岩气开发区；从页岩气成藏特征、页岩气富集因素分析入手，重点探讨我国富有机质页岩的丰度、成熟度、脆性矿物含量、含气性以及盖层等关键参数及其作用，初步建立的页岩气核心区选区评价标准为：富有机质页岩厚度大于 30m，有机碳含量大于 2.0%，有机质成熟度大于 1.1%，含气量大于 2.0m³/t，埋深小于 4000~4500m，地表相对平坦，改造程度低。李延钧等（2013）综合各个指标研究结果，建立了一套适合四川盆地南部高演化海相页岩气的评价指标体系（表 1-1），应用这套体系对四川盆地南部龙马溪组页岩气进行地质选区和潜力评价，取得了良好的效果。

表 1-1 四川盆地南部龙马溪组页岩气评价标准（李延钧等，2013）

Table 1-1 Evaluation standard of shale gas in Longmaxi Formation of southern Sichuan Basin（Li et al.，2013）

评价指标	权重系数	级别（评分）				
		一级（100）	二级（80）	三级（60）	四级（40）	五级（20）
TOC/%	0.2	≥4.0	4.0~2.0	2.0~1.0	1.0~0.5	<0.5
优质页岩厚度/m	0.2	≥100	100~60	60~35	35~15	<15
埋深/m	0.2	300~1500	1500~2500	2500~3500	3500~4500	>4500
充气孔隙度/%	0.15	≥8	8~5	5~3	3~1.2	<1.2
硅质含量/%	0.15	≥40	40~35	35~25	25~15	<15
Ro/%	0.1	1.5~2.0	1.1~1.5 或 2.0~3.0	3.0~4.5	0.5~1.1 或>4.5	<0.5

另外，中国较早就开始了对陆相页岩气的研究，例如，叶军和曾华胜（2008）对川西须家河组泥页岩的成藏条件和勘探潜力进行了研究，须家河组页岩气有利层段以滨海湖沼泽相及内陆湖泊沼泽相暗色泥页岩沉积为主；张林晔等（2008）对济阳坳陷古近纪沙河街组泥页岩地质特征进行了研究，认为其可能存在巨大的页岩气资源量；周文等（2011）对鄂尔多斯盆地富县区块中生界湖相沉积页岩气成藏条件和勘探方向进行了研究；王社教等（2011）对鄂尔多斯盆地奥陶系海相页岩，石炭—、二叠系海陆过渡相页岩和上三叠统湖相页岩进行分析后，指出后两者具备形成页岩气藏的潜力；杨超等（2013）对鄂尔多斯陆相页岩储层微观孔隙特征及成藏地质意义进行了研究，并指出黏土矿物集合体粒间孔和层间粒内孔对研究区页岩气的赋存和运移贡献最大，且是储层各向异性渗透性的主要控制因

素，晶间孔及溶蚀孔次之，有机孔因相对不发育可能贡献较小，同时，微裂缝的影响不容忽视，因其是沟通宏孔与中孔的主要微通道。林腊梅等（2013）在研究我国陆相富有机质泥页岩分布特点的基础上，分析了主要盆地陆相富有机质泥页岩的基本地质条件和有机地球化学参数，总结认为：我国陆相富有机质泥页岩主要分布在华北及东北地区、西北地区及南方局部地区的中新生界，形成陆相页岩气富集，主要具有累计厚度大、有机质类型多样、储集空间丰富、保存条件好、资源丰度高、地表条件好等特征，而且我国陆相富有机质泥页岩发育区多与常规油气勘探开发成熟区重叠，具有资料和基础设施等方面的优势，因此具有更好的经济可采性。同时，我国目前对于页岩气的研究多集中在基础理论上，利用地球物理资料对页岩气进行研究尚处于探索阶段。为此，李志荣等（2011）在对四川盆地南部页岩层段地质、地球物理响应特征分析的基础上，通过地震资料采集、处理及解释技术攻关，形成了一套较为完整的页岩气地球物理勘探思路及技术流程，取得了页岩气地震勘探的新进展；陈祥等（2011b）参照美国海相非常规天然气——页岩气的评价指标，首次对中国新生代陆相湖盆——南襄盆地泌阳凹陷核桃园组页岩气形成条件进行了较系统地研究。

1.2　岩相古地理学研究现状

岩相古地理学来源于沉积学，是现代沉积地质学的重要分支学科，其发展与沉积学的发展密切相关，岩相古地理学能够成为一门学科分支，与沉积岩石学发展为沉积学的过程是分不开的，一定程度上来说，岩相古地理研究的主要基础就是沉积学。但现如今，其研究范围早已超越了沉积岩石学的范畴，而是以地学各学科高度综合与交叉的学术思路，以构造活动论和动态转换为支撑，从全球构造出发，着眼于地质历史时期中的洋陆重组、海陆分布、盆地性质、生态环境与矿产资源配置的研究调查（牟传龙等，2016a）。

1.2.1　国外岩相古地理学的发展历史

实际上，最初的沉积学由于缺乏理论指导，基本上都是在描述沉积岩石的表象，对其外部特征进行着重的研究与描述，试图对其形成的原因进行解释。直到 1830 年莱伊尔提出了"均变论"的思想，包括同时期瓦尔特提出的"瓦尔特相律"，未来很长一段时期内，地质学界的研究都是在这些指导思想下提出来的（华夏和张勤勤，2009）。直到 1939 年，童豪夫（W. H. Twenhofel）的《沉积作用原理》、塔斯克（Trask，1939）的《现代海洋沉积》，从方法上论述了现代沉积环境的特点，这为解释古代地质历史提供了必要工具（华夏和张勤勤，2009），这也是沉积学发展中最为重要的、常用的一个原理及方法，即根据对现代沉积物形成的环境、条件及气候对古代沉积岩的形成环境进行推测，概括为"将今论古"。加之后来的伍登（J. A. Udden）、温德华（C. K. Wentworth）等提出的碎屑颗粒的粒度分级原理及方法，符合流体力学规律和颗粒的正态分布规律；耶卡对沉积岩微观岩石学的研究以及米纳尔（H. B. Mliner）运用重矿物研究物源区和地层对比划分等。以上典型例子代表了以沉积学作为最为基础的岩相古地理学的起源阶段。可以说，起源阶段的岩相古地理学及相关编图（方法）与矿产、能源资源的联系甚微。

第二次世界大战及战后各国的重建，加剧了对能源矿产的需求，这也间接促使了沉积学以及岩相古地理学的迅速发展。其中，最为重要的是一大批新技术、新方法不断的运用于沉积学中，使得该时期内各种测试技术的综合发展成为主流，如 X-衍射法的运用及粒度分析中数理统计法的应用（华夏和张勤勤，2009）。其余比较典型的例子有：1935 年，裴蒂庄在沉积矿物成分研究的基础上，根据不同矿物成分含量及特征，首次编制出了沉积矿物成分的等值线图，并在 1949 年出版了《沉积岩》，研究了沉积岩的分类，对地层和大地构造环境进行了论述，是沉积学历史上首次系统地分类研究著作。沉积学研究的主要任务是推断岩石形成的古环境特征。1945 年，克鲁宾通过大量的研究，不仅得出了研究对象的古沉积环境，还进一步对沉积环境的物质表现（岩石等）做了进一步的定量研究，得出了"边界条件、颗粒、水动力条件（能量）为沉积体系中的三个主要因素"的结论，丰富了沉积学的相关认识。在沉积盆地分析的研究历史中，德国人布林克曼（R. Brinkmann）和克鲁斯（E. Cloos）也曾系统地采用古水流方向和岩相对其进行了初步分析，尚属于该时期沉积学方面的第一次。这些理论和方法的创新性及运用，不仅直接促进了沉积学本身的发展，也使得岩相古地理学得以加速发展，并使得该门学科与矿产、能源资源的联系逐渐加深。这应该是沉积学与岩相古地理学的发展阶段。

沉积学和岩相古地理学真正进入现代研究阶段是 1950 年以后，以最为著名和最具代表性、创新性理论——"浊流理论"的提出为标志，由奎恩（P. H. Kuenen）提出，这在沉积学及岩相古地理学的研究和发展史上具有里程碑意义。其后，在奎恩的指导下，鲍马（A. H. Bouma）进一步提出了"鲍马层序"模式。以上理论的提出，得益于第二次世界大战后各国战后重建的加速以及各国现代工业化进程对能源、矿产等的急剧需求，在促进石油工业、矿产领域快速发展的过程中对新理论及方法的迫切渴望，用以指导它们的快速发展。此后大约 20 年内也是沉积学和岩相古地理学快速发展的时期，大量高水平的总结性、创新性专著出版：道格拉斯（D. J. Deoglas）的《沉积岩石学到沉积学》、特拉霍夫的《沉积成因理论基础》、裴蒂庄和波特的《古流水和盆地分析》、布兰特（H. Blattetal）的《沉积岩的成因》、里丁的《沉积相与沉积环境》等。其中，需要指出的是几个具有重要意义的著作和理论：首先是福克（Fork 1959，1962）发表的关于灰岩的分类著作，是碳酸盐岩在沉积相研究方面的一个非常重要的突破。其次是同时期流态概念、雷诺数和福劳德数等力学概念引入沉积学后，大大促进了对沉积构造的水力学解释及形成机理的研究，其先驱者是 Simons 和 Richardson（1962）的水槽实验，该实验中将水流动态的概念公式化，以用来解释沉积构造的层序，从此以后，沉积学和岩相古地理学的研究就有了沉积动力学基础。再者是由魏格纳的大陆漂移学说和美国地震地质学家迪茨（Dietz，1961）和 H. Hess 的海底扩张学说发展起来的板块构造学说，于 1968 年由剑桥大学的麦肯齐（D. P. Mckenzin）和派克（R. L. Parker）、普林斯顿大学的摩根（W. J. Morgan）和拉蒙特观测所（法国）的勒皮雄（X. Lepichon）等人联合提出的，它是海底扩张学说的进一步引伸。同年，法国地质学家勒皮雄把地球的岩石层划分为六个大板块，即太平洋板块、亚欧板块、美洲板块、印度洋板块、非洲板块和南极洲板块。此理论的提出为理解沉积相和生物组合的大范围展布，以及地球外壳物质的迁移提供了基础（理论依据），从而促进了沉积学家和古地理学家考虑构造作用和板块运动对沉积作用和古地理变迁的影响，进而也发展了一门新兴的学科——盆地分析。

总之，从 20 世纪 50 年代至 70 年代中期，鉴于全球地质学科研究的大背景，许多的地质学家发现，沉积岩中虽然蕴藏着大量的种类繁多的极其重要的矿产资源，但其中有一些只是赋存于沉积岩之中。为了研究清楚这些矿产、石油的赋存与展布规律进而扩大其开采范围，许多研究者开始关注沉积学及岩相古地理学的成因、性质，及其与矿产、石油之间的深层次关系，包括成因上的、空间上的关系等。可喜的结果是，古环境或古地理不仅控制着沉积层状矿床、石油天然气等的形成，而且也控制着许多层控矿床的形成与富集。因此，研究沉积岩形成时的自然地理环境就显得非常重要。本质上，沉积学和岩相古地理学相关理论及编图方法的不断推陈出新，最终也从根本上指导着矿产领域及石油工业研究与勘探的不断深入并取得了显著成效。此认识应是该时期沉积学和岩相古地理学发展过程中一个非常重要的认识，从此沉积学与矿产、能源资源之间的联系逐步加深。

20 世纪 70 年代晚期至 80 年代，应属于沉积学及岩相古地理学发展的成熟阶段，许多沉积学家不仅对前人的各种理论与方法进行了不断的补充与完善，还进一步提出了不少更具建设性的理论和方法。基于地震地层学发展起来的层序地层学，不仅丰富了沉积学的理论，更为重要的是为编制更为高精度的古地理图提供了基础和方法。代表性的著作是《地震地层学在油气勘探中的应用》（Vail et al.，1977）和《层序地层学原理》（Vail and Posamentier，1988）。由施兰格（Schlanger et al.，1981）发现（提出）的全球性的大洋缺氧事件，在板块构造理论的基础上，为进行全球性研究提供了很好的基础和方法。值得注意的是，这两个理论基础和方法的提出，都有矿产和油气资源的影子，前者是基于油气工业基础，进而研究、提出，至最终服务于油气研究与勘探开发；后者由于海底缺氧，在沉积物中形成黑色、富含有机碳、一般无底栖生物扰动，常形成含黄铁矿和重金属的海相纹层状沉积层，具有矿产和油气资源潜力。以上表明，该时期沉积学和岩相古地理学的发展已经与矿产及油气等资源密不可分，其指导着矿产领域及油气工业的研究与勘探开发。

20 世纪 90 年代至今，沉积学及岩相古地理学已进入全方面发展时期。1986～2014 年，国际沉积学会（IAS）（第十二至十九届，1986～2014 年）的信息显示，当代沉积学家们不仅更加重视沉积学及岩相古地理学的基础研究（概括为沉积学理论体系的完善过程），而且同时加强了新的沉积学研究方法的研究，以期更加详尽的从宏观和微观更综合的角度增加对"沉积岩"这一沉积环境的物质表现的认识，从而更好地为恢复古环境和古地理服务，进而能够准确地预测矿产、能源资源的成因及空间展布关系等，并在此基础上抓住当代热点问题进行针对性的研究，具体的主流发展方向有：高精度层序地层学研究［涵盖高精度的岩相古地理图编图方法的探讨、瞬时岩相古地理图编图方法的探讨以及全球海平面变化（曲线）的研究等］、沉积盆地分析（特别是造山带复杂地区的沉积盆地分析）、白云岩成因研究、深水沉积和沉积作用研究、沉积构造演化及沉积响应研究、气候/环境变化及资源沉积学研究等。还有一点特别重要的研究现状及趋势是，学科的交叉渗透综合研究。现今不仅对沉积学规律的认识引入时间坐标的概念，还与大地构造理论、地震一层序地层学、地球物理学、地球化学及计算机等多学科紧密结合，运用"新方法、新技术"开始探讨四维空间内沉积物运动的规律性（姜文超等，2014），以期更好地服务于基础地质研究、矿产及能源工业发展等。这将是当代及未来沉积学以"沉积学为基础、多学科结合为支撑、前沿技术为手段"为研究模式的发展趋势和方向（刘宝珺等，2006；张振晗和辛初波，2006；蒋维红等，2007；华夏和张勤勤，2009；郑秀娟等，2013；姜文超等，2014）。

不难看出，国外沉积学及岩相古地理学的发展历史（表 1-2）一定程度上来说也是矿产、能源工业发展的历史。其中，由沉积学衍生的油气沉积学、层序地层学等，结合地球物理学、地球化学等综合学科交叉运用，在矿产、能源资源研究中取得了非常良好的效果，它们不仅使沉积学、岩相古地理学研究在宏观和微观上得到了充分的展示，并且研究更为全面、精确，至今已实现了沉积研究的三维可视化，且已运用到矿产、能源资源的勘探及开发中。总之，沉积学及岩相古地理学的理论及相关方法技术始终伴随并指导着矿产、能源工业的快速发展。

表 1-2　沉积学发展中重要理论（事件）的时间及意义（姜文超等，2014，有修改）

Table 1-2　The time and signlficance of the imprtant theories（events）in the dovelopment of sedimentology（modified from Jiang et al.，2014）

阶段	年份	理论（事件）	代表人物	意义
	1830～1839	地质学理论、将今论古	莱伊尔、塔斯克	"将今论古"的现实主义原理
	1884	深海沉积物	J. Murray	对深海沉积物进行分类与描述
	1894	历史科学的地质学导论	J. Walther	提出"相序"定律
	1913	沉积岩石学	F. H. Hatch	沉积岩石学从地层学分离，逐渐成为地球科学中的独立分支学科；并开始重视沉积作用研究
	1922	沉积岩石学导论	米纳尔	
	1926	沉积作用教程	童豪夫	
初步形成阶段	1931	《沉积岩石学杂志》	创刊美国 SEPM 学会	标志沉积学成为一门独立的学科
	1932	相论	Д. В. Налцвкцй	
	1932	沉积岩石学	Швецов	由定性研究趋于半定量化，更加重视沉积作用与沉积物形成机制的研究，沉积岩石学成熟的重要标志
	1939	沉积作用原理	W. H. Twenhofel	
	1935、1949	沉积岩、沉积矿物研究	F. J. Pettijohn	首次编制出了沉积矿物成分的等值线图、沉积岩石学成熟的重要标志
	1950	浊流为形成递变层理的原因，浊流理论	P. H. Kuenen	揭开了浊流研究的新篇章、在沉积学及岩相古地理学的研究和发展史上具有里程碑性的意义

续表

阶段	年份	理论（事件）	代表人物	意义
沉积岩石学到沉积学	1951	《沉积岩石学到沉积学》《沉积成因理论基础》《古流水和盆地分析》《沉积岩的成因》《沉积相与沉积环境》	D. J. Deoglas、特拉霍夫、裴蒂庄和波特、H. Blattetal、里丁	沉积学是沉积岩石学发展的新阶段
	1952	国际沉积学会成立（IAS）		出版沉积学领域最新研究成果，推进国际合作交流，倡导多学科交叉融合，促进全球沉积学研究和交流服务
	1959、1962	石灰岩的实用岩石学分类、流态概念、雷诺数和福劳德数等力学概念引入沉积学	Simons 和 Richardson	碳酸岩研究进入新阶段、沉积学和岩相古地理学的研究就有了沉积动力学基础
沉积岩石学到沉积学	1961、1968	由大陆漂移学说和海底扩张学说发展引申为板块构造学说	Alfred Lothar Wegener、R. Dietz、H. Hess、D. P. Mckenzin、R. L. Parker、W. J. Morgan、X. Lepichon	为理解沉积相和生物组合的大范围展布，以及地球外壳物质的迁移提供了基础（理论依据），从而促进了沉积学家和古地理学家考虑构造作用和板块运动对沉积作用和古地理变迁的影响，进而发展出一门新兴的学科——盆地分析
	1961	浊积岩	A. H. Bouma	提出著名的"鲍马序列"
	1962	沉积岩研究方法	刘宝珺	我国沉积岩石学发展起步，开始建立沉积学理论体系
	1962	沉积岩石学	吴崇筠	
	1964	碳酸岩的结构成因分类	业治铮、何起祥等	我国碳酸岩研究现代概念的开始
	1970	我国碳酸岩研究现代概念的开始	S. J. Pieson	最早把测井用于油区沉积学研究
沉积学全面发展	1977、1978	地震地层学、海平面变化综合分析、《地震地层学在油气勘探中的应用》全球性的大洋缺氧事件	P. R. Vail、S. Schlanger	将沉积相分析结合地震资料，引入层序概念，提出等时性地层格架的概念；由施兰格提出的全球性的大洋缺氧事件，在板块构造理论的基础上，为进行全球性研究提供了很好的基础和方法
	1984	沉积盆地分析原理	A. D. Miall	构造地质学和沉积学的综合

阶段	年份	理论（事件）	代表人物	意义
沉积学全面发展	1988	《层序地层学原理》	P. R. Vail	基于地震地层学发展起来的层序地层学，不仅丰富了沉积学的理论，更为重要的是为编制更为高精度的古地理图提供了基础和方法
	1986～2010	十二届国际沉积学大会 十三届国际沉积学大会 十四届国际沉积学大会 十五届国际沉积学大会 十六届国际沉积学大会 十七届国际沉积学大会 十八届国际沉积学大会	国际沉积学会（IAS）举办	重视沉积学的基础研究，同时加强新的研究方法；层序地层学和沉积盆地分析，全球海平面变化，碳酸盐岩及白云岩化作用的研究成为主流；高精度层序地层学，深水沉积和沉积作用，成岩作用，沉积构造演化，气候、环境变化及资源沉积学继续成为研究的焦点，代表沉积学发展的方向
	2010 年至今	现在沉积学发展的主流趋势是与各学科的交叉渗透及综合研究。表现在不仅对沉积学规律的认识引入时间坐标的概念，还与大地构造理论、地震－层序地层学、地球物理学、地球化学及计算机等多学科紧密结合，运用"新方法、新技术"开始探讨四维空间内沉积物运动的规律性，以期更好地服务于基础地质研究，矿产及能源工业发展等。这将是当代及未来沉积学以"沉积学为基础、多学科结合为支撑、前沿技术为手段"为研究模式的发展趋势和方向		

1.2.2　国内岩相古地理学的研究现状

我国在岩相古地理方面的研究起步较早，不仅积极学习国外的先进理论，而且还结合我国的实际地质情况，努力开拓创新，在理论上和实践上都取得了长足的进步与瞩目的成果。

就恢复古环境或古地理方面来说，我国的岩相古地理研究不同时期出现过不同的编图指导思想、原则和方法，并形成了相应的代表性专著或者成果（牟传龙等，2016b）。以时间先后顺序来说，20 世纪 50 年代，刘鸿允（1955）以地层学为基础编制了我国最早期的大范围岩相古地理图集——《中国古地理图》。1965 年，古生物学家卢衍豪从古生物地理分区角度出发编制了《寒武纪古地理》（卢衍豪等，1965）。1984 年，关士聪（1984）从多学科综合研究角度出发，以沉积学为基础理论指导，结合引入大地构造学、地层学、石油天然气地质学等学科知识编制了《中国海陆变迁海域沉积相与油气》，当属我国第一次把沉积学及岩相古地理学运用于油气能源资源方面的尝试。1985 年，王鸿祯教授及其团队与时俱进，采用"构造活动论"及"地质历史演化阶段论"的编图思想，编制了《中国古地理图集》（王鸿祯，1985）。其不仅在编图思想上具有创新性、突破性，更在图面的表达方式上别具匠心：图面的整体形式虽仍以现今经纬度标绘，但对中国主要陆块及与造山带的构造边界采用地壳对接消减带和地壳叠接消减带表示其构造分区及相关属性，从而与编图思路中的"构造活动论"相吻合；其次是配套中国各陆块之间洋陆转换过程中的演化性质和它们之间最终的造山形式说明，以与编图思路中的"地质历史演化阶段论"相吻合。这可归属于我国第一代岩相古地理图集，不仅是我国沉积学，更是整个地学研究方面的重大突破和创新，具有重要的指导和启迪意义。

进入 20 世纪 90 年代后，中国的沉积学及岩相古地理学进入了百家争鸣的发展时期，借鉴与得益于国外"活动论"的指导思想，国内结合实际演化，从"地质活动论"的指导思想出发，在现今中国范围、经纬度坐标内编制"固定论"岩相古地理图，并重视"岩相或沉积相"要素（牟传龙等，2016b）。具有代表性的人物和著作有：刘宝珺和许效松（1994）提出的"构造控盆、盆地控相"的编图思想，编制了《中国南方震旦纪—三叠纪岩相古地理图集》。归纳起来，此部古地理图集具有两个特征：①国内首次采用"构造控盆、盆地控相"思想编制岩相古地理图集，编制的古地理图充分考虑各断代地层在各地质历史时期中的地壳演化背景，并采用角图形式反映其当时的构造和盆地属性，是动态古地理复原的初步尝试（牟传龙等，2016b）；②着重解剖沉积物的构造、盆地等蕴含属性，强调其为构造沉降、海平面升降、物源供给率等因素的综合成因体，并同时关注事件沉积和大陆边缘演化等的影响。又如冯增昭开创的定量岩相古地理图编图方法，采用"单因素分析、多因素综合"思路编制了中国各大区和部分地质时期的一系列定量岩相古地理图（冯增昭和吴胜和，1988；冯增昭，1991；冯增昭等，1994，1997b，1999），此种编图方法在我国石油天然气勘探与开发领域得到了广泛的应用（牟传龙等，2016b），是我国岩相古地理学应用于油气工业的一个典型例子。当然，以岩相古地理学及其编图方法作为油气工业前期研究阶段的关键指导性思想的典型例子还有很多，如在我国普光气田的发现过程中，岩相古地理学及其编图方法的应用就具有关键性的作用。马永生等（2002，2005，2006，2009）、牟传龙等（2002a，2004）的合作团队对川东北地区长兴组的沉积相、沉积微相等进行了详细的研究后，编制了较为精细的岩相古地理图，这对于油气田公司的井位部署等具有关键性的指导作用，由于对沉积古环境（古地理）的不同认识，一些油气企业放弃了本具有良好前景的区块。简单的例子不仅证明了岩相古地理及其编图方法在油气工业的勘探前期研究，甚至是进一步的勘探开发过程中具有基础性、关键性的指导作用，更表明了中国的沉积学家们一直在积极探索如何加强岩相古地理的实用性等（牟传龙等，2016b），即如何将沉积岩相古地理演化研究与矿产、能源资源预测相结合。这也是我国岩相古地理学 20 世纪 90 年代后期至今具有的一个主要特征和发展趋势。另一个主要特征和发展趋势是一直在探索怎样提高岩相古地理研究的等时性、瞬时性和客观性（牟传龙等，2016b）。应该说，自 Vail 等（1977）将沉积相分析结合地震资料，引入层序概念及提出等时性地层格架概念后，如何编制不同层序内的各体系域或有关界面沉积时的岩相古地理图，以便更为真实地反映沉积盆地的沉积演化，更为客观的、动态的变化来反映沉积盆地的充填序列和历史（牟传龙等，1992，1997b，1999，2016b；蒋维红等，2007；马永生等，2002，2005，2006，2009；华夏和张勤勤，2009），并最终更为精细地厘清它们与矿产、能源资源之间的关系（时间和空间上的关系、成因机制上的关系），从而更好地服务于矿产、能源工业一直是沉积学者们追求的目标。国内，牟传龙等（1992）创立了层序地层瞬时编图法，并以此为指导思想编制的《华南泥盆纪层序岩相古地理图》（许效松等，1993）和《湘鄂赣二叠纪层序岩相古地理图》（牟传龙等，2000）是这方面的代表著作。这两部著作不仅是对层序岩相古地理编图理论及方法的深入探讨，更是此种方法的实践与应用，著作中密切结合了石油、天然气的勘探开发应用。理论方法的探讨为沉积和矿产、能源赋存的沉积环境、时空展布规律提供基础性的依据，编制的以盆地为单元的中—大比例尺层序岩相古地理图件指导了石油、天然气的勘探开发并取得了实际效果，体现出其应用价值。至今，层序岩相古地理的研究及更为精细的编图方法的研究依然得到了众多沉积学家们的探讨和扩展，并取得了大量的成果，如邓宏文等（1997）、郑荣才等（2000，2001，2002，2009，2010）一直尝试将相关原理方法应用于陆相沉积环境的研究与预测；马永生等（2009）编制出版的《中国南方层序地层与古地理》等。

其实，与国外沉积学及岩相古地理学的发展历史一样，国内沉积学及岩相古地理学的发展历史也伴随着矿产、能源工业的发展，前者的理论及相关技术方法的每一次创新离不开矿产、能源工业需求的促进；后者也离不开前者的关键指导。

在我国，由岩相古地理学衍生的油气沉积学经历了向国外学习和创建实践阶段（1949～1970年）、油气沉积理论的充实和完善阶段（1970～1990年）和油气沉积学与层序地层学、地震、测井和实验、计算机新技术相结合的生产实用三个阶段（1990年以后）（顾家裕和张兴阳，2003）。现如今，从基础研究和理论创新方面来说，活动论的、古纬度坐标上的洋、海、陆分布古地理的研究，仍然是沉积地质学家奋斗和追求的目标，也是现今沉积古地理研究的前沿领域；与此同时，从其实际的应用性方面来说，就如沉积学和岩相古地理学的发展特征和发展趋势变得更加综合化一样，古地理学的发展不能忽视服务对象的需求，仍需坚持探索适当的指导思路和编图方法，以便更好地、与时俱进地服务于与我们生活息息相关的矿产、能源资源行业等。近年来，牟传龙和许效松（2010）总结并提出了"构造控盆、盆地控相、相控油气基本地质条件"的编图思路，并充分参考矿产、能源资源方面的资料，综合运用油气地质学等学科理论，编制出版的《中国岩相古地理图集（埃迪卡拉纪—志留纪）》（牟传龙等，2016b）就是集基础研究、理论创新及实际应用方面综合结合的尝试，并最终取得了较好的成果。这不仅在沉积学及岩相古地理学的研究中具有重要意义，在能源、矿产资源的研究与勘探开发中也具有实际意义。

需要特别指出的是，近年来，由于页岩气逐渐成为能源领域的研究热点，由此衍生了页岩气沉积学概念，其研究对象主要为细粒沉积岩，集中体现在对烃源岩的研究方面。页岩气藏发育的赋存载体——富有机质泥页岩具有其独特的岩石学特征，且识别不同的岩石学特征是评价页岩气藏形成条件、原位含气量和资源量等的关键（杨振恒等，2010）。然而，现阶段，国内外大多数学者大都从页岩气系统、油气工业视角出发，对页岩气成藏的有机碳含量及类型、成熟度、矿物组分、裂缝系统、温度、压力，构造保存条件以及吸附机理等进行了较为深入的研究（张金川等，2003；Jarvie et al.，2007；Kinley et al.，2008；聂海宽等，2009a；邹才能等，2010c，2011a）。但是，对页岩气藏发育的富有机质泥页岩的岩石学特征、沉积环境和沉积模式等研究还较少涉及，而这些因素又决定了页岩气发育的物质基础，对于页岩气的基础地质调查来说是更为重要的研究对象。

其实，包括泥岩、页岩在内的细粒沉积学及古地理学研究工作可以追溯至20世纪40年代（Dapples and Rminger，1945），初期主要注重宏观环境与岩相学研究，如海底水道与海底扇（Dill and Dietz，1954；Sullwold，1960）、浊流与浊积岩（Kuenen，1951）、潮汐流与潮汐岩（Straaten and Kuenen，1958）、淡水湖泊（Webb，1951）与盐湖（Dellwig，1955）环境中泥质岩类沉积、海洋环境中风尘沉积（Radczewski，1939）等。至 20 世纪七八十年代逐渐拓展至沉积岩石学（Picard，1971；Spears et al.，1981）与沉积建模方面的研究，创建了包括深海悬浮沉积（Schubel and Kana，1972）、浊流与等深流沉积（Stow and Piper，1984）、潮汐流沉积（McCave，1970）等在内的多种模式，探讨了陆上湖泊环境中细粒岩沉积成因（McCave，1970；Lick，1982），进行了细粒沉积实验（Kranck，2011）与模拟（McCave and Swift，1976；Stow and Bowen，1980；Jones et al.，1988）的研究，分析了细粒岩沉积机理（McCave，1984），注意到了富有机质岩细粒沉积建模研究（Wignall，1991）。至 20 世纪 90 年代，则逐渐关注细粒岩沉积微观构造（Bennett et al.，1991a）与控制因素方面的研究（Arthur et al.，1984）。随着非常规油气工业的快速发展，特别是进入 21 世纪以来，以美国为主的页岩气工业的发展，细粒沉积和致密相带研究重新得到重视（贾承造等，2014）。同时，对于页岩气的研究而言，富有机质页岩沉积建模与机理研究备受关注（Loucks and Ruppel，2007），烃源岩作为研究对象目前已建立有多种成因类型模式，主要包括上升流模式（Wignall，1991；苏文博等，2007；李双建等，2008；张维生，2015）、大洋缺氧事件模式（Wignall，1991；Cappellen and Ingall，1994；Erbacher et al.，2001；苏文博等，2007；李双建等，2008；张维生，2015）、远洋悬浮沉积模式（Stow and Tabrez，1998；Stow et al.，2001）、黑海模式（Wijsman et al.，2002）、陆缘斜坡-海盆模式（Loucks and Ruppel，2007）、浅水陆棚模式（Leckie et al.，1990；Egenhoff and Fishman，2013）、周缘前陆盆地沉积模式（Lehmann et al.，1995）以及内陆湖盆沉积模式（Piasecki et al.，1990；Giles et al.，2013）等（徐政语等，2015）。现阶段，对页岩气藏烃源岩评价的方法大都是采用反演法，即利用地层残余有机质来评价烃源岩。但也有一些学者利用新兴的地球生物学理论采取正演方法，对烃源岩进行评价（谢树成等，2006；殷鸿福等，2008；吴勘，2012）。

1.2.3 岩相古地理学在页岩气工业中的应用研究现状

1. 岩相古地理研究及其编图方法与油气（含页岩气）的关系

国内外沉积学及岩相古地理学的发展历史及研究现状表明：一方面，世界范围内沉积学及岩相古地理学的发展一定程度上得益于矿产、油气工业的发展和需求促进；另一方面，岩相古地理学不仅对人类在研究地球的构造演化历史、构造作用对沉积盆地属性的控制、恢复洋陆格局及其地质历史时期的变换等具有重要的基础理论意义，还在指导油气资源的研究、勘探开发、沉积层控矿产远景预测以及水资源勘查等领域起到非常关键的作用（牟传龙等，2016b）。通俗地讲，不同的沉积体系和沉积相控制着地球圈内最为原始的矿产及油气资源的发育条件，即不同的古环境或古地理会形成不同的矿产及油气资源，规律总结为"相控油气基本地质条件"（牟传龙和许效松，2010）。那么，通过岩相古地理研究与编图方法应该就能够初步揭示沉积与能源、矿产资源分布等的内在联系等，若在此基础上再综合其他学科知识，定会更为深层次地揭露能源、矿产资源的成因等问题。

从而可以得出,岩相古地理学研究不仅能够从理论方面指导矿产、能源资源的研究,揭示它们之间的内在联系,具"指导"属性;而且其编图方法本身就是一种找矿、找油气的方法,能够直接应用于矿产、能源资源的勘探与开发(牟传龙等,2011,2016b),具有"关键技术"属性。

早在 70 年前,谢家荣先生(谢家荣,1947;Hsieh,1948)就提出了古地理学为探矿工作之指南这一前瞻性观点,他是第一位公开提出古地理学为探矿工作之指南的地质学家,是岩相古地理学及其编图(方法)在油气、矿产勘探开发中的首次运用。他以新淮南煤田的发现及煤田的类型证明了古地理解释的关键作用,认为古地理条件控制着煤层的物理、化学等性质以及勘探开发方面的经济价值等;而铝土矿及磷酸盐岩等矿床的展布也受古地理的控制,并进一步指出勘探铜矿、铁矿等也需要正确理解古地理特征。在此理论指导下,不同比例尺的岩相古地理编图就是寻找煤层、铝土矿、磷酸盐岩矿、铜矿、铁矿等矿产资源的方法。另外,沉积学、岩相古地理学及其编图(方法)在常规油气勘探中一直处于十分重要的地位(刘宝珺和曾允孚,1985;冯增昭等,1988,1991,1994,1997b,1999,2000;牟传龙等,1992,1997b,2000,2010,2011,2014,2016b;田在艺和万仑昆,1993,1994;陈洪德等,1999,2009a;马永生等,2002,2005,2006,2009)。田在艺和万仑昆(1993)以岩相古地理学为指导,根据中国大地构造环境、古地理轮廓、沉积岩相与地层层序特征研究了我国侏罗系的分布、层序及岩相,并分析了我国侏罗系的含油气地质条件。冯增昭和吴胜和(1988)对下扬子地区青龙群各组进行了岩石学及岩相古地理学研究,并从青龙群的暗色岩层等厚图中可以历史地和全面地看出有利生油岩的分布规律;浅滩环境形成的粒石灰岩、准同生后白云岩以及具构造裂缝的石灰岩,都可作为有利的油气储集岩;东马鞍山组的石膏和硬石膏层是良好的油气盖层,致密的灰泥石灰岩也可作为油气盖层。冯增昭从岩相古地理学角度研究了青龙群的油气生、储、盖条件,并在其专著《中国沉积学》中以"岩相古地理与靖边气田""岩相古地理与塔里木盆地的哈德逊油田""四川盆地上二叠统长兴组生物礁气藏的勘探""岩相古地理研究引导四川盆地飞仙关组鲕粒滩气藏勘探获得重大突破""沉积相在延长组油气勘探突破中的重大作用"等例子强调了岩相古地理学或沉积相在油气勘探中的指导作用(冯增昭等,1991,1994,1997b,1999,2013),这也是定量岩相古地理学及编图(方法)在油气勘探与开发中的典型运用。刘宝珺和许效松(1994)通过对中国南方的岩相古地理研究,探讨了其油气前景,奠定了岩相古地理学研究及其编图(方法)在中国南方油气勘探中的运用基础。"七五"期间,由刘宝珺院士领导的"中国南方岩相古地理及沉积、层控矿产远景预测"项目中,牟传龙等(1992)运用层序地层学的理论和方法,与岩相古地理学相结合,在国内首先提出了层序岩相古地理编图方法,以华南泥盆纪某沉积层控矿床为例探讨了沉积体系域的控矿机制,这是将沉积学、岩相古地理学及层序地层学三者结合在国内油气矿产研究与勘探中的首次运用。并在以后的研究中进一步认为"沉积层序的沉积体系域划分和层序岩相古地理图的编制,可用于油气生储盖层空间配置关系的研究分析",指出此方法为"从层序地层—层序岩相古地理—油气生储盖至选区评价"提供了研究思路和工作模式,并以湘鄂赣二叠系为研究对象,编制了相应的层序沉积体系域岩相古地理图,结合各体系域的沉积特征，从平面上和纵向上加以分析，探讨了湘鄂赣地区的油气生储盖层的空间配置（牟传龙等，1992，1994，1997b，2000），这是岩相古地理［特别是层序岩相古地理研究及其编图（方法）］在湘鄂赣地区油气地质调查中的指导和运用。运用岩相古地理理论，采用岩相古地理或层序岩相古地理编图的思路和方法现已进行了大量的更加深入的研究并广泛运用于全国的油气地质调查工作中，甚至是指导油气的勘探开发工作（牟传龙等，1992，1994，1997b，1999，2007，2010，2011，2014；许效松等，1994；梅冥相等，1996，2005，2006，2007；高林志等，1996；李儒峰等，1998；陈洪德等，1999，2000，2005，2009；田景春等，1999，2000，2008，2010；郑荣才等，2000，2001，2002，2009；马永生等，2006，2008；周洪瑞等，2006；王德海等，2007；朱筱敏等，2008；路琳琳等，2013）。其中最为典型的运用是四川盆地普光气田的发现，马永生等（2010）认为地质认识、勘探思路与勘探技术的创新带来了普光气田的发现，其中地质认识就是深层超深层优质碳酸盐岩储层的分布模式，其较大的贡献即是岩相古地理的研究及相关图件的编制，研究者在详细研究分析二叠系长兴组各沉积体系的沉积特点的基础上，厘清了该期各沉积相带的空间分布，编制了相关的岩相古地理图件，认为长兴组生物礁为碳酸盐台地边缘缓坡点礁群，沿着台地边缘断续分布，指出台地边缘浅滩及生物礁是油气储层最有利相带，礁白云岩及颗粒白云岩等是储层的有利微相等（牟传龙等，2016b）。其实，四川盆地上二叠统长兴组生物礁气藏经历了艰难的地质调查与勘探过程，这个过程中在两个错误的地质认识误导下，使得当时生物礁气藏的勘探裹足不前（冯增昭等，2008）。要有所突破，就必须重新认识生物礁气藏的成因（台地边缘浅滩及生物礁）和分布的地质规律（岩相古地理特征）。通过对生物礁和生物礁气藏特征的研究，认为生物礁气藏受岩相古地理及沉积相带的控制作用明显，岩相古地理控制生物礁及礁气藏的分布，这一理论的认识大幅提高了四川盆地上二叠统长兴组生物礁气藏的勘探成功率，使生物礁气藏勘探取得了重大的突破（冯增昭等，1997，1999，2013；牟传龙等，2003，2005；马永生等，2005，2006，2007，2010，2014）。

总之，近10多年来，岩相古地理学的理论发展和相关技术的进步，如层序岩相古地理编图技术的创新和发展，在沉积矿产及常规油气资源的地质调查及勘探开发过程中发挥了非常重要的作用，开拓了在河流、三角洲及滑塌浊积扇、深水重力流沉积、滩坝、礁及碳酸盐岩建隆中找油的新领域等，推动了油气资源的勘探开发并起到了不可替代的作用（朱筱敏，2008），可以说是一种重要的理论指南和关键的技术方法。

然而，页岩气藏作为油气资源的一种，岩相古地理学的理论及编图方法在页岩气的地质调查工作及勘探开发中的指南作用及关键技术方法地位却没有得到足够的重视。我国的页岩气地质调查及勘探开发工作虽然在短时间内取得了令人瞩目的成果，但依然处于起步阶段，正在从理论学习走向实践，从重点地区调查走向多地区多类型评价，从局部试验走向规模投入。本来，我国的页岩气地质研究工作从一开始就是借鉴美国的经验，而美国的页岩气地质条件相对较为简单，且其基础研究工作相对比较完善，从而对基础地质背景如岩相古地理展布及其编图方法在页岩气的地质调查及勘探开发中的运用关注和研究较少。

相关研究认为，烃源岩的基础地质研究（如沉积相及岩相古地理）及确定，特别是优质烃源岩的确定，对科学评价含油气盆地的油气资源潜力，深入揭示油气生成、运移、聚集及富集规律等具有十分重要的作用和意义（卢进才等，2006；侯读杰等，2008；张文正等，2010）。对于源—储一体的页岩气藏而言更是如此，其物质基础及其控制因素等的精细研究尤为重要。如前所述，前人已对页岩气藏烃源岩的沉积模式和富集机理做了一定程度的研究，取得了一定的成果。但在烃源岩的源储配置关系、烃源岩的精细沉积环境及主控因素等方面的研究还稍显不足，特别是沉积学及岩相古地理学在页岩气中的应用研究尚未引起重视。幸已有涉入，梁超等（2011）就黔北地区牛蹄塘组沉积环境对有机质富集的影响进行了研究，并通过电子显微镜观察、矿物含量分析剖析了五峰组—龙马溪组页岩的矿物学特征、岩相特征和储集空间类型，讨论了相关页岩储集性能的控制因素。黄俨然等（2011）通过研究认为烃源岩的分布受古气候、古构造、古环境等多种因素的控制，并提出"缺氧条件"独立作为有效烃源岩的主控因素有失偏颇，而"古生产力"也与富含有机质的海相烃源岩的相关性较好，对于烃源岩形成环境来说表层水的高有机质生产力比底层水的缺氧环境更重要，只要有机质生产力足够高，在含氧的非还原环境中也能形成烃源岩的观点。高志勇等（2012）通过对塔里木盆地萨尔干组页岩、印干组页岩的研究，得出两组页岩，即烃源岩的有机质含量、密度等与海平面的升降具有一致对应关系，均具有海平面上升，有机质丰度增高，泥页岩密度降低；海平面下降，有机质丰度降低，泥岩密度增高的特征；并指出海平面的变化受构造活动和沉积环境变化的综合控制影响。谢小敏等（2015）更是根据沉积环境—生物组成—烃源岩形成的思路，精细分析了生物组成及有机碳含量，进而讨论了沉积环境与烃源岩发育的关系，得出前者对后者的绝对性控制作用。林俊峰等（2015）也通过研究认为构造和古气候可以控制可容纳空间的形成消亡，沉积环境的产物——水和沉积物的供给等影响着盆地的发育演化，同时也影响着沉积水体的物理、化学性质及生物发育，最终又通过影响保存条件，古生产力和沉积物的堆积速率控制着烃源岩的发育特征。总之，烃源岩是页岩气勘探的物质基础，研究其形成环境及其对烃源岩的形成和保存等的控制作用和过程对页岩气地质调查工作及未来进一步的勘探与开发具有极其重要的意义，理应得到众多页岩气研究者的重视。

在页岩气储层特征研究方面，前人大都将页岩作为烃源岩来研究，将其作为储集岩的研究相对较少。其实在北美地区，通过对以微米级、纳米级的微孔隙为代表的页岩储层的微观特征进行研究，在页岩气孔隙特征研究方面取得了重大进展，对页岩气的勘探开发起到了重要的指导作用。在国内，邹才能（2010b）等通过纳米 CT 技术在泥页岩中首次发现了纳米级孔隙，自此掀开了油气储集层纳米级孔隙研究的序幕。页岩气藏更是如此，许多学者对泥页岩储集层特征、类型及其形成条件进行了研究，并提出页岩气储集层的评价参数（Curtis，2002；蒋裕强等，2010；邹才能等，2010b；郭岭等，2011）。鉴于页岩气储层特征的重要性，对其控制因素的研究逐渐得到重视。研究发现，沉积（微）相与页岩储层岩相、特征、储集性及分布等有密切的关系，然而，这种关系到底是一种一切条件下的正相关关系，还是特定条件下的正相关关系，甚至是负相关关系，现尚未有明确的结论。相关的研究正在逐步展开，且近两年来已有不少研究者开始此方面的研究。如郭伟等（2015）通过测井数据、录井数据、岩心观察描述、薄片分析、粒度分析、X-衍射全岩分析以及总有机碳含量等参数研究了山西组页岩储层岩相与沉积微相类型，精细地表征了控制山西组页岩储层分布的沉积微相，并通过岩相古地理研究及编图技术实现了有利沉积微相的空间展布规律，是沉积相研究及岩相古地理研究及编图在页岩气地质调查及储层等深入研究中的应用。徐昉昊等（2015）也在区域沉积背景条件下，利用 X-衍射技术、扫描电镜技术、等温吸附技术，对湘中、湘东南拗陷页岩层系储层特征进行了全面的分析研究，并通过岩相古地理研究及编图进行了有利储层的分布研究，这是岩相古地理学在页岩气地质调查工作和深入研究中的再一次实践。

总之，国内数十年的常规油气地质调查及勘探开发实践以及近十年来的页岩气地质调查与勘探开发实践表明，中国的烃源岩分布区（即潜在页岩气分布区）的沉积环境和后期经历的多期构造改造迥异，页岩的分布特征及其与沉积环境、构造变形等之间的关系至今尚未有过专门的从页岩气藏角度出发进行系统的研究，有机地球化学参数（有机碳含量、有机质类型及有机质热演化程度等）及烃源岩矿物组分等与构造背景、沉积环境及古地理展布之间的变化关系也未开展过系统的研究或研究程度不够，在国内只见少量的研究报道（李世臻等，2013；王阳等，2013；王秀平等，2014，2015）。而运用沉积学及岩相古地理学作为页岩气地质调查工作的理论指导，岩相古地理编图技术作为关键技术进行页岩气远景区、有利区及目标区优选的相关理论和方法技术的研究尚未系统的开展过。牟传龙等（2016a）以四川盆地南部及邻区龙马溪组页岩气的相关研究探讨了岩相古地理学的研究及其编图方法在页岩气调查工作中的作用，明确提出了岩相古地理研究可作为页岩气地质调查工作的指南和关键的技术方法。其实，面对我国极为复杂的页岩气地质条件、页岩气地质理论研究内容广泛且相对滞后及研究基础薄弱等问题，我国的页岩气地质调查工作应重视基础地质和地质调查中关键技术方法的研究，应以页岩气发育赋存载体——烃源岩的岩相古地理研究和编图方法及其地质调查工作的关键技术方法为主攻方向。国内页岩气的勘探开发实践也证明岩相古地理控制了页岩气成藏的基本要素组合和页岩气资源的分布，需要加强沉积对页岩层段分布规律的控制作用研究，即烃源岩的岩相古地理展布特征及其对页岩气的控制作用的研究；同时更须要加强多信息、多尺度、多元化和数字化的古地理研究及其编图基础上页岩气地质条件参数叠合优选远景区、有利区及目标区的方法探讨研究。

2. 我国页岩气地质调查工作的现状

中国的页岩气地质调查研究及勘探开发还处于起步阶段是不争的事实，但是经过前期的初步调查及与美国页岩气成藏条件的对比发现，中国的页岩气资源潜力巨大，具有良好的勘探前景。中国的页岩气发育区可划分为与板块构造大致对应的四个地区，即中国南方的扬子板块地区、中东部地区、西北地区及青藏地区，其中，中国南方的扬子板块地区页岩气资源潜力最大。

中国南方页岩气区作为全国页岩气资源战略调查的重点地区，区内主要发育一套古生界的海相页岩气地层，包括上震旦统陡山沱组、下寒武统筇竹寺组（牛蹄塘组）、上奥陶统五峰组－下志留统龙马溪组、下石炭统河州组、上二叠统龙潭组及大隆组等；具有烃源岩层分布广、埋藏浅、厚度大、有机质丰富、成熟度高等特点，具备优越的页岩气成藏条件，是页岩气发育的有利区域，勘探潜力巨大。侏罗系陆相地层自流井组也是页岩气发育的潜在层系。其中，川东和川南地区（含川西南）上奥陶统五峰组－下志留统龙马溪组的页岩气地质调查程度最高，在四川盆地南部长宁、威远等地区完钻的多口页岩气井的分析测试数据也证实了龙马溪组具有形成页岩气藏的优越条件。2015 年，在渝东的涪陵焦石坝地区已经建立起中国第一个大型页岩气田。其次，下寒武统牛蹄塘组同样具有较大的页岩气潜力，但是相关的页岩气地质调查工作相对于龙马溪组而言尚显不够。2015 年伊始，由中国地质调查局牵头的南方页岩气基础地质调查工程顺利开展，进一步促进了中国南方页岩气的地质调查工作，针对区内上奥陶统五峰组－下志留统龙马溪组、下寒武统牛蹄塘组及上二叠统龙潭组及大隆组等页岩气发育层系开展了大量的二维地震、重磁电、调查井及相关课题的研究；进行了页岩气区块的招投标工作；针对重点地区的页岩气的地质调查等制定了初步的基础规范和技术标准等。但这些工作都尚未从整个区域的角度出发，缺乏系统性、方法性的整体研究，根本上缺乏页岩气发育层系有利区和目标区的地质调查工作、评价及优选方法（张金川等，2007，2008b，2010；王社教等，2009；陈尚斌等，2010）。

我国中东部地区和西北地区的页岩气地质调查工作尚未大规模的开展，现阶段只进行了初步的页岩气资源摸底及极少量的页岩调查井工作。初步摸清了中东部地区的页岩气资源区域上可能分布在主力油气层的底部，层系分布在古生界至中生界，如松辽盆地的白垩系、鄂尔多斯盆地的三叠系、渤海湾盆地的古近系等。西北地区区域上分布的侏罗、三叠系和盆地边缘埋藏较浅的古生界烃源岩层系可能具有较大的厚度和有机碳含量，具有一定的页岩气勘探潜力。而青藏地区初步摸清了一些重点地区的中生界泥页岩地层厚度，有机质含量及热演化程度，具有页岩气勘探的潜力。

2015 年，中国地质调查局针对性地对全国的页岩气地质调查工作作了战略部署，以"十三五"为契机，全面开展了"四川盆地页岩气基础地质调查、武陵山地区页岩气基础地质调查、滇黔桂地区页岩气基础地质调查、中扬子地区页岩气基础地质调查、下扬子地区页岩气基础地质调查、页岩气资源潜力评价、中国典型页岩气富集机理与综合评价体系、构造体系控制页岩气形成与分布调查及南方地区页岩气基础地质调查"等 9 大有关页岩气地质调查的项目，开启了我国页岩气地质调查的新篇章。

1.3　本章小结

本章全面总结了北美页岩气发育的地质背景、赋存载体页岩的岩石学特征、有机质特征、储层发育特征及成岩作用特征、页岩气气藏特征及评价等；又以国内近十余年有关页岩气研究的资料为主，对我国页岩气及其赋存载体页岩的几大特征进行了总结，并与北美页岩气相关特征进行了对比。相对而言，北美页岩气的发育层系更为集中，资源类型单一；而国内页岩气发育层系则较多，资源类型也多，并已在海陆过渡相、陆相页岩气研究方面开展了基础研究。

另外，全面总结分析了岩相古地理学的研究现状及其在世界油气工业发展中所发挥的重要作用，在一定程度上，世界范围内沉积学及岩相古地理学的发展得益于矿产、油气工业的发展和需求促进；但同时，岩相古地理学在指导油气资源的研究、勘探开发、沉积层控矿产远景预测以及水资源勘察等领域同样可起到非常关键的作用。得出的结论是：通过岩相古地理研究与编图方法能够初步揭示出沉积与能源、矿产资源分布等的内在联系，若在此基础上再综合其他学科知识，定会更深层次地揭露能源、矿产资源的成因等问题。

第 2 章　页岩气富集影响因素分析

2.1　页岩气的定义

那些难以用传统油气地质理论解释，且不能用常规技术手段开采的天然气称为非常规天然气，主要包括页岩气、煤层气、致密砂岩气、天然气水合物等类型。该类型气藏储层普遍具有低孔低渗、连续成藏的基本特点。其中，页岩气是非常规天然气资源的重要类型之一，也是重要的清洁能源资源。

对于页岩气的定义，传统的理解是指主体上以吸附和游离状态存在于低孔隙度、特低渗透率、富有机质的暗色泥页岩或高碳泥页岩层系中的天然气（张金川等，2003，2004，2008a，2008b；蒋裕强等，2010；徐国盛等，2011），为生物成因、热成因或者生物－热成因的连续型天然气聚集，在成藏及分布上具有运移距离短、多种封闭机理、聚集成藏隐蔽、地层饱含气等地质特殊性（Curtis，2002；张金川等，2003；徐国盛等，2011）。简而言之，页岩气就是从富有机质黑色泥页岩中开采的天然气（邹才能等，2010a，2011b）。

从岩石学特征角度分析，有学者提出了页岩气藏并非发育于传统意义上的富有机质泥页岩中（黏土矿物含量大于 50%），而是发育于由黏土级和粉砂级的细粒沉积物组成的细粒沉积岩中（姜在兴，2003）。其实，随着非常规油气工业的快速发展，细粒沉积岩的概念及相关的研究重新得到了学者们的重视（贾承造等，2014），因而提出了页岩气是发育于细粒沉积岩中的天然气，认为烃源岩经过一系列地质条件作用生成大量天然气，并在持续压力作用下大量排出，向渗透性地层如砂岩和碳酸盐岩运移、聚集成构造气藏或岩性气藏，进而最终残留在细粒沉积岩层系中的部分天然气而形成页岩气资源（李新景等，2009）。实际上，从油气资源角度出发，细粒沉积岩概念的提出使许多学者便于区别，将以往研究的常规储层岩石类型称为粗粒沉积岩，将现今关注的颗粒粒径小于 1/16mm 的硅质岩、泥页岩、粘土岩以及煤系岩类等非常规储层岩石类型统称为细粒沉积岩。当然，此概念的提出极大地丰富了沉积岩石学研究领域，拓展了储层研究范畴，发展了传统沉积学与储层地质学（徐政语等，2015）。但从这个角度理解，细粒沉积岩类概念的提出应更多的是针对整个非常规油气藏。

另外，不少学者还提出在页岩气发育层段，通常发育数量较多的粉砂质泥岩、泥质粉砂岩、粉砂岩、细砂岩、粗砂岩，甚至薄层细砾岩夹层，它们同样是产页岩气的主要组成（张金川等，2003，2004，2008b）。吴馨等（2013）也指出页岩气不仅仅是以吸附或游离状态存在于泥岩、高碳泥岩、页岩及粉砂质岩类夹层中的天然气，以游离相态存在于裂缝、孔隙及其他储集空间，以吸附状态存在于干酪根、黏土颗粒及孔隙表面，极少量以溶解状态储存于干酪根、沥青质及石油和天然气中，而且同时也存在于夹层状的粉砂岩、粉砂质泥岩、泥质粉砂岩，甚至砂岩地层中。汪明等（2012）也把页岩气定义为赋存于富有机质泥页岩及其夹层中的天然气，以吸附或游离状态为主要存在方式的非常规天然气，成分以甲烷为主。但仅从页岩气自生自储这一特性角度出发，非烃源岩层/岩性中的天然气，实际上应属于同一成藏系统中常规气藏或非常规气藏的其他类别，如致密砂岩气等。

综合上述观点认为，要准确理解页岩气的定义，还是应把更多的关注点落脚于富有机质泥页岩本身，即烃源岩本身。结合笔者在实际页岩气地质调查工作及研究中的认识，我们认为页岩气含义为：页岩气是烃源岩中未被及时排出的"残留气"，以吸附气、游离气或溶解气形式存在，主要为生物气、热成因气或者两者的混合。其含义重点突出两个方面：①明确指出页岩气发育于烃源岩中，其载体是具有一定吸附储集空间的富有机质泥页岩或者是富有机质粉砂质泥页岩类，而不是缺乏有机质的粉砂（质）岩类、碳酸盐岩或相关夹层，优质的烃源岩是页岩气成藏最主要的因素；②页岩气是相对优质的烃源岩在生烃过程中未被及时排出的"残留气"，具有源储一体特征，且其生烃残余孔也为主要的储集空间，决定着页岩气的吸附潜力和吸附气量。由此可见，页岩气藏整体上为一种在现有经济技术条件下不能用传统的常规油气开采技术方法开采的特殊油气资源。近年来，得益于水平井和压裂技术的发展，烃源岩中的"残留气"（即页岩气）开始实现工业性的勘探开发。

2.2 页岩气地质特征

结合页岩气的定义，总的来说，页岩气具有以下三个最为基本和重要的地质特征。

（1）形成页岩气藏的首要条件和关键因素是泥页岩中必须具有充足的原位含气量和足够的有机质，能够产生大量的生物成因气和热成因气，这就要求泥页岩必须是烃源岩，即页岩气赋存于烃源岩中。

（2）岩性、源储一体。页岩气藏具有典型原地成藏的特点，烃源岩中未能及时排出的天然气残留于烃源岩岩层内部形成气源聚集，为烃源岩气藏，属于源内气。其次，在漫长的生烃过程中，生成的天然气不仅要满足岩石中有机质和黏土矿物颗粒表面吸附的需要，同时还需满足其基质孔隙和各类储集空间的储备，当吸附气量与溶解的逃逸气量达到饱和时，富余出来的天然气则以游离相或溶解相态进行运移逃散，在条件适宜时形成水溶性气藏（聂海宽等，2009a；王祥等，2010）。所以，页岩气赋存载体虽是低孔超低渗性储集体，但具广泛的饱含气性。

（3）页岩气藏的发育与分布不受构造控制，不存在明显或者固定界限的圈闭，只受烃源岩本身生气面积和封盖层的控制。与常规油气储层相比，页岩气的聚集属于无二次运移或极短距离二次运移天然气的赋存和富集，不依赖于常规意义上的圈闭，即受保存条件的约束（张金川等，2011）。

综上所述，页岩气是烃源岩中未被及时排出的"残留气"，以吸附气、游离气或溶解气形式存在，主要为生物成因气、热成因气或两者的混合。页岩气藏是以烃源岩为气源岩、储层及盖层，本身不间断供气且持续聚集富余而最终残留形成的一种连续型天然气藏（李建青等，2014）。即页岩气是集烃源岩、储层和盖层等成藏体系要素于同一套烃源岩的天然气，烃源岩的岩性、厚度、面积、地化参数、物性参数、矿物组分等直接控制着页岩气的含量，并最终决定其是否能够成藏（王秀平等，2015a；牟传龙等，2016a）。实际上，页岩含气量的多少指示着页岩气的富集程度，是评判富有机质泥页岩中残留气量多少的一个直接标志，也是目前国内计算页岩气资源量的一个重要参数（王世谦等，2013b；王秀平等，2015a）。因此，在页岩气区域地质调查工作中对页岩气富集成藏影响因素的分析，实际上为影响页岩含气量因素的分析。这些因素中哪些又是最为关键的因素呢？这个问题将在 2.3 节中讨论。

2.3 页岩气富集影响因素

北美页岩气能够实现商业开发，取决于有机质丰度和热演化程度、脆性矿物含量、保存条件、页岩厚度和顶底板条件、地面地形和水文等条件（Martini et al.，1998；Daniel et al.，2007；Gault and Stotts，2007；Martineau，2007；Ross et al.，2008；李建青等，2014）。国外各大石油公司在页岩气选区评价中所采用的关键参数（Daniel et al.，2007；Gault and Stotts，2007；Martineau，2007；Martini et al.，1998；Ross et al.，2008）大致有两类，即地质条件类参数和工程技术条件类参数，前者控制页岩气的生成与富集，包括含气页岩面积、厚度、有机质丰度、类型、成熟度、脆性矿物含量及油气显示等；后者控制页岩气的开发成本，包括埋藏深度、地表地貌条件、道路交通等。在国内，徐国盛等（2011）、陈更生和黄玉珍（2011）通过研究，认为控制页岩气藏富集程度的有三大关键要素包括：页岩厚度、有机质含量和页岩储层空间（孔隙、裂缝）。王朝晖等（2013）从黑色富有机质泥页岩厚度、有机碳含量、有机质类型及热演化程度等方面系统研究了湘中地区石炭系测水组含煤层系页岩气的生气物质基础，认为这三者是影响页岩气成藏的关键因素。张金川等（2008b）认为作为天然气聚集的特殊类型，页岩气吸附作用的存在导致其成藏条件和要求比其他类型气藏低，即成藏门限降低（庞雄奇等，2004），进而导致了页岩气能够大面积的存在和分布；并结合前人研究成果（Curtis，2002），得出页岩气成藏需具备以下地质条件：沉积地层以泥/页岩为主，单层厚度不小于 10m，泥质含量高（泥/页岩地层中的纯泥岩厚度大于 10%），有机质丰度（TOC≥0.3%）及成熟度底线条件要求相对较低（Ro≥0.4%），孔隙度低（小于 12%）等。对于具有工业勘探价值的页岩气，则要求埋藏深度小（不大于 3km）、裂缝发育、吸附气含量高（不小于 20%）等，现今仍处于生气作用阶段的泥/页岩具有更好的成藏有利性。邱小松等（2014）通过对中扬子地区下寒武统海相页岩的研究，认为页岩厚度、埋深、有机碳质量分数、有机质成熟度、含气量及保存条件等是页岩气成藏的关键因素。杨瑞东等（2012）指出页岩气量的评价是一种资源因素，决定了区域页岩气资源潜力及储量的多少，是页岩气资源评价、有利区块优选的关键指标，这些关键指标包括泥页岩厚度、有机质丰度、干酪根类型、成熟度等。

其实，不同学者限于不同的页岩气发育区块或不同的发育层位，得出了影响页岩气成藏富集的不同关键因素。这些因素概括起来主要包括泥/页岩发育厚度、有机碳含量、有机质类型、热演化程度、脆性矿物含量、孔隙度及渗透率等储集层特征、裂缝发育程度、古构造配合、后期保存条件及含气性等，它们均是影响页岩含气量、天然气赋存状态的主要因素，并与深度、温度和压力等环境条件因素一起决定其是否具有工业勘探开发价值等（张丽雅等，2011；李贤庆等，2013）。其共同点的落脚点则是页岩含气量这一重要因素。

页岩含气量是指每吨岩石中所含天然气折算到标准温度和压力条件下（101.325kPa，25℃）的天然气总量，包括游离气、吸附气、溶解气等，目前主要关注吸附气和游离气（李玉喜等，2011；聂永生等，2013），其大小直接影响着页岩气藏的经济可采价值（韩双彪等，2013a，2013b）。聂海宽等（2012b）通过实测法发现页岩气以吸附气为主，页岩含气量的多少指示着页岩气的富集程度，是评判页岩中残留气量多少的一个直接标志，也是目前国内计算页岩气资源量的一个重要参数（王世谦等，2013b）。

2.3.1 有机碳含量

有机质含量决定了页岩的生烃能力、孔隙空间的大小和吸附能力，对富有机质页岩的含气量起决定性作用（李玉喜等，2011）。一般来说，烃源岩中有机质丰度及生气作用越高，气藏富集度越高（徐国盛等，2011）。北美页岩气勘探开发的成功经验表明，有机质含量是衡量页岩含气性能的重要指标，富有机质页岩的有机碳含量达到一定下限时，才具有工业产气价值（Curtis，2002；Bowker，2007）。通过对北美页岩气的研究发现，页岩中有机碳的含量与页岩产气率之间呈线性关系（图 2-1），有机碳含量是决定页岩产气能力的重要变量，由于有机碳的吸附特征，其含量直接控制页岩的吸附含气量，且随着有机碳含量的增大，相应的页岩吸附气量也增加（Jarvie et al.，2005b）。Ross 等（2007）对加拿大东部侏罗系 Gordondale 地层研究发现，有机碳含量较高的钙质或硅质页岩对吸附态页岩气具更高的储存能力；反之，有机碳含量减少，吸附气含量也随之降低。这一结论进一步反映了页岩吸附能力与有机碳含量之间的密切关系（Bowker，2007）。Shirley（2001）提出页岩的有机碳含量是影响页岩吸附气量的主要因素之一，而有机质的丰度、类型和演化程度是影响生气量的主要因素。

国内学者通过研究，也发现有机质含量是影响页岩含气量的关键因素，是制约页岩含气量与资源潜力的关键参数（王世谦等，2013b），其决定着生烃的多少，是生烃强度的主要影响因素（白兆华等，2011），有机质丰度和热演化程度是页岩气成藏的基本条件（李建青等，2014）。有机碳含量也是衡量页岩含气性能的重要指标（韩双彪等，2013b），研究表明，同北美页岩一样，中国多数盆地的页岩中有机碳含量与页岩产气率之间都有良好的线性关系（张卫东等，2011）。在实际勘探研究过程中，发现总有机质含量往往与页岩的含气量呈正相关关系，页岩中有机质含量越高，其含气量越大（图 2-2）（郭彤楼等，2013；王世谦等，2013b；涂乙等，2014）。页岩中的有机物质可以将其作为母源生成的页岩气吸附在其表面，使得有机质对气体的吸附能力与页岩中总有机碳含量之间存在线性关系（白兆华等，2011）。页岩吸附能力主要与微孔和中孔含量有关，有机碳含量与微孔体积具有一定的负相关，与中孔体积没有明显的相关性，与宏孔体积具有良好的相关性，相关系数为 0.5664（武景淑等，2013）。韩双彪等（2013a）通过试验发现渝东南地区龙马溪组页岩随着有机碳含量的增加，吸附气含量有增加的趋势，并提出这与有机质表面具有微观孔隙特征有关；薛华庆等（2013）通过对四川盆地昭通区块龙马溪组页岩的有机碳含量和现场产气量测试显示，有机碳含量增加，页岩的比表面积增加，吸附能力增强，饱和吸附量变大，使得含气量增加；另外，聂海宽等（2012b）分别通过实测法和公式法对四川盆地及其周缘上奥陶统－下志留统黑色页岩含气量进行了分析和计算，二者所得结果吻合度较高。其中，公式法主要是根据有机质含量和页岩孔隙度的线性计算，而页岩储集层的孔隙以有机质生烃孔为主，这也受有机质含量的控制，由此可进一步说明，黑色页岩有机质的发育特征，可作为页岩气评价的重要指标和决定性因素。在页岩气开发过程中，水力压裂后，会产生垂直方向和水平方向的渗透率，高有机碳含量也会增加原地渗透率，极大地提高预期的最终采收率（张卫东等，2011）。

由此可见，有机碳含量是控制页岩吸附气含量的主要因素，一方面，有机碳含量高，页岩的生气潜力就大，则单位体积页岩的含气率就高；另一方面，有机质生烃演化程度越高则形成的有机质生烃孔越多，并且有机碳含量越多，在生烃演化过程中产生的微孔增多、微孔隙度增大，可供天然气吸附的比表面也增大，页岩吸附气含量随之增加（徐国盛等，2011）。吸附气作为页岩气的最主要类型，所以在页岩气区域调查过程中，有机质含量是控制页岩含气量的主要因素。已有研究表明，页岩气能够成藏，富有机质泥页岩必须具有足够的有机质，一般 TOC>2.0%（牟传龙等，2016a）。

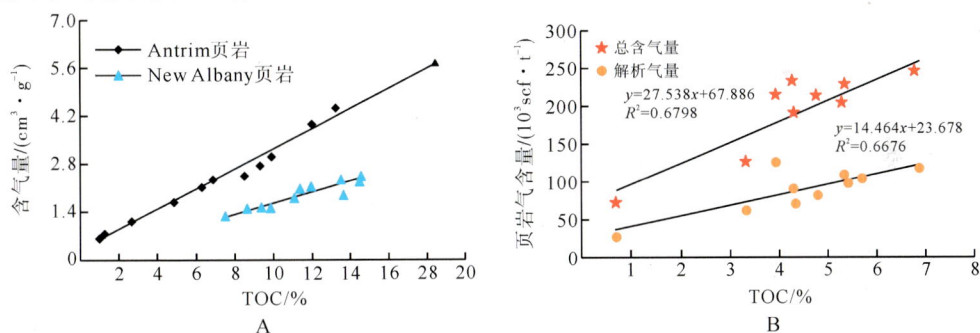

图 2-1　北美页岩气有机质含量（TOC）与含气量的关系（陈波等，2011；王祥等，2010）

Figure 2-1　Relationship between TOC and gas content of North America shale gas

(Chen et al.，2011；Wang et al.，2010)

2.3.2　有机质类型及成熟度

有机质类型是评价富有机质页岩生气质量的重要指标之一，它对页岩的生气潜力和性质起着决定性作用（王丽波等，2013）。由于不同干酪根的化学组成与结构特征具有显著差别，因而不同阶段的产气率会有较大变化。在实验条件下，不同升温速率有机质的成气转化基本一致，但主要生气期（天然气的生成量占总生气量的 70%～80%）对应的 Ro 值不同；Ⅰ型干酪根主要生气期的 Ro 为 1.2%～2.3%，Ⅱ型干酪根主要生气期的 Ro 为 1.1%～2.6%，Ⅲ型干酪根主要生气期的 Ro 为 0.7%～2.0%，海相石油裂解成气的 Ro

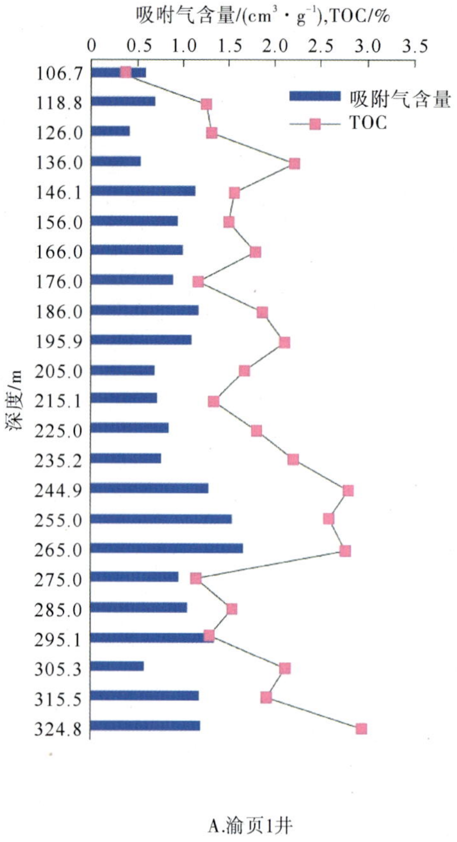

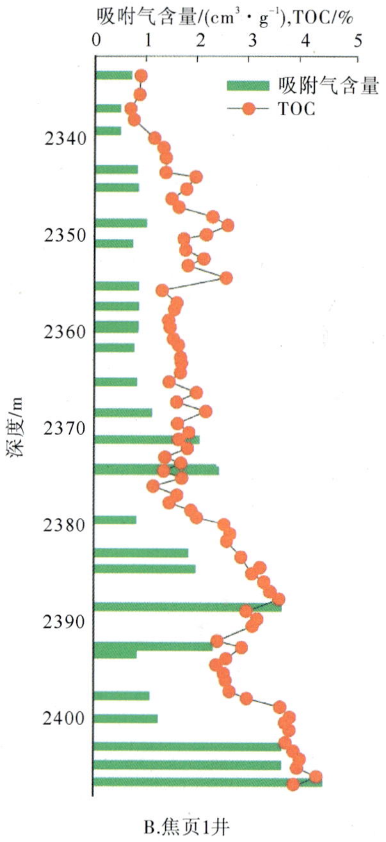

A.渝页1井   B.焦页1井

图 2-2　川南及邻区志留系龙马溪组黑色岩系有机碳含量（TOC）与吸附含气量关系

（A. 渝页 1 井，据韩双彪等，2013a，有修改；B. 焦页 1 井，据郭彤楼等，2013，有修改）

Figure 2-2　Relationship between TOC and adsorption gas content of black rocks in Longmaxi Formation of southern Sichuan Basin and its periphery （A．YY1 well，modified from Han et al.，2013a；B. JY1 well，modified from Guo et al.，2013）

为 1.5%～3.5%（赵文智等，1996）。

　　有机质热演化程度可以影响页岩的生烃潜力（韩双彪等，2013b），热演化程度（或成熟度）是确定有机质生成油气的关键指标（李贤庆等，2013）。武景淑等（2013）通过研究认为有机质成熟度和微孔体积、中孔体积具有一定的负相关性，在 Ro<2.0%时与宏孔体积没有相关性，在 Ro>2.0%时具有一定的正相关性；有机质成熟度大于 2.0%时和高成熟度有机碳含量都与宏孔体积呈正相关性，这可能与高成熟度有机质中纳米级显微裂缝的发育导致宏孔体积的增加有关。由此可见，有机质成熟度影响页岩的储集空间类型，进而影响页岩含气量。含气页岩的热成熟度越高，页岩中赋存的气体也越多，表明其热成熟度越高生气量越大；随着演化程度的增高，烃类气体生成导致地层压力的增大也可以提高页岩对气体的吸附能力，因此，热成熟度是评价可能的高产页岩气的关键地球化学参数（白兆华等，2011）。

　　综上所述，在不同的热演化程度下，不同类型的有机质生烃能力具有一定的差别，因此，有机质类型不仅影响页岩的生烃能力，也影响页岩的含气性（邹才能等，2010a）。

2.3.3 含气页岩厚度

众所周知，广泛分布的泥页岩是形成页岩气的重要条件（杨振恒等，2009）。页岩达到一定厚度是形成页岩气富集区的基本条件，页岩厚度也是页岩气资源丰度高低的重要控制因素，直接影响着页岩气资源量的大小（李艳丽，2009；梁兴等，2011；卢双舫等，2012）。白兆华等（2011）提出页岩气的工业聚集需要页岩有足够的厚度与埋深，沉积厚度是保证足够的有机质和储集空间的前提条件。因此，有机质页岩厚度与页岩气藏富集程度成正比，是页岩气生成和赋存的载体，也是保证有充足储渗空间的重要条件（涂乙等，2014）。

另外，页岩厚度和顶底板条件控制了页岩气的保存条件（李建青等，2014），泥页岩本身就具有封闭性，可以作为页岩气藏的盖层，特别是对于厚度较大的泥页岩，当厚度大于泥页岩生烃高峰期上下排烃的最大距离时，气体将有效地自封闭在泥页岩中（白兆华等，2011；胡东风等，2014）。因此，泥页岩本身具有一定的厚度就能自我封闭，获得一定的页岩气（但不一定具有商业开采价值）（胡东风等，2014）。若要形成大规模的页岩气藏，页岩厚度还必须大于有效排烃厚度，一般在 30m 以上。另外，在深埋条件相同的情况下，从微观分析数据上看，四川盆地下古生界海相泥岩的渗透性非常低，具有自封闭性（胡东风等，2014），也可能是其成为优质页岩气藏的因素之一。

由此可见，沉积有效厚度是保证足够的有机质及充足的储集空间的前提条件，页岩的厚度越大封盖能力就越强，有利于气体的保存，从而有利于页岩气成藏（杨振恒等，2009）。如陆相的湖盆和海相的盆地及斜坡区等都是泥页岩广泛发育的区域，厚度较大，分布面积较广，也是页岩气勘探的首选和有利前景区域（徐国盛等，2011）。

2.3.4 矿物组分

由于页岩气储层的基质渗透率一般为纳达西级，岩性致密，需要加砂压裂产生裂缝网络来提高页岩气体的渗流能力，因此页岩气储层本身具有一定的脆性（如硅质碎屑物、海绵骨针、放射虫等生物硅质含量丰富等），从而在外力作用下容易产生裂缝（王世谦等，2013b），脆性矿物含量控制了页岩的可改造性（李建青等，2014）。因此，页岩矿物组成与含量往往会影响页岩气开采和压裂效果（李贤庆等，2013）。

川南及邻区志留系龙马溪组黑色岩系岩石矿物组分与有机质含量之间具有明显的相关性（王秀平等，2015），进而影响页岩的含气量。黏土物质含量与有机碳含量略呈负相关关系，所以，聂海宽等（2011a）认为，随着黏土物质的增加，页岩的吸附气含量略呈下降的趋势。而黏土矿物中层间微孔隙发育，伊利石、伊/蒙混层和绿泥石等也具有一定的比表面积，可以作为有机质的吸附介质，并作为吸附气的主要吸附介质之一（薛华庆等，2013）。由此可见，黏土矿物类型及含量不仅影响有机质含量，而且影响页岩吸附性能和吸附气量。另外，岩石矿物组成的变化影响着页岩的岩石力学性质和孔隙结构，其中黏土矿物与石英、碳酸盐相比有较多的微孔隙和较大的比表面积，因而对气体有较强的吸附能力。从石英、有机质含量与吸附气含量三维关系图可看出，随着石英含量的增加，岩石的有机质含量增加，页岩的吸附气含量也增加（图 2-3）（据内部资料，2012）①。黏土矿物和石英的增加都与吸附气量呈正相关关系，而石英与黏土矿物含量呈负相关关系。在研究矿物成分与页岩含气性关系时，必须在黏土矿物、石英和碳酸盐含量之间寻找一种平衡。

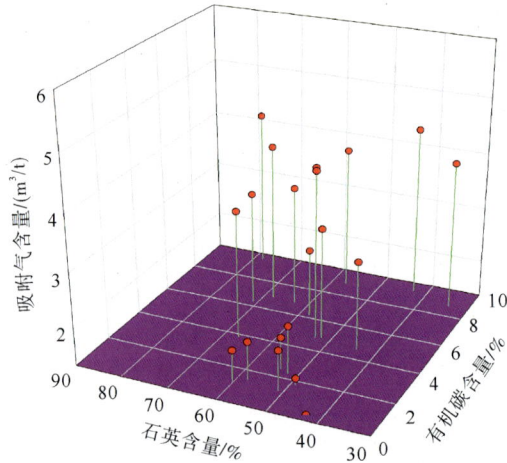

图 2-3　黑色岩系中石英、有机碳含量与吸附气含量三维关系图（据内部资料，2012）

Figure 2-3　Three-dimensional diagram of quartz，TOC and adsorbed gas content in black rocks
(according to the internal data，2012)

2.3.5　储层特征

页岩中的微孔隙和微裂缝的容积和孔径是页岩游离气体的储集空间，其分布体积大小能显著影响页岩气的赋存形式，控制页岩游离气的含量。根据页岩储集物性的研究，有机质生烃孔和黏土矿物粒间孔是页岩中发育最广泛的两种孔隙类型，对气体吸附、存储具有重要意义，而微裂缝既是游离气的储集空间，又是气体渗流的主要通道（杨峰等，2013）。Chalmers 等（2012b）认为孔隙度与页岩气总含量之间呈正相关关系，也就是说页岩的总含气量随页岩孔隙度的增大而增大。Ross 等（2009）发现当孔隙度从 0.5% 增大到 4.2% 时，游离态气体的含量从原来的 5% 上升到 50%。

页岩地层属于低孔、超低渗储层，其渗透率一般小于 $0.01×10^{-3} \mu m^2$，随着微裂缝系统的发育程度不同有很大的变化，裂缝系统越发育，岩层的渗透率越好，相对聚集的游离态页岩气量也就越大。北美地区 Barnett 页岩气就与微裂缝系统的发育有关，其游离气含量占 55%～75%，主要因为 Barnett 页岩中天然微裂缝发育，虽多被方解石所胶结，但经过压裂后能有效增大岩层的裂隙，从而增大岩石的渗透率。

---

　　① 余谦，门玉澎，张海全，等 . 川南地区下古生界页岩气资源勘探区块评价和优选［R］. 成都地质矿产研究所，2012.

2.3.6　埋深和地层压力

林腊梅等（2012）通过对渝东南地区下志留统龙马溪组 21 个不同 TOC 含量页岩岩心样品进行等温吸附测试，分析结果揭示，在有机质成熟的条件下，页岩埋深、含气量与 TOC 之间的关系为：深度相同时，页岩 TOC 含量值越高，吸附气含量越高；若 TOC 含量值一定，则随着埋深增加，地层压力升高，页岩吸附气含量逐渐升高，到 1200m 左右增幅减少，吸附气含量逐步稳定，趋于一个定值；要达到同一含气量，埋深越小就需要有更高的 TOC 含量值，也就是页岩埋深与吸附气含量具有相互补偿的关系。

地层压力也是影响页岩气产量的因素之一。页岩层中吸附气量的大小也受地层压力大小的影响。研究表明，地层压力与吸附气存在正相关性，地层压力越大，其吸附能力也越大，吸附气含量也越高（王祥等，2010；白兆华等，2011），游离气含量也会随着压力的增加而增加，两者基本上呈线性关系（王祥等，2010）。胡东风等（2014）指出页岩气藏为内源性，作为烃源岩的页岩生烃造成孔隙压力增大而形成异常高压，在异常压力和烃浓度差的作用下，烃类的运移总是指向外面，如果气藏封闭性不好，页岩气排出过快造成压力大幅降低，甚至形成低压；反之则会保持较高的地层压力。因此，地层压力系数对页岩气的保存条件具有良好的指示作用，是保存条件的综合判别指标，与页岩气产量呈对数正相关关系（胡东风等，2014）。当地层压力升高到一定程度时，地层中微裂缝的生成也是页岩气赋存的良好储集空间（白兆华等，2011）。富有机质页岩含气量总体随压力的增加而增加，其中，吸附气在低压条件下增加较快，当压力达到一定程度后，增加速度明显减缓，而游离气仍然在明显增加，并成为页岩气的主体（李玉喜等，2011）。页岩储层压力如果异常高，意味着页岩中已有大量的油气生成，而且可能在地质历史时期未发生大规模的运移或散失，页岩储层压力高也意味着页岩含气量和初始产量高（王世谦等，2013b）。

李玉喜等（2011）提出压力与埋深直接相关，对于页岩气藏，在构造稳定的地区，地层埋深越大往往表现为地层压力越高，这也验证了 Shirley（2001）、蒲泊伶等（2010）、李玉喜等（2011）提出的"有机碳含量和地层压力是影响页岩吸附能力最主要的影响因素"这一观点。

2.3.7　保存条件

与常规储层气相比，页岩气的聚集属于无二次运移或极短距离二次运移天然气的赋存和富集，不依赖于常规意义上的圈闭及保存条件（张金川等 2011）。页岩气的保存条件（特别是构造演化研究）是中国页岩气地质理论研究的特有命题（李世臻等，2013）。中国的盆地（尤其南方大陆）经历了多期次构造运动叠加改造，隆升剥蚀强烈，断裂极其发育，改造了古生代盆地的构造格局，破坏了古生代地层的完整性和稳定性，导致保存条件复杂（聂海宽等，2011a；刘小平等，2011；郭旭升等，2012），所以保存条件作为中国页岩气地质理论中一项重要的研究内容显得尤为重要，而寻找相对稳定、保存较好的页岩区带，是中国页岩气勘探的关键（邹才能等，2011a）。影响和表征页岩气保存条件的因素包括构造运动、断层与微裂隙发育程度、页岩及页岩顶底岩层发育特征、岩浆热事件、水文地质条件、页岩现今压力状况等，要综合考虑页岩气的保存条件（李登华等，2009；聂海宽等，2012b）。然而，页岩气"自生、自储、自盖"的特征及其吸附性能，使其对保存条件要求相对较低，一般要求不是很苛刻（陈祥等，2011a；王鹏万等，2012）。郭彤楼和刘若冰（2013）分别从页岩气储集物性特征、吸附气为主的特点和连续气藏特征以及页岩本身具有良好的塑性等方面分析，结合 JY1 井已获得页岩气突破的实际情况，认为页岩气与常规气藏以孔隙、不整合、断裂等作用为油气运移通道相比，对保存条件要求相对较弱。泥页岩相对碳酸盐岩、砂岩而言，通常具有更强的塑性，加上低孔低渗特征，因而具有一定的抗破坏能力，但当过于强烈的构造运动引起地层强烈隆升剥蚀、褶皱变形、断裂切割、地表水下渗以及压力体系破坏时，或因构造动力和应力作用使盖层岩石失去塑性时，泥页岩封闭保存条件变差（胡东风等，2014）。因此，如何从现有的断层与微裂隙发育程度、盖层发育特征、水文地质条件、现今压力状况等来判断现今页岩气保存的状况，研究程度还不高，这也是制约页岩气勘探和开发的重要科学问题（李世臻等，2013）。

2.3.8　影响因素综合分析

有机质作为生烃物质，控制页岩气藏的存在与否；有机质生烃演化过程中，不仅产生天然气，其生烃孔也是主要的储集空间，控制着页岩气的吸附潜力和吸附气量；矿物组分与有机质含量具有一定的相关性，不仅影响页岩的物性，也影响页岩含气量；页岩储集空间及其物性主要受有机碳含量、矿物组分和有机质热演化程度和构造作用影响。由以上可知，页岩储层特征直接影响含气总量，而有机质生烃孔与黏土矿物粒间孔作为主要的储集空间，均为富有机质页岩进入中成岩 A 期后，广泛发生黏土矿物转化和有机质大量生烃转化而形成（王秀平等，2015b），因此，有效的页岩储层与有机质含量和有机、无机成岩综合演化有关。陈尚斌等（2013）提出黏土矿物对孔隙形成的影响程度远小于 TOC 和脆性矿物含量对其的影响，TOC 含量是泥页岩中对孔隙影响最为关键和显著的因素。吴艳艳等（2015）通过对渝东南地区龙马溪组和川东南须家河组页岩样品孔隙的分析，数理统计结果显示，孔隙类型并不是含气量大小的主控因素，而 TOC 才是影响页岩含气量大小的最本质因素。由此提出，页岩含气量大小是多个因素综合影响的结果，但最直接和最根本的影响因素为有机质特征，其中最主要的为有机质含量。

然而，有机质特征（即有机碳含量、有机质类型）与富有机质页岩的厚度发育特征，均受沉积环境或沉积相的控制；矿物组分的特征也受沉积环境的控制，且正是由于沉积环境对矿物组分和有机碳含量的共同影响，造成二者之间的相关性。因此，沉积环境是决定页岩气富集程度的根本因素。沉积环境不仅控制了泥页岩的厚度、分布面积、有机质含量等特征，沉积相还深深影响了沉积岩类型及岩石矿物组成，而岩石类型以及矿物组成差异又决定了储层物性发育的特点，进而影响页岩气的成藏（王阳等，2013）。焦石坝地区页岩气取得突破，认为是富有机质泥页岩的发育为页岩气的生成和储集提供了丰富的物质基础（郭旭升等，2014）。

有机质在生、排烃过程中，如果具有良好的封堵性，便可以形成页岩气藏，表现为高压或异常高压分布区。在构造稳定区，考虑到地层压力与其埋深相关，因此，在一定的构造背景下，影响地层压力的主要地质因素为有机碳含量、有机质热演化程度和地层埋深。追溯其源，可以推测页岩气藏的形成是在一定的构造背景下和构造演化过程中，在缺氧、还原的沉积环境中形成的富有机质细粒沉积物，在成岩演化过程中发生水-岩反应和有机质生、排烃作用，在未受到强烈断裂破坏（保持了良好的封堵性）的情况下，形成页岩气藏（图2-4）。页岩气一定是富有机质的泥页岩中未被及时排出的"残留气"，其自生自储、运移距离很短的特征说明其气藏大小受富有机质细粒沉积岩的厚度及展布特征的控制，而富有机质细粒沉积岩的发育特征在一定的构造背景下是由沉积相决定。因此，沉积相控制了页岩气的基本发育特征。

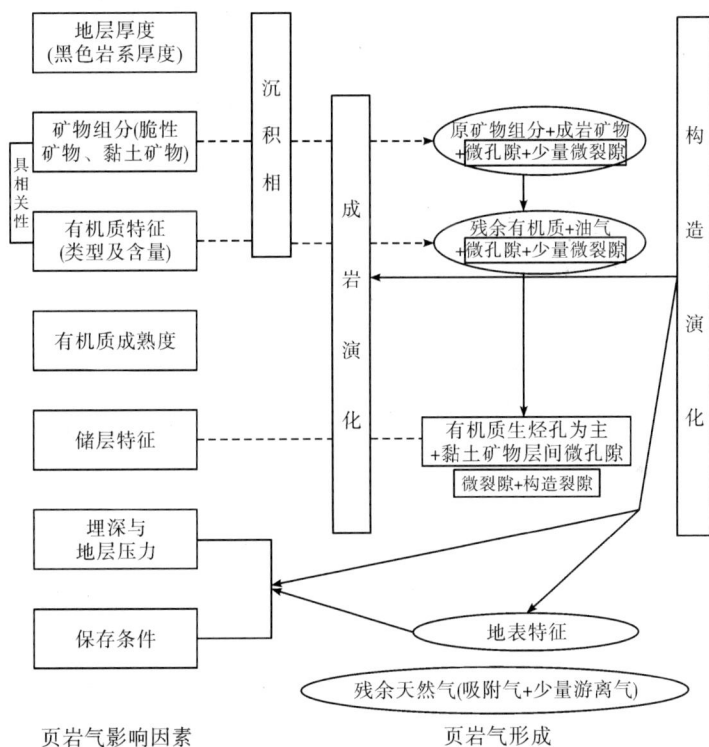

图 2-4 影响页岩气富集各因素相关示意图

Figure 2-4 The related factors of shale gas enrichment

由此可见，对于地质调查过程中的页岩气选区评价，应在详细的构造背景下，进行沉积相和成岩作用、成岩演化的分析，确定影响页岩气藏富集的关键因素，选择合适的参数界限，最终对页岩气进行综合选区评价。其中，岩相古地理研究作为相和古沉积环境的综合反映，是影响富有机质页岩发育的主控因素和基础要素，应是页岩气地质调查工作中的基础和关键。此次研究从分析页岩气评价的地质条件类参数出发，结合实际资料情况，选择以沉积相（岩相古地理）平面展布图为基础，叠合有机碳含量等值线图、富有机质页岩厚度等值线图及有机质镜质体反射率等值线图（主要控制因素），再将矿物组分（黏土矿物、脆性矿物）平面展布图与之叠加，最后通过研究区埋深图进一步限制，并通过含气量资料进行验证和校正。具体的方法步骤详见第4章。

2.4 本章小结

区域地质调查中应把更多的关注点落脚于富有机质泥页岩本身，即烃源岩本身。本章重新理解并明确提出了页岩气的定义：页岩气是烃源岩中未被及时排出的"残留气"，以吸附气、游离气或溶解气形式存在，主要为生物成因气、热成因气或者两者的混合。在此定义的基础上，总结出页岩气藏具有"本身是烃源岩且具有充足的原位含气量和足够的有机质、岩性－源储一体及其本身发育与分布不受构造控制，不存在明显或者固定界限的圈闭，只受本身生气烃源岩面积和封盖层的控制"三个重要的基本地质特征。

另外，区域地质调查中对页岩气富集影响因素的分析，实际上是影响页岩含气量因素的分析。有机碳含量、有机质类型和成熟度、含气页岩厚度、矿物组分、储层特征、地层埋深和压力以及保存条件是影响页岩气富集的重要因素，其中有机质含量及类型和成熟度是最基本的要素。

所以，对于地质调查过程中的页岩气选区评价，应在详细的构造背景下，进行沉积相和成岩作用、成岩演化的分析，确定影响页岩气藏富集的关键影响因素，选择合适的参数界限，最终对页岩气进行综合选区评价。其中，岩相古地理研究作为相和古沉积环境的综合反映，是影响富有机质页岩发育的主控因素和基础要素，应是页岩气地质调查工作中的基础，其相关编图技术应为地质调查过程中的关键技术（详见第3章）。

第3章 页岩气地质调查

3.1 页岩气地质调查工作的任务

众所周知，页岩气作为一种非常规能源，得到一些发达国家的高度重视和大力发展。尤其是美国页岩气的开发利用，不仅改变了美国的能源结构，使美国成功超过俄罗斯成为世界第一大天然气生产国，而且新能源再一次成为美国先进的象征，同时也改变了世界能源格局。

近年来，我国常规能源燃料的消费量和生产量达到历史最高水平，石油和天然气在能源消费结构中仍然占据主导地位，国内非常规油气产量的大幅上升使得国内油气供需能够基本平衡（贾承造等，2014）。但是在非常规油气资源产量中，相对更为清洁的页岩气资源对于产量的贡献却颇少，与我国具有巨大的页岩气潜力地位不相符。相对于已经实现规模化工业生产的致密气、煤层气等非常规资源，页岩气的规模化生产进展相对缓慢，至2015年底，国内只建成一座页岩气田，需要进一步寻求以实现页岩气资源的规模化有效开发。

我国拥有丰富的页岩气资源，特别是南方页岩气资源潜力巨大。据国土资源部油气资源战略研究中心对我国页岩气资源的初步评价显示，中国陆域页岩气地质资源潜力为 $134 \times 10^{12} \mathrm{m}^3$，可采资源潜力为 $25 \times 10^{12} \mathrm{m}^3$（不含青藏地区），与美国相当（汪明等，2012）。然而，随着我国经济水平的迅速发展，对油气资源的需求将不断增加，这将打破现今国内油气供需基本平衡的现状，油气资源供不应求现象将会出现并不断加剧。若我国的页岩气地质调查工作及勘探开发技术能够取得实质性、广泛性的突破，那么油气储量将有极大增长，从而缓解油气供需矛盾，优化能源结构。但在实现页岩气规模性商业化开发之前，很多重要的基础性问题需要解决，页岩气的分布富集规律及其调查方法、勘探开发的特点等问题需要进行大量的地质调查工作。

页岩气作为烃源岩中的一种滞留气（李玉喜等，2012）、残留气（牟传龙等，2016a），是烃源岩层系中的油气聚集。在我国，页岩气在含油气盆地和含油气盆地之外或油气勘探程度很低的沉积区，研究基础和研究程度存在巨大的差异，前者可能针对含气页岩发育层系（包括页岩分布和厚度）、有机质含量及类型、热演化程度、气显示、含气页岩岩石特征和矿物组分等基本资料具有一定的工作基础；但是对于后者而言，以上基础资料则相对缺乏。针对国内这种对烃源岩研究的相关基础工作差异大、基础薄弱、无系统性、不详细且作为页岩气来研究起步晚等现状，在进行大规模的页岩气地质调查工作之前，需要明确其主要任务，以避免盲目的、无效的、无意义的地质调查工作。

从笔者自身实际的页岩气地质调查工作经验出发，结合国内页岩气研究现状、存在问题和研究趋势，认为现阶段中国的页岩气地质调查工作有以下三个最为基本和主要的任务。

（1）理清烃源岩的基本地质特征，包括岩性特征、沉积环境、沉积微（岩）相类型及特征、有机质类型及含量特征、矿物组成特征等。主要通过岩心和野外观察及相关取样工作，开展烃源岩岩性特征、沉积环境以及页岩的 TOC 和 Ro 等分析，理清烃源岩的有机质类型及含量。进一步分析烃源岩的常规矿物和黏土矿物的类型、含量等，总结烃源岩的常规矿物组成、黏土矿物组成在剖面上的变化规律，综合研究烃源岩的基本地质特征。

（2）明确烃源岩的时空分布规律，包括其厚度、埋深、精细的展布及面积等。主要通过野外观察，结合地震和钻井等资料，研究烃源岩的分布范围和分布规律，分析其厚度变化规律、埋深深度和变化趋势等。

（3）优选页岩气藏的远景区与有利区。在完成（1）、（2）任务后，就具备了开展页岩气远景区优选甚至是有利区优选的基本条件，在明确页岩气远景区范围的基础上，开展烃源岩含气性研究、储集能力研究、资源潜力分析等，结合地球化学指标，选择合适的参数，进一步优选页岩气的有利区。

3.2 页岩气地质调查工作的方法

中国页岩气地质研究工作目前处于起步阶段，以中国地质调查局为代表的各地勘单位正在进行着大规模的页岩气地质调查工作，正从理论学习走向科学实践，从重点地区调查走向多地区、多类型评价，从局部试验走向规模投入。然而，中国页岩气地质条件极为复杂，页岩气地质理论研究内容广泛，当前的研究基础薄弱，存在问题较多，理论研究相对滞后。面对如此现状，如何进行页岩气的地质调查工作？其切入点是什么？采用何种有效且具普遍性、可操作性的方法技术进行？现阶段国内尚未形成一致的意见。结合页岩气地质调查工作的基本目的和任务分析，笔者认为，除了需要有基础地质理论作为指导外，最为关键的是需要选择合适的技术方法。

笔者认为，在油气勘探中，虽然不同的学科研究对查明或取得油气突破具有不同程度的作用，但是在油气勘探的前期阶段，岩相古地理研究是不可或缺的，也是油气资源取得突破的关键基础之一，更是一种找油气的方法（牟传龙等，2009，2010，2011），对于页岩气也是如此（牟传龙等，2016a）。

目前，关于石油天然气（含页岩气）的主流观点仍然是有机成因学说（王多云等，2003）。因此，油气形成从原始有机生命体的产生、发育到后来的死亡、埋藏、分解和运移，从储集油气的物质到它的保存体的形成等过程都与岩相古地理环境有密切关系。对于页岩气而言，岩相古地理及其重建可以帮助阐明其赋存载体——富有机质泥页岩［即烃源岩（本身也是储集岩）］相关的科学问题。进一步来说，面对着烃源岩这一过去油气勘探的禁区，页岩气勘探的目标区评价难度较大，勘探风险和成本较高。因此，对页岩气目标靶区及目标时间段的岩相古地理情况的了解变得更加重要，理应得到页岩气地质调查工作者们的重视。但是，近年来，进行页岩气地质调查及研究工作的油气地质学家、沉积地质学家等似乎更多关注的是页岩气赋存载体（富有机质泥页岩）本身的地质特征，如 TOC、Ro、矿物组分等；其次是对与常规油气藏类似的构造保存条件的关注；而对页岩气的赋存载体——富有机质泥页岩发育的精细沉积环境这一基础的研究，且以此为关键方法手段进行页岩气的远景区、有利区及目标区优选的研究则相对较少。然而，大量研究表明，沉积环境不仅控制了富有机质泥页岩的厚度、分布面积、有机碳含量等特征，还深深影响了沉积岩石类型以及岩石的矿物组成，而岩石类型以及矿物组成的差异又决定着烃源岩储层物性发育的特点，进而影响页岩气的成藏（前文也有提及）。所以，沉积环境是决定页岩气成藏的根本因素。据此，可以在开展区域沉积相研究的基础上，通过岩相古地理编图，明确烃源岩有利相带的时空分布，从而为页岩气勘探提供基础和方向（牟传龙等，2016a）。对于页岩气的基础地质调查工作而言，对页岩气的烃源岩及储层的沉积学和岩相古地理学的研究并以此为一种圈定远景区、有利区及目标区的方法应作为贯穿整个页岩气地质调查工作及进一步勘探开发工作的永恒主题。实际上，页岩气地质调查工作的根本目标就是寻找页岩气的远景区和有利区，从而为页岩气勘探开发提供科学依据（牟传龙等，2016a）。因此，"以岩相古地理编图为基础，采用叠合法进行页岩气的远景区、有利区及目标区评价"的理论及方法应是进行大规模页岩气地质调查工作的关键技术方法。研究与实践证明，以岩相古地理研究与编图为基本方法及关键技术能够为页岩气的地质调查工作提供指南。

为什么岩相古地理研究与其相关编图技术能为页岩气地质调查工作提供指南？第 2 章论述了页岩气富集的影响因素，2.3.8 节得出其根本影响因素是沉积环境，以下几个关系的论述将为我们进一步揭晓答案。

3.2.1　沉积盆地与页岩气

大量的研究表明，沉积盆地对多种沉积矿产及油气的赋存起到了最基本和最重要的控制作用（王成善和李祥辉，2003），而沉积盆地的形成又受到构造活动和演化的控制。张恺（1991）在《论中国大陆板块的裂解、漂移、碰撞和聚敛活动与中国含油气盆地的演化》一文中指出，中国陆域三大板块在地质历史时期三次板块构造旋回活动中受到大陆裂解、漂移、碰撞及收敛等作用的影响，这些构造活动控制着中国含油气盆地及岩相古地理的演化和中国含油气盆地类型世代沿革的演化，进而控制着油气的分布。在《中国含油气盆地岩相古地理与油气》一书中贯穿着活动论和阶段论的思想，田在艺院士认为，古地理及其变迁主要受地壳分异程度和板块构造演化的控制，沉积盆地类型受构造作用控制（田在艺和张庆春，1997），进而控制着古地理的展布及油气的生成。众所周知，随着板块构造学说的问世，使得人们逐步认识到沉积盆地的形成与地幔物质活动息息相关，受到构造体系（运动）的控制；构造对沉积盆地的形成、演化和沉积层序等特点具有重要的控制作用，进而影响油气的分布等（王鸿祯，1985；刘宝珺和许效松，1994；牟传龙等，1999a，2010，2011；王成善等，2003）。例如，牟传龙等（2010，2011）从构造角度分析，认为现今的华南地区可以分为扬子地块和华夏地块，从成冰纪（南华纪）开始，由于受到基底性质和构造活动等因素的影响，华南地区的沉积演化出现了分异，在扬子地区和华夏地块具有不同的沉积环境和沉积充填序列，扬子地区的沉积盆地类型主体属于克拉通盆地，其多数时期为陆表海和局限浅海环境，构建了稳定的碳酸盐岩台地沉积和广泛分布的黑页岩沉积。而华夏地块处于构造活动环境，早期的火山活动强烈，沉积盆地类型属于裂陷盆地，未形成统一的碳酸盐岩台地沉积，以陆源碎屑沉积充填为主体。两者不同的构造活动性质决定了不同的沉积盆地类型，从而决定了不同的沉积环境和沉积序列，最终决定了两个地区不同的油气基本地质条件：扬子地区具有丰富的烃源岩、良好的储集层以及封盖层的先天条件，而华夏地块则没有较好的生油层和储集层。也有学者认为，构造活动和构造格局直接控制着岩相古地理环境和沉积体系，决定了沉积区和物源区的分布、沉积作用、沉积环境及古地理的变迁，且往往影响到气候环境的变化（敬乐等，2012）。实际上，以上规律可以总结为构造控制盆地的形成，盆地是物质的堆积空间，因而构造决定了盆地的沉积充填序列和沉积式样，并最终决定着原始的油气基本地质条件及其组合，即"构造控盆、盆地控相、相控油气基本地质条件"（牟传龙等，2010）。在石油地质学领域，许多学者一直倡导"构造是主导，沉积是基础，生油是关键，运、聚、保存等是条件"的认识论观点，因此，原型沉积盆地类型分析及其控制下详细的沉积特征、演化序列的研究是分析油气基本地质条件的基础。页岩气也不例外。

对于页岩气藏而言，虽然其与常规油气藏不同，不需要构造圈闭，只要是有富有机质泥页岩发育的地方（具有富有机质泥页岩堆积的空间）就有可能形成页岩气。即从某种程度上来说，在任何沉积盆地中，只要有富有机质泥页岩的存在，就有可能形成页岩气（吴馨等，2013）。以笔者对页岩气的理解，富有机质泥页岩作为这些沉积盆地的充填序列和沉积样式（或之一），恰好也是页岩气形成的最为原始、最为基本的物质基础。所以，在页岩气的地质调查过程中，首先要做的就是寻找这些原始的、基本的物质基础堆积的地方，寻找到有利的构造单元，判断其是否存在有利于富有机质泥页岩发育的"完整的页岩盆地"，即对富有机质泥页岩赋存的原型沉积盆地类型进行分析，尽可能地恢复富有机质泥页岩赋存的完整页岩盆地，并在此基础上筛选有利于页岩气藏发育的构造沉积单元，如稳定的克拉通盆地（一般有利于生物气的发育）及前陆盆地等（一般情况下，常规油气较为发育的盆地同样也有利于热成因气类型页岩气藏的发育）。而在那些"支离破碎"的沉积盆地中，诸如构造挤压背景下火山岩发育的一些弧间盆地、弧前盆地、弧后盆地等虽也会有泥页岩的发育，它们也有可能为烃源岩且饱含"残留气"而形成页岩气，但由于受页岩气气源岩面积、厚度和封盖层等因素的影响（它们为页岩气藏富集的影响因素），往往不会形成具有工业勘探开发价值的页岩气藏。

理论上，从时间尺度上来讲，沉积盆地应是同生沉积盆地。但不可否认的是，由于构造作用的控制，沉积盆地在沉积期和沉积后所遭受的变形以及后期不同类型的构造叠加使得对原来富有机质泥页岩沉积时期的盆地类型的认识可能存在较大争议；从沉积盆地分析角度来说，特定盆地的形成、发展和消亡是一个准连续的演化过程，而叠加的盆地是与所研究的特定时期、特定动力学机制形成的那个盆地（即与富有机质泥页岩发育沉积时期的原型盆地）无关。这个原型沉积盆地可以是后期盆地的基础或基底，甚至不同程度上决定后期盆地所形成的各种要素；而后期盆地对早期盆地的形成演化是没有任何作用的，它起到的作用是对早期盆地的改造，而这种改造的根本原因是动力学机制的转变。研究表明，没有一个盆地跨越了整个显生宙，也没有一个地区从古至今盆地类型未发生过转变。因此，那种把某一地区的所有沉积地层划分为一个盆地的做法和把不同动力学机制下形成的世代先后的盆地作为一个盆地不同阶段的做法，是违背客观事实和地质原理的（王成善和李祥辉，2003）。

　　龚建明等（2012b）对美国页岩气藏的成藏条件（特别是构造及其控制下的沉积盆地类型对页岩气成藏条件的控制作用）进行了分析对比，认为前陆盆地是页岩气形成和聚集的有利场所。其原因在于前陆盆地下部地层通常为富含有机质的稳定的克拉通泥页岩沉积，为页岩气的形成提供了充足的物质基础。而前陆盆地的上部地层因经历多期的冲断褶皱，由此引发的构造热事件为下部烃源岩的成熟和天然裂缝的产生提供了热力和动力条件，从而使前陆盆地成为页岩气聚集成藏的理想场所。李世臻等（2013）通过分析国内页岩气的研究现状及面临的难题，同样指出应加强构造对含气页岩层段分布规律的控制作用研究，换个角度来讲，也即是原型沉积盆地类型的研究。页岩气藏具有源储一体的基本特征。研究表明，相对优质的储层往往形成在某个特定的跨度较小的时间段内，厚度可能只有几米，如我国第一个大型页岩气田——涪陵页岩气田龙马溪组最为优质的烃源岩及页岩气发育层段就在其底部的 1～5 层（中国地质调查局内部会议，2015），其物质组成和岩相环境与其下伏和上覆的同类岩性明显不同，造成这种明显区别肯定是有某种机制在起作用。如果能够比较精确地还原由构造演化控制的沉积盆地类型，理清其控制下的沉积物充填过程及其岩相环境发育的分布规律，掌握它们之间的内在规律，那么就有可能刻画出页岩气发育的精细富有机质泥页岩层段。这个过程总结起来其实就是沉积盆地分析，当然也有其控制下的精细沉积相的分析，这将在下文详细论述。另外，在分析其原型沉积盆地类型的过程中，对烃源岩发育的地质背景（如现有的断层与微裂隙发育程度、盖层发育特征、水文地质条件、现今压力状况等条件）会有非常深入的了解和认识，这将有助于解决现今页岩气保存条件的研究难题，这对于我国页岩气保存条件研究程度不深且制约着页岩气勘探与开发这一重要科学问题的研究具有重要的意义。

　　实践中，页岩气地质调查工作的最终目标是能够寻找到具有工业勘探与开发价值的页岩气藏。而研究与实践表明，具有勘探开发价值的页岩气藏往往存在于（或发育于）完整的沉积盆地中，已经实现页岩气开发或具有较大页岩气潜力的大多为一些前陆盆地、克拉通盆地类型。以美国为例，其 48 个州中已发现的近 20 个页岩气区块广泛发育有含气黑色页岩，它们大都发育于克拉通盆地和前陆盆地中，比如目前开采的美国东部阿巴拉契亚—沃希托（Appalachian-Quachita）西侧前陆盆地及隆后盆地群中的页岩气藏。同时，其潜在的页岩气区块也主要分布在落基山（Rocky）东侧的前陆盆地及隆后盆地等沉积盆地类型中［USGS，2013；李勇等，2015（内部会议资料）］。此两种沉积盆地类型主要发展阶段的构造演化及其控制下的古地理条件（如缺氧还原环境、适合的水动力条件、多数层段较少的陆源碎屑供应量等）控制着优质烃源岩及形成不同成因、不同成熟度的页岩气（李新景等，2009）。在我国，以中国南方海相页岩气为例，初步的研究表明，四川盆地内部具有非常大的页岩气前景（内部会议资料，2015），主要的发育层位是发育于克拉通盆地之上的寒武系牛蹄塘组以及处于隆后盆地的晚奥陶世五峰组—早志留世龙马溪组（牟传龙等，2010，2011；葛祥英等，2014；梁薇等，2014；周恳恳，2015），或者是多数研究者认为的，该沉积盆地类型是扬子陆块与华夏陆块的汇聚作用导致的在扬子陆块东缘形成的晚奥陶世—早志留世时期的前陆盆地（王鸿祯，1985；刘宝珺等，1993；许效松等，1996；尹福光等，2001，2002；苏文博等，2007；王剑等，2012；汪正江等，2012）。而在扬子板块北缘的大巴山地区（南侧与四川盆地过渡），川东北元坝 9 井在侏罗系珍珠冲段页岩气的压裂高产超过 $1×10^4m^3$，建南建 111 井，压裂后在东岳庙段日产天然气 3000m³，富有机质泥页岩发育层系页岩气地质调查工作与勘探开发已获得初步的突破（何发岐和朱彤，2012）。进一步分析表明，下侏罗统自流井组富有机质泥页岩的最大厚度区分布于大巴山造山带前缘，受控于大巴山造山带的构造活动和构造负载量，而龙门山造山带的构造活动相对较弱，对其沉积作用和沉降作用影响较小，它们都具有完整的造山带—前陆盆地系统。在华北板块西缘，2011 年 4 月柳评 177 井长 7 段页岩气压裂测试出气，直井深度为 1000～2000m，页岩气测试产量一般为 1500～2000m³ [李勇等，2015（内部会议资料）]，是中国第一口陆相页岩气井。而研究表明，鄂尔多斯盆地西缘在晚三叠世为前陆盆地，基底具有克拉通盆地性质。这些相对稳定的构造背景及其控制下的有利沉积盆地类型，奠定了烃源岩发育的有利的沉积环境，是页岩气藏富集的决定性因素。

另外，与北美陆台在历次构造运动中未发生巨大变动不同，中国的沉积盆地，尤其南方大陆经历了多期构造运动的叠加改造，隆升剥蚀强烈，后期断裂极其发育，古生代乃至中新生代沉积盆地的构造格局经历了多期构造，且改造迥异，破坏了古生代地层的完整性和稳定性，富有机质泥页岩的分布特征、沉积环境、构造背景以及保存条件等极为复杂（牟传龙等，2010，2011，2016a）。以上因素给寻找相对稳定、保存较好的页岩区带带来了较大的困难，而这又是中国页岩气地质调查工作的基本任务和勘探开发的关键。从理论和实践角度来看，是否具有完整的页岩气盆地对于页岩气发育而言至关重要，所以，在实际地质调查及勘探开发生产过程中，结合构造背景重建页岩气发育的完整的精细的原型沉积盆地就显得非常必要，需要对沉积盆地的性质，富有机质泥页岩发育时期沉积盆地范围的大小、形态、规模等进行恢复。此项工作影响着页岩气地质调查工作的部署，页岩气资源量、储量等的计算，进一步影响着页岩气的勘探与开发。在页岩气地质调查过程中，面对已被强烈改造的盆地，一方面要研究其演化历史，从地史演化角度追溯盆地的原型；另一方面要从"构造控盆"的角度出发，研究盆地所处的板块构造背景及其所决定的动力学机制，从而客观地对盆地类型进行鉴别，恢复出完整且有利于页岩气形成的富有机质泥页岩发育时期的沉积盆地类型。

3.2.2 沉积相（环境）与页岩气

沉积环境与页岩气发育的关系是怎样的？先来看一个例子：美国上百年的页岩气研究及勘探实践表明，北美地区富有机质泥页岩能够获得重大突破的一个不可忽视的原因是普遍发育有利的沉积相带，尽管开采面积小，却处于有利的较深水沉积环境；加之其处于有利的可用"黑海"滞留静海模式与沿岸上升流模式进行解释的缺氧滞流亚环境，基本奠定了开采区富有机质泥页岩的有机质丰度大、厚度较大等页岩气发育的良好物质基础（Stevenson et al.，1969；Montgomery et al.，2005；Meyers，2006；Martineau，2007；Loucks and Rupppel，2007；张金川等，2008a，2008b；邹才能等，2010a，2013a；郭旭升等，2012；马永生等，2012；王玉满等，2012；李世臻等，2013；吴馨等，2013；牟传龙等，2016a），它们是页岩气富集成藏的主要因素。

究其原因，一般认为，在较深水的斜坡和盆地环境中，一是生物相对繁盛，为油气生产提供了丰富的物质基础，利于形成大量的有机质；二是除在浊流激发期局部地区出现短暂的较强水动力条件外，其余大多沉积时期地区的水动力条件一般较弱，均为较为安静的半深水至深水低能环境，利于烃源岩的发育和有机质的保存、转化等。因此，较深水的斜坡和盆地环境为有利的生油气区带（冯增昭等，1997a），当然也是有利的页岩气发育地区。应该说，页岩气的发育及成藏主要受控于沉积环境。

实际上，与常规油气的成藏及分布主要受"生、储、盖、圈、运、保"等条件的综合控制不同，页岩气是集烃源岩和储层甚至是盖层等关键的成藏体系要素于同一富有机质泥页岩层系中，其烃源岩的岩相类型、发育厚度、分布面积以及有机质类型及含量、成熟度等地化参数、孔隙度等物性参数、矿物组分及裂缝等绝大多数自身因素都是影响页岩气富集成藏的关键因素。以页岩气的工业聚集及勘探开发条件来说，首先需要的是具有丰富的气源物质基础（即优质的烃源岩），要求生烃条件达到一定的标准，表现为暗色泥页岩厚度大、有机质类型好、有机碳含量高、矿物组分等含量适宜。前文对此已经有过讨论。结合本书对页岩气的定义及其发育及分布特征的理解，认为这些烃源岩发育的自身基本特征（也即影响页岩气富集成藏的控制因素）在空间上（纵横向）明显受到沉积相带及其变迁的控制，在不同的相带中富有机质泥页岩的发育不相同，总结为一句话即：沉积相对富有机质泥页岩的形成具有内在的控制作用（郑和荣等，2013；牟传龙等，2016a）。

首先，沉积环境控制着烃源岩发育的厚度、分布面积和展布规律等。研究烃源岩的形成环境及其对页岩气发育的控制作用具有极其重要的意义（马丽亚等，2014）。对于页岩气的地质调查和勘探开发来说，烃源岩是基本的物质基础，现今的研究及勘探实践表明，页岩气生成和赋存的主要基础是烃源岩的厚度，而形成于浅海陆棚（其中的深水陆棚区）、斜坡、半深海－深海等环境下的烃源岩的生烃潜力更大，若烃源岩厚度大于30m，残留于页岩层中的气体由于自身的封盖层影响更利于富集成藏，其页岩气发育条件更好（李双建等，2008；徐国盛等，2011；王阳等，2013）。同时，页岩气的主要分布规律也直接体现在这一套烃源岩的分布面积及精细的时空展布等特征中。这非常客观地体现了沉积及沉积环境对页岩气发育的主控（根本）因素地位，其控制着优质烃源岩发育的厚度、分布面积及时空展布规律等（王秀平等，2015a；牟传龙等，2016a）。对我国整个华南地区牛蹄塘组、龙马溪组等页岩气潜力层系的前期研究表明，它们发育于与北美页岩气发育层系相似的有利的较深水沉积环境中，"先天条件"较优；进一步的沉积相、微相类型甚至是精细的岩相类型〔如深水陆棚环境的（含钙）炭质（硅质）泥岩、含粉砂（含钙）炭质泥岩等]具有更好的页岩气发育条件，加之水底缺氧的滞留亚环境和缓慢的沉积速率等因素，基本控制着该地区牛蹄塘组和龙马溪组优质烃源岩的发育和展布规律，使整个地区的烃源岩具有厚度大、分布面积广等特征，是页岩气地质调查工作和进一步勘探开发的主要层系（张春明等，2012；张维生，2015）。

礁石坝地区龙马溪组页岩气藏的实际勘探开发进一步表明，其实现工业性气流的烃源岩层段主要集中在其黑色岩系下部的1~5小层（内部资料，2015），从而使得对于烃源岩精细的沉积序列识别提出了更高的要求。然而，众所周知，沉积环境对烃源岩沉积时期的海进和海退序列具有决定性的控制作用，进而影响其沉积序列的发育。另外有研究表明，某些特定的沉积环境还影响着烃源岩在沉积后的改造和发育。统计分析发现，有利的沉积环境使得前期形成的有利岩相类型或者烃源岩的储集空间不易于被后期的成岩作用所改造。

综上所述，作为页岩气的赋存载体——烃源岩本身与沉积环境有着非常密切的关系，沉积环境控制了烃源岩的形成、几何形态及其空间展布。通过最终的古地理分析，有利于认清烃源岩的形态和预测烃源岩的精细空间展布规律，特别是像礁石坝地区页岩气有利层段的精细空间展布规律。

其次，有机质的富集是有利于页岩气（藏）发育的主控因素和基本要素，既影响生烃量又控制着对页岩气的吸附能力等，是页岩气成藏的关键评价因素，也是页岩气地质调查工作和勘探开发工作的主要研究对象（付小东等，2008；李双建等，2008）。那么，有机质的富集又受到何种因素的制约？对于这个问题，要从页岩气发育赋存的载体——烃源岩本身角度来探讨。已有研究表明，优质烃源岩一类沉积物的类型及分布，如烃源岩生烃母质的类型和丰度、干酪根类型等特征，不仅受控于沉积相及沉积环境，而且该沉积环境还提供了生烃母质生物生命活动、繁衍和繁盛的有利条件，包括高的原始生产力、局限滞留的缺氧还原环境、适宜的沉积速率、上升洋流、海底热液活动、冰期等。总结为沉积相（环境）决定了富有机质泥页岩有机质富集（程度）与保存的条件，从而整体上控制着富有机质泥页岩的有机质含量及类型。

中国南方早志留世龙马溪组富有机质泥页岩发育层段沉积时期，古气候迅速转暖，致使晚奥陶世赫南特期冰川快速融化，初期海平面快速上升，结合当时的构造格局，该地区迅速演化为一种闭塞的"海湾式"沉积环境（李双建等，2008；牟传龙等，2010，2013，2014；张春明等，2012；葛祥英等，2013，2014）。快速的海侵环境下，不仅使得不利于富有机质泥页岩发育的陆源碎屑物质的摄入量大大减少（Hickey and Henk，2007），而且加剧了分层沉积水体的形成，首先由于古气候的迅速转暖，沉积水体的表层水因直接受太阳辐射而富含氧气，底层水则由于快速海侵得不到太阳辐射而长时间继续保持着冰期时的古水温，从而缺乏氧气。前者适宜大量生物生长与繁殖，与底层水体中丰富的、以笔石为主的浮游类型生物化石一起，造成了高的生产力条件，为沉积物提供了丰富的有机质来源，利于有机质的富集；后者缺氧还原条件阻碍了有机质的分解而有利于有机物质的保存（Calvert，1987；陈旭等，1987，2000；Curtis，2002；陈践发等，2006a；李双建等，2008；Chen et al.，2011；付小东等，2011；程立雪等，2013；王秀平等，2015a；牟传龙等，2016a）。同时，由于水体较深的深水陆棚环境及浅水陆棚靠近盆地中心处底层水体的温度较低，水体中的碳酸盐矿物难以饱和而进行化学沉淀，而上层水体中富硅生物体的沉降促使硅质型页岩的形成，利于页岩气的水力压裂。另外，地质实际实验和模拟实验均表明，沉积速率较慢不利于有机质的保存；而沉积速率较快时，则单位体积重有机质含量被明显稀释而降低，因而适当的沉积速率也是烃源岩沉积及有机质富集的有利条件（陈践发等，2006a，2006b；张小龙等，2013；王秀平等，2015a；牟传龙等，2016a），并由于其岩石孔隙度的损失最小，有利于形成良好的页岩气储层（何小胡等，2010）。进一步的研究表明，最有利于有机质保存的沉积速率为 20～80m/Ma，古水体深度范围为 30～400m，沉积水体处于中性或弱碱性（pH 为 7.0～7.8）。冯增昭（2008）通过研究认为，中国南方龙马溪组早期沉积厚度为 20～200m，沉积速率为 6～60m/Ma，非常有利于烃源岩的发育及有机质的富集与保存。综上，龙马溪组早期泥页岩富含有机质的原因与龙马溪组早期有利的沉积环境及其该环境下的缺氧、高生物生产力等条件息息相关。形成鲜明对比的是龙马溪组晚期沉积，虽然总体的沉积环境仍处于相对滞留的环境中，但已是相对浅水的沉积环境（张春明等，2012），该环境下不仅具有较快的沉积速率，而且陆源碎屑沉积物的大量加入增加了对有机质的稀释，降低了烃源岩有机质的丰度，不利于页岩气的发育成藏。

　　Hill 等（2007b）通过对 Barnett 页岩的详细研究后发现，在较深水的沉积环境中，该套页岩的生物标志显示了其缺氧、正常盐度及具有强烈上升流等有利条件。在这种特定的沉积环境（深水）下，除了发育与中国南方龙马溪组早期富有机质泥页岩沉积时期相似的缺氧条件外，还因上升洋流的活跃，Barnett 页岩沉积环境中的生物活动也十分活跃，造成 Barnett 页岩常与富磷矿物共生发育，最终决定了该套烃源岩具有高的有机质含量、较好的有机质类型以及良好的富集程度等。

　　其实，美国 Barnett 富有机质页岩和中国南方龙马溪组早期富有机质页岩有机质的富集与保存过程以及该过程决定的有机质类型及丰度与生物原始生产力、古水深、古气候、局限滞留缺氧、上升洋流、适宜的沉积速率等因素息息相关，它们影响着烃源岩生烃母质的发育等特征，当这些因素达到最优时，则有利于更为优质的烃源岩的发育及有机质的富集与保存。而这些因素又受到沉积环境的制约，沉积环境控制着相关条件的发育，它们是沉积相的相关参数。当在特定的时期、特定的沉积环境中，某一种或者两种因素可以影响或改变其他因素，成为该环境条件下影响优质烃源岩发育及有机质富集与保存的最为关键的因素。因此，沉积环境对高有机质丰度的烃源岩发育具有非常重要的作用（付小东等，2008；李双建等，2008；梁超等，2011；王秀平等，2015a；张维生，2015），沉积相是控制烃源岩发育的基础和主控因素，进而控制着烃源岩有机质的类型及丰度等。

　　再者，作为页岩气含气量多少（即资源评价、有利区块优选）的关键因素（杨瑞东等，2012），富有机质泥页岩的厚度、分布面积、有机碳含量及类型等烃源岩特征受到沉积环境的控制；而且作为页岩气“甜点”区优选即页岩气是否能够经济地开发出来且产量如何的关键因素，烃源岩本身的岩石类型、矿物组分、脆度、孔隙度（含裂缝）和渗透率等储层特征也受到沉积环境的控制（Kinley et al.，2008；Loucks et al.，2009；杨瑞东等，2012；王秀平等，2014，2015a；郭伟等，2015；牟传龙等，2016a）。

沉积环境控制着烃源岩的发育，也影响着烃源岩的显微岩石岩相类型和矿物组分等特征。页岩气赋存的载体——烃源岩岩相类型多种多样，包括硅质型泥页岩、钙质型泥页岩、（含钙）炭质（硅质）泥岩、含粉砂（含钙）炭质泥岩、含碳（含钙）粉砂质泥岩、含碳泥岩及含碳泥质灰岩等，它们形成于不同的沉积环境或者同一大环境下不同的亚环境或微环境中，沉积体系、古水深、古气候等众多环境因素直接影响着它们的发育特征，决定着它们在纵、横方向上的变化与迁移，即在不同的沉积相带、沉积亚相带、沉积微相带中烃源岩的岩相类型和矿物组分的发育是具有差异性的。这种不同及相关的差异环境条件不仅决定着烃源岩本身孔隙度等储层物性和孔隙结构等储集空间特征的发育，作为内部控制因素直接影响页岩气的富集成藏，而且还影响着烃源岩裂隙等的发育与形成，作为外部控制因素进而影响着页岩气后期的开发效果，如石英等脆性矿物的含量是影响页岩气压裂效果的重要因素（Curtis，2002；Jarvie et al.，2007；王世玉等，2012；王阳等，2013；王秀平等，2014，2015a；牟传龙等，2016a），也是页岩气优质井的关键因素。

已有的研究还从侧面表明了沉积环境决定着烃源岩的岩石岩相类型和矿物组分等特征，即岩相类型和矿物组分与有机质丰度的相关性研究。

王秀平等（2014，2015a）通过对川南及邻区龙马溪组页岩气发育层段烃源岩的精细岩相类型的分析发现，发育于深水陆棚环境的（含钙）炭质（硅质）泥岩与含粉砂（含钙）炭质泥岩的有机碳含量均较高；发育于浅水陆棚环境中的含碳（含钙）粉砂质泥岩、含碳泥岩及含碳泥质灰岩的有机碳含量虽然也相对较高，但是受碎屑颗粒和碳酸盐岩矿物的影响较大；发育于潮坪环境的一套粉砂质泥岩、泥质粉砂岩等很难形成较高丰度的有机碳。进一步分析发现，烃源岩段的矿物组合的黏土矿物成因与以上环境具有密切的关系。此研究结果综合反映出，不仅烃源岩有机质的发育情况受控于沉积环境，碳酸盐矿物含量较低的欠补偿、缺氧深水环境也有利于有机质的保存（张春明等，2012；程立雪等，2013），而且烃源岩精细岩相类型及矿物组分的发育特征也受控于沉积环境。正是由于该环境下的相关沉积作用对烃源岩有机质、岩相类型及矿物组分等的共同控制，才造成了岩相类型、矿物组分与有机质丰度的相关性。

已有大量研究表明，从烃源岩储层发育特征的控制因素来看，烃源岩的有机碳含量、矿物组成和有机质成熟度是烃源岩储层发育的三个最为重要的因素（Curtis，2002；Jarvie et al.，2005，2007）。显而易见的是，这三个重要的因素都是受控于沉积环境的，沉积环境通过控制这三个因素对有利于烃源岩储层的发育及分布施加影响，一定程度上表现为较高的 TOC 含量，适宜的矿物组分含量，烃源岩含气量越好，越容易形成有利的烃源岩储层和页岩气的发育成藏，一定程度上可以直接概括为沉积环境控制了烃源岩储层的发育及分布（Bowker，2007）。例如，郭伟等（2015）以鄂尔多斯盆地北部山西组烃源岩为研究对象，对山西组烃源岩不同沉积（微）相对烃源岩储层的控制作用进行了研究。首先通过测井数据、录井数据、岩心观察描述、薄片分析、粒度分析、X-衍射全岩分析等手段，对山西组烃源岩的沉积微相类型进行了研究，识别出了（灰）黑色炭质页岩、（灰）黑色含炭质页岩、（灰）黑色含炭质（粉）砂质页岩、（深）灰色含炭质页岩、（深）灰色页岩、

（深）灰色（粉）砂质页岩和含钙质页岩等 7 种岩相类型；进一步通过相关测试分析，对这些岩相类型的有机质丰度及类型特征、矿物组分特征等进行了研究，分析结果显示富植沼泽微相及贫植沼泽微相控制发育的（灰）黑色炭质页岩、（灰）黑色含炭质页岩、（灰）黑色含炭质（粉）砂质页岩和（深）灰色含炭质页岩 4 种岩相类型的有机质丰度更高，矿物组分含量更有利于页岩气的发育。这些显微岩相类型及其自身矿物组分含量与有机质丰度之间表现出更好的相关性。而通过对山西组有利岩相类型有机质含量（TOC）与吸附气含量相关关系的研究，发现其 TOC 含量越高，相应的吸附气量越高，究其原因是这些具有较高 TOC 含量及更为适宜的矿物组分含量的烃源岩拥有更多的有机质孔隙，将吸附更多的天然气，使得其含气量更高。这与 Bowker（2007）的认识是一致的。同时，研究结果还进一步表明了烃源岩的有机碳含量、矿物组成等对烃源岩储层的重要影响及控制作用。考虑到由于山西组烃源岩储层与煤层共生，富植沼泽微相、贫植沼泽微相与成煤的泥炭沼泽微相、泥炭坪微相环境毗邻共生，是更为有利的烃源岩发育环境，也间接体现了沉积环境对烃源岩储层发育和分布的重要影响和控制作用。

3.2.3 岩相古地理与页岩气

理论上，通过 3.1 节和 3.2 节的阐述可以知道，在页岩气的地质调查工作中，开展区域的沉积相和沉积环境研究，不仅可以明确烃源岩的基本地质特征，进而了解页岩气发育的基本地质特征；而且在此基础上，通过岩相古地理编图方法技术，可以明确烃源岩有利相带的时空分布；最终，在页岩气有利沉积微相和岩相古地理展布图上，进一步综合研究确定页岩气发育的远景区、有利区及目标区等，为页岩气的勘探提供科学的依据。

实际上，从我国页岩气地质调查和勘探开发实际效果来看，虽然初步的页岩气普查显示我国特别是我国南方早古生代海相烃源岩地层具有巨大的页岩气资源潜力，但通过近十年的研究与地质调查工作，能够取得勘探开发突破并实现工业开发的也就渝东南礁石坝地区的志留系龙马溪组富有机质泥页岩的下段，而一定程度上烃源岩条件相对更好的寒武系牛蹄塘组以及志留系龙马溪组盆地相发育区则始终未有突破。按理说，对中国南方的这几套烃源岩层系的研究也有一定的历史，理应对其油气基本地质条件有着全面明了的掌握，但现实的情况是不仅作为页岩气藏，其基本的资源家底等还尚未理清，需要走的路还很长，需要加强的研究还很多，而且就算作为常规油气藏的烃源岩，其具体的分布规律等相关研究都还稍显不足。概括来说，就是没有取得全面实质性的突破，那么为什么会陷入这种困局呢？

首先，页岩气的相关研究还缺乏全面的、历史的、整体的和深刻的认识与研究。历史的认识就是指从各地质时代的沉积格局和特征，即从古地理和古构造的格局和特征及其历史演化的规律去认识。整体的认识与研究就是要从"古构造控制了烃源岩发育时期沉积盆地的发育，而沉积盆地的类型又控制着烃源岩发育的沉积相，而沉积环境又决定着页岩气本身各地质因素的发育"这样一个全面系统的地质演化规律去认识。深刻的认识则是指对烃源岩段岩石学、地球化学及储层空间等精细的认识与研究，从定性到逐渐定量的质的飞跃性认识与研究等。

其次，以中国南方的四川盆地为例，在该盆地的沉积演化过程中，出现了非常有利于烃源岩形成的沉积环境，也有利于页岩气形成有利因素发育的沉积环境。但是该地区页岩气的相关研究及评价以及远景区、有利区及目标区优选等仍需要进一步探索（牟传龙等，2011，2012，2016a）。面对构造条件和沉积条件优越的四川盆地这一非常重要的页岩气资源勘探目标区，应如何开展基本的地质调查工作？切入点在哪儿？按怎样的顺序去认识、去做？目前尚没有形成统一的认识。

笔者认为，应从最根本的地质情况研究入手，即从基础的古地理研究入手，以烃源岩发育的地质背景，遵循页岩气研究、页岩气发育条件研究、页岩气勘探开发的顺序，不走捷径。前人已对该地区进行了至少三轮系统的、不同比例尺和精细程度的沉积相和岩相古地理研究（牟传龙等，1992，2010，2011，2016a；许效松等，1993；刘宝珺和许效松，1994；马永生和储昭宏，2008），初步展示了早寒武世筇竹寺期（牛蹄塘组）、晚奥陶世五峰期（五峰组）和早志留世埃隆期（龙马溪组）优质烃源岩沉积期，这几套烃源岩分布较广、区域上展布稳定，是潜在的页岩气发育层系。因此，应以烃源岩发育区为中心或重点，以页岩气发育沉积环境为中心或前提，开展系统的精细沉积微相和大比例的岩相古地理研究，厘定页岩气发育层段的烃源岩特征及其空间展布，并以岩相古地理编图技术作为基础的、关键的方法技术，在页岩气发育有利微相带或沉积环境的基础上，进行页岩气评价参数（如烃源岩厚度、有机质含量及矿物组分）等研究，最终选取适合的参数进行叠加研究，寻找和圈定烃源岩有利沉积微相带、有机质含量高、烃源岩矿物组分含量适宜等耦合较好的分布位置和区带，将其作为页岩气勘探开发的优选目标和首选地区（牟传龙等，2016a）。

实际上，中国能源资源的研究与实践表明，岩相古地理学相关研究及编图技术能够积极、有效地为各种矿产资源的预测和勘探服务（冯增昭等，1997b，2005；牟传龙等，2010，2011，2016a）。现今，以岩相古地理研究为指导及相关编图为方法技术的探矿工作的范围已扩展到几乎所有的矿产资源，尤其是石油和天然气领域，在指导油气地质调查、预测及勘探开发方面的效果更为突出，其不仅作为基础的地质科学研究为油气资源的地质调查工作服务，而且往往作为关键的方法技术手段为油气资源的预测和勘探服务（牟传龙等，2016a）。应该说，这是中国岩相古地理学主要的特点之一，也是岩相古地理学一直兴旺发达的重要原因。

当然，以上所说的油气资源往往是指常规油气资源。而对于页岩气藏的发育，在选择何种理论及相关方法技术为页岩气的地质调查工作或者预测和勘探开发工作服务，并且能够准确良好地完成相关任务时，我们的观点和建议仍然是岩相古地理的研究及其相关编图方法技术（牟传龙等，2016a）。在开展区域沉积相研究的基础上，通过岩相古地理编图的方法，可以明确烃源岩有利相带的时空分布，从而为页岩气勘探提供基础和方向。故以岩相古地理研究与编图为基本方法及关键技术也能够为页岩气的地质调查工作提供指南（牟传龙等，2016a）。

总之，沉积相控制了页岩气发育的基本地质条件及其相关的性质和空间展布等（如烃源岩厚度、分布面积、有机质含量及类型、矿物组分等），对于稳定构造单元下的页岩气地质调查，开展详细系统的沉积相和岩相古地理研究是进行页岩气有利区优选的重要基础和前提，更是理论指导和关键方法（牟传龙等，2016a）。开展页岩气的地质调查工作，首先要对烃源岩，特别是优质烃源岩的古地理环境开展全面的、整体的和精细的研究与编图。然后在此基础上，以有利页岩气发育沉积微相带或沉积环境为中心，进行页岩气发育或评价条件或参数的综合研究，选择合适的页岩气影响参数并在精细岩相古地图上进行相关等值线图的耦合叠加，进而开展页岩气远景区、有利区和目标区的优选工作。进行完这样一个系统的步骤后，就有可能抓住页岩气地质调查和研究的关键和要害，进而为页岩气最终的勘探开发提供更为科学的依据，实现页岩气的突破。

如前文所述，早在几十年前，谢家荣先生（1947，1948）就已经提出了古地理学为探矿工作之指南这一前瞻性观点。沉积相、岩相古地理研究与编图也已被广泛地证明在油气勘探工业的过程中起着基础性、关键性的指导作用。正如牟传龙等（2011，2012）所说，在进行一个地区的油气资源地质调查工作及其进一步的勘探开发工作时，不同的学科从不同角度会提出相应的建议和认识，但沉积地质学作为基础的学科之一，应是研究和工作的基础与必要内容，更是一种方法，其核心为沉积学和岩相古地理学，对于页岩气的地质调查工作也不例外。对于已经处于广泛开展阶段的中国页岩气基础地质调查工作而言，沉积相及岩相古地理研究与编图是不可或缺的，可作为关键的地质基础理论及方法，为页岩气地质调查工作提供指南，是基础工作的第一步。

当然，从理论上讲，因为岩相古地理重建的信息来源于地质记录，烃源岩沉积时期，沉积环境的任何信息都会在地质地层记录中直接或间接地保存下来，但是由于人类目前的技术手段和认知水平有限，以及某些诸如后期构造原因造成的对地质记录的破坏、改变或者某些先天的缺失乃至沉积间断，给研究者们获得、解读和反演这些古环境信息带来了较大困难，造成了地质记录中极其丰富和复杂的信息与研究者们目前可获取的信息相比，在数量以及真实可靠性等方面存在很大的不对称性（王多云等，2003），这一定程度上阻碍了岩相古地理的重建研究及页岩气资源的地质调查工作。所以，在注重沉积学与岩相古地理学研究与编图的基础上，同时要重视其他学科或者理论技术的研究，如构造地质学研究、地球化学分析测试手段的选取研究等，才可以更加有效地进行与完成页岩气地质调查工作的任务目标。但是，以沉积学和古地理学为核心理论和关键技术方法开展页岩气地质调查工作的认识不能偏离。具广泛性、强综合性的岩相古地理学可作为页岩气地质调查工作的指南，相关岩相古地理编图技术可作为关键的技术方法能够完成页岩气地质调查工作的任务，从而为页岩气藏进一步的勘探与开发提供坚实的基础和科学依据（牟传龙等，2016a）。其他学科（如地球化学）只能是一种辅助手段，主要目的是对页岩气发育的地质条件进行评价，进而为在岩相古地理研究及编图基础上的页岩气有利区优选等提供参考依据。这一共识性和方法论的认识应是古地理学与页岩气勘探开发实践高度结合的产物（牟传龙等，2016a）。需要强调的是，在页岩气的地质调查过程中，沉积学、岩相古地理学不仅仅是一种区域性的、多信息的和多学科的综合基础性研究，而且更为重要的是其本身就是一种页岩气地质调查工作的方法，是一种"找"页岩气的方法。

3.2.4 具体的方法步骤

1. 原型沉积盆地恢复

富有机质泥页岩可以在裂谷型盆地（又分陆间裂谷和陆内裂谷）、被动大陆边缘盆地、大洋盆地、克拉通盆地、沟弧盆系盆地（如弧内盆地）、残留盆地、弧后前陆盆地、周缘前陆盆地等各种性质的盆地中发育，它们分别代表了不同板块构造背景及动力学机制下的沉积盆地类型，体现了从克拉通盆地—伸展阶段—衰退阶段—残留阶段—缝合造山阶段不同的演化地史。然而，现今的沉积盆地大都受到了后期不同构造活动的改造而表现为叠合型沉积盆地。重要的是，理论和实践已经证明，具有完整的泥页岩盆地对页岩气的发育至关重要。而同时，那些不仅具有页岩气发育所需的优质烃源岩，且具有良好封盖层等条件的完整有利构造单元都将是下一步开展页岩气地质调查工作的重点对象和地区，影响着页岩气地质调查工作的具体部署。

所以，页岩气地质调查工作的第一步就是要对富有机质泥页岩富集的地区进行原始性质的恢复工作。

首先，以"构造控盆"的思路，结合相关的构造背景分析，研究富有机质泥页岩发育时期沉积盆地所处的板块构造背景及其所决定的动力学机制。其次，要研究该时期沉积盆地的演化历史，判断出演化阶段，从地史的角度追溯该时期沉积盆地的原始性质。最后，在前人研究成果基础上，结合实际研究，综合客观地对富有机质泥页岩发育时期的沉积盆地类型进行甄别与恢复，判断出完整的沉积盆地类型，并在此基础上进一步筛选出或优选出更有利于页岩气发育成藏的优质烃源岩发育的沉积盆地类型（如克拉通盆地和前陆盆地等），恢复它们的范围、大小、形态及规模等，为下一步具体的页岩气地质调查工作奠定基础，提供可供度量参照的科学依据。

2. 岩相古地理研究与编图

1) 点上的研究

点上的研究包括烃源岩的沉积相、沉积微相、岩石类型与特征、地球化学特征、矿物组分特征、纵向上的变化规律等研究，目的是厘清烃源岩的相关基本地质特征。

具体的做法是：首先通过大量详细的野外工作，从具体的点上开展烃源岩精细岩性特征研究，建立烃源岩岩石学特征的基干剖面甚至是"铁柱子"，进而开展精细的沉积微相（岩）相类型及特征的研究，有条件的地区还可以加强岩心的观察及研究。在此基础上，通过一定精细度的采样，进行烃源岩的 TOC、Ro 等反映页岩气发育条件等参数的分析，有针对性地进行各种室内的鉴定、分析、化验和综合性研究工作，总结剖面上的变化规律，划分出单点上不同含气烃源岩层段。并通过地球化学等分析，分析不同含气烃源岩层段的常规矿物和黏土矿物等的类型及含量，总结它们在剖面上的变化规律。结合野外和室内的综合研究成果，进一步确定不同含气烃源岩层段的形成环境。最终，建立点上烃源岩发育特征的综合柱状图，从点上全面理清不同含气烃源岩层段发育的各种特征，完成页岩气地质调查工作的第一个目标。

2) 从点到面的研究

从点到面的研究主要是进行垂直沉积序列与横向沉积序列的对比，厘清烃源岩的空间展布规律及页岩气发育条件的纵横向变化等，编制页岩气发育条件各单因素图件。

在全面理清各点上不同含气烃源岩层段的发育特征后，通过野外剖面连线、钻井连井剖面，从点到面综合分析不同含气烃源岩层段的厚度、TOC、Ro、矿物组分、产状、分布等，进而分析其纵向和横向的变化规律。有条件的还须通过地震和详细的钻井资料研究其埋深等，进一步明确烃源岩及其特征条件（如面积等时空分布规律），编制页岩气发育条件的各种单因素图件。

3) 岩相古地理研究及编图

以"构造控盆、盆控相"的编图思路，在以上两点研究的基础上，通过岩相古地理研究与编图技术展现出烃源岩发育的厚度及其范围等的变化规律、有利沉积（微）相的演化规律、埋深深度的变化趋势等，进而综合编制页岩气发育的有利沉积（微）相图、岩相古地理图等。

通过以上步骤可以厘清烃源岩的时空分布规律，也就是页岩气地质调查的第二个任务。

3. 远景区、有利区及目标区的优选

1) 远景区的优选

在第 2 点的基本研究内容完成以后，页岩气地质调查工作区就具备了开展页岩气远景区优选的基本条件，只要依据页岩气地质调查工作分区不同的实际情况，选择页岩气发育不同的评价因素，如含气页岩的岩矿数据或者是据烃源岩的 TOC 和 Ro 综合确定的厚度和分布范围等 1~3 项参数，在岩相古地理图的基础上，采用叠合法叠加相关的参数及其等值线图，就可以基本明确页岩气远景区范围。

2) 有利区的优选

首先，在详细的点、线、面等基础地质研究以及岩相古地理编图的基础上，进一步开展页岩气发育精细的有利沉积微相，甚至是精细的有利岩相的研究，选择更为有利的含气页岩层段，编制出更为精细的岩相古地理图。其次，在更为精细的岩相古地理图的基础上，考虑页岩气地质调查工作分区不同的实际情况，综合研究选择影响页岩气发育的不同评价参数，一般情况下主要为 TOC（视情况可以分为大于 1.0% 和大于 2.0% 等不同标准）、Ro 等主要烃源岩地化指标，并结合烃源岩矿物组分研究结果，在烃源岩发育有利沉积微相带内，进一步采用叠合法叠加相关参数及其等值线图，耦合出有利烃源岩发育的有利区块。最后，结合前期烃源岩含气量研究得出的数据以及资源潜力初步数据，在耦合出的有利烃源岩发育的有利区块内进一步优选出综合条件较优的地区，作为页岩气发育有利区的首选地区。

3) 目标区的优选

同样，在岩相古地理图和在步骤 2) 的基础上，在已经优选出的有利区范围内，可以进一步叠加烃源岩储集能力的研究结果及其图件（包括储集空间类型、储集物性、储层裂缝及其变化规律图件、储层孔隙度、渗透率等数据和指标变化图件）、成岩作用研究数据及成果图件、烃源岩埋深及产状图件等，并提高反映页岩气发育程度的地化指标参数（如将 TOC 等值线图的数据提高到大于 3.0%），最后根据页岩气地质调查工作分区具体情况，可以考虑构造断裂保存条件等其他工业勘探开发工作所须考虑的因素，综合优选出适宜商业开发的烃源岩发育区，即页岩气发育目标区。

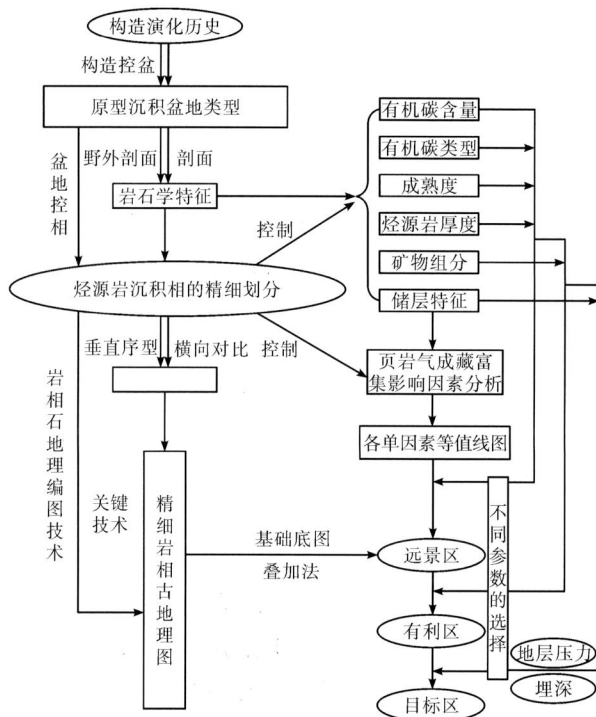

图 3-1　页岩气地质调查工作方法（技术）步骤图

Figure 3-1　The procedure of shale gas geology survey

通过图 3-1 和图 3-2 的步骤方法，可以完成页岩气发育远景区、有利区及目标区优选等页岩气地质调查工作的第三个任务。综上，可以较好地完成页岩气地质调查工作的基本任务。在这个过程中，笔者强调的是岩相古地理研究的理论基础指南作用，以及岩相古地理编图技术方法作为关键的技术方法的认识。

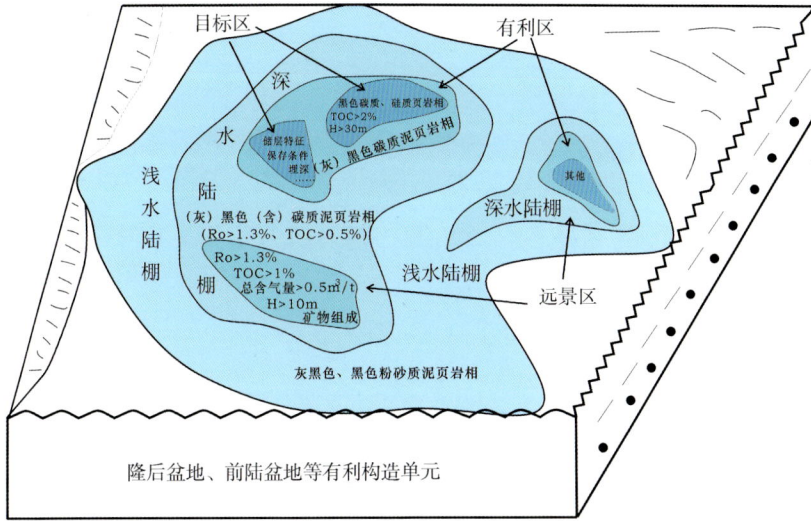

图 3-2　页岩气地质调查工作方法示意图

Figure 3-2　Diagrammatic drawing of shale gas geology survey

3.3　本章小结

国内正在进行的具有广泛性和规模性的页岩气地质调查工作有三个基本的目标任务，即理清烃源岩的岩性、沉积环境、沉积微（岩）相类型、有机质类型及含量、矿物组成等基本地质特征，明确包括烃源岩的厚度、埋深、精细的展布及面积等时空分布规律以及优选页岩气藏的远景区与有利区。为了确保页岩气地质调查工作的良好完成，除需要基础的理论指导外，更为关键的是需要有效且具普遍性、可操作性的方法技术来进行。鉴于沉积环境是影响页岩气富集成藏的根本因素，笔者认为，其切入点是岩相古地理研究与编图。笔者明确提出了"岩相古地理研究可作为页岩气地质调查工作之指南"的观点，岩相古地理学不仅是页岩气地质调查工作的理论指导，其相关的编图技术方法更是关键的"找"页岩气方法。所以，在开展页岩气的地质调查工作中，具体的做法是：①首先需要开展区域的沉积相和沉积环境研究，精细明确烃源岩的基本地质特征，且深入研究影响工作区页岩气发育的主要因素，进而完成页岩气地质调查工作的第一个任务；②再者，通过岩相古地理编图方法技术，可以明确烃源岩有利相带的时空分布，进而完成页岩气地质调查工作的第二个任务；③最终，在页岩气有利沉积微相和岩相古地理展布图上，选择影响工作区页岩气富集的主要因素并编制相关等值线图，采用叠合法分步骤综合研究，分别确定页岩气发育的远景区、有利区及目标区，进而完成页岩气地质调查工作的第三个任务，最终为页岩气藏的工业化勘探与开发提供科学的依据。

第 4 章 实例——
以川南及邻区志留系龙马溪组为例

4.1 区域地质概况

4.1.1 研究区位置

四川盆地属于扬子准地台的一个次级构造单元,是一个中新生代盆地,在印支运动早期开始发育形成,经喜山运动全面褶皱之后最终定型,成为一个边界呈菱形的构造盆地(白振瑞,2012)。四川盆地位于扬子准地台西部,北为米苍山—大巴山褶皱带,南为峨眉山—凉山冲断带,西为龙门山造山带,东为湘黔鄂冲断带(苏文博等,2007;曾祥亮等,2011)(图 4-1)。研究区位于四川盆地南部,包括四川东南部、重庆西部、贵州北部和云南东北部,西至泸定—西昌一线,南至金阳—遵义一线,东至石柱—沿河一线,北到乐山—华蓥一线,主要为峨眉山—凉山冲断带与湘黔鄂冲断带所夹限的区域(图 4-1)。

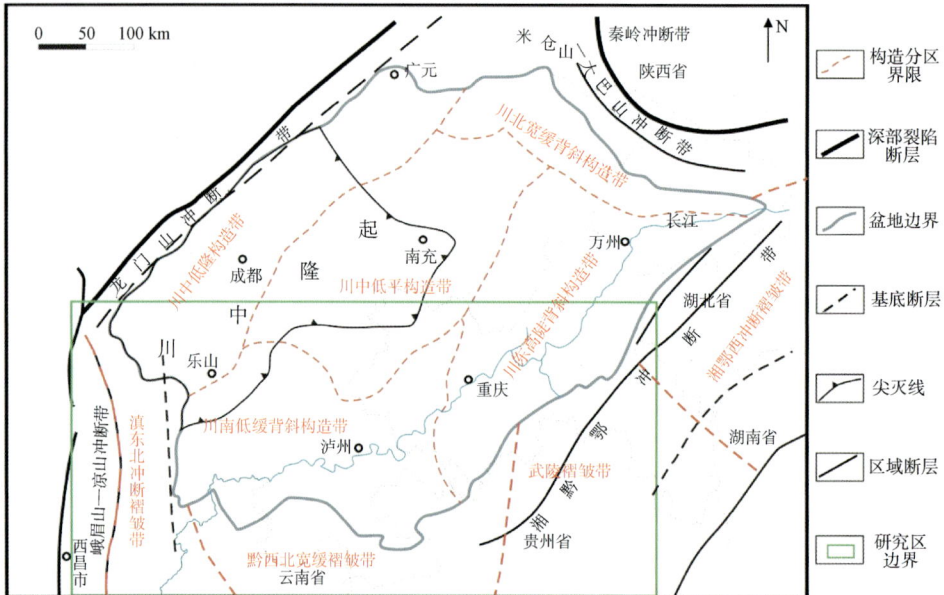

图 4-1 研究区构造分区及区域位置(黄金亮等,2012,有修改)

Figure 4-1 The tectonics and regional location of the study area (modified from Huang et al., 2012)

4.1.2　区域地质背景

1. 区域构造

四川盆地及扬子地区在漫长的构造及沉积演化史中，经历了多期的和多向的边缘深断裂活动，具有多旋回的特点。根据区域构造特征、现今构造形迹以及前人研究成果（四川省地质矿产局，1991），以华蓥山、龙泉山两个深大断裂为界，将盆地划分为 3 个构造区，自西北向东南分别是坳陷区（川西北）、隆起区（川中）和坳褶区（川东南）；进一步分为 6 个次一级构造分区，自北东向南西依次为川东高陡断褶带、川南低陡断褶带、川西南低缓断褶带、川中平缓断褶带、川北平缓断褶带及川西低缓断褶带。研究区主要包括盆地内部的川西南古隆起构造带、川南低缓背斜构造带、川中低平构造带、川西低隆构造带及川东高陡断褶带的南部，适当兼顾盆地周缘的武陵褶皱带的西部、滇东北冲断褶皱带和黔西北宽缓褶皱带的北部（图 4-1）。该地区是上扬子地区页岩气勘探潜力最好的地区之一，目前已在威远、长宁及其邻区的昭通、彭水、黔江、涪陵等区块下组合获得页岩气突破，页岩气资源潜力较好。

2. 沉积构造演化

川南及邻区主体的地质格局与整个四川盆地甚至中上扬子地区的构造演化息息相关。四川盆地及扬子地区在漫长的构造及沉积演化史中，经历了多期的和多向的边缘深断裂活动，具有多旋回的特点。

1）扬子期构造旋回

包括晋宁运动和澄江运动，以晋宁运动最重要，使前震旦纪地槽褶皱回返，扬子准地台普遍固结成为统一基底。上元古代晚期，为扬子准地台沉积盖层的初期阶段。在结晶基底和褶皱基底的古地形背景上，早震旦世黔江、都匀一线以西为古陆，以东榕江、怀化一带出现裂谷性质的陆源碎屑岩为主的沉积；晚期（南沱期）为大冰期，包括宜宾、重庆以东大面积为冰川冰碛砾岩所覆盖。晚震旦世开始出现相对稳定的被动大陆边缘的初期特征，陡山沱期是在大冰期冰川消融之后的海进沉积，凹凸不平的海底地貌上，在相对闭塞、缺氧和开阔的不同环境下，沉积黑色页岩为主夹泥质白云岩、磷块岩和紫红、黄灰色砂泥岩、泥质白云岩夹磷质岩的两套不同组合。晚震旦世的灯影期，出现西高东低、西浅东深的海盆特征，来自西部的沉积物输入局限海碳酸盐岩台地环境，形成了多种白云岩沉积。

2）加里东期沉积—构造旋回

震旦纪末的织金运动（或桐湾运动）表现为大规模抬升，灯影组上部广遭剥蚀，在川南、黔北比较明显，下寒武统牛蹄塘组覆于灯影组不同层段之上，呈现高低不平的侵蚀面。早寒武世在继承晚震旦世古地貌格局基础上持续发展，海盆仍明显表现为西高东低、西浅东深的陆表海特征。由于早寒武世早期水体加深并发生缺氧事件，沉积牛蹄塘组黑色炭质页岩、粉砂质页岩，厚度为 50～200m，是该区的主力烃源层，中晚期逐渐过渡为含砂质页岩和砂、泥岩互层，晚期为灰岩组合。中晚寒武世，大面积出现半局限—泻湖相的沉积环境，沉积了含砂质页岩和互层的砂泥岩。寒武纪末的云贵运动，导致川东南地区以南的黔中、黔北地区出现早奥陶世北东向的水下隆起，沉积了一套灰岩组合。

中晚奥陶世—志留纪，由于古太平洋板块向西俯冲，原来相对稳定的被动大陆边缘开始活动，上扬子地台南部整体抬升，中上奥陶统和下奥陶统湄潭（大湾）组大面积剥蚀殆尽，部分地区已剥至红花园组。四川的乐山—龙女寺隆起，贵州的黔中—滇东隆起和雪峰南部隆起都在此时迅速隆升，其间在川东南地区出现川黔拗陷，沉积五峰—龙马溪期相对封闭、停滞缺氧的台内盆地相地层，为又一套优质烃源岩。

志留纪末的广西运动导致华南与扬子地台拼接组成新的华南陆块，又称南华板块。板内差异升降形成隆拗格局，以形成北东向的华南褶皱带和西部台区的隆升宣告加里东构造旋回的结束，同时为海西期的构造发展，北抬南降的海陆分布和南部的陆缘裂陷奠定基础。

3）海西期旋回

广西运动后，直至晚泥盆世才在川东南地区北部及以东地区接受"填平补齐"、厚度不大的泥盆系—石炭系沉积。川东南地区大部由于一直处于古陆环境，且石炭纪末的云南运动又一次抬升剥蚀，缺失泥盆系—石炭系沉积。

早二叠世早期，由于全球海平面上升，海水自南而北席卷淹没整个扬子古陆区，沉积了较厚的浅海浅水碳酸盐岩；晚期，由于受古特提斯洋打开的强烈拉张作用影响，出现了区域性的东吴运动。

晚二叠世出现自西而东水体加深的沉积，早时（吴家坪期）西高东低，西部为冲积平原相的砂泥岩，以东为海岸平原相含煤砂泥岩；晚时（长兴期）水体加深，形成滨浅海沉积。

早、中三叠世基本上继承了晚二叠世末期的古地理面貌，早三叠世初，川东南地区的沉积环境以滨海平原为主，主要沉积地层是页岩和粉砂岩；到中三叠世，海盆的封闭程度加大，以白云岩和泥质白云岩沉积为主。纵向形成砂泥岩、灰岩、白云岩、膏岩的水退旋回组合。

4）印支期旋回（前陆隆起演化阶段）

中三叠世末期，由于古特提斯洋的迅速关闭，随着扬子地块西部和北部边缘分别与羌塘地块自北西向南东，而华北地块自北而南的两个方向发生高角度的碰撞作用，造成扬子地块西侧的松潘—甘孜地区和北缘南秦岭地区的岩石圈发生强烈挤压、挠曲和沉降形成"周缘大前陆盆地"（郑荣才等，2012）。晚三叠世晚期（诺利—瑞替期）的晚印支运动，由于甘孜—阿坝地槽区全面回返，四川盆地西北龙门山前强烈拗陷，进入川西类前陆盆地演化阶段，出现由东向西倾斜的沉降，迫使前陆隆起向南东方向迅速迁移，从而导致川东南地区进入向北西方向缓倾斜的前陆斜坡带，旋即发生晚三叠世须家河组自北西向南东方向扩展的沉积超覆作用，由东向西沉积厚度迅速加大的特征，形成由西向东为滨海—湖泊—河流含煤碎屑岩相和东部湖沼—河流含煤碎屑岩相的大型前陆陆相湖盆，从此结束全区海相沉积历史，结束中国南方自吕梁期至晚三叠世长达2300Ma的海相沉积历史。

5）燕山期旋回（前陆隆后拗陷演化阶段）

自侏罗纪开始的燕山运动以来，由于太平洋板块向西斜向俯冲，使得构造活动带由印支期四川盆地西北部龙门山前一带转到盆地东南部，由于江南古陆迅速隆升并逆冲推覆，古陆西北侧出现陆内拗陷，并与大巴山古陆南侧强烈拗陷相连，形成万州区、南川、古蔺一带的拗陷和西侧泸州、赤水一带的相对隆起区，盆区东至江南古陆、西达龙门山古陆、北为大巴山古陆。在川西前陆盆地沉积背景下，该拗陷更多具有前陆隆起（泸州—达川）之后的隆后拗陷色彩，这种格局一直持续至侏罗纪末。

6）晚燕山—喜山期旋回（前陆萎缩、衰亡演化阶段）

侏罗纪末至早白垩世晚期，由于太平洋板块的斜向俯冲，形成对扬子板块的进一步侧向挤压，出现燕山运动主幕，齐岳山断裂东南侧的古陆向四川盆地大大推进了一步，导致前陆盆地沉积范围萎缩。早第三纪中始新世末川东地区发生强烈的褶断运动以及川西地区于新、老第三纪间发生强烈的褶断推覆运动，统称四川运动，为喜山运动Ⅰ幕。时间为东早西晚，即早时为第三纪的始新世中晚期，晚时为新、老第三纪间。四川运动结束了大型陆相湖盆的沉积历史，是四川盆地挤压褶皱形成现今构造格局的重要时期，川东南地区的褶皱多在此阶段形成，之后的喜山运动Ⅱ幕及喜山运动Ⅲ幕隆升改造进一步定型。

四川盆地属于中上扬子克拉通盆地，扬子克拉通盆地于古元古代晚期（1800～1600Ma）完成克拉通化，是中国最古老的陆块盆地之一。其西界为红河断裂—龙门山断裂，北界为米仓大巴断裂—城口襄樊断裂—九江淮安断裂，东南侧在浙赣湘桂境内与华夏盆地"松散衔接"。黄福喜（2011）基于不同时期盆地性质与特征的差异性，把中上扬子震旦纪—中三叠世克拉通演化过程划分为四个阶段：第Ⅰ阶段，震旦纪—早奥陶世早期，处于拉张环境，具有从早期的裂谷盆地演化为裂陷盆地的特征，沉积建造以碳酸盐岩为主，剖面结构由两个碳酸盐岩逐渐增多的大旋回构成（震旦纪和寒武纪）；第Ⅱ阶段，早奥陶世晚期—志留纪，处于挤压应力环境，盆地性质为克拉通内继承性挤压坳陷型盆地，克拉通边缘普遍挤压隆升，整体为受隆起分割围限的盆地格局，沉积建造以碎屑岩和混积型为主，剖面结构具有碳酸盐岩减少、碎屑岩增多趋势；第Ⅲ阶段，泥盆纪—石炭纪或早二叠世早期，在加里东运动后造成中上扬子整体隆升的背景下，克拉通边缘处于伸展拉张环境，盆地性质以克拉通边缘裂陷盆地为主，沉积建造受地区性构造特征控制，以碳酸盐岩型和混积型为主，剖面结构具有向上碳酸盐岩增多的趋势；第Ⅳ阶段，二叠纪—中三叠世，应力环境由东吴运动的拉张环境转变为印支期的挤压环境，盆地性质与演化分异明显，以碳酸盐岩建造为主，晚三叠世开始，受印支运动影响，海水退出中上扬子地区，处于区域挤压环境，盆地性质与演化发生了强烈变化，具有前陆盆地性质及其沉积充填特征，从而开启了中上扬子地区新的盆地演化历史。

4.1.3　地层划分对比

包括川南及邻区在内的上扬子区域，基底为上太古界—中元古界结晶基底与四堡—晋宁期褶皱基底，除局部地区缺失部分奥陶纪、志留系、泥盆系、石炭系地层外，震旦系—侏罗系地层均发育（表4-1）。受构造条件及沉积体系控制，在早寒武世牛蹄塘期、晚奥陶世—早志留世龙马溪期、晚二叠世龙潭期、晚三叠世须家河期、早侏罗世自流井期沉积了丰富的富有机质页岩。川南地区下古生界富有机质页岩主要发育在牛蹄塘组、五峰组和龙马溪组。

1. 南华系

南华系为新元古代裂陷基础上的填平补齐沉积，主要沉积南沱组陆相冰碛岩，沿东南方向依次过渡为海相冰碛岩。

2. 震旦系

震旦系陡山沱组底部普遍发育一套盖帽白云岩，向上依次过渡为泥页岩，黔北地区陡山沱组为炭质泥岩、泥岩及白云岩组合，具"两白两黑"特征，底部"冰盖帽"白云岩为区域重要对比标志，一般厚度为50～80m。陡山沱组四段为富有机质岩性段，与下伏南沱组假整合接触。灯影组可划分为四段，灯一段为贫藻白云岩；灯二段为富藻白云岩、皮壳状白云岩、藻礁白云岩，顶部溶孔发育，储集性较好；灯三段为灰色长石石英砂岩，灰褐、紫褐、浅灰至深灰色泥页岩，川中地区发育10～50m深灰色泥页岩，具有一定的生烃潜力；灯四段为藻纹层白云岩、硅质白云岩，与下伏陡山沱组整合接触。

3. 寒武系

寒武系下部川西南地区为麦地坪组，岩性主要为含磷白云岩、硅质白云岩，以小壳化石出现为特征，大部分地区与灯影组整合接触，局部如麦地坪地区呈假整合接触。筇竹寺组沉积了一套较好的区域性富有机质页岩层段，下部为灰至灰黑色泥页岩，上部为灰至深灰色粉砂质泥页岩，与下伏麦地坪组假整合接触，部分地区可分别与灯四段、灯三段、灯二段假整合接触。沧浪铺组为浅海相碎屑岩沉积，与下伏筇竹寺组整合接触。龙王庙组主要为一套干旱环境下碳酸盐岩沉积，岩性主要为鲕粒灰岩、颗粒白云岩夹泥质白云岩及膏盐岩，储集性较好，与下伏沧浪铺组整合接触。在黔北地区牛蹄塘组底部为黑色炭质泥岩与硅质岩韵律互层，夹磷结核，下部普遍发育一套黑色炭质泥岩，黄铁矿丰富，厚40～120m，分布稳定，为重点研究的目的层之一；上部为深灰、灰绿色泥页岩夹粉砂岩条带，厚30～50m。明心寺组与金顶山组在黔北地区以含砾石英砂岩、石英砂岩为标志层分界，岩性组合接近，主要为灰绿色泥岩与粉砂岩韵律互层夹灰岩，向上粉砂岩逐渐增多。川西—川南地区寒武系中上统，陡坡寺组岩性为含泥石英粉砂岩夹泥质白云岩，与下伏龙王庙组整合接触。洗象池组蒸发环境碳酸盐沉积，以泥微晶白云岩、颗粒白云岩夹膏盐岩沉积，溶孔发育，储集性较好，与下伏陡坡寺组整合接触。黔北一带寒武系中—上统为大套的碳酸盐建造，碳酸盐台地相沉积。高台组岩性为灰色砂、泥质白云岩夹云母石英砂岩及钙质页岩，局部层段发育膏岩或含膏质沉积。娄山关组主体为灰色中厚层—块状的白云岩、白云质灰岩、灰岩，局部发育砂屑灰岩、鲕粒灰岩。

4. 奥陶系

奥陶系下部为桐梓组和红花园组，岩性主要为浅灰至灰色颗粒灰岩，夹泥页岩，至黔北地区逐渐过渡为白云岩，局部地区岩石重结晶作用强，储集性较好，与下伏寒武系整合接触。湄潭组主要为海相碎屑岩沉积，上部为灰、灰绿色页岩，粉砂质页岩夹灰岩；中部为黄绿色粉砂岩与深灰色含泥质灰岩互层；下部为黄绿色页岩，粉砂质页岩夹生屑灰岩透镜体；至黔东和湘鄂西地区过渡为大湾组紫红色瘤状泥灰岩沉积，与下伏红花园组整合接触。十字铺组、宝塔组与临湘组主要为灰至深灰色生屑灰岩、生屑龟裂纹灰岩，夹紫红色生屑灰岩，分布稳定，至黔中隆起缺失；相互整合接触，与下伏湄潭组也呈整合接触。五峰组岩性为灰黑至黑色泥页岩、硅质泥页岩，笔石丰富，分布稳定，生烃潜力好；与下伏临湘组整合接触。观音桥组岩性为深灰色生屑灰岩、生屑泥灰岩，四射珊瑚、赫南特贝、达尔曼虫为该地层"时髦"的生物组合，除此还可见海百合茎碎片等。四川盆地东北部局部地区缺失，为页岩气勘探的重要标志层；与下伏五峰组整合接触。

5. 志留系

志留系下部为龙马溪组，是重要的页岩气勘探层段，为深灰至灰黑色泥页岩，笔石丰富，厚 30～120m，上部为灰至深灰色粉砂质泥页岩夹粉砂岩或条带状、透镜状灰岩，分布不稳定；大部分地区与下伏观音桥组整合接触，近黔中隆起逐渐为假整合接触。石牛栏组岩性为深灰、黑灰色泥页岩、含粉砂质泥岩夹薄层生物屑灰岩、泥质粉砂岩、砂质泥灰岩、瘤状泥灰岩及钙质泥岩，川南黔北地区发育带状珊瑚礁灰岩，见珊瑚、海绵、核形石、腕足、三叶虫等化石，与下伏龙马溪组整合接触。韩家店组为灰绿、紫红色泥页岩、粉砂质泥页岩、钙质粉砂岩，潮汐层理发育，腕足、瓣鳃、三叶虫等底栖生物繁盛，层面遗迹、潜穴钻孔、波痕丰富，与下伏石牛栏组整合接触，与上覆二叠系假整合接触，大部分地区缺失中上志留统沉积。

表 4-1　四川盆地及邻区下古生界地层简表（内部报告，2012，有修改）[①]

Table 4-1　Lower Paleozoic strata of Sichuan Basin and its periphery

（modified from internal data of CGS，2012）

界	系	统	组	地层代号	简要岩性	备注
古生界	志留系	中上统			缺失	局部分布
		下统	韩家店组	S_1h	灰绿、灰黄色页岩，粉砂质页岩夹粉砂岩，生物灰岩透镜体	局部含富有机质泥页岩
			石牛栏组	S_1s	深灰、黑灰色泥页岩，含粉砂质泥岩夹薄层生物屑灰岩，泥质粉砂岩，砂质泥灰岩、瘤状泥灰岩及钙质泥岩	
			龙马溪组	S_1l	上部为深灰色泥岩夹粉砂质泥页岩，下部为黑色页岩，富含笔石	
	奥陶系	上统	观音桥组	O_3g	灰、深灰色含生物灰岩，泥质灰岩，铁锰质泥岩，含赫南特贝	
			五峰组	O_3w	黑色含硅质灰质页岩，顶常见深灰色泥灰岩	
			涧草沟组	O_3j	灰、浅灰色瘤状泥灰岩	

---

① 余谦，门玉澎，张海全，等. 川南地区下古生界页岩气资源勘探区块评价和优选［R］. 成都地质矿产研究所，2012.

界	系	统	组	地层代号	简要岩性	备注
古生界	奥陶系	中统	宝塔组	O_2b	浅灰、灰色含生物屑马蹄纹灰岩	
			十字铺组	O_2sh	灰、深灰色含生物屑灰岩，泥质灰岩偶夹页岩	
		下统	湄潭组	O_1m	上部为灰、灰绿色页岩，粉砂质页岩夹灰岩；中部为黄绿色粉砂岩与深灰色含泥质灰岩互层；下部为黄绿色页岩，粉砂质页岩夹生屑灰岩透镜体	
			红花园组	O_1h	灰、深灰色生物屑灰岩夹少量页岩，白云质灰岩和砂屑灰岩，普含硅质条带（结核）	
			桐梓组	O_1t	上部为灰、灰黄色页岩，深灰色生物屑灰岩，鲕状灰岩，下部为浅灰、灰色白云质灰岩，灰质白云岩，泥质白云岩夹页岩生物屑灰岩，砂屑灰岩及鲕状灰岩	
	寒武系	上统	娄山关群	ϵ_3ls	白云岩，底为细粒石英砂岩夹云质泥岩	
		中统	石冷水组	ϵ_2s	白云岩、含泥质云岩及灰岩夹石膏	
			陡坡寺组	ϵ_2d	含泥石英粉砂岩	
		下统	清虚洞组	ϵ_1q	下段以灰岩为主，上段为白云岩夹泥质云岩	
			金顶山组	ϵ_1j	泥页岩、泥质粉砂岩与粉砂岩夹灰岩	
			明心寺组	ϵ_1m	泥、砂岩为主，下部有较多的灰岩	
			牛蹄塘组	ϵ_1n	泥岩、含粉砂质泥岩为主，夹粉砂岩，与梅树村组假整合接触	
元古界	震旦系	上统	灯影组	Z_2d	白云岩夹硅质岩	
		下统	陡山沱组	Z_1ds	泥岩为主，底为白云岩，顶为含胶磷矿结核砂质泥岩	

4.1.4 研究区下志留统龙马溪组地质背景

震旦纪到早奥陶世时期，整个中上扬子地区处于伸展裂离背景，在陆块内部形成稳定的克拉通盆地（黄福喜，2011；黄盛等，2012）。牟传龙等（2011）进一步指出，中上扬子地区总体上经历了从克拉通海相盆地（寒武纪—中奥陶世）到克拉通基础上的隆后盆地（奥陶纪—早志留世）的演化。早志留世龙马溪期，中上扬子陆块边缘处于挤压褶皱造山过程中，川西—滇中古陆、汉南古陆扩大，川中隆起范围不断扩大，扬子南缘的黔中隆起、武陵隆起、雪峰隆起、苗岭隆起基本相连形成滇黔桂隆起带，形成多隆围一拗的构造格局，使早中奥陶世具有广海特征的海域转变为被隆起所围限的局限海域，形成陆棚沉积体系，并具有向上变浅的演化过程（苏文博等，2007；曾祥亮等，2011；刘树根等，2011；黄福喜等，2011），产生大面积低能、欠补偿、缺氧的沉积环境（牟传龙等，2011）。研究区位于四川盆地南部，靠近雪峰山—黔中古隆起一带，北部为川中隆起，为扬子前陆盆地之隆后盆地的一部分（图 4-2）。

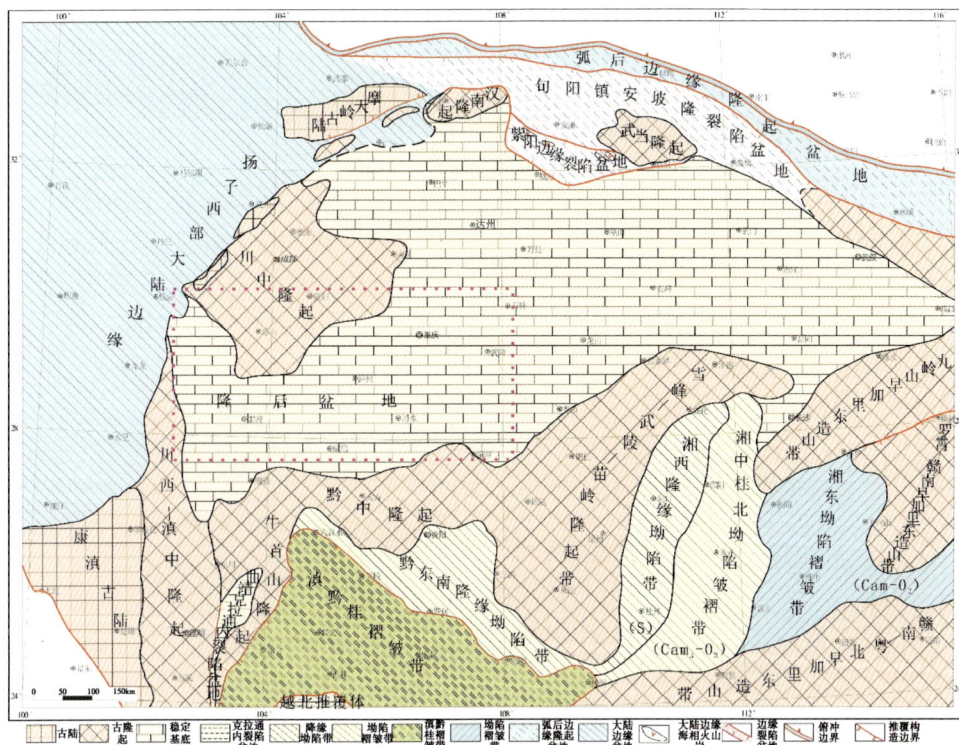

图 4-2　川南及邻区早奥陶世—志留纪构造轮廓与盆地分布图［许效松，2011（内部资料），有修改］
Figure 4-2　Tectonic outline and basin distribution of Early Ordovician-Silurian in southern Sichuan Basin and its periphery［modified from Xu，2011（internal data）］

　　四川盆地龙马溪组沉积体系展布和沉积演化主要受包括黔中古隆起在内的前陆隆起带的推移和抬升作用影响（郭英海等，2004）。在晚奥陶—早志留世，全球发生了强烈的海平面上升（Loydell，1998），并产生了大范围的海侵，由此在北非和阿拉伯地区形成了大量的黑色富有机质页岩（Lüning et al.，2005）。早志留世龙马溪期是中国南方挤压最强烈的时期（郭英海等，2004；张海全等，2011），同时受全球性海侵的影响（戎嘉余，1984），龙马溪组形成了一套分布范围广、厚度较大的以黑色页岩为主的细粒碎屑岩，构成了区域范围的烃源岩系（郭英海等，2004；张正顺等，2013）。中奥陶世—志留纪处于加里东运动主要活动期，早期的古陆和由于加里东运动形成的古隆起为陆源碎屑物源供应区（曾祥亮等，2011），推断陆源碎屑物质主要来自包括黔中古隆起在内的前陆隆起带以及雪峰古隆起，川中古隆起可能仅提供溶解物质（郭英海等，2004），故早志留世沉积充填具多物源的混合型陆棚沉积性质（郭英海等，2004；张正顺等，2013）。

　　志留纪富有机质页岩是冈瓦纳大陆北部主要的烃源岩，分布在中东和非洲北部的大部分地区（Lüning et al.，2005）。志留系龙马溪组在研究区广泛分布且厚度较大，为页岩气的重点层系之一，是研究的目的层。区内大多数的龙马溪组地层与下伏奥陶系观音桥组整合接触，上覆地层为志留系罗惹坪组（为近岸浅海砂、泥灰质建造，主要分布在川北、川东北地区）/石牛栏组（以灰岩为主，主要见于川西南地区）或小河坝组（为浅海相泥灰质沉积，多见于川东和四川盆地西部）（表 4-2）。按垂向沉积特征，龙马溪组可分为上下两段，下段沉积于龙马溪早期（*Glyptograptus perscuptus* 带到 *Pristiograptus Leei* 带），继承了五峰期的沉积特点，主要为黑色炭质、硅质页岩和灰黑色钙质泥岩组合，沉积速率慢，在沉积时间上超过龙马溪期的一半，但沉积厚度仅占龙马溪组沉积厚度的 10%～30%，厚度为 40～200m；龙马溪晚期（*Demirastrites triangulates* 带到 *Monograptus sedgwickii* 带），主要表现为龙马溪组上段的灰绿、黄绿色泥岩、粉砂质泥岩和粉砂岩组合，通常夹泥灰岩透镜体，为非黑色岩系（张春明等，2012）。颜色自上而下逐渐加深、砂质减少、有机质含量增高，页岩中普遍含有砂质，粉砂质石英局部富集。川中地区二叠系梁山组分别超覆在奥陶系和寒武系地层之上，黔中地区下志留统翁项群直接覆盖在下奥陶统大湾组地层之上。下段黑色富有机质泥页岩厚度大，通常为 20～200m，为一套重要的烃源岩，也是该区页岩气勘探的重点层段，川南威 201 井、宁 201 井、阳 101 井已获得页岩气突破，重庆涪陵页岩气田已正式确认为中国第一个优质页岩气田。

表 4-2　川南及邻区上奥陶统－志留系地层对比表（内部报告，2012，有修改）[①]

Table 4-2　Stratigraphic comparison of Upper Ordovician－Silurian strata in southern Sichuan Basin and its periphery（modified from internal data of CGS，2012）

系	统	大巴山—华蓥山	龙门山	渝东南	川西南		川南	黔中及邻区
志留系	上统	缺失	车家坝组	缺失				缺失
			金台关组（上红层）	回星哨组	回星哨组		回星哨组	
	中统	韩家店组	宁强组（纱帽组）	韩家店组	大关组（下红层）		韩家店组	
	下统	小河坝组	罗惹坪组	小河坝组	石牛栏组	罗惹坪段	石牛栏组	
						彭家院段		
		龙马溪组	龙马溪组	龙马溪组	龙马溪组		龙马溪组	翁项群
奥陶系	上统	观音桥组	观音桥组	观音桥组	观音桥组		观音桥组	缺失
		五峰组	五峰组	五峰组	五峰组		五峰组	
		临湘组	临湘组	临湘组	临湘组		临湘组	
		宝塔组	宝塔组	宝塔组	宝塔组		宝塔组	
	中统			庙坡组				

---

① 余谦，门玉澎，张海全，等. 川南地区下古生界页岩气资源勘探区块评价和优选［R］. 成都地质矿产研究所，2012.

4.1.5　研究思路及技术方法

以沉积学、岩石学和油气地质学及储层地质学为指导，在充分吸收国内外研究成果的基础上，通过对研究区的露头剖面进行详细的观察、描述，充分利用各种宏观和微观分析及地化手段进行综合研究。利用各种分析测试结果，编制研究区有机质含量（TOC）、厚度和有机质成熟度（Ro）及脆性矿物含量等的柱状图、剖面图和平面分布图。在此基础上，编制研究区岩相古地理图，并明确研究区岩相、矿物组分和有机质的展布特征，结合储集空间的分析，给出研究区成岩作用类型、特征，依据成岩划分标准，确定成岩和孔隙演化特征。在构造背景的基础上，综合以上所有因素，依据合理的评价标准，划分研究区页岩气的有利分布区。具体实施的技术路线如图 4-3 所示。

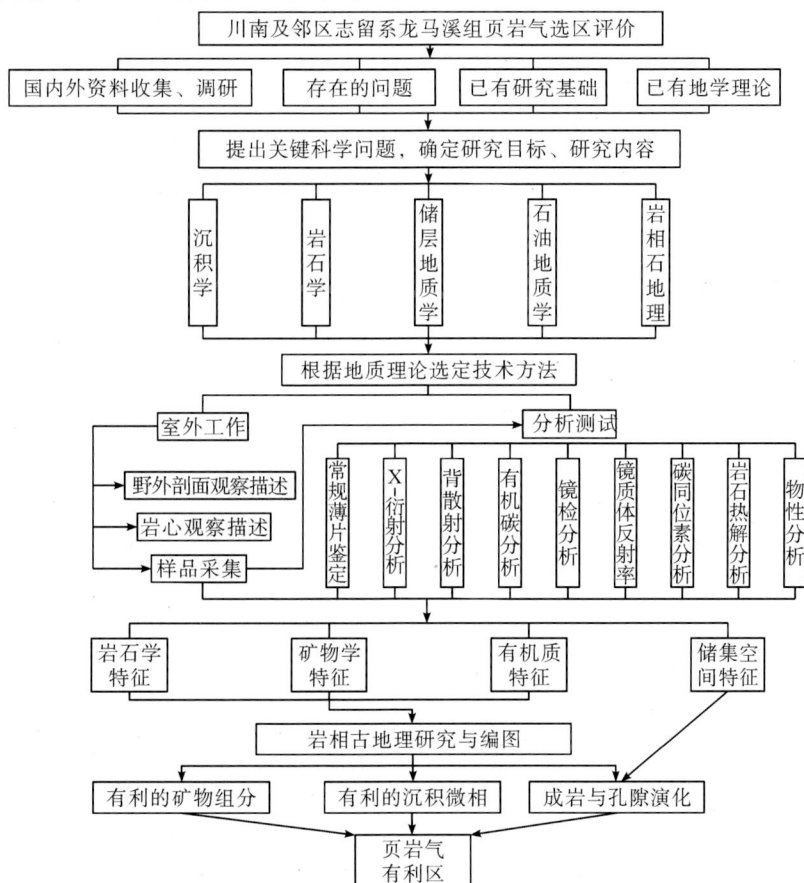

图 4-3　技术路线图

Figure 4-3　Technology roadmap

本书以下志留统龙马溪组黑色富有机质页岩发育层段为主要研究对象，它通常分布在龙马溪组的下段。根据川南及邻区志留系龙马溪组的分布和发育情况，共选取了覆盖全区的 33 条露头剖面进行观测（图 4-4），结合道页 1 井、长芯 1 井、渝页 1 井、焦页 1 井以及部分老井资料及文献资料，对龙马溪组黑色岩系沉积—成岩及其对页岩气的控制进行研究。所用样品采自几乎覆盖全区的 33 条露头剖面和道页 1 井中，采样密度较高，观察剖面以 1m 为采样间距，7 条实测剖面则以 0.5m 为间距，共采集样品 845 件。野外所采样品为达到有机碳等分析的要求，均重 1kg 左右。选择新鲜块样分别磨制薄片和探针片，进行岩石学和矿相学鉴定；并选择新鲜样品磨碎至粒径小于 0.2mm，用于总有机碳的分析；在无污染条件下，将新鲜样品破碎成 300 目粉末，用于 X-衍射分析。

普通薄片的鉴定应用蔡司 Axio Scope A1 完成；电子背散射衍射与扫描电镜分析是在装有电子背散射衍射系统（EBSD）的日立 S-4800 扫描电子显微镜上完成，测试标准为《电子探针和扫描电镜 X 射线能谱定量分析方法通则》（GB/T 17359－1998），实验室温度为 20℃，湿度为 40％RH；电子探针分析是应用岛津 EMPA-1600 电子探针，以 GB/T 17359－1998 为测试标准，实验室温度为 20℃，湿度为 58％RH。以上分析均在国土资源部沉积盆地与油气资源重点实验室完成。

样品的氩离子剖光－扫描电镜分析是在中国石化石油勘探开发研究院无锡石油地质研究所实验研究中心完成，分析测试标准为《油气储层砂岩样品扫描电镜显微镜分析方法》（GB/T 18295-2001）和《岩石样品扫描电子显微镜分析方法》〔SY/T 5162-1997（2005）〕，实验仪器为 XL 30 扫描电子显微镜，实验温度为 25℃，湿度为 50％RH。样品的全岩组分和黏土矿物组分的 X-衍射分析结果是采用 D8 DISCOVER 型 X 射线衍射仪，在实验室温度为 22℃、湿度为 30％RH 的条件下获得，矿物组分定量分析的检测依据为《沉积岩中黏土矿物和常见非黏土矿物 X 射线衍射分析方法》（SY/T 5163-2010）。有机质分析包括总有机碳含量测定、干酪根镜检分析、镜质体反射率测定、干酪根碳同位素分析和岩石热解分析。其中，总有机碳的测定采用美国 Leco CS-200 碳硫测定仪，在实验室温度为 22℃、湿度为 30％RH 的条件下进行，测定标准为《沉积岩中总有机碳的测定》（GB/T19145-2003）；干酪根镜检分析利用生物显微镜（Axioskop 2 plus）进行，测定标准为《透射光－荧光干酪根显微组分鉴定及类型划分方法》（SY/T 5125-1996）；镜质体反射率测定依据《沉积岩中镜质组发射率测定方法》（SY/T 5124-1995），采用显微光度计（MPV-SP），在室内温度为 22℃、湿度为 45％RH 条件下完成；干酪根碳同位素分析利用 Finngan MAT-252 同位素质谱仪，以《有机物和碳酸盐碳、氧同位素分析方法》（SY/T5238-2008）为依据，在 22℃、45％RH 的实验环境中完成。岩石热解分析依据《岩石热解分析》（GB/T 18602-2001），在室内温度 24℃条件下，应用油气显示评价仪完成。物性分析包括压汞分析和岩心常规物性分析，压汞分析的检测条件为最高压力为 50MPa，检测设备为 9510-Ⅳ型压汞仪，在室温为 10℃、湿度为 22％RH、大气压力为 1037hPa 条件下，依据《压汞法毛管压力曲线测定》（SY/T 5346-2005）完成；岩心常规物性分析依据《岩心分析方法》（SY/T 5336-2006），室内环境为 20℃、湿度为 40％RH 和 1025hPa 大气压力，检测条件为孔隙度测定参比室压力为 0.07MPa，分析测试仪器为 ULTRAPOE-200A 氦孔隙仪与 ULTRA-PERMTM200 渗透率仪。矿物组分分析、有机质分析和物性分析均在中国石油华北油田勘探开发研究院沉积实验室完成。

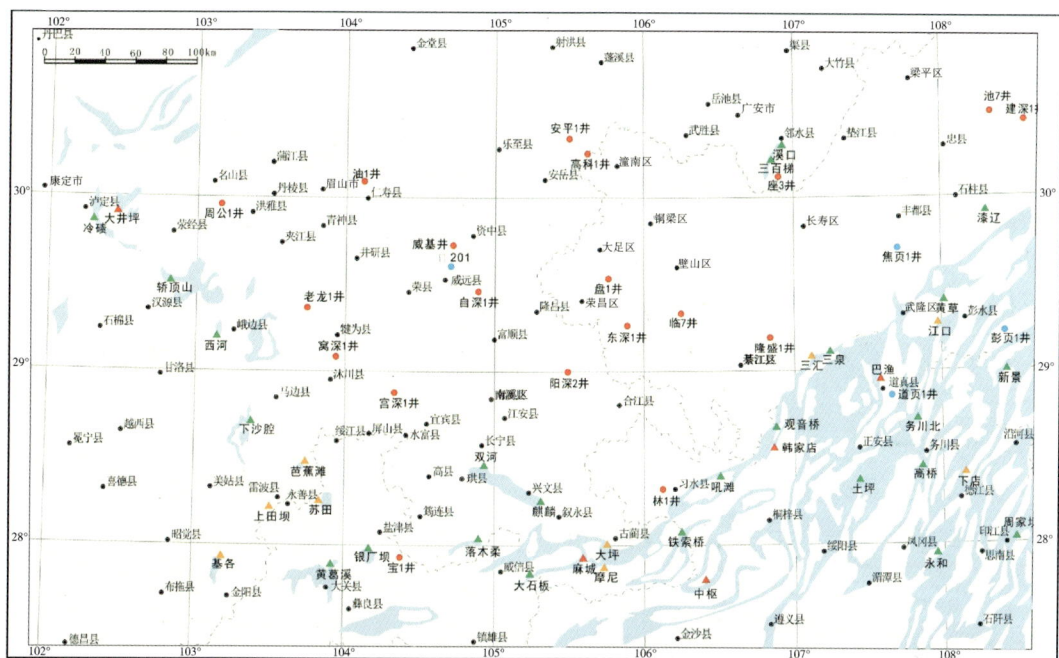

图 4-4 川南及邻区志留系龙马溪组剖面点、资料点图

Figure 4-4 Location of seceions and data sites of Longmaxi Formation in southern Sichuan Basin and its periphery

4.2 沉积特征及岩相古地理

由于页岩气中的"页岩"通常作为地质建造术语而非岩性术语使用（Bust et al.，2013），页岩气地层实际上主要由细粒沉积岩组成，而非传统意义上的"页岩"。Swanson（1961）指出黑色页岩（Black Shale）是含有有机质和粉砂－黏土级碎屑的富有机质黑色的泥岩。但为了描述方便，研究将目的层——龙马溪组黑色富有机质页岩发育层段（主要为龙马溪组下段）整体简述为黑色岩系段，按照现今研究的习惯，将细粒沉积岩（泥页岩）仍简述为"页岩"。

4.2.1 岩石学特征

通过对龙马溪组黑色富有机质页岩的野外定名与显微特征分析，结合 X-衍射的全岩矿物分析，将研究区龙马溪组下段区分为 7 种主要岩相类型。

1.（含钙）炭质（硅质）页岩

此类岩石微相以炭质页岩最为发育（图 4-5A），矿物组分以黏土矿物和石英为主，前者多大于 35%，后者多大于 40%。单偏光下呈较均匀的黑色，粉砂级的石英等碎屑颗粒呈星点状分布，含量小于 5%，有机碳含量较高，常发育黄铁矿晶粒集合体，含量多为

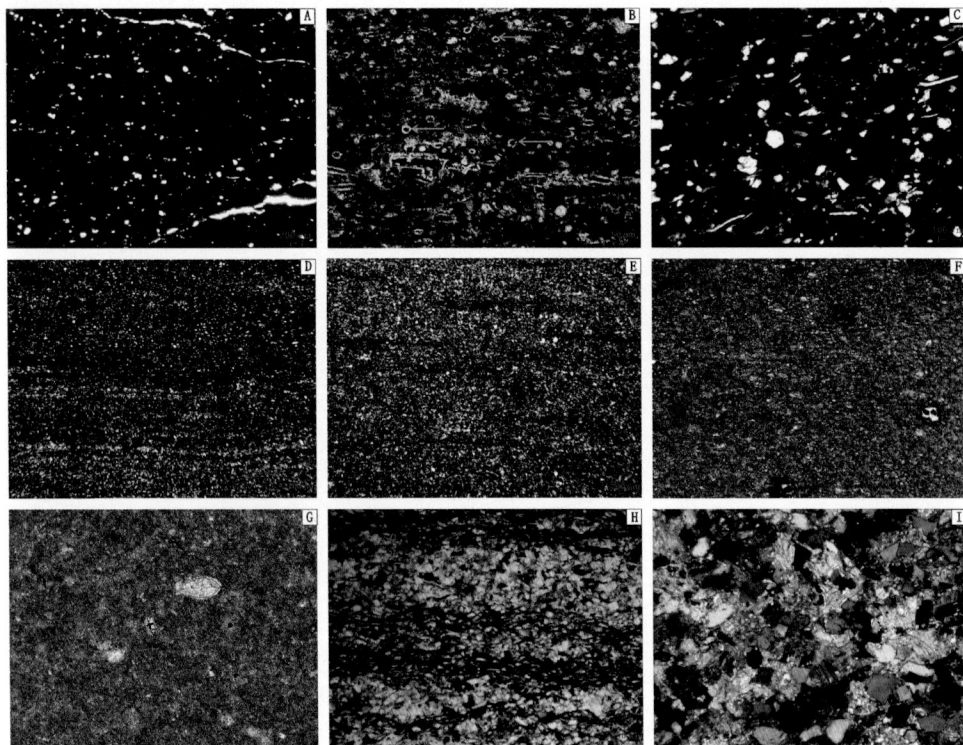

A. 炭质页岩，綦江观音桥，单偏光；B. 炭质硅质页岩（箭头所指为硅质放射虫），天全大井坪，单偏光；C. 含粉砂炭质页岩，习水良村，单偏光；D. 含碳含钙粉砂质页岩，古蔺铁索桥，单偏光；E. 含碳粉砂质碳酸盐质页岩，仁怀中枢，单偏光；F. 含碳页岩，华蓥三百梯，单偏光；G. 含碳泥质灰岩，大关黄葛溪，单偏光；H. 粉砂质页岩，沿河新景，单偏光；I. 钙质粉砂岩，德江下店，正交偏光

图 4-5　川南及邻区龙马溪组黑色岩系岩石微相特征

Figure 4-5　Lithofacies characteristics of the black rocks of Longmaxi Formation in southern Sichuan Basin and its periphery

1％～5％，个别样品可达 10％以上。炭质硅质页岩多分布在龙马溪组的底部，硅质含量较高，高达 70％，最高可达 85％以上，硅质颗粒以放射虫为主，不均匀状分布在黑色泥质中，体腔多被有机质充填（图 4-5B）；部分地区含有少量的钙质，主要分布在川西的天全大井坪与汉源轿顶山等地区，有机碳含量也较高。此类岩石微相主要发育于研究区相对深水区域，分布范围在宜宾—长宁—泸州一带以及川西地区。底部均以炭质硅质泥岩为主，向上可见粉砂、钙质成分，从而造成有机碳含量迅速降低。

2. 含粉砂（含钙）炭质页岩

含粉砂炭质页岩（图 4-5C）在研究区较发育，矿物组分以石英＋长石为主，多大于60％，黏土矿物多为 30％～60％；碎屑含量小于 15％，多为 10％～15％，以石英为主，呈整体分散、局部富集的特征；碳酸盐矿物含量多小于 10％，以方解石为主，局部地区碳酸盐矿物含量可达 25％以上，仅见于四川叙永地区；多数样品中见黄铁矿，其含量均小于5％。此类岩石微相的显著特征是普遍含有碎屑粉砂，其含量对有机碳含量有着显著的影响。局部地区见少量的钙质成分，主要分布在靠近黔中与雪峰山隆起区的一侧。

3. 含碳（含钙）粉砂质页岩

以含碳含钙粉砂质页岩最发育，矿物组分也以石英＋长石为主，其含量多为40％～70％，黏土矿物含量主要介于30％～50％；碳酸盐矿物以方解石为主，多为10％～20％；碎屑石英含量较高，多呈分散状分布于暗色基底中，并具局部富集与条带状分布的特征，后者与暗色泥质呈显微纹层状（图4-5D），碎屑含量多为25％～40％，局部地区见黄铁矿分布；总体呈现随碎屑含量的增高，有机碳含量降低的特征。此类岩石微相的显著特征是成分成熟度较高、结构成熟度较低的粉砂含量较高，并见水平层理及少量波状层理。局部地区发育含碳（含粉砂/粉砂质）碳酸盐质页岩（图4-5E），其碳酸盐矿物含量较高，多介于25％～40％，包括方解石和白云石，二者含量相差不大，主要以胶结物的形式与有机质、泥质共生，仅在川西天全大井坪剖面观测到。

4. 含碳页岩

此类岩石微相以泥质为主，其含量大于85％，单偏光下呈褐色、灰黑色（图4-5F）。矿物组分以石英、长石和黏土矿物为主，其中黏土矿物含量大于35％；碎屑颗粒与碳酸盐矿物含量均小于10％，不均匀分布于暗色泥质中，并见少量的黄铁矿晶粒；有机碳含量较低。主要分布于研究区的北部、川中隆起的东侧地区，指示陆源碎屑供应较少，沉积水体较局限。

5. 含碳泥质灰岩

含碳泥质灰岩（图4-5G）在研究区分布较少，仅分布在大关黄葛溪、金阳基各等地区，天全大井坪的个别样品中也表现为此种类型。其方解石含量很高，主要介于40％～75％，以泥晶结构为主，多发生重结晶作用，并含少量自形程度较好的白云石，含量约10％；很少含碎屑颗粒，个别样品中见少量的腕足类生屑；褐色、灰黑色的泥质呈不规则团块状，主要介于15％～30％；有机质与陆源碎屑泥共生，含量较低。含碳泥质灰岩手标本呈黑色、灰黑色，其中有机质的存在说明其形成于较安静的水体中，并多与块状钙质泥岩共生。

6. 粉砂质/钙质页岩

粉砂质页岩总体表现为普通泥页岩夹粉砂岩、粉砂质泥岩条带，具显微纹层状构造（图4-5H）；碎屑颗粒主要为石英粉砂，并含微量针片状、叶片状云母；钙质胶结为主，呈连续或断续条纹状、团块状或单晶稀散分布，并多交代长石等碎屑物；见少量铁质矿物，呈微粒状或微四边形的单晶零星分布，以及呈粉末状集合体不均匀渲染水云母表面而显黄褐色或褐黑色断续细小条纹状分布；黏土含量较高，主要为15％～40％，以伊利石为主；含少量的有机质，与泥质共生呈细条带状。钙质页岩的碳酸盐矿物含量较高，主要为35％～50％，方解石为主，并含一定量的白云石，微晶－细晶。粉砂质泥岩发育显微纹层状特征，说明其沉积水体波动较频繁，钙质泥岩整体呈混积特征，且二者底部多为含碳泥岩与含碳泥质灰岩，手标本呈灰色、灰黑色。

7.（含钙/钙质）泥质粉砂岩、粉砂岩

粉砂岩主要分布在距物源隆起区较近、水动力较强的潮间带中，由碎屑颗粒和钙质胶结物或泥质杂基组成（图 4-5I），碎屑颗粒以石英为主，干净明亮，粒度为 0.01～0.05mm，分选较好，磨圆较差，为次棱角—次圆状，为基底—孔隙式胶结，见少量的长石和云母，长石粒度相对石英较大，弱黏土化或部分被碳酸盐矿物交代，多具不规则的溶蚀边缘，黑云母和白云母均有发育，后者较多，呈细条状，具一定的压实变形，黑云母常蚀变为绿泥石，沿解理缝表现为一定的吸水膨胀性。钙质胶结物表现为早成岩期的产物，而钙质交代大量硅质的类型，为后期成岩作用的产物；总体呈现成分成熟度较高、结构成熟度较低的特征。此类岩石微相主要分布在黔中、川中隆起的边缘，多发育波状层理及小型砂纹层理，为潮坪沉积物。

4.2.2 沉积相类型及沉积特征

在前人资料及研究成果的基础上，结合野外资料及室内分析成果，根据岩相发育特征、沉积构造、剖面序列、生物组合等分析，川南及邻区志留系龙马溪组黑色岩系发育层段（龙马溪组下段为主）可划分为潮坪相和浅海陆棚相两种沉积相（表 4-3）。

表 4-3　川南及邻区志留系龙马溪组黑色岩系发育层段（下段为主）沉积相

Table 4-3　Sedimentary facies of Lower Longmaxi Formation in southern Sichuan Basin and its periphery

沉积体系	沉积相	沉积亚相	分布地区
有障壁海岸体系	潮坪	潮间带、潮下带	黔中隆起北缘 川中隆起南缘
陆棚体系	浅海陆棚	浅水陆棚、深水陆棚	川南、川东南

1. 潮坪相

潮坪相发育在无强烈波浪作用而以潮汐作用为主、坡度极其平缓、由细碎屑物质（黏土、粉砂）和碳酸盐岩组成的近岸带的局限或平缓海岸地带。在研究区主要分布在隆起的边缘以及黔中隆起和雪峰山隆起所围限的区域（即务川—德江—石阡呈南北展布的地区），以含碳含粉砂页岩、粉砂质页岩和钙质/白云质粉砂岩（图 4-6A～D）为主，碎屑石英含量较高，并多含有一定的碳酸盐胶结物，暗色泥质含量较低，手标本主要呈黄绿色、灰色；金阳基各地区则以钙质页岩和泥晶灰岩为主（图 4-6E、F），碳酸盐矿物含量较高，碎屑含量相对较低，指示该地区与前者具有不同的物源供给；马边县下沙腔则为一套灰色、灰绿色砂质页岩及浅紫红色白云质粉砂岩夹薄层紫红色钙质粉砂质页岩（图 4-7）；发育水平层理、脉状层理、波状层理、透镜状层理、小型流水砂纹层理（图 4-7 和图 4-8），局部层段中可见小型的交错层理发育。

垂向上，相对于奥陶系五峰组，龙马溪组均表现为水体相对变浅的特征。例如，四川省马边县下沙腔龙马溪组为一套灰色、灰绿色砂质页岩及浅紫红色白云质粉砂岩夹薄层的紫红色钙质粉砂质页岩（图 4-7），与下伏奥陶系观音桥组灰色含生屑泥晶灰质白云岩（风化成黄褐色）整合接触；局部层段中可见小型的交错层理发育，在灰绿色砂质页岩、紫红色粉砂质泥岩层中可见大量的浅紫红色粉砂岩、白云质粉砂岩透镜体（透镜状层理）发育。通过详细的野外及室内分析，认为务川高桥和德江下店等地区的龙马溪组也均发育一套相对浅水的潮坪相钙质粉砂岩沉积。务川高桥地区主要表现为一套黄绿色、红褐色、灰绿色薄层状粉砂质泥岩与钙质粉砂岩组合，见灰岩夹层，下部见黄绿色薄层状泥页岩沉积，向上粉砂岩含量明显增多（图 4-8）。务川南部的德江下店地区下部主要为一套红褐色、灰黑色、灰绿色的泥页岩、粉砂质泥页岩和粉砂岩组合，向上则为粉砂岩、泥质粉砂岩和泥质灰岩组合；粉砂质泥页岩及粉砂岩中发育波纹层理，透镜状层理，见小型灰岩透镜体；向上灰岩透镜体有增大趋势；上部泥灰岩见泥质条带，呈脉状。

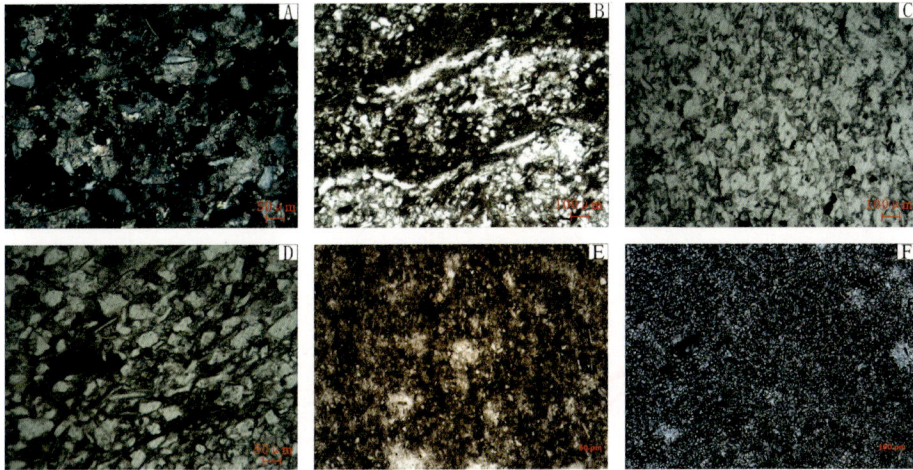

A. 钙质粉砂岩，正交偏光，德江下店；B. 含碳含粉砂页岩，单偏光，德江下店；C. 钙质粉砂岩，单偏光，务川高桥；D. 钙质粉砂岩，单偏光，印江周家坝；E. 钙质页岩，单偏光，金阳基各；F. 泥晶灰岩，单偏光，金阳基各

图 4-6　川南及邻区志留系龙马溪组下段潮坪相岩相特征

Figure 4-6　Lithofacies of silurian tidal-flat facies of Lower Longmaxi Formation in southern Sichuan Basin and its periphery

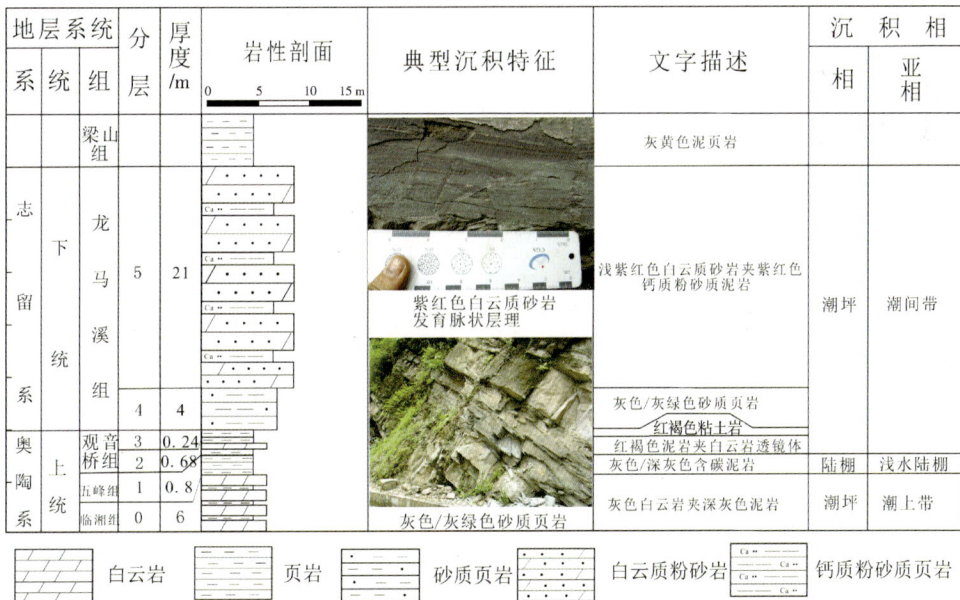

图 4-7　马边下沙腔志留系龙马溪组潮坪相沉积特征

Figure 4-7　Depositional characteristics of silurian tidal-flat facies of Longmaxi Formation in Xiashaqiang village of Mabian county, Sichuan Province

地层系统			分层	厚度/m	岩性剖面	典型沉积特征	文字描述	沉积相	
系	统	组						相	亚相
志留系	下统	石牛栏组					深灰色厚层状灰岩	台地相	开阔台地
		龙马溪组	6	65		粉砂质泥岩中夹砂岩透镜体	灰绿色厚层状泥质粉砂岩	潮坪	潮间坪带
			5	17		龙马溪组底部黄绿色页岩	灰色、灰绿色粉砂质页岩		
			4	12			灰绿色薄层状粉砂质页岩夹粉砂岩		潮下带
			3	21			黄绿色薄层状页岩		
奥陶系	上统	五峰组	2	0.4			红褐色、黄绿色薄层状粉砂质页岩		
			1	5		五峰组黄绿色页岩	黄绿色薄层状页岩	陆棚	浅水陆棚
		临湘组					灰绿色中-薄层状瘤状灰岩		局限台地

图例：瘤状灰岩　含粉砂岩页岩　页岩　含泥粉砂岩　石灰岩

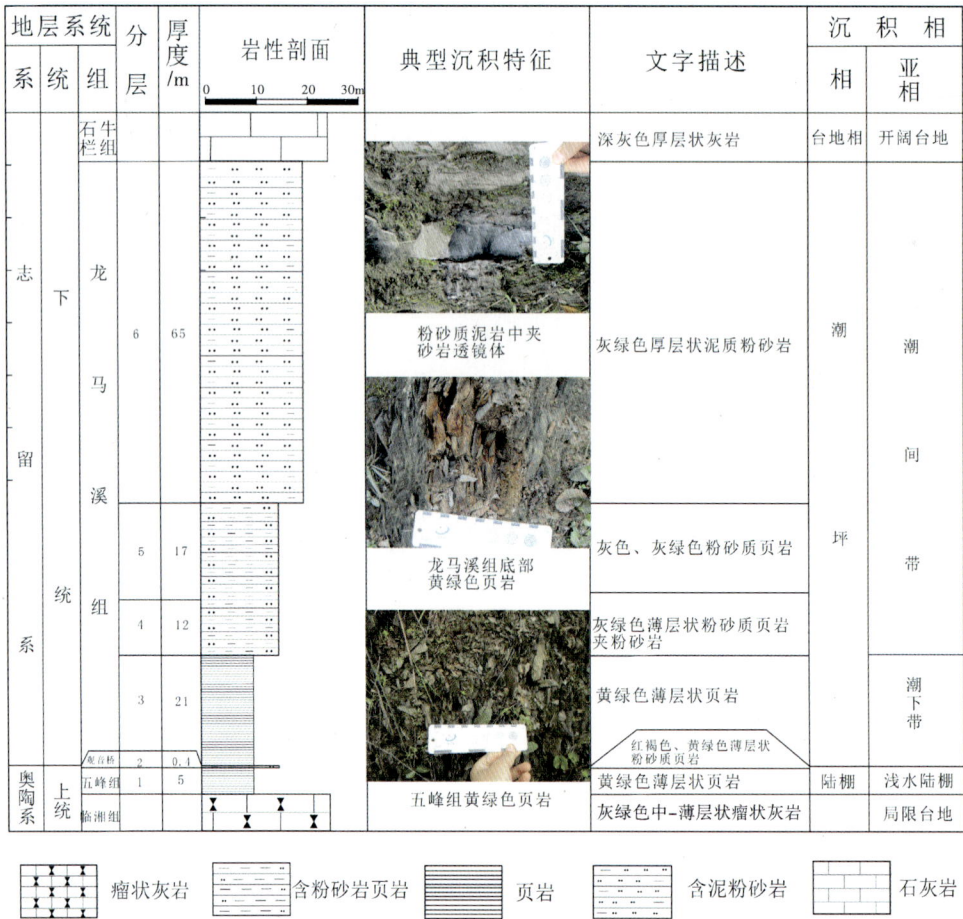

图 4-8　务川高桥志留系龙马溪组潮坪相沉积特征

Figure 4-8　Depositional characteristics of silurian tidal-flat facies of Longmaxi Formation in Gaoqiao village of Wuchuan county，Chongqing

2. 浅海陆棚相

浅海陆棚相范围大致从海平面至水深约 200m 的大陆斜坡坡折处，在研究区广泛分布，其特点是阳光充足、生物繁盛，沉积物以陆源细碎屑物质和生物化学沉积物质为主，富含生物遗体；总体以暗色泥页岩夹粉细砂岩为主，局部含少量的泥灰岩，并常夹杂有铁质胶体沉积；沉积结构具有斜层理和冲蚀、生物碎屑等海水剧烈运动的痕迹，以及周期性多变的沉积层。根据沉积充填序列及沉积构造特征等浅海陆棚相又可划分为浅水陆棚和深水陆棚，此次研究以风暴浪基面为界。

1）浅水陆棚亚相

浅水陆棚在研究区是指向陆一侧与潮坪接壤的低潮面以下风暴浪基面以上的浅水区域，局部发育风暴沉积。川南及邻区龙马溪组富有机质页岩的浅水陆棚较为发育，整体特征为：①主要分布于康滇—黔中隆起及川中隆起所局限的隆后盆地范围内，除围绕这些古隆起狭长展布的潮坪以外的大致呈东西向展布的广阔海域；②岩石类型较复杂，以含碳/炭质页岩、粉砂质含钙炭质页岩、（含钙/钙质）粉砂质炭质页岩为主（图 4-9），其次为（含碳）泥质粉砂岩和含碳泥质灰岩，由于水体相对较浅，水体动荡，常常间歇性地受到风暴、潮流和海流的影响，沉积物被改造，根据其沉积水体特征，研究区主要发育砂泥质浅水陆棚（图 4-10 和图 4-11）及灰泥质浅水陆棚沉积；③沉积物颜色主要呈深灰色、灰色、黑色、灰黑色等；④发育水平层理、砂纹层理、砂质团块及钙质结核等沉积构造；⑤化石种类以笔石为主，大量分布、种类较多且形态各异，向上笔石个体体型变长且种类及数量减少，其次可见少量的腕足、珊瑚等生屑。

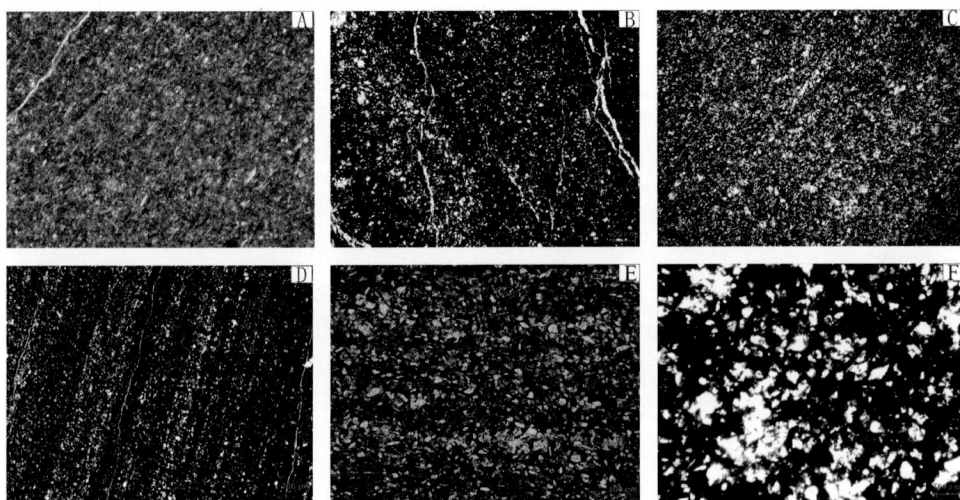

A. 含泥灰岩，单偏光，大关黄葛溪；B. 含碳钙质页岩，单偏光，盐津银厂坝；C. 含钙粉砂质页岩，单偏光，永善苏田；D. 含云含粉砂炭质页岩，单偏光，峨边西河；E. 含碳粉砂质页岩，单偏光，古蔺铁索桥；F. 含钙粉砂质炭质页岩，单偏光，沿河新景

图 4-9　川南及邻区志留系龙马溪组下段浅水陆棚相岩相特征

Figure 4-9　Lithofacies characteristics of silurian shallow shelf facies of Lower Longmaxi Formation in southern Sichuan Basin and its periphery

位于务川高桥北侧附近的务川北志留系龙马溪组剖面（图 4-10），其龙马溪组下段以灰黑色含钙含粉砂炭质页岩以及灰色—深灰色含碳粉砂质页岩为主，相对务川高桥地区沉积水体加深，并见水平层理，笔石发育；向上碎屑粉砂和碳酸盐矿物逐渐增多，以发育钙质泥质粉砂岩为主，指示水体逐渐变浅。靠近雪峰隆起的沿河新景剖面，志留系龙马溪组厚约 240m，底部为厚约 100m 的含钙粉砂质炭质页岩（图 4-9F）、含钙含碳粉砂质页岩，碎屑含量较高，多为 35%～40%，并含有一定的钙质；水平层理发育，并见大量的直笔石；向上逐渐变为泥质粉砂岩，碎屑颗粒以石英为主，并含大量的粉-细粒短柱状云母碎片；较高的碎屑含量指示其受来自雪峰山隆起的影响较强。位于黔中隆起北侧的桐梓韩家店剖面，龙马溪组下段发育黑色的含粉砂含钙炭质页岩、含云炭质粉砂质页岩，黄铁矿和有机质富集，并见大量的笔石发育；龙马溪组沉积后期，随着构造挤压的不断加剧，黔中隆起的范围不断向北扩大，水体深度下降，龙马溪组上段沉积了灰色、灰绿色含钙粉砂质

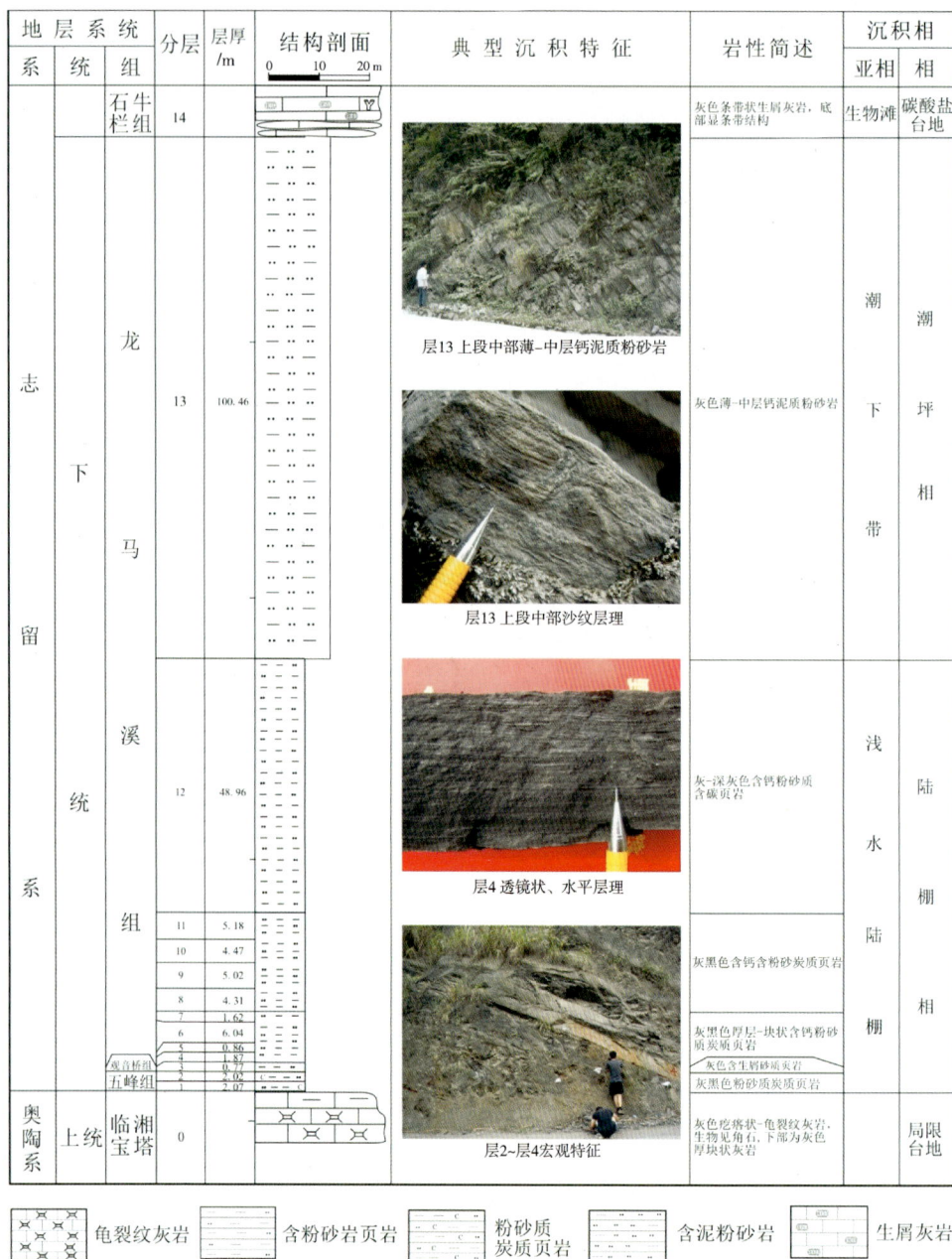

图 4-10 务川北志留系龙马溪组浅水陆棚相沉积特征

Figure 4-10 Depositional characteristics of silurian shallow shelf facies of Longmaxi Formation in northern Wuchuan county，Chongqing

页岩、泥质粉砂岩和泥灰岩，往上碳酸盐岩逐渐增多，顶部以灰绿色薄层状瘤状灰岩的出现与石牛栏组分界。再往南更靠近黔中隆起区的仁怀中枢剖面（图 4-11），其龙马溪组沉积地层较薄，总厚约 26m，底部黑色岩系厚约 10m，以碳酸盐质（方解石与白云石）粉砂质炭质页岩、含碳含钙粉砂质页岩为主，相对于桐梓韩家店碎屑颗粒与碳酸盐矿物的含量均有所增加，并向上逐渐变为泥质粉砂岩、石英粉砂岩夹少量生屑灰岩。而受康滇古陆、黔中隆起和川中古陆围限的川西狭长地区，以永善苏田剖面为例，其龙马溪组沉积厚度相对增加，总厚约 230m；下段发育黑色岩系，厚度达 85m，以含钙含粉砂炭质页岩为主，碎屑含量相对较少，主要介于 10%～25%，黄铁矿和有机质发育，见大量的直笔石和弯笔石富集，说明沉积水体较深。

而位于研究区东北方向处的华蓥地区，西侧濒临川中隆起，并向北东—东方向延伸，溪口与三百梯剖面中龙马溪组整体暗色页岩均不是很发育，而黄绿色页岩相对较厚，有机质含量较低，其中三百梯剖面龙马溪组沉积厚度较大，总厚达 350m，黑色岩系仅分布在底部，厚约 35m；总体以黄绿色薄层状页岩发育，黑色岩系以含碳页岩为主，可能受川中隆起的逐渐扩大，沉积水体较浅。由发育岩性可知，以上地区均表现为砂泥质浅水陆棚沉积。靠近康滇古陆与黔中隆起的威信—大关—昭觉地区，其志留系龙马溪组碳酸盐矿物含量较高，例如大关黄葛溪剖面与盐津银厂坝剖面，前者龙马溪组厚约 110m，黑色岩系发育层段厚约 13m，以含碳泥质灰岩为主（图 4-9A），其上为厚约 23m 的黑色页岩与灰黑色泥灰岩互层；后者龙马溪组厚约 160m，黑色页岩发育层段厚约 35m，主要以含碳含钙/钙质页岩（图 4-9B）为主，向上碳酸盐矿物逐渐增多，以发育含泥/含粉砂泥灰岩或泥质灰岩为主（图 4-9B）。由此可见，该地区表现为灰泥质浅水陆棚的特征，并可与其外侧的潮坪相沉积——金阳基各剖面龙马溪组的富碳酸盐矿物特征相匹配，指示可能是受相同物源供给和除地貌以外的其他沉积因素影响。

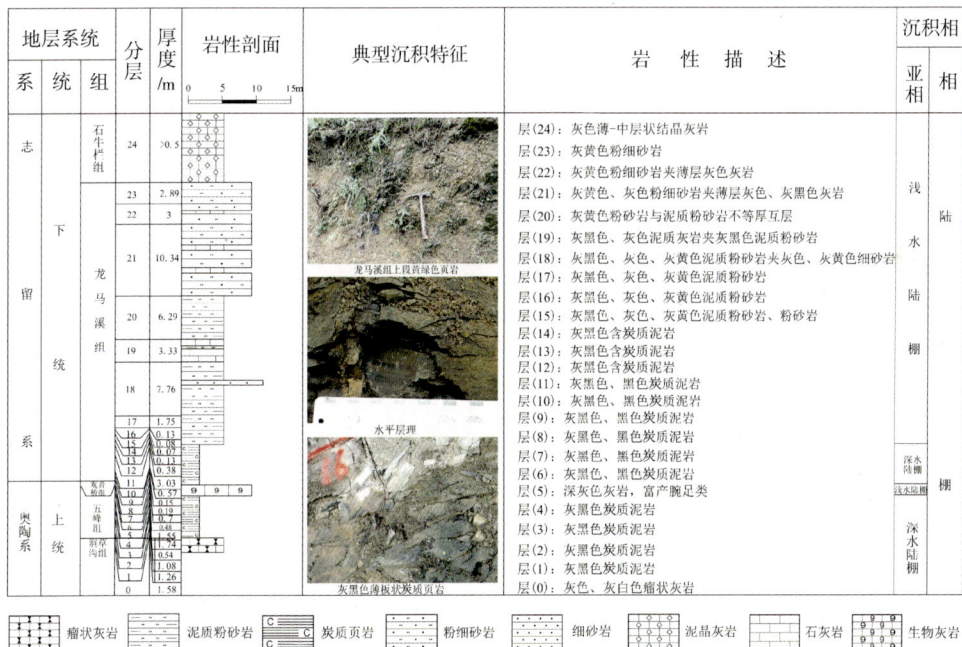

图 4-11　仁怀中枢志留系龙马溪组浅水陆棚相沉积特征

Figure 4-11　Depositional characteristics of silurian shallow shelf facies of Longmaxi Formation in Zhongshu county，Renhuai city，Sichuan Province

2）深水陆棚亚相

深水陆棚位于浅水陆棚外侧（风暴浪基面之下）的深水区域，波浪作用减小，以静水沉积为主。主要为黑色炭质硅质页岩及炭质页岩、含粉砂炭质页岩、硅质页岩等（图 4-12）。整个深水陆棚相沉积区，见大量水平层理或断续的水平层理发育（图 4-13 和图 4-14）；笔石种类丰富且数量较多（图 4-13 和图 4-14），局部地区可见极少量的珊瑚、腕足类等生屑；黄铁矿晶粒呈分散状和条带状分布于炭质页岩中。总之，研究区的深水陆棚相沉积时水体平静，少或无底栖动物的扰动，沉积速率较小，属于欠补偿的相对深水沉积。

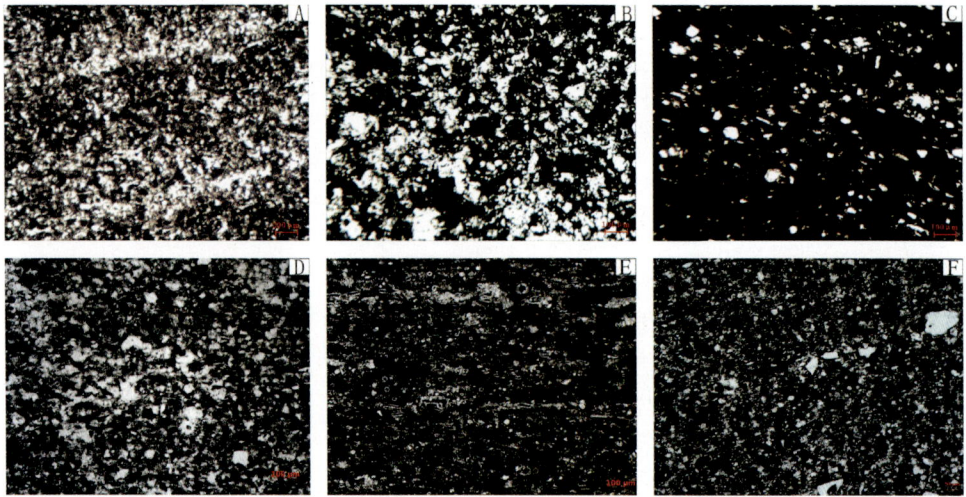

A. 含粉砂炭质页岩，单偏光，石柱漆辽；B. 粉砂质炭质页岩，单偏光，武隆黄草；C. 炭质页岩，单偏光，綦江观音桥；D. 炭质硅质页岩，单偏光，兴文麒麟；E. 炭质硅质页岩，单偏光，天全大井坪；F. 含粉砂炭质页岩，单偏光，汉源轿顶山

图 4-12　川南及邻区志留系龙马溪组下段深水陆棚相岩相特征

Figure 4-12　Lithofaces of deep-water silurian shelf facies of Lower Longmaxi Formation in southern Sichuan Basin and its periphery

深水陆棚相均位于盆地中心或盆内相对深水处，被水体较浅的浅水陆棚围限，与浅水陆棚相与潮坪相沉积相似，受沉积水体和物源区的影响，不同地区具有明显的岩性差异。深水陆棚相中，黑色页岩均相对较发育；位于研究区北东方向边缘的石柱—武隆地区，志留系龙马溪组以发育含粉砂/粉砂质炭质页岩和含粉砂含钙炭质页岩（图 4-12A、B）为主，例如武隆黄草剖面（图 4-13），龙马溪组厚约 200m，黑色岩系厚约 67m，碎屑颗粒含量较低，且由底向上逐渐增加，单层厚度较均一，主要介于 5~15cm，黄铁矿、有机质较发育，笔石十分富集，并见少量的水平层理，说明沉积水体较深、较稳定。而石柱—彭水地区西侧的綦江—习水地区，开始受较明显的南北向隆起的围限，其粉砂含量相对增多，以含粉砂炭质页岩为主。以道真巴渔剖面为例，赫南特期后，随冰川消融全球海侵事件的发生，在龙马溪组下段沉积了一套较厚的黑色含粉砂（含钙）炭质页岩，见黄铁矿晶粒大量发育，笔石富集，为深水陆棚沉积环境；龙马溪组上段岩性颜色变浅，相应钙质成分和

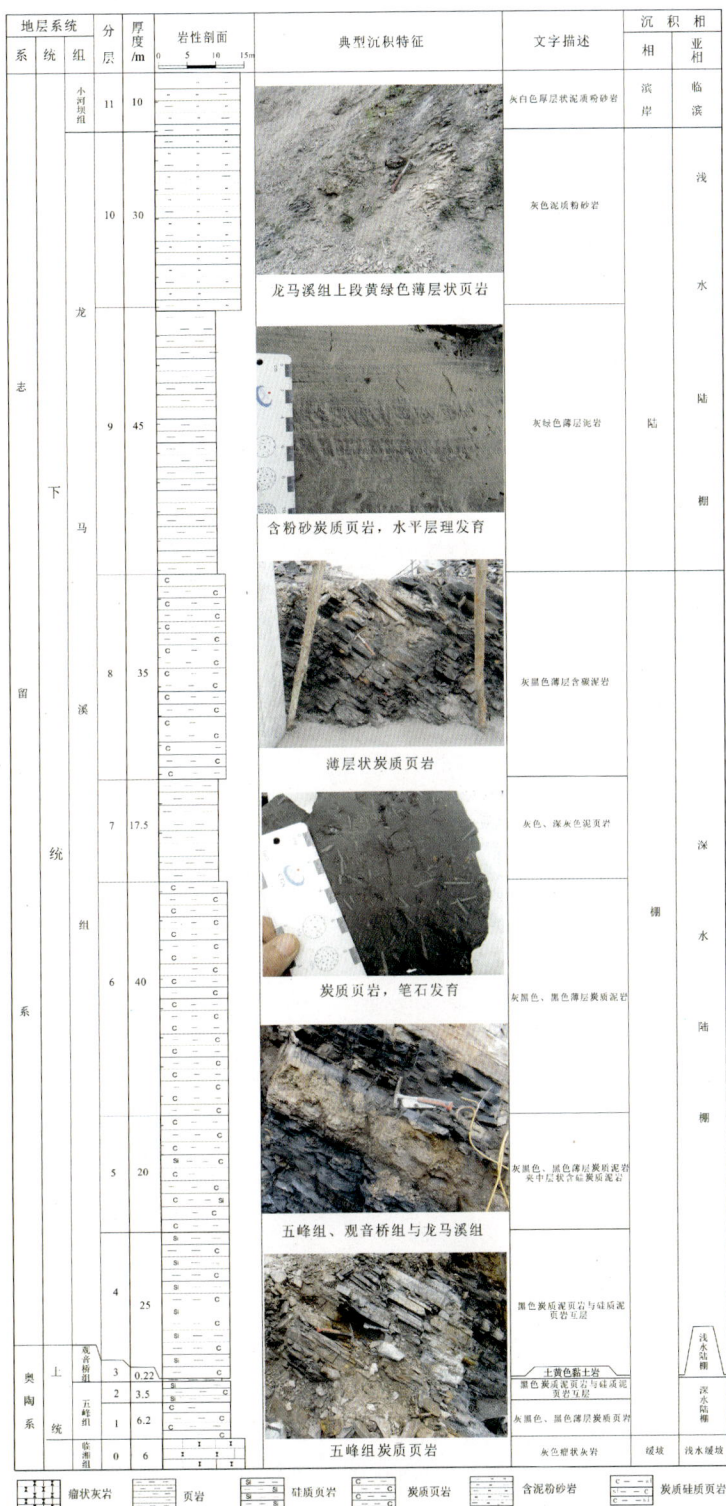

图 4-13 武隆黄草志留系龙马溪组深水陆棚相沉积特征
Figure 4-13 Sedimentary characteristics of deep-water silurian shelf facies of
Longmaxi Formation in Huangcao village of Wulong county, Chongqing

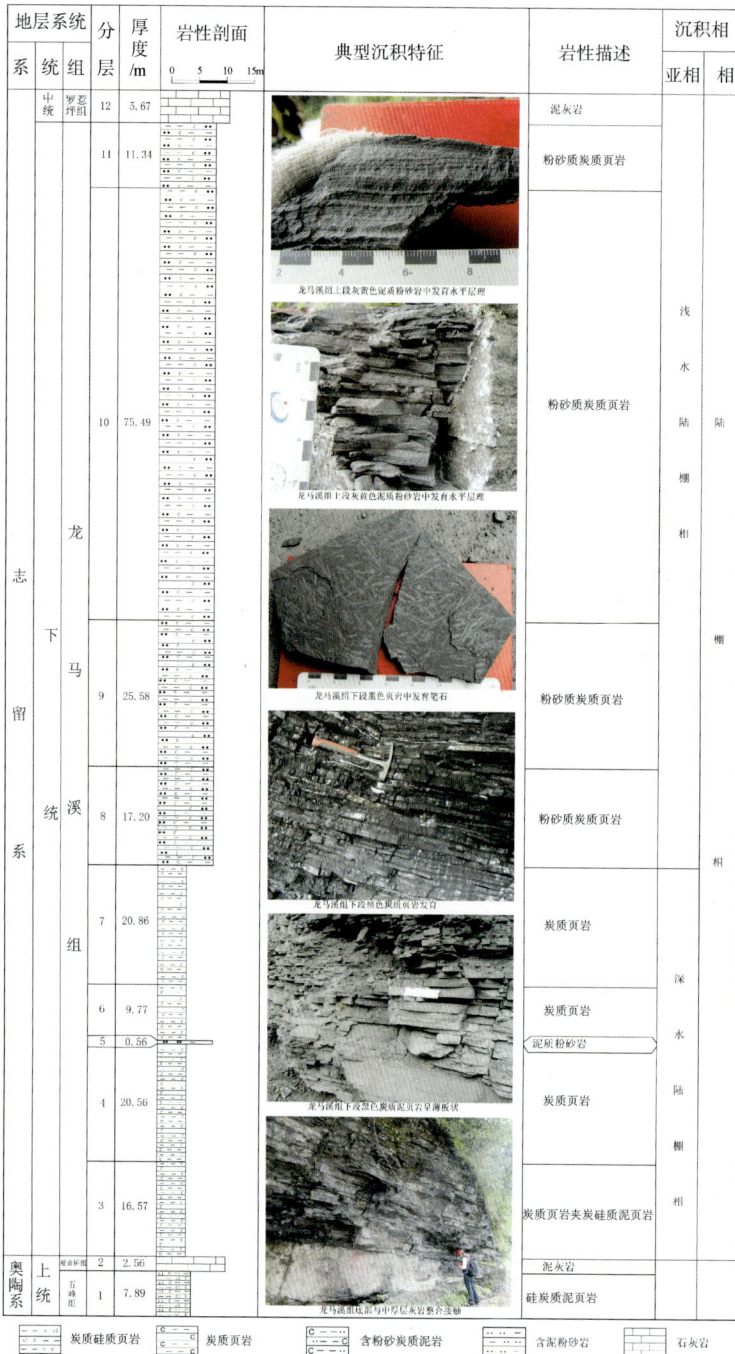

图 4-14 天全大井坪志留系龙马溪组深水陆棚相沉积剖面特征

Figure 4-14 Sedimentary characteristics of deep-water silurian shelf facies of Longmaxi Formation in Dajingping village of Tianquan county, Sichuan Province

碎屑颗粒也逐渐增多,逐渐沉积灰色—青灰色钙质页岩,并出现泥灰岩夹层,顶部随着碳酸盐岩的增多,以灰色钙质泥岩和生物灰岩互层与石牛栏组分界。綦江观音桥地区位于靠近盆地中心的位置，龙马溪组沉积厚度较大，可达 340m，黑色岩系可达 100m，以含粉砂炭质页岩为主，底部见少量的炭质页岩，发育黄铁矿晶粒，且笔石十分丰富，有机质含量较高；向上逐渐过渡为含粉砂炭质页岩夹碳酸盐岩薄层；由下向上，碳酸盐矿物显著增加，顶部以泥质灰岩、泥晶灰岩为主，而碎屑颗粒含量却并未明显增多，说明綦江地区在龙马溪组沉积后期依旧表现为远离陆源区，但沉积水体变浅的沉积特征。

受川中隆起、黔中隆起和康滇古陆所围限的地区，水体相对较深，由于处在盆内，地表资料很少，靠近南侧的兴文麒麟剖面，龙马溪组总体表现为黑色－灰黑色，沉积厚度较薄，约 35m，表现为饥饿沉积特征；下段黑色页岩厚度相对较大，占总厚度的 70% 以上，且以硅质炭质页岩（图 4-12D）为主，说明作为沉积中心处的地区，兴文麒麟剖面指示了典型的深水、滞留沉积环境。而位于川西地区的泸定—汉源地区，龙马溪组黑色页岩厚度较大，且底部以硅质炭质页岩为主，并见硅质放射虫发育（图 4-12E），受川中隆起和康滇古陆的夹限，表现为深水陆棚沉积，例如天全大井坪剖面（图 4-14），龙马溪组沉积厚度约 220m，矿物组分以硅质为主，含量均大于 45%，既有一定量的石英颗粒，又可见大量的以硅质放射虫的形式存在，并含部分硅质胶结物，说明此地区既受到附近川中隆起、康滇古陆的围限，表现为较深的沉积水体，又具有近物源的沉积特征，同时受到西北侧外海的营养物质供给，表现为复杂的组分；其中硅质放射虫发育可能与上升流有关，很有可能是沿袭了刘伟等（2010）指出的，五峰组沉积期该地区与外海具有良好的连通，沉积于半局限浅海的深水地区。总的来说由西向东，深水陆棚沉积物中的碎屑颗粒含量逐渐减少，这可能是由于研究区向东—北东方向与广阔的外海相连，陆源碎屑供给较少有关，例如彭水县东部偏南的酉阳黑水剖面（梁超等，2012），底部发育厚约 40m 的黑色页岩，可见粉砂质页岩和浊流成因的泥质粉砂岩互层，发育滑塌变形构造与槽模构造，富含笔石和黄铁矿，为深水还原环境沉积物，指示深水陆棚相沉积特征。

4.2.3　沉积相对比

为了更清楚地分析研究区志留系龙马溪组下部黑色岩系在区域上的分布特征，从西向东依次选取了研究区北部的天全大井坪—峨边西河—窝深 1 井—威 201 井—华蓥三百梯五个剖面（图 4-15），以及研究区中南部的雷波芭蕉滩—长芯 1 井—綦江观音桥—彭页 1 井四个剖面来进行区域对比（图 4-16）。研究区北部西侧的天全大井坪剖面龙马溪组沉积厚度较大，下段黑色岩系主要发育炭质硅质页岩、炭质页岩，沉积厚度较大（68.3m），为水体较深的深水陆棚沉积；延川中隆起展布边界向东南方向至峨边西河地区，受构造抬升剥蚀影响，龙马溪组下段含钙炭质页岩之上直接覆盖二叠系梁山组，龙马溪组下段原沉积厚度也应较大，现今残余厚度为 36.5m，钙质含量较高，表现为钙质深水陆棚沉积；靠近川中隆起的窝深 1 井，同峨边西河地区一样，二叠系梁山组直接盖在龙马溪组之上，残余厚度为 30m，底部以黑色页岩为主，并夹少量的泥晶灰岩，为深水陆棚沉积；位于研究区中部偏北的威远地区，龙马溪组下部以发育硅质页岩、炭质页岩为主，碳酸盐矿物相对窝深 1 井减少，仍含有一定的钙质，沉积厚度较大，约 35m，表现为含钙深水陆棚；而位于研究区最北部的华蓥三百梯剖面，龙马溪组沉积厚度较大，下段黑色岩系厚约 110m，以发育黑色页岩为主，颜色相对较浅，碳酸盐矿物含量不高但均有分布，表现为浅水陆棚沉积。研究区中部偏南地区的雷波芭蕉滩剖面，龙马溪组下段黑色岩系主要发育黑色炭质页岩、含碳粉砂质页岩，沉积厚度约40m；向东长宁地区的长芯1井，龙马溪组下段黑色岩系主要为较均一的炭质页岩，厚约45m，表现为相对雷波芭蕉滩地区水体加深的特征，且位于靠近盆地中心处，为深水陆棚沉积；向东北方向至綦江观音桥地区，龙马溪组下段黑色岩系沉积厚度较薄，此次所观测的厚度仅约1.58m，且发育均匀的黑色薄层炭质页岩，为深水陆棚沉积，表现为水体较深，具有一定的凝缩层特征；位于研究区东部的彭水地区，现已成为公认的页岩气有利勘探区，彭页1井龙马溪组下段以炭质硅质页岩为主，厚约25m，为典型的深水陆棚沉积。由此可见，除研究区西部的天全大井坪地区，由西向东龙马溪组下段沉积水体逐渐加深，沉积中心在綦江地区附近。

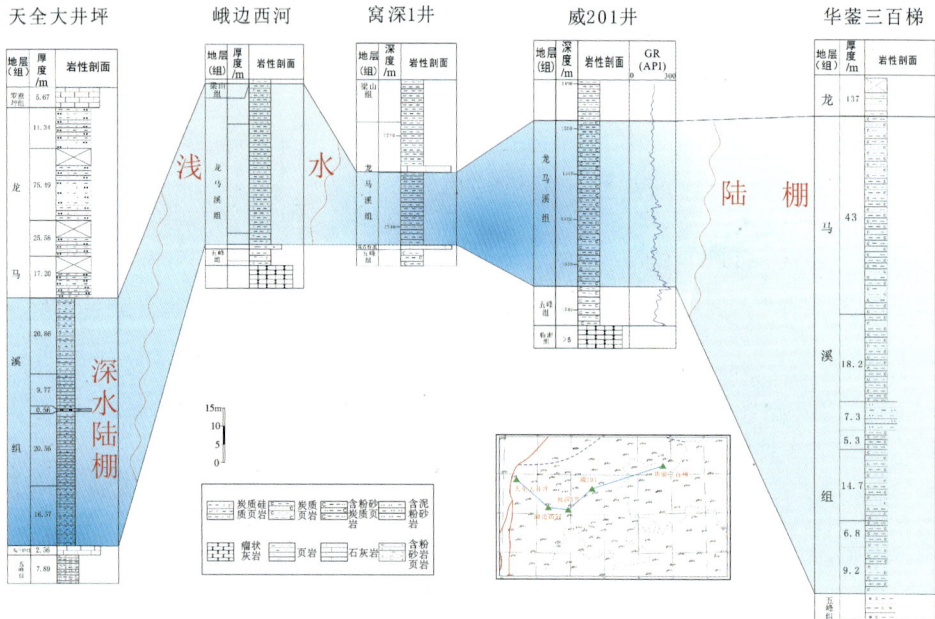

图 4-15　川南及邻区龙马溪组下段黑色岩系东西向沉积相对比图（1）
Figure 4-15　East-west sedimentary facies of black rock series of
Lower Longmaxi Formation in southern Sichuan Basin and its periphery (1)

南北方向，由西向东依次选择了威201井－长芯1井－筠连落木柔－大关黄葛溪四条剖面（图4-17）和华蓥三百梯－綦江观音桥－林1井－仁怀中枢四条剖面（图4-18），以及焦页1井－彭页1井－道页1井－正安土坪－凤岗硐卡拉五条剖面（图4-19）进行对比分析。位于研究区西侧的威远－大关黄葛溪对比剖面，由北向南，长芯1井龙马溪组下段黑色岩系的沉积厚度最大，且以炭质页岩为主，南部的筠连落木柔黑色岩系厚度为40m，且碳酸盐矿物含量增加，而大关黄葛溪地区岩性主要为粉砂质页岩与泥晶灰岩，黑色岩系不发育，表现为潮坪沉积。研究区中部的华蓥－仁怀对比剖面，龙马溪组下段黑色岩系沉积厚度由厚变薄再相对增加，整体表现为沉积水体较深，碳酸盐矿物含量相对减少。而石柱－凤岗对比剖面，东部的焦页1井、彭页1井碎屑颗粒和碳酸盐矿物含量均较低，向南道页1井和正安土坪剖面碳酸盐矿物和碎屑颗粒含量均有所增加，南部的凤岗硐卡拉剖面则黑色岩系不发育，以较纯的钙质粉砂岩为主，表现为典型的以碎屑岩为主的潮坪沉积。

由此可见，研究区由南向北水体较深再变浅，由西向东则水体逐渐加深，靠近隆起区，受不同物源区的影响，沉积物质不同。

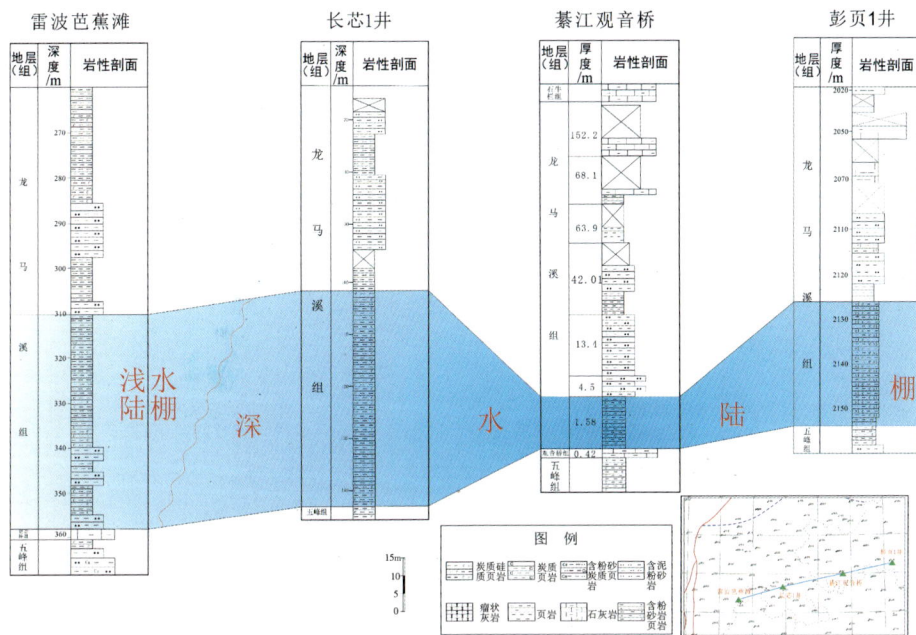

图 4-16　川南及邻区龙马溪组下段黑色岩系东西向沉积相对比图（2）

Figure 4-16　East-west sedimentary facies of black rock series of
Lower Longmaxi Formation in southern Sichuan Basin and its periphery（2）

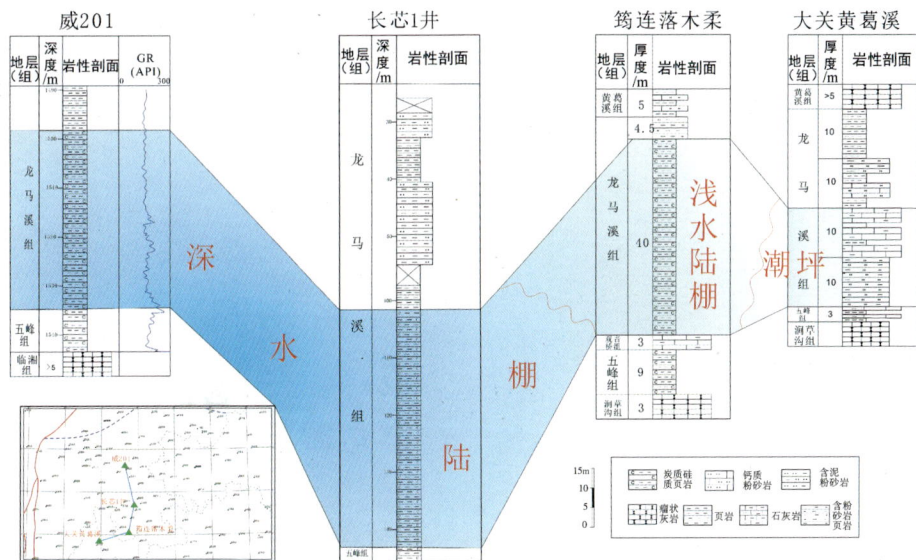

图 4-17　川南及邻区龙马溪组下段黑色岩系南北向沉积相对比图（1）

Figure 4-17　North-south sedimontary facies of black rack series of
Lower Longmaxi Formation in southern Sichuan Basin and its periphery（1）

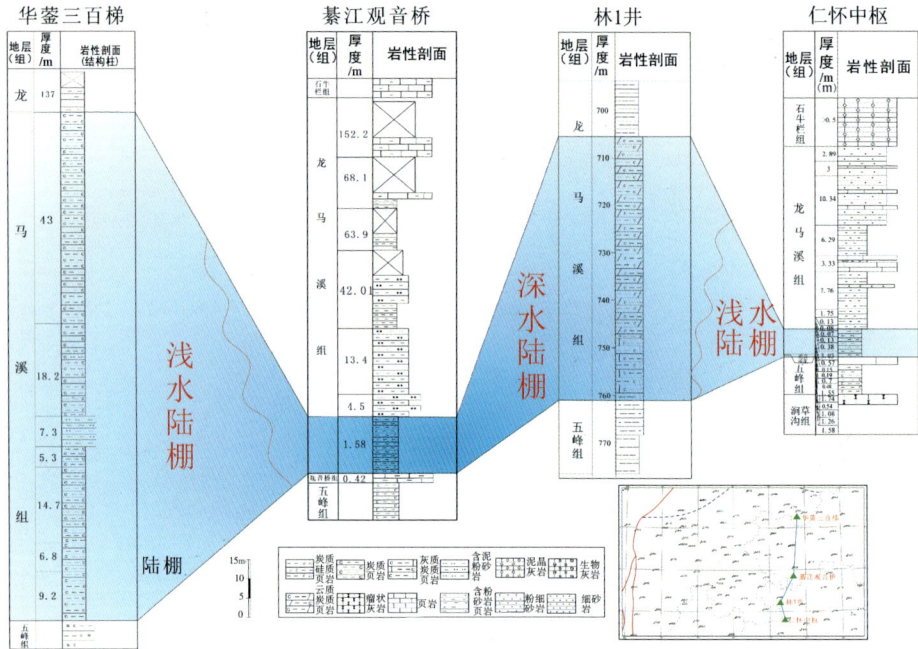

图 4-18　川南及邻区龙马溪组下段黑色岩系南北向沉积相对比图（2）

Figure 4-18　North-south sedimentary facies of black rock series of
Lower Longmaxi Formation in southern Sichuan Basin and its periphery（2）

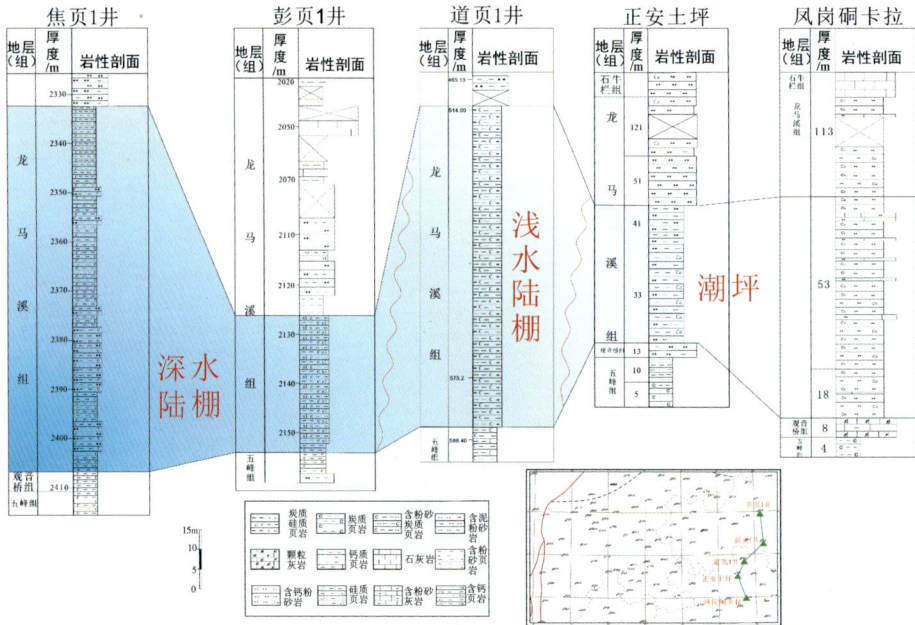

图 4-19　川南及邻区龙马溪组下段黑色岩系南北向沉积相对比图（3）

Figure 4-19　North-south sedimentory facies of black rock series of
Lower Longmaxi Formation in southern Sichuan Basin and its periphery（3）

4.2.4　龙马溪组下段岩相古地理

中奥陶世末期，四川盆地性质由克拉通盆地转变为发育在克拉通之上被各隆起所围限的隆后盆地（牟传龙和许效松，2010；牟传龙等，2011），沉积岩性由宝塔－临湘组碳酸盐岩灰岩相变为五峰组黑色页岩相。五峰组黑色页岩中主要发育笔石，其类型以双笔石科为主。而到了五峰组沉积末期（赫南特中期），爆发大陆冰川活动，冰川的形成引起海平面大幅度下降，五峰组沉积的黑色笔石页岩相被观音桥组浅水介壳相所替代，五峰组黑色页岩之上开始沉积厚度仅几十厘米至几米、最大约十几米的观音桥组，观音桥组岩性多样，以生物灰岩、泥灰岩、砂质碎屑岩为主，普遍发育凉水介壳型动物－赫南特贝动物群，常与以 Dalmanitina 为主的三叶虫相伴生。

随着赫南特末期冰期结束，冰川大范围消融、气候迅速转暖，发生大范围海侵，相对海平面逐步上升，加之晚奥陶世以来的强烈挤压造隆和地壳挠曲变深，于中晚奥陶世构造转型之后的陆内隆后浅海环境造就了龙马溪早期（下段）黑色炭质页岩独特的发育环境，可以说是继承性地发育了晚奥陶世五峰期以来的黑色含碳、炭质泥页岩陆棚相沉积。

隆起周缘是狭窄的碎屑夹碳酸盐岩潮坪，向外很快进入浅海陆棚，表明地形坡度较大，分布范围较为局限（图 4-20）。总体以页岩、粉砂岩为主，局部地区砂泥岩中夹生屑灰岩、泥灰岩，可划分为"含粉砂页岩＋白云质粉砂岩"与"含碳含粉砂页岩＋钙质粉砂岩"两个岩相组合沉积区；北缘以马边下沙腔剖面为代表，沉积了一套灰色、灰绿色含粉砂页岩及浅紫红色白云质粉砂岩夹薄层的紫红色钙质粉砂质页岩。研究区南缘，潮坪相沉积呈现两个特征：一是西南缘金阳、大关南部等地区的混积潮坪相，发育"钙质页岩＋含碳泥质灰岩"沉积，这可能体现出了南缘隆起区陆源碎屑供给较少的特点；二是在研究区的东南侧，即务川高桥、德江下店等地为一套含碳含粉砂页岩沉积，局部层段为钙质粉砂岩，总体表现出"含碳含粉砂页岩＋钙质粉砂岩"沉积特征，而邻近的正安土坪、沿河新景地区则主要为一套粉砂质炭质页岩、钙质粉砂质炭质页岩，这可能是雪峰隆起的一个沉积构造响应。

浅水陆棚相在龙马溪组下段沉积期较为发育，大致呈东西向展布，在雷波县附近呈钩状向西北方向延伸直至川西地区（图 4-20）。区内主要发育有三种岩相组合：①钙质页岩＋含碳泥质灰岩；②含粉砂含钙炭质页岩＋含钙粉砂质炭质页岩；③含碳页岩＋粉砂质页岩。第一类岩相组合主要发育于金阳－威信等地，呈长条形沿着潮坪相发育区分布，该岩相发育区可能主要受康滇古陆及黔中隆起的影响，其中发育的泥灰岩与潮坪相中发育泥质灰岩夹层说明应受相同的物源区影响；第二类岩相组合发育于浅水陆棚相的大部分地区，在研究区南缘表现尤为突出，分布在仁怀－叙永－筠连－雷波－西河一线；第三类则主要发育于北缘以华蓥三百梯为代表的局部地区，在研究区内分布相对局限。

由于"康滇－黔中－雪峰隆起"和扬子西、北缘的"川中隆起""汉中隆起"等陆地的围陷，加之构造挤压，使得研究区内在远离陆地的沉积中心范围内形成了"天全－汉源""宜宾－合江－綦江－彭水"两大相对沉积凹陷中心，发育深水陆棚相沉积（图 4-20）。在"天全－汉源"深水陆棚沉积中心主要发育"含钙炭质硅质页岩＋含钙含硅炭质页岩"，呈

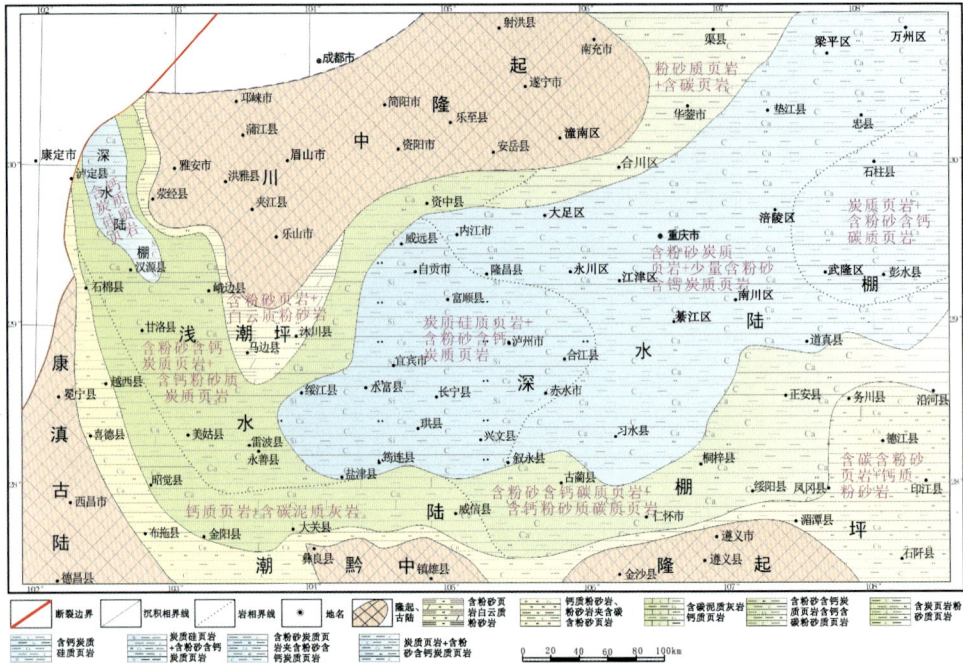

图 4-20　川南及邻区龙马溪组下段岩相古地理图

Figure 4-20　Lithofacies palaeogeography of Lower Longmaxi Formation
in southern Sichuan Basin and its periphery

西北—东南向狭窄的长条状展布。"宜宾—合江—綦江—彭水"深水陆棚沉积中心则发育一套黑色的炭质硅质页岩、（含粉砂）（含碳）炭质页岩与含钙含粉砂质炭质页岩，展布范围南至兴文县、珙县等地，北至富顺县、泸县及永川区，共划分为"炭质硅质页岩＋含粉砂含钙炭质页岩"、"炭质页岩＋含粉砂含钙炭质页岩"及"含粉砂炭质页岩＋少量含粉砂含钙炭质页岩"三个岩相组合沉积相带。

总之，研究区内龙马溪组下段表现出与五峰组或观音桥组连续沉积的特征，主要为一套浅海陆棚沉积物，这说明在构造挤压及相对隆升的隆后盆地环境下，与康滇古陆—黔中隆起—雪峰隆起及川中隆起这些巨大的"U"形陆地相距相对较远，始终处于一个相对深水环境。

4.2.5　本节小结

川南及邻区志留系龙马溪组黑色岩系发育层段（主要为龙马溪组的下段）主要可划分为潮坪和浅海陆棚两种沉积相，以风暴浪基面为界，浅海陆棚相划分为浅水与深水陆棚相。共区分出 7 种主要岩相类型：（含钙）炭质（硅质）页岩、含粉砂（含钙）炭质页岩、含碳（含钙）粉砂质页岩、含碳页岩、含碳泥质灰岩、粉砂质/钙质页岩及（含钙/钙质）泥质粉砂岩、粉砂岩，前两种岩相主要发育于深水陆棚相，（含钙/钙质）泥质粉砂岩、粉砂岩及部分粉砂质/钙质页岩发育于潮坪相，其他岩相在浅水陆棚相中均可见，以含碳（含钙）粉砂质页岩、含碳页岩为主。根据岩相发育特征，研究区志留系龙马溪组黑色岩系不同沉积相中发育不同的岩相组合，"含粉砂页岩＋白云质粉砂岩"与"含碳含粉砂页岩＋钙质粉砂岩"主要发育于潮坪相中，"钙质页岩＋含碳泥质灰岩"、"含粉砂含钙炭质页岩＋含钙粉砂质炭质页岩"与"粉砂质页岩＋含碳页岩"主要发育于浅水陆棚相，而"炭质硅质页岩"、"炭质页岩＋含粉砂含钙炭质页岩"以及"含粉砂钙质页岩＋少量含粉砂含钙炭质页岩"为深水陆棚相中的典型岩相组合。川南及邻区志留系龙马溪组下段以浅海陆棚相最为发育，主要呈北东—南西向展布。其中，深水陆棚相主要分布于盆地中心处以及川西的天全—汉源呈狭长的西北—东南向展布的地区，根据岩相组合特征，划分为四个沉积微相；浅水陆棚相分布在深水陆棚相的外侧，在龙马溪组下段沉积期相对发育，根据区内发育的三种主要岩相组合，划分为三个沉积微相，其中"钙质页岩＋含碳泥质灰岩"主要发育于金阳—威信等地，"含粉砂含钙炭质页岩＋含钙粉砂质炭质页岩"发育于浅水陆棚相的大部分地区，在研究区南缘表现尤为突出，分布在仁怀—叙永—筠连—雷波—西河一线，"含碳页岩＋粉砂质页岩"分布在研究区北缘以华蓥三百梯为代表的局部地区，展布相对局限。潮坪相分布于隆起区的周缘，呈狭长的条带状；在西南缘金阳、大关南部等地区的混积潮坪相沉积，发育泥岩、砂岩及泥灰岩沉积；在研究区的东南侧，即务川高桥、德江下店等地为一套粉砂岩沉积，局部层段为钙质粉砂岩；总体以泥岩、粉砂岩和细砂岩为主，局部地区砂泥岩中夹生屑灰岩、泥灰岩。

4.3　有机地球化学特征

4.3.1　有机质类型

有机质类型是决定烃源岩品级最重要的因素之一，但它并不影响烃源岩层的产气数量，只影响天然气吸附率和扩散率，有机质的总量和热成熟度才是决定源岩产气能力的重要变量（白振瑞，2012）。有机质类型取决于沉积水体输入生物体的天然组合及沉积和初期掩埋的物理化学和生物化学环境。评价有机质类型可以从有机地球化学和有机岩石学两个方面着手。对于高、过成熟烃源岩而言，可以应用的常规评价参数大部分已经失效，但是有机地化方面的有机岩石学方面的干酪根组分特征和干酪根碳同位素（δ^{13}C）依然是被公认为有效的。

1. 干酪根组分特征

研究区龙马溪组下段黑色岩系已经达到过成熟阶段，有机质已经失去了荧光显示，同时也变得完全不透明，因此只能通过反射光进行显微组分分析。龙马溪组下段黑色岩系干酪根显微组分主要为腐泥无定形体及惰质组、镜质组（表4-4）。泥页岩生源组合中腐泥组含量变化较大，有机质以灰—深棕色、黑棕色为主，少量为棕黄色，呈不规则的团块状集合体（图4-21）。其中野外剖面黑色岩系的腐泥无定形体含量为38％～89％，平均70％；惰质组含量为11％～45％，平均约为28.2％；部分样品中见无结构镜质组，平均约为

8.7%；干酪根类型指数为10～78，平均为40.4，干酪根类型以 II$_1$ 型为主，其次为 III$_2$ 型。道页1井中黑色岩系的腐泥组含量为94%～99%，平均为96.9%，惰质组与镜质组含量均小于5%，干酪根类型指数为89～98，平均为94，为典型的 I 型干酪根（表4-5）。

从平面上看，川西地区的峨边西河、天全大井坪、汉源轿顶山、雷波上田坝等地区，以及向北延伸至川西南地区的兴文麒麟、盐津银厂坝、大关黄葛溪、筠连落木柔等地区，其腐泥无定形体含量为66%～89%，平均为76.2%，惰质组含量为11%～34%，平均为23.8%，不含镜质组；而位于渝东南和黔北地区的武隆黄草、石柱漆辽、綦江观音桥、桐梓韩家店以及叙永麻城、南川三泉等地区其腐泥无定形体的含量为28%～70%，平均为62.7%，惰质组含量为17%～39%，平均为30.4%；叙永麻城以及华蓥三百梯剖面中检测到少量镜质组，仍表现为 II 型干酪根类型，綦江观音桥剖面的个别样品中镜质组的含量高达45%，为 III 型干酪根类型，可能是受沉积母质的影响，镜质组局部富集。由此可见，不同地区的干酪根类型具有一定的差别，这可能是受古地理环境的影响造成的生源母质不同。而不同的沉积相中干酪根的类型相差不大，露头剖面中仅见靠近盆地中心的兴文麒麟地区其腐泥组含量最高，为82%，这可能与沉积水体较深有关。

表 4-4　川南及邻区龙马溪组下段黑色岩系炭质泥岩干酪根显微组分及类型统计

Table 4-4　Kerogen maceral and type of carbon mudstone of black rocks in Lower Longmaxi Formation of southern Sichuan Basin and its periphery

层位	原编号	岩　性	腐泥组%			腐殖无定形/%	镜质组/%	惰质组/%	腐泥组颜色	类型指数	类型
			无定形	藻质体	合计						
S$_1$l	HCP—B11	炭质页岩	61	0	61	0	0	39	棕褐色	22	II$_2$
S$_1$l	HJDP-B7	炭质页岩	62	0	62	0	0	38	棕色	24	II$_2$
S$_1$l	QGP-S4	炭质页岩	38	0	38	0	45	17	棕色	－12	III
S$_1$l	QLP-B21	炭质页岩	66	0	66	0	0	34	褐色	32	II$_2$
S$_1$l	XMP-S8	炭质含钙质页岩	65	0	65	0	4	31	棕褐色	31	II$_2$
S$_1$l	XMP-S12	炭质含钙质页岩	72	0	72	0	2	26	棕褐色	44.5	II$_1$
S$_1$l	SBTP-B11	炭质页岩	62	0	62	0	12	26	棕色	27	II$_2$
S$_1$l	SQP-B8	炭质页岩	71	0	71	0	0	29	棕褐色	42	II$_1$
S$_1$l	SQP-B9	含硅炭质页岩	68	0	68	0	0	32	棕褐色	36	II$_2$
S$_1$l	XDP-B4	炭质页岩	68	0	68	0	0	32	棕色	36	II$_2$
S$_1$l	XJP-B22	炭质页岩	73	0	73	0	0	27	棕色	46	II$_1$
S$_1$l	XJP-B13	炭质页岩	67	0	67	0	0	33	棕褐色	34	II$_2$
S$_1$l	DHP-S4	含钙炭质页岩	89	0	89	0	0	11	棕褐色	78	II$_1$
S$_1$l	DJP-B29	炭质页岩	69	0	69	0	0	31	棕褐色	38	II$_2$
S$_1$l	DJP-B38	粉砂质页岩	73	0	73	0	0	27	棕褐色	46	II$_1$
S$_1$l	JDSP-B14	粉砂质页岩	66	0	66	0	0	34	棕褐色	32	II$_2$

| 层位 | 原编号 | 岩　性 | 腐泥组% | | | 腐殖无定形/% | 镜质组/% | 惰质组/% | 腐泥组颜色 | 类型指数 | 类型 |
			无定形	藻质体	合计						
S_1l	JGP-B1	含钙泥页岩	78	0	78	0	0	22	棕色	56	II₁
S_1l	XHP-B5	炭质泥页岩	80	0	80	0	0	20	黑褐色	60	II₁
S_1l	LMRP-S4	含炭质页岩	72	0	72	0	0	28	棕色	44	II₁
S_1l	RZP-B7	炭质页岩	55	0	55	0	12	33	棕黄色	13	II₂
S_1l	STBP-B5	含碳泥页岩	75	0	75	0	0	25	棕色	50	II₁
S_1l	XSP-S3	黑色页岩	62	0	62	0	0	28	棕褐色	34	II₂
S_1l	XQP-S4	炭质页岩	82	0	82	0	0	18	棕褐色	64	II₁
S_1l	YYP-S2	含炭质钙质页岩	73	0	73	0	0	27	棕褐色	46	II₁

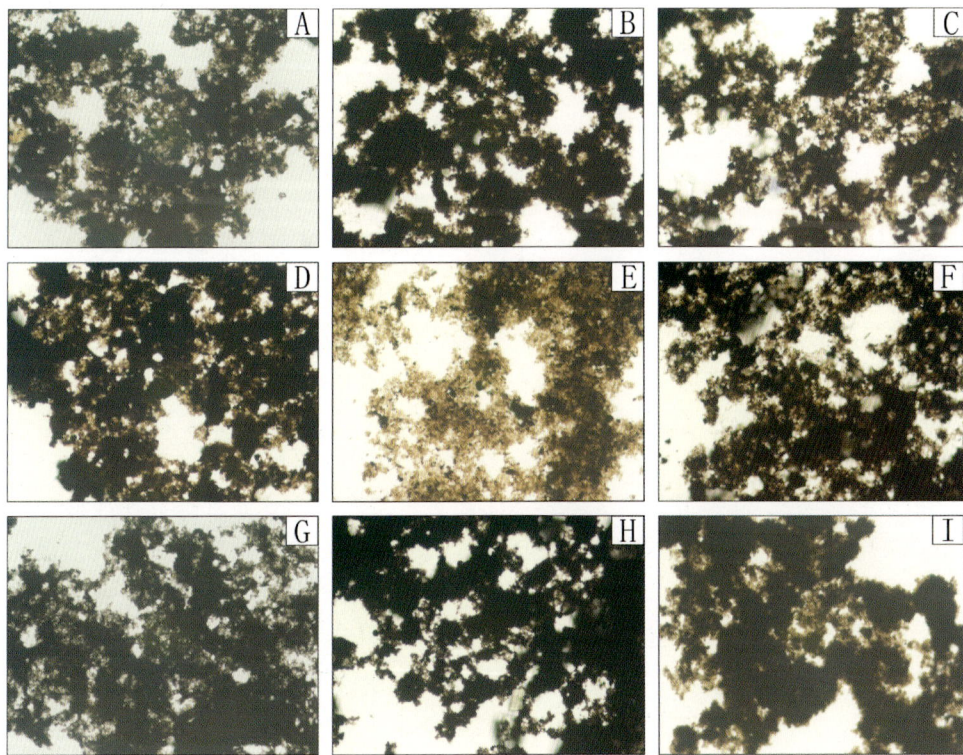

A. 灰—深棕色有机质，天全大井坪；B. 深棕色有机质，桐梓韩家店；C. 深棕色有机质，綦江观音桥；D. 深棕色有机质，叙永麻城；E. 浅棕色有机质，仁怀中枢；F. 浅棕色有机质，叙永麻城；G. 深棕色有机质，兴文麒麟；H. 深棕色有机质，武隆黄草；I. 深棕色有机质，习水良村

图 4-21　川南及邻区龙马溪组黑色岩系干酪根显微特征

Figure 4-21　Kerogen microscopic characteristics of black rocks in Longmaxi Formation of southern Sichuan Basin and its periphery

表 4-5 道页 1 井龙马溪组下段黑色岩系炭质泥岩干酪根显微组分及类型统计

Table 4-5　Maceral and type of kerogen of black rocks carbon mudstone in Lower Longmaxi formation of DY1 well

层位	岩性	原编号	腐泥组/%				腐殖无定形/%	镜质组/%	惰质组/%	类型指数	类型
			碎屑体	无定形	藻质体	合计					
S$_1$l	含粉砂含碳页岩	DYI-S63	54	44	1	99	0	1	0	98	I
S$_1$l	含粉砂含碳页岩	DYI-S66	71	27	0	98	0	2	0	97	I
S$_1$l	含粉砂含碳页岩	DYI-S77	35	62	0	97	0	2	1	95	I
S$_1$l	含粉砂含碳页岩	DYI-S82	62	36	0	98	0	1	1	96	I
S$_1$l	含粉砂炭质页岩	DYI-S86	32	64	0	96	0	3	1	93	I
S$_1$l	含粉砂炭质页岩	DYI-S91	32	65	0	97	0	1	2	94	I
S$_1$l	含粉砂炭质页岩	DYI-S95	20	74	0	94	0	2	4	89	I
S$_1$l	含粉砂炭质页岩	DYI-S99-1	36	59	0	95	0	3	2	91	I
S$_1$l	含粉砂炭质页岩	DYI-S103	45	54	0	99	0	0	1	98	I
S$_1$l	含粉砂炭质页岩	DYI-S106	9	87	0	96	0	0	4	92	I

2. 干酪根碳同位素

干酪根碳同位素划分有机质类型的标准为：$\delta^{13}C \leqslant -29‰$ 为 I 型，$\delta^{13}C$ 介于（-29‰）～（-26‰）为 II$_1$ 型，$\delta^{13}C$ 介于（-26‰）～（-25‰）为 II$_2$ 型，$\delta^{13}C \geqslant -25‰$ 为 III 型（王庆波等，2012）。川南及邻区龙马溪组下段黑色页岩干酪根碳同位素值为（-31.3‰）～（-24.3‰），平均为 -29.4‰，其中小于 -29‰ 的样品占 66%（表 4-6），说明龙马溪组黑色岩系有机质以 I 型干酪根为主，其次为 II$_1$ 型，均为生成页岩气的有利类型，极个别样品表现为 III 型干酪根；结合钻井样品中的干酪根组分特征（表 4-5），进一步验证其干酪根类型以 I 型为主，并且平面上也没有规律性的变化，表明 $\delta^{13}C$ 值横向上都具有很好的稳定性，也就是说研究区的有机质类型属于腐泥型，这与其海相沉积环境的相对稳定性完全一致（白振瑞，2012）。另外，与白振瑞（2012）对遵义—綦江地区下寒武统牛蹄塘组黑色页岩的分析一样，川南及邻区龙马溪组下段黑色岩系沉积于深水陆棚还原环境，沉积有机质主要为藻类和浮游动物（笔石）遗体，在微生物强烈降解过程中又加入多量细菌代谢产物，这些原始有机质富含脂类化合物和蛋白质，进一步烃化即形成生烃潜量很高的腐泥组分。综上所述，川南及邻区龙马溪组下段黑色岩系以 I 型干酪根为主，这也符合前人的研究结果（王顺玉等，2000；陈文玲等，2013；郭彤楼和刘若冰，2013）。垂向上，龙马溪组下段由下向上有机碳含量逐渐减少，且通常由 I 型干酪根变为 II$_1$ 型，也进一步验证了沉积水体逐渐变浅的特征。

表 4-6　川南及邻区龙马溪组黑色岩系干酪根碳同位素特征

Table 4-6　Characteristics of kerogen carbon isotope of black rocks in Longmaxi Formation of southern Sichuan Basin and its periphery

序号	原编号	样品名称	$\delta^{13}C$ (PDB)/‰	序号	原编号	样品名称	$\delta^{13}C$ (PDB)/‰
1	DJP-B30	含钙炭质页岩	-30.2	36	XMP-S9	炭质含钙质泥岩	-30.4

续表

序号	原编号	样品名称	$\delta^{13}C$ (PDB)/‰	序号	原编号	样品名称	$\delta^{13}C$ (PDB)/‰
2	DJP-B32	含钙炭质页岩	−30.7	37	XMP-S10	炭质含钙质泥岩	−30.9
3	DJP-B4	碳硅质页岩	−30.2	38	XMP-S11	炭质含钙质泥岩	−31.3
4	DJP-B16	碳硅质页岩	−30.8	39	XMP-S12	炭质含钙质泥岩	−31.1
5	DJP-B26	炭质页岩	−30.2	40	XMP-S13	炭质含钙质泥岩	−30.9
6	DJP-B27	炭质页岩	−30.1	41	XMP-S14	炭质含钙质泥岩	−30.9
7	HCP-B1	炭质页岩	−30.8	42	XMP-S15	炭质含钙质泥岩	−30.7
8	HCP-B11	炭质页岩	−30.8	43	XMP-S16	炭质含钙质泥岩	−30.8
9	HJDP-B2	炭质页岩	−30.4	44	XMP-S17	炭质含钙质泥岩	−29.9
10	HJDP-B4	炭质页岩	−30.6	45	XMP-S18	炭质含钙质泥岩	−29.5
11	HJDP-B7	炭质页岩	−30.3	46	XMP-S19	炭质含钙质泥岩	−29.6
12	HJDP-B8	炭质页岩	−30.2	47	XMP-S20	炭质泥岩	−29.2
13	JGP-B1	钙质泥页岩	−28.1	48	XMP-S21	炭质泥岩	−29.0
14	JGP-B5	泥质灰岩	−30.6	49	XMP-S22	炭质泥岩	−28.9
15	JGP-B6	含钙炭质泥岩	−28.4	50	XMP-S23	炭质泥岩	−28.7
16	JKP-B2	炭质页岩	−29.8	51	XMP-S24	炭质泥岩	−28.9
17	JKP-B4	含粉砂炭质页岩	−27.9	52	SBTP-B11	炭质泥岩	−30.0
18	XHP-B1	炭质页岩	−28.0	53	SBTP-B5	炭质泥岩	−30.1
19	XHP-B3	炭质页岩	−27.5	54	SQP-B2	炭质页岩	−30.0
20	XHP-B5	炭质页岩	−27.0	55	SQP-B3	炭质页岩	−29.7
21	XHP-B7	炭质泥页岩	−27.1	56	SQP-B8	炭质页岩	−28.8
22	LQP-B1	炭质页岩	−28.4	57	SQP-B9	含硅炭质页岩	−28.4
23	QGP-S1	炭质泥页岩	−31.0	58	STBP-B3	含钙泥页岩	−27.4
24	QGP-S6	炭质页岩	−28.4	59	STBP-B4	含钙泥页岩	−28.3
25	QGP-S7	粉砂质泥岩	−28.5	60	STBP-B5	含钙泥页岩	−28.4
26	QLP-B4	炭质页岩	−29.4	61	STP-B0-1	炭质泥岩	−28.4
27	QLP-B21	炭质页岩	−28.3	62	STP-B6	炭质泥岩	−29.4
28	XMP-S1	炭质含钙质页岩	−29.7	63	XDP-B2	炭质页岩	−28.1
29	XMP-S2	炭质含钙质页岩	−29.9	64	XDP-B4	炭质页岩	−27.2
30	XMP-S3	炭质页岩	−30.5	65	XJP-B22	炭质页岩	−29.4
31	XMP-S4	炭质页岩	−30.4	66	XJP-B13	炭质页岩	−29.3

续表

序号	原编号	样品名称	$\delta^{13}C$ (PDB)/‰	序号	原编号	样品名称	$\delta^{13}C$ (PDB)/‰
32	XMP-S5	炭质页岩	−30.5	67	XQP-S5	炭质泥岩	−29.6
33	XMP-S6	炭质页岩	−30.6	68	XSQP-B3	含碳泥页岩	−28.8
34	XMP-S7	炭质含钙质页岩	−30.6	69	XSQP-B4	含碳泥页岩	−29.2
35	XMP-S8	炭质含钙质页岩	−30.5	70	XSQP-B11	页岩	−28.5

4.3.2 黑色岩系的有机质丰度

川南及邻区龙马溪组下段黑色页岩，剩余有机碳含量（TOC）介于0.01%～8.06%，主要分布区间为0.5%～4.0%。垂向上，整体呈现向上逐渐减小的特征（图4-22），有机碳含量的变化特征，可作为龙马溪组富有机质页岩段与非有利页岩段分界的最直观指标。有机质丰度较高且不均匀分布，在四川长宁双河地区最高可达8.1%，最低为0.26%；平面上，有机碳含量平均为0.02%～5.37%，研究区大部分地区都在1.0%以上。屏山—泸州—武隆地区及汉源轿顶山地区最高，平均有机碳含量达4.0%以上，其边缘地区多为2.0%～4.0%，小于1.0%的地区主要分布在隆起的边缘，包括马边与雷波地区，为明显的页岩气非有利区。

其中，龙马溪组黑色页岩段的TOC几乎都大于0.5%，靠近隆起区的潮坪相沉积区，黑色岩系不发育，有机质含量也很低（图4-23）；受黔中隆起与川中隆起所围限的盆地中心位置，即绥江、沐川向东至綦江以南，内江、璧山向南至兴文、习水的广大地区，以及受川中隆起和康滇古陆影响的泸定—汉源—峨边呈北西—南东向的狭长区域，其有机碳含量最高，超过4%，并向外逐渐递减。根据实际勘探、开发情况，渝东北的石柱—彭水地区，其有机碳含量也较高。与TOC的平面展布特征相似，TOC>0.5%的黑色页岩的厚度，也由隆起区逐渐向盆地中心增加，其中水富—江津呈北东—南西向的地区沉积厚度最大，平均超过100m；川西的泸定—汉源地区，其TOC>0.5%的黑色页岩的厚度大于60%（图4-24）。

TOC>1.0%的黑色页岩的分布特征与大于0.5%的相似，均表现为盆地中心有机碳含量较高、厚度较大，向隆起区有机碳含量减少且厚度减薄（图4-25和图4-26）。务川以南、绥阳以东的广大地区富有机质页岩不发育，这主要是受黔中隆起和东部的雪峰隆起的共同影响，提供大量的陆源碎屑，不利于富有机质页岩的保存；靠近盆地中心的地区，TOC>1.0%的黑色页岩的厚度平均达100m以上，生烃潜力很好，川西地区富有机质页岩的厚度相对较薄，最厚达60m以上，为次级有利生烃区。

4.3.3 黑色岩系的有机质成熟度

四川盆地内部基本为早期长时间浅埋—早中期长时间隆升—中期二次埋深—晚期快速抬升的特点，海相页岩经历了长期的构造和热演化，具有演化历史复杂、热成熟度较高、生烃时间早等特征（聂海宽等，2012）。对页岩来说，有机质镜质体反射率（Ro）是热成熟度的指标，反映了成岩作用的最大古地温和页岩的生烃条件，是反映成岩作用最适合的参数（唐颖等，2012）。在国际上，镜质组反射率（Ro）是衡量有机质热成熟度的一个重要指标，但对于川南及邻区龙马溪组下段黑色岩系而言，在这套地层中干酪根类型以Ⅰ型和Ⅱ₁型为主，很难见到源自高等植物的标准镜质组，因此，利用这个参数无法直接评价其热成熟度。现今通常采用的是利用沥青反射率（Rb），换算成等效镜质体反射率（Ro）进行有机质成熟度的评价。

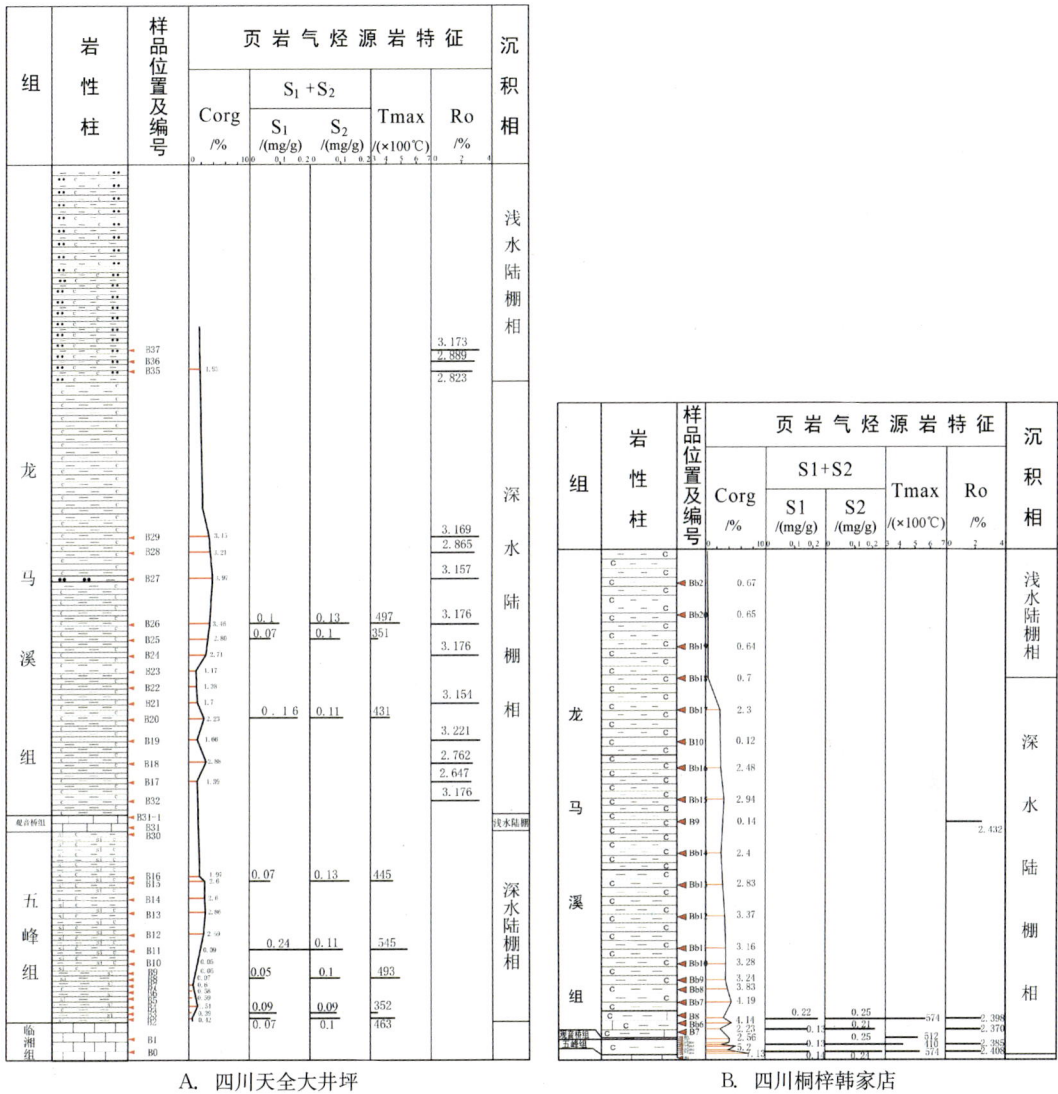

图 4-22　川南及邻区龙马溪组下段黑色岩系有机碳垂相分布特征

Figure 4-22　TOC vertical distribution characteristics of black rocks in Lower Longmaxi Formation of southern Sichuan Basin and its periphery

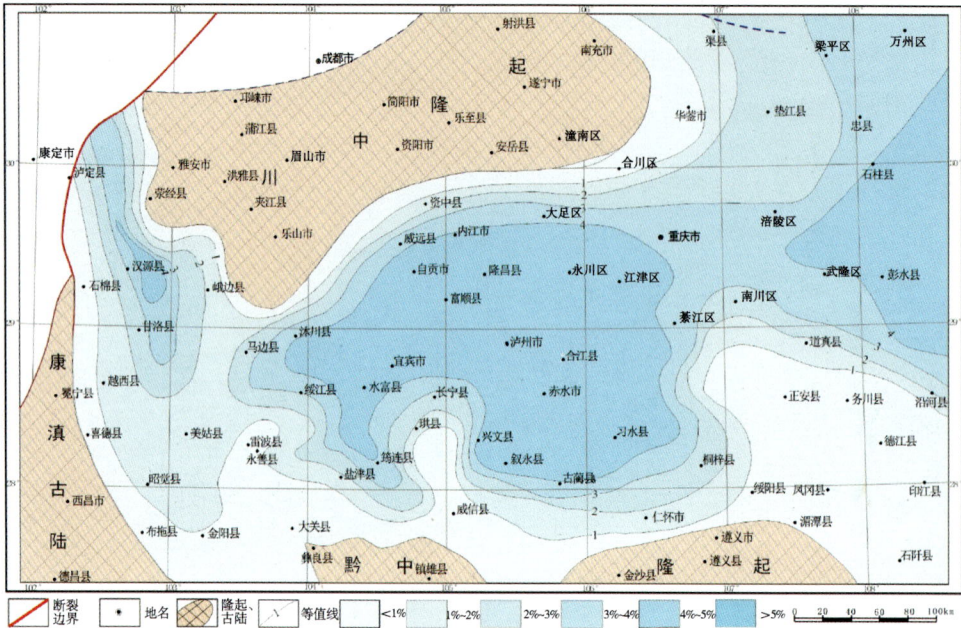

图 4-23　川南及邻区龙马溪组黑色岩系有机碳含量（TOC＞0.5%）等值线图

Figure 4-23　TOC contour map of black rocks（TOC＞0.5%）
in Longmaxi Formation of southern Sichuan Basin and its periphery

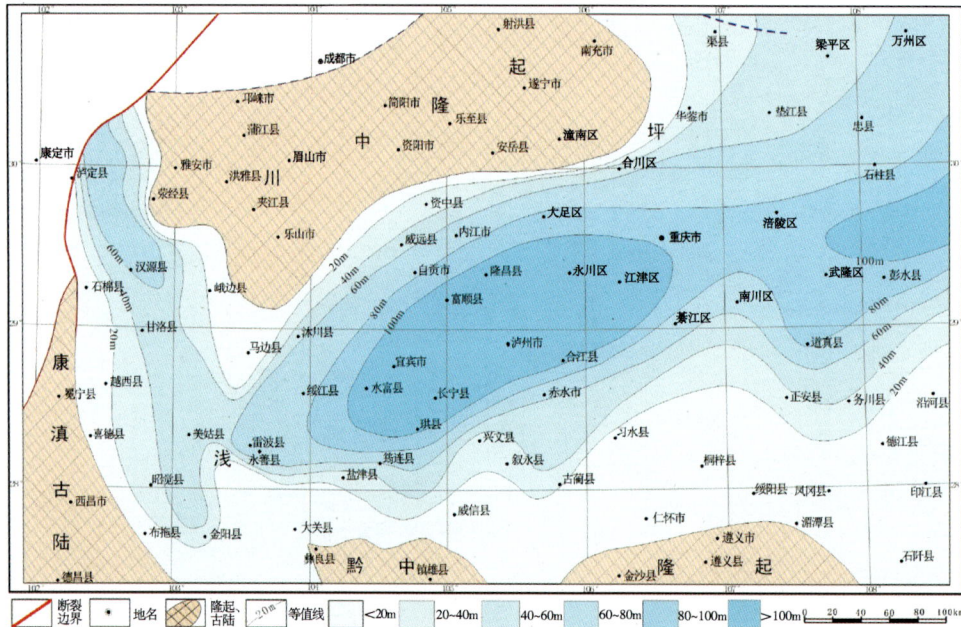

图 4-24　川南及邻区龙马溪组 TOC＞0.5% 的黑色岩系厚度等值线图

Figure 4-24　Thickness contour map of black rocks（TOC＞0.5%）
in Longmaxi Formation of southern Sichuan Basin and its periphery

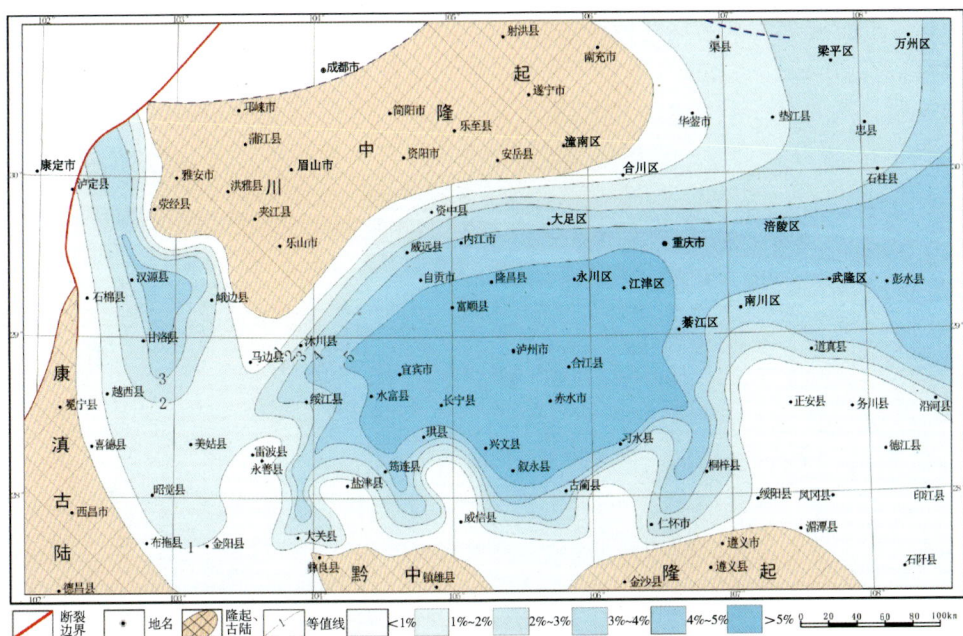

图 4-25　川南及邻区龙马溪组黑色岩系有机碳含量（TOC＞1.0％）等值线

Figure 4-25　Thickmess contour map of black rocks（TOC＞1.0％）

in Longmaxi Formation of southern Sichuan Basin and its periphery

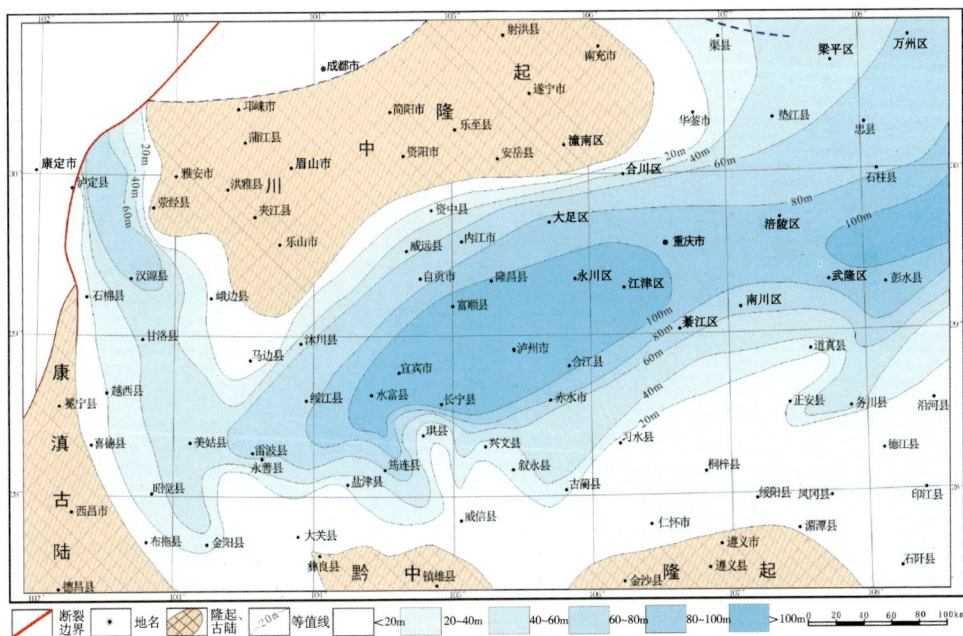

图 4-26　川南及邻区龙马溪组 TOC＞1％的黑色岩系厚度等值线图

Figure 4-26　Thickness contour map of black rocks（TOC＞1.0％）

in Longmaxi Formation of southern Sichuan Basin and its periphery

对于烃源岩演化程度，据张义纲等的"七五"研究成果，当 Ro>4.0％时，干酪根已全部芳构化（石墨化），不再有天然气生成。陈正辅等在"八五"期间对生油岩的高温模拟实验表明，当 Ro>3.5％时，生气量大幅度减小，而模拟温度超过 600℃时，相当于 Ro=4.0％时，装样玻璃管内出现黑色焦炭类物质，反映生气作用基本终结。因此，采用生烃基本终止线 Ro=4.0％，黑色页岩成熟阶段划分标准见表 4-7。

表 4-7　中国南方黑色页岩成熟阶段划分标准（聂海宽等，2012）

Table 4-7　Classification criteria of mature stage of black shale in southern china（Nie et al.，2012）

成熟阶段	未成熟	成熟期	高成熟期	过成熟早期	过成熟晚期	变质期
Ro/％	<0.5	0.5~1.3	1.3~2.0	2.0~3.0	3.0~4.0	≥4.0
成烃阶段	生物气	成油期	凝析油—湿气	干气	干气	生烃终止

川南及邻区志留系龙马溪组下段黑色岩系有机质镜质体反射率介于 1.63％~4.54％，平均为 2.62％（表 4-8 和图 4-27）。研究区南部靠近黔中隆起带及北部靠近川中隆起区，龙马溪组沉积较薄，泥页岩的成熟度较低，Ro 普遍低于 2.0％（图 4-28）。沉积中心及邻区的水富—江安—綦江—涪陵的北东—南西方向地区，龙马溪组沉积较厚，富有机质页岩的成熟度较高，Ro>3.0％，阳深 1 井平均为 3.25％，干酪根处于高成熟—过成熟早期演化阶段；川西地区有机质的热演化程度很高，峨边西河地区达 4.45％，这很可能是后期受到峨眉地幔柱的影响，有机质快速达到过成熟阶段，并进入浅变质期（表 4-7 和图 4-28），曾祥亮等（2011）也指出二叠纪峨眉地幔柱热体制的影响加速了川南地区龙马溪组烃源岩的成熟过程。

表 4-8　川南及邻区龙马溪组黑色岩系镜质体反射率

Table 4-8　Ro of black rocks in Longmaxi Formation of southern Sichuan Basin and its periphery

剖面编号	镜质体反射率（Ro）/％			样品数
	最高	最低	平均	
LQP	2.07	2.07	2.07	1
XQP	2.43	2.34	2.38	6
DJP	3.22	2.64	2.99	18
DJSP	3.18	3.12	3.15	3
XHP	4.46	4.44	4.45	3
WDP	3.54	3.07	2.97	6
YYP	2.25	1.94	2.10	2
STBP	4.54	1.84	2.78	3
JGP	2.61	2.32	2.47	3
XSQP	2.59	2.42	2.51	2
STP	3.6	2.35	2.73	6
LMRP	2.43	2.35	2.43	3

续表

剖面编号	镜质体反射率（Ro）/%			样品数
	最高	最低	平均	
GTP	2.48	1.93	2.28	6
RZP	2.6	2.03	2.37	15
YYP	3.73	2.85	3.36	5
DHP	3.75	2.00	3.37	5
SBTP	1.63	1.63	1.63	1
XKP	1.75	1.75	1.75	1
QLP	2.34	2.34	2.34	1
HCP	1.83	1.82	1.83	2
QGP	2.28	2.18	2.25	6
XSP	2.19	2.08	2.15	4
JKP	2.46	2.46	2.46	1
HJDP	2.43	2.37	2.42	3
SQP	2.46	2.42	2.44	2
XMP	2.3	2.12	2.26	18
XJP	2.26	2.26	2.26	2
XDP	2.29	2.29	2.29	1
DY1	1.51	2.18	1.79	16

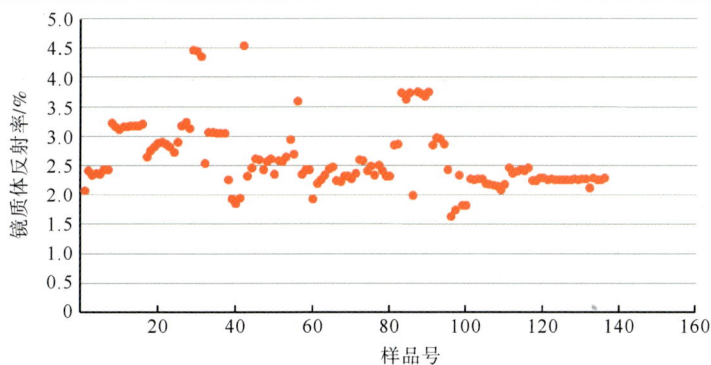

图 4-27　川南及邻区龙马溪组下段黑色岩系有机质镜质体反射率分布特征

Figure 4-27　Ro of black rocks in Lower Longmaxi Formation of southern Sichuan Basin and its periphery

　　虽然不同地层、不同层位镜质体反射率（Ro）和热解峰温（Tmax）存在一定差异性，但热解峰温（Tmax）一般不随着源岩埋藏深度的增大和地层时代的变老而呈增高的趋势，因此可作为有机质成熟度的重要参考指标（于兴河，2008）。热解峰温取决于干酪

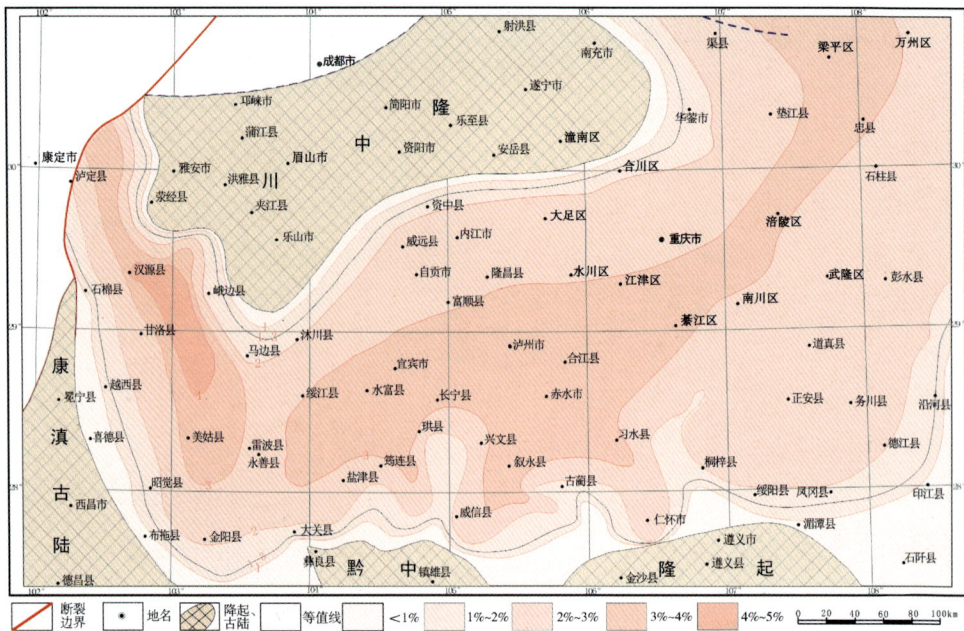

图 4-28　川南及邻区龙马溪组下段黑色岩系热演化程度分布图

Figure 4-28　Distribution of degree of thermal evdution of black rocks in Lower
Longmaxi Formation of southern Sichuan Basin and its periphery

根的结构，即与干酪根的活化能分布有关；当沉积岩的成熟度比较高时，干酪根中活化能比较低的化学键早已被裂解，剩余的干酪根的活化能比较高，热解峰温（Tmax）值较大。根据最高热解峰温对有机质成熟度的划分方案（邬立言等，1986），结合《碎屑岩成岩阶段划分标准》（SY/T 5477—2003）中最高热解峰温和有机质成熟度共同对成岩阶段的划分依据，给出此次利用页岩中有机质的最高热解峰温（Tmax）对成熟度的评价标准，详见表 4-9。

　　川南及邻区龙马溪组下段黑色岩系有机质最高热解峰温（Tmax）介于 360～571℃，主要为 360～450℃，平均为 456℃，表明有机质已演化到过成熟阶段（表 4-10 和图 4-29）。平面上，龙马溪组下段黑色岩系有机质的最高热解峰温（Tmax）展布呈现局部高值的特征，几个高值点分布在汉源、雷波、仁怀与綦江—桐梓地区，均大于 510℃，而峨边、沿河、盐津、兴文和武隆等地区的龙马溪组黑色页岩有机质最高热解峰温（Tmax）平均都小于 435℃，表现为有机质未成熟的特征。这可能与黏土矿物在成岩过程中发生转化有关，罗静兰等（2001）指出，在埋深 1000～2800m 处，黏土矿物的转化对有机质生气起重要的催化作用，其中蒙脱石的催化作用最强，能使有机烃率提高 2～3 倍，并使热解温度降低 50℃，这一转化过程中大量的 Al 代替 Si，导致蒙脱石表面电荷不平衡而呈酸性。考虑到不同类型有机质的最高热解峰温（Tmax）随成熟度的变化具有不同的特征，Ⅱ型和Ⅲ型干酪根随成熟度变化而发生明显的变化，Ⅰ型干酪根的变化范围很小，所以对Ⅱ型和Ⅲ型干酪根来说，最高热解峰温（Tmax）是良好的成熟度参数，而对Ⅰ型干酪根的效果不明显。研究区龙马溪组黑色岩系干酪根以Ⅰ型为主，有机质的最高热解峰温（Tmax）与镜质体反射率不具备明显的相关性（图 4-30）。因此，此次利用有机质的最高热解峰温（Tmax）只对有机质演化程度进行判断，不用于演化过程的分析。

表 4-9　利用 Tmax 划分有机质成熟度界限表

Table 4-9　Organic matter mature divided by Tmax

演化阶段	未成熟	低成熟	成熟	高成熟	过成熟
泥岩/℃	<435	435~445	445~480	480~510	>510

表 4-10　川南及邻区龙马溪组下段黑色岩系岩石热解参数

Table 4-10　Pyrolysis parameters of black rocks in Lower Longmaxi Formation of southern Sichuan Basin and its periphery

分析编号	原编号	样品名称	$S_0/$ (mg/g)	$S_1/$ (mg/g)	$S_2/$ (mg/g)	Tmax/ ℃
1	DHP-S3	含泥质灰岩	0.02	0.06	0.10	491
2	JKP-B4	含粉砂质炭质页岩	0.05	0.11	0.24	389
3	XDP-B4	炭质页岩	0.04	0.12	0.19	375
4	XJP-B13	炭质页岩	0.05	0.13	0.27	482
5	YYP-S3	粉砂质泥岩	0.02	0.05	0.09	380
6	YYP-S4	泥岩与灰岩互层	0.02	0.06	0.09	423
7	DJP-B30	含钙炭质页岩	0.02	0.09	0.09	380
8	DJP-B32	含钙炭质页岩	0.02	0.08	0.09	382
9	DJP-B38	粉砂质页岩	0.02	0.07	0.10	352
10	HCP-B11	炭质页岩	0.06	0.61	0.46	395
11	HCP-B13	炭质页岩	0.07	0.91	0.23	491
12	JGP-B1	钙质泥页岩	0.02	0.03	0.07	513
13	JGP-B5	泥质灰岩	0.03	0.11	0.08	427
14	QLP-B4	炭质页岩	0.04	0.07	0.20	510
15	QLP-B21	炭质页岩	0.04	0.06	0.15	455
16	QLP-B23	炭质页岩	0.04	0.07	0.16	451
17	RZP-B7	炭质页岩	0.03	0.08	0.22	539
18	RZP-B11	炭质页岩	0.02	0.05	0.13	543
19	RZP-B15	粉砂岩	0.02	0.04	0.10	518
20	SBTP-B11	炭质页岩	0.05	0.09	0.23	571
21	XKP-S2	炭质页岩	0.05	0.09	0.20	458
22	XQP-S4	炭质页岩	0.02	0.05	0.09	383
23	XQP-S5	炭质页岩	0.02	0.07	0.09	422
24	HJDP-B7	炭质页岩	0.05	0.13	0.21	512
25	HJDP-B8	炭质页岩	0.05	0.22	0.25	574

分析编号	原编号	样品名称	$S_0/$ (mg/g)	$S_1/$ (mg/g)	$S_2/$ (mg/g)	Tmax/ ℃
26	JDSP-B14	粉砂质页岩	0.02	0.09	0.13	545
27	JDSP-B18	碳硅质页岩	0.03	0.13	0.13	544
28	SQP-B8	炭质页岩	0.05	0.15	0.20	366
29	SQP-B9	含硅炭质页岩	0.05	0.18	0.18	454
30	STBP-B5	含碳泥页岩	0.01	0.03	0.06	507
31	STBP-B6	含碳泥页岩	0.02	0.03	0.06	508
32	STBP-B8	炭质泥页岩	0.02	0.06	0.08	516
33	XHP-B5	炭质泥页岩	0.02	0.10	0.11	360
34	XHP-B7	炭质泥页岩	0.02	0.08	0.08	360
35	DJP-B20	炭质页岩	0.02	0.16	0.11	431
36	DJP-B25	炭质页岩	0.02	0.07	0.10	351
37	DJP-B26	炭质页岩	0.02	0.10	0.13	497
38	QGP-S4	炭质页岩	0.11	0.93	0.37	576
39	QGP-S5	炭质页岩	0.06	0.44	0.25	576
40	QGP-S6	炭质页岩	0.06	0.20	0.23	462
41	QGP-S7	粉砂质页岩	0.06	0.10	0.22	568
42	QGP-S8	粉砂质页岩	0.06	0.10	0.23	543
43	QGP-S9	泥灰岩	0.06	0.09	0.23	496
44	XMP-S8	炭质含钙质页岩	0.05	0.17	0.27	574
45	XMP-S9	炭质含钙质页岩	0.05	0.12	0.19	399
46	XMP-S10	炭质含钙质页岩	0.05	0.09	0.20	465
47	XMP-S11	炭质含钙质页岩	0.05	0.13	0.19	390
48	XMP-S12	炭质含钙质页岩	0.04	0.14	0.19	412
49	XMP-S13	炭质含钙质页岩	0.05	0.09	0.20	460
50	XMP-S14	炭质含钙质页岩	0.05	0.10	0.21	417
51	XMP-S15	炭质含钙质页岩	0.05	0.10	0.20	479
52	XMP-S16	炭质含钙质页岩	0.05	0.12	0.20	402
53	XMP-S17	炭质含钙质页岩	0.05	0.09	0.19	435
54	XMP-S18	炭质含钙质页岩	0.05	0.13	0.19	384
55	XMP-S19	炭质含钙质页岩	0.05	0.12	0.19	392
56	XMP-S20	炭质页岩	0.05	0.15	0.19	341
57	XMP-S21	炭质页岩	0.05	0.10	0.20	539

续表

分析编号	原编号	样品名称	$S_0/$ (mg/g)	$S_1/$ (mg/g)	$S_2/$ (mg/g)	$T_{max}/$ ℃
58	XMP-S22	炭质页岩	0.05	0.09	0.18	466
59	XMP-S23	炭质页岩	0.05	0.12	0.19	380
60	XMP-S24	炭质页岩	0.04	0.12	0.19	513

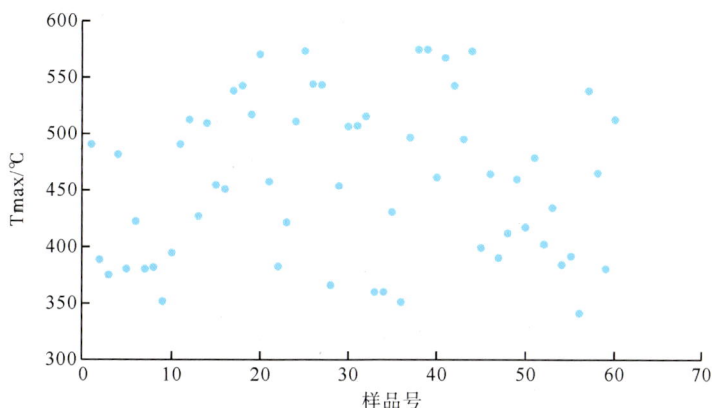

图 4-29　川南及邻区龙马溪组下段黑色岩系有机质最高热解峰温分布特征

Figure 4-29　Tmax of black rocks in Lower Longmaxi Formation of southern Sichuan Basin and its periphery

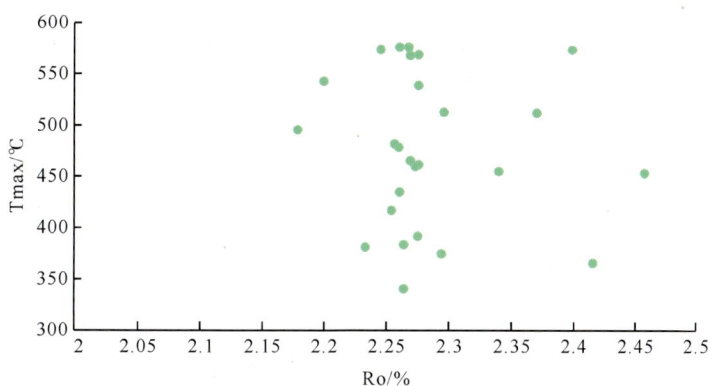

图 4-30　川南及邻区五峰－龙马溪组有机质镜质体反射率与最高热解峰温关系

Figure 4-30　Relationship between Tmax and Ro of black rocks in Wufeng-Longmaxi Formation of southern Sichuan Basin and its periphery

道页 1 井龙马溪组对比样品（DY1-24，588.30m）经 Weatherford 实验室测定，热变质系数 TAI 高达 3.3，表明有机质处于过成熟演化阶段，已进入干气窗。综合镜质体反射率、最高热解峰温（Tmax）等分析测试结果，川南及邻区龙马溪组下段富有机质页岩干酪根处于高成熟－过成熟演化阶段，局部地区达到低级变质阶段。

综上所述，川南及邻区志留系龙马溪组下段黑色岩系主要分布于盆地中心的绥江—泸定—綦江地区，烃源岩厚度20～100m，有机碳含量以2%～4%为主；干酪根显微组分中以腐泥无定形体为主，干酪根类型以Ⅰ型为主，次为Ⅱ₁型；页岩热演化程度与地层沉积中心相对应，Ro值分布在1.63%～4.45%，主要分布在2.0%～2.5%，处于高成熟—过成熟早期阶段，局部地区达到低级变质阶段，以生成裂解气、干气为主。

4.3.4　有机质最高热解峰温异常探讨

镜质体反射率与最高热解峰温（Tmax）均为指示有机质演化程度的指标，二者整体上未呈现明显的正相关性，而是镜质体反射率相近，其岩石热解的最高峰温（Tmax）差别较大。另外，龙马溪组作为五峰组的上覆地层，其演化程度应稍低于五峰组，而实际上，川南及邻区五峰组有机质镜质体反射率为1.62%～4.47%，平均为2.42%，比龙马溪组（平均2.62%）稍低；如武隆黄草五峰组黑色岩系中的镜质体反射率为1.512%（B1）、1.591%（B3），而龙马溪组B11则为1.830%；綦江观音桥五峰组黑色岩系的镜质体反射率分别为2.247%、2.262%、2.235%，而龙马溪组则分别为2.268%、2.261%、2.276%、2.269%，说明龙马溪组黑色岩系中有机质的演化程度实际上相对较高。然而五峰组较龙马溪组含有较高的伊利石和较低的混层矿物，均未发现蒙皂石，五峰组31件样品中伊利石的平均含量为41.9%，伊/蒙混层的平均含量为47%；龙马溪组29件样品中伊利石的平均含量为31.9%，伊/蒙混层矿物的平均含量为55%，黏土矿物显示五峰组呈现较高的演化程度。岩石最高热解峰温（Tmax）作为烃源岩成熟度的指标，其数值却并不能有效地反映烃源岩成熟度。正如前面所分析的，最高热解峰温（Tmax）较低可能与黏土矿物的转化有关，然而黏土矿物以稳定的陆源碎屑成因的伊利石为主，例如天全大井坪地区黏土矿物主要为伊利石，伊/蒙混层矿物很少，有机质镜质体反射率达2.99%（表4-8），而最高热解峰温（Tmax）仅介于351～497℃（表4-10）；綦江观音桥组龙马溪组烃源岩的成熟度较五峰组较高，而最高热解峰温（Tmax）却全为576℃（表4-10）；武隆黄草龙马溪组烃源岩的演化程度较五峰组稍高，而最高热解峰温（Tmax）值却大过五峰组的封顶温度约100℃，后两者地区黏土矿物以伊/蒙混层为主，伊利石仅稍低于混层矿物含量。由此可见，研究区龙马溪组下段黑色岩系中黏土矿物的转化作用不足以导致其有机质最高热解峰温（Tmax）的大幅度降低，而黏土矿物的转化作用效果却是不可忽略的重要因素。由于武隆黄草五峰组中发育至少9层斑脱岩，而五峰—龙马溪组这种明显的不相关性可能是由于在沉积—成岩过程中受到了斑脱岩成岩过程中黏土矿物的影响。由此，我们推测川南及邻区奥陶系五峰组—志留系龙马溪组黑色岩系中有机质最高热解峰温（Tmax）不均匀的大幅度降低可能与地层中不均匀广泛分布斑脱岩有关。

4.3.5　本节小结

川南及邻区志留系龙马溪组黑色岩系有机质含量较高，平面上分布不均匀，平均含量大多超过1%，垂向上呈现由底向上逐渐减少的特征；越靠近沉积中心，富有机质页岩沉积厚度就越大，其中水富—江津呈北东—南西向的地区沉积厚度最大，平均 100m 以上（TOC＞0.5％）。有机质主要以 I 型干酪根为主，其次为 II₁ 型；不同地区的干酪根类型具有一定的差别，这可能是受古地理环境影响造成的生源母质不同；垂向上，龙马溪组下段黑色岩系发育的有机质，由下向上通常由 I 型干酪根变为 II₁ 型。综合有机质镜质体反射率、最高热解峰温（Tmax）等分析测试结果，川南及邻区龙马溪组下段黑色岩系干酪根处于高成熟—过成熟演化阶段，局部地区达到低级变质阶段。镜质体反射率与最高热解峰温（Tmax）均为指示有机质演化程度的指标，垂向上，镜质体反射率数值相近，而最高热解峰温（Tmax）差别较大，其数值却并不能有效地反映烃源岩成熟度。推测川南及邻区奥陶系五峰组－志留系龙马溪组黑色岩系中有机质最高热解峰温（Tmax）不均匀的大幅度降低，可能与地层中不均匀广泛分布的斑脱岩有关。

4.4　岩石矿物组分特征及其对页岩气的影响

矿物组分不仅影响烃源岩的生烃模式和排烃效率（付小东等，2011），也是页岩气储层发育的重要影响因素（Curtis，2002；Jarvie，2005；Jarvie et al.，2007；刘树根等，2011；梁超等，2012；于炳松，2013；张正顺等，2013）。Bust 等（2013）指出页岩气储层中的大、中孔隙与有机质和黏土矿物集合体或有机质和碳酸盐矿物集合体有关。页岩的脆性与石英和碳酸盐矿物的含量相关（刘伟等，2012），矿物组成及含量决定了压裂改造中人造裂缝的发育程度（隋凤贵等，2007），是影响钻井和水力压裂实施效果的基本因素（Bai et al.，2013），也是决定页岩气优质井的关键因素（Bowker，2003）。Bowker（2007）认为 Barnett 页岩能达到如此高的页岩气产量，是因为其脆性达到了有效的水力压裂程度，如果不具有现今的矿物组分特征，在当今的开采工艺下，Barnett 页岩气的开采无法取得成功。因此，矿物组分研究对页岩气地质资源评价、成藏机理分析及开发措施工艺设计等具有重要意义（陈尚斌等，2011），在目前的研究程度下，岩石矿物组分是龙马溪组富有机质泥页岩储层描述及评价的重要指标（刘伟等，2012）。

4.4.1　矿物组分类型及特征

川南及邻区志留系龙马溪组下段黑色岩系发育的矿物组分类型较均一，而其含量在垂向上和平面上均表现为一定的非均质性。据 X-衍射分析测试结果，矿物组分包括石英、钾长石、斜长石、方解石、白云石、黄铁矿、黏土矿物和少量的菱铁矿、石膏等。偏光显微镜下，呈细粉砂—泥质结构，碎屑颗粒呈漂浮状分布于泥质和胶结物基底中，其含量多为 10％～50％，包括石英、长石、云母等，粒度通常小于 0.05mm（图 4-31A、B）；胶结物与泥质碎屑多与黑色有机质共生（图 4-31A～C），胶结物包括黏土矿物、硅质、碳酸盐矿物及黄铁矿，泥质碎屑呈黑色、灰黑色或褐色团块状，主要包括泥级的石英、长石及黏土矿物。

石英含量较高，为 9％～90％，平均为 42.32％，包括碎屑石英和硅质胶结物；石英颗粒多占碎屑总量的 75% 以上，干净明亮，分选性一般较好，磨圆较差，粒度为 0.02～0.05mm，颗粒边缘多被碳酸盐矿物交代、溶蚀呈不规则港湾状（图 4-31A、C）。长石分布不均匀，斜长石含量较高，钾长石、斜长石的含量分别为 0%～19% 与 0%～34%，其平均含量分别为 2.37% 与 6.47%；粒度相对石英较大，表面较干净，弱黏土化或部分被碳酸盐矿物交代，可见不规则的溶蚀边缘（图 4-31D、E）。黑云母和白云母均有发育，后者较多，呈细条状，具一定的压实变形，黑云母常蚀变为绿泥石，沿解理缝表现为一定的吸水膨胀性（图 4-31F）。

黄铁矿平均含量为 1.41%，是沉积物形成早期生成的自生矿物（张正顺等，2013），普遍存在，常具自形或半自形晶，或呈莓球状集合体，其晶间孔发育（图 4-31G）。方解石和白云石的平均含量分别为 9.17% 与 7.64%，方解石含量较高，最高可达 70%，局部富集，白云石含量为 0%～48%，个别剖面及样品中含量较高；单偏光下多见亮晶为主，具自形、半自形晶粒状特征和不规则状充填（图 4-31H），有些样品中见泥晶方解石，呈团块状（张正顺等，2013），常交代石英、长石和填隙物（图 4-31C）。黏土矿物和碳酸盐矿物平均含量分别为 30.29% 与 16.81%。黏土矿物以伊利石（相对平均含量为 48.54%）和伊/蒙混层（相对平均含量为 38.8%）为主，其次为绿泥石（相对平均含量为 11.63%），局部地区、层段含有少量的高岭石，通常呈片状集合体，其中围绕原生孔隙处可见自生伊利石（图 4-31I）。

元素分析表明（表 4-11），黑色岩系的化学成分以 SiO_2 为主，其次分别为 Al_2O_3 和 Fe_2O_3，K_2O 富集且较均匀分布，部分样品中 CaO 与 MgO 的含量比较高，验证了其岩石组分中以石英为主，黏土矿物中含有较高的伊利石类和绿泥石类矿物，碳酸盐矿物分布不均匀。

表 4-11 川南及邻区龙马溪组下段黑色岩系岩石和矿物组分特征

Table 4-11 Component characteristics of black rocks and minerals in Longmaxi Formation of southern Sichuan Basin and its periphery

样品号	样品名称	SiO_2	Al_2O_3	Fe_2O_3	FeO	CaO	MgO	K_2O	Na_2O	TiO_2
SQP-B9	炭质页岩	64.94	13.57	3.83	1.27	2.21	2.38	3.32	0.85	0.62
HCP-B10	炭质页岩	72.81	10.34	2.05	0.09	0.37	0.65	2.79	1.0	0.56
XKP-S2	炭质页岩	44.08	14.59	2.96	0.94	7.12	7.60	8.64	0.07	0.57
XJP-B12	炭质页岩	73.23	10.62	1.68	0.10	0.40	0.66	3.07	0.85	0.66
XMP-S1	炭质含钙质泥岩	30.41	8.35	2.65	0.45	25.46	3.89	2.25	0.29	0.40
XMP-S5	炭质页岩	62.10	5.80	1.82	0.10	10.54	1.84	1.58	0.16	0.31
XMP-B8	炭质页岩	76.84	8.93	2.27	0.16	2.07	0.84	2.24	0.69	0.49
XMP-S10	炭质含钙质泥岩	58.39	11.69	3.34	0.19	6.33	2.38	3.09	0.40	0.52
XMP-S17	炭质含钙质泥岩	47.26	13.22	4.87	0.19	9.54	3.89	3.40	0.52	0.61
XMP-S21	炭质页岩	65.20	13.35	2.91	0.83	3.80	1.83	3.40	1.46	0.62

续表

样品号	样品名称	SiO₂	Al₂O₃	Fe₂O₃	FeO	CaO	MgO	K₂O	Na₂O	TiO₂
QGP-B5	炭质页岩	61.50	10.94	3.88	0.087	3.97	2.10	2.75	0.85	0.55
XLP-B9	炭质页岩	77.05	7.40	0.90	0.11	0.31	0.43	1.90	0.60	0.42
XLP-S2	炭质页岩	83.75	4.83	1.19	0.079	0.63	0.31	1.36	0.10	0.25

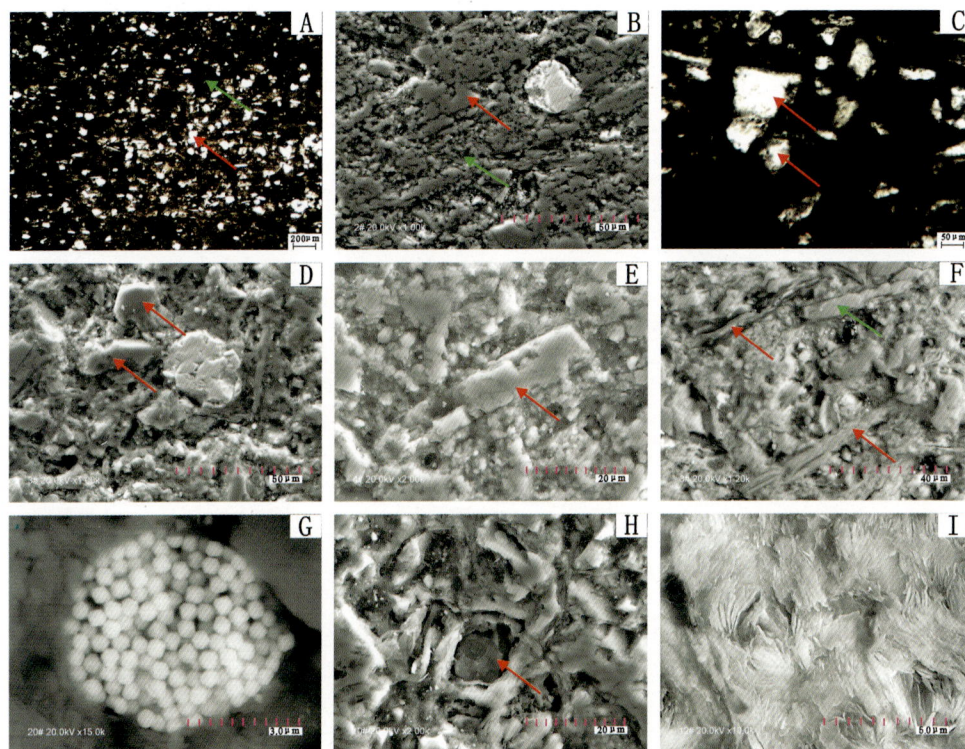

A. 岩石组分特征，碎屑颗粒（红色箭头）与填隙物（绿色箭头），呈杂基支撑，习水良村（单偏光；DPG）；B. 岩石组分显微特征，碎屑颗粒（红色箭头）与填隙物（绿色箭头），粉砂－泥质结构（背散射；BSE），石柱漆辽；C. 石英碎屑（红色箭头），边缘被方解石交代，綦江观音桥（DPG）；D. 钠长石弱碳酸盐化（BSE），石柱漆辽；E. 钾长石具裂缝和溶蚀现象（BSE），武隆黄草；F. 云母（红色箭头）与钾长石（绿色箭头），解理缝被有机质充填（BSE），石柱漆辽；G. 黄铁矿集合体（BSE），叙永麻城；H. 方解石被黏土矿物包裹，呈半自形晶体（BSE），南川三泉；I. 黏土矿物呈片状结构（BSE），桐梓韩家店

图 4-31　川南及邻区龙马溪组黑色岩系的岩石组分显微特征

Figure 4-31　Microscopic characteristics of black rocks in Longmaxi Formation of southern Sichuan Basin and its periphery

4.4.2　矿物岩石类型划分

根据页岩气藏特殊的地质特征，泥页岩的岩石组分划分为两个类别：脆性矿物和黏土矿物。脆性矿物又分为硅质类（石英、长石、黄铁矿等）和碳酸盐矿物（方解石、白云石）。利用岩石矿物组分对页岩气储层页岩进行划分，没有确切的标准。Barnett 页岩中的

黏土矿物含量普遍小于 1/3，以硅质矿物为主，且普遍含有碳酸盐矿物，认为是硅质型页岩（Loucks and Ruppel，2007；Loucks et al.，，2009）。另外，Loucks 等（2012）以 50% 含量为界，说明石英＋黄铁矿、碳酸盐矿物＋长石和黏土矿物三端元与页岩稳定性的关系；而川南及邻区龙马溪组下段富有机质页岩实质上作为"细粒沉积岩"，按照姜在兴等（2013）的分类方案，以细粒沉积岩的主要组分粉砂、黏土和碳酸盐为三端元，以各自含量 50% 为界分为粉砂岩、黏土岩、碳酸盐岩和混合型细粒沉积岩 4 大类。借鉴上述实际经验，考虑到页岩气的地质特征，并根据研究区页岩矿物组分的发育情况，将页岩气储层统一划分为硅质型页岩（硅质类>50%，黏土矿物<40%，碳酸盐矿物<30%）、黏土质型页岩（硅质类<50%，黏土矿物>40%，碳酸盐矿物<30%）和碳酸盐质型页岩（碳酸盐矿物>30%）。川南及邻区龙马溪组黑色岩系页岩的硅质类脆性矿物含量总体平均为 69.71%，碳酸盐矿物平均含量为 16.81%，主要发育硅质型页岩，黏土矿物含量较低（图 4-32）。

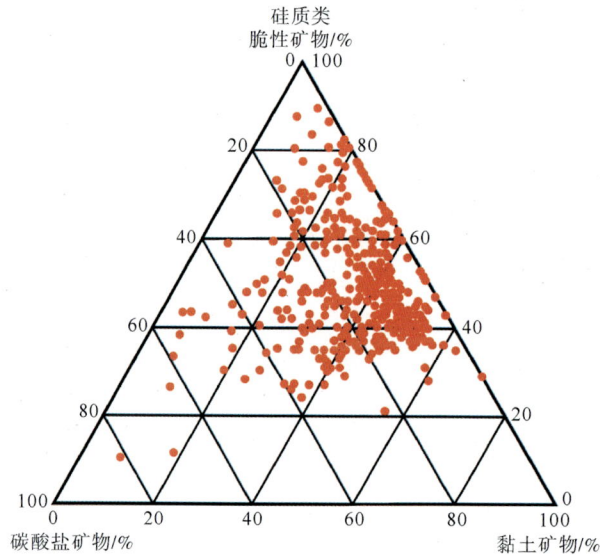

图 4-32　川南及邻区龙马溪组黑色岩系矿物学图解

Figure 4-32　Mineralogy ternary diagrams of black rocks in Longmaxi Formation from southern Sichuan Basin and its periphery

4.4.3　脆性矿物的分布特征

根据上述岩石类型的划分依据，将碳酸盐矿物和硅质类（石英＋长石等）脆性矿物的平面展布特征分别进行统计。川南及邻区龙马溪组下段黑色岩系的石英＋长石等矿物含量较高，其含量主要在 50% 以上，局部地区低于 30%（图 4-33）；碳酸盐矿物含量分布不均匀，其平均含量主要在 10% 以下，局部富集，含量超过 30%（图 4-34）。由上述分析可知，硅质类矿物与碳酸盐矿物的含量具有很好的相关性，硅质类含量低于 30% 的区域与碳酸盐含量大于 30% 的区域基本吻合，此分布区位于隆起的边缘，属于潮坪和泥灰质浅水陆棚沉积环境；黔中隆起的北部地区，远离隆起区，硅质类脆性矿物含量以 30% 为界，向北快速增高至 50% 以上，碳酸盐矿物也近似以此为界，其含量向北大幅度降低至 25% 以下，甚至 10% 以下。由此可见，碳酸盐矿物含量与硅质类脆性矿物的含量具有此消彼长的关系，这可能是共同受沉积环境的影响所致；并由此进一步验证，川南及邻区志留系龙马溪组下段黑色岩系以硅质型页岩最为发育。

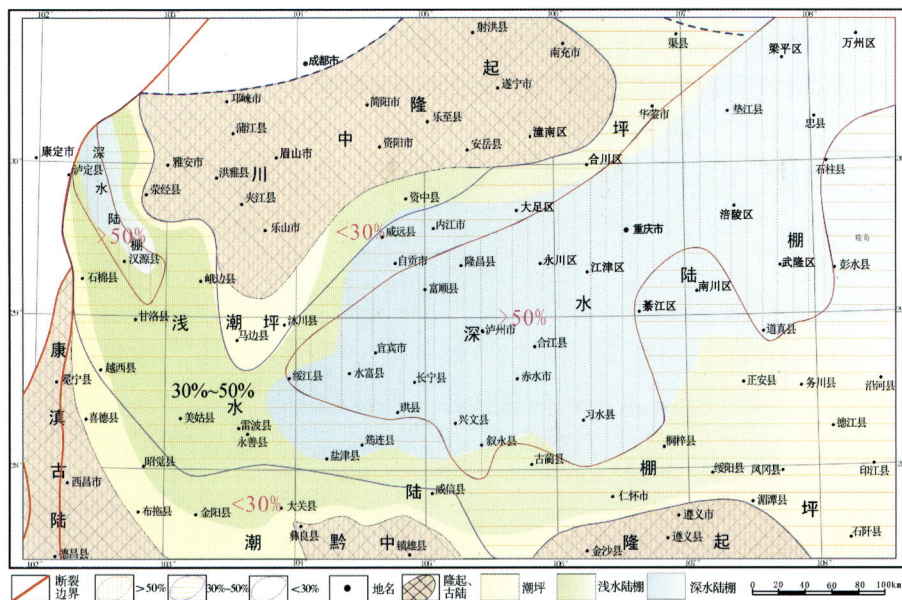

图 4-33　川南及邻区龙马溪组黑色岩系硅质类（石英＋长石等）脆性矿物含量分布图

Figure 4-33　Distribution characteristics of brittle mineral（quartz＋feldspar）of black rocks in Longmaxi Formation of southern Sichuan Basin and its periphery

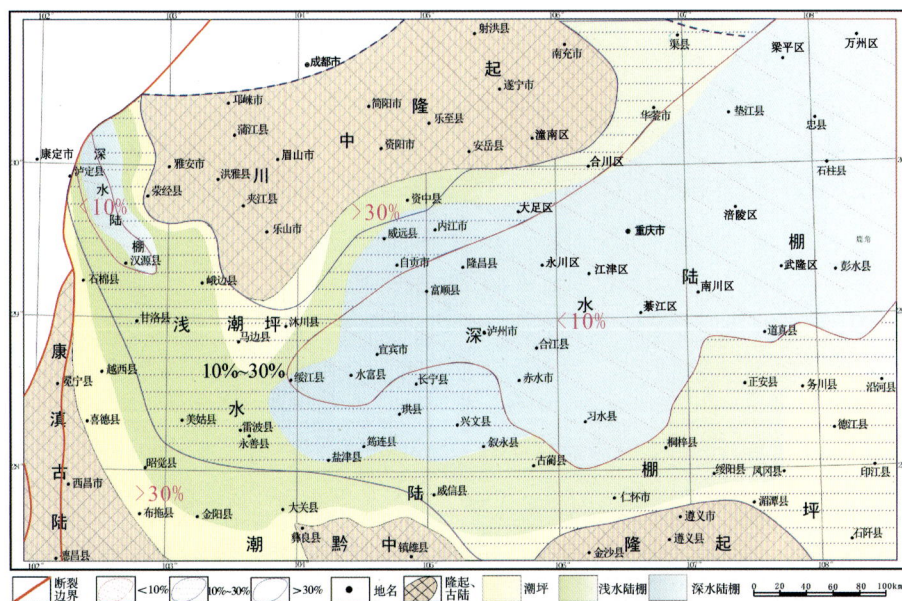

图 4-34　川南及邻区龙马溪组黑色岩系碳酸盐矿物含量分布图

Figure 4-34　Distribution characteristics of carbonate minerals of black rocks in Longmaxi Formation from southern Sichuan Basin and its periphery

4.4.4 黏土矿物特征

黏土矿物是泥页岩的重要组分，其类型、产状、含量及变化特征不仅有助于分析泥页岩所经历的古环境和成岩作用，也被认为是寻找油气的有力工具。在页岩气研究中，黏土矿物不仅是影响页岩气藏储集性和含气性的主要指标，也是影响页岩气增产压裂效果的主要因素之一，因此，对黏土矿物的研究是分析和认识川南及邻区龙马溪组下段黑色岩系成岩和储层演化的首要任务，对页岩气的勘探、开发具有一定的指导意义。

1. 黏土矿物类型及特征

据 X-衍射的分析测试结果，川南及邻区龙马溪组下段黑色岩系黏土矿物含量为 4%～82%，主要集中在 25%～50%，占全部样品的 66.7%，次为 10%～25%（图 4-35A）；黏土矿物组分中，几乎每件岩样中都含有较多的伊利石，平均相对含量为 48.21%；大部分样品中含有伊/蒙混层矿物，占全部样品的 84.8%，其平均相对含量为 44.14%；绝大多数的样品中含有绿泥石，占全部样品的 96.2%，平均相对含量为 12.29%；只有部分样品中含少量高岭石，蒙脱石分布极少。

伊利石含量最高且较均匀分布，相对含量分布在 23%～100%，有两个主要分布区间分别为 50%～70% 与 30%～50%，此两区间的样品数共占全部黏土矿物分析样品的81.3%（图 4-35B）。伊/蒙混层为次级丰富的黏土矿物类型，相对含量为 2%～76%，主要分布在 10%～50%，占总体的 79.1%，其次为 50%～70%（图 4-35C）。绿泥石在龙马溪组分布较广泛，相对含量为 1%～46%，其中 10%～15% 区间最多，通常在 20% 以下，占全部样品的 91.5%（图 4-35D）。伊/蒙混层矿物中蒙脱石的含量主要局限于 10%，占全部样品的 83.6%，其次为 15%，5% 较少（图 4-35E）；368 件黏土 X-衍射分析样品中，共57 件含有高岭石，分布不均匀，其平均含量为 4.58%，通常在 7% 以下，仅 1 个样品中含量可达 10%（图 4-35F）。蒙脱石很不发育，仅在马边县下沙腔地区的龙马溪组下段的一个样品中发现，相对含量为 6%，仅占样品总含量的 3.4%。

自下而上，龙马溪组黏土矿物组分基本相似，均未发现有绿/蒙混层矿物，且各组分含量相差不大。仅在綦江观音桥、习水良村以及大关黄葛溪龙马溪组剖面中发现绿泥石有向上稍微增加的趋势，而彭水鹿角剖面（李娟等 2012）以及长芯 1 井（陈文玲等，2013）中则出现随着深度的增加绿泥石含量逐渐增加的特征。

同时发现，不同地区龙马溪组中的黏土矿物组分基本相似，但含量存在差别（表 4-12）。其中，盆地东南部（务川、道真、南川等地区）和西南部边缘（金阳、永善等地区）以及长芯 1 井的部分层段含有高岭石（陈文玲等，2013），这些地区中的 57 件样品中，黏土矿物的平均含量为 34.5%，每件样品中都含有伊利石，个别样品中无绿泥石或伊/蒙混层矿物，伊利石与伊/蒙混层矿物的平均相对含量分别为 54.7%、28.8%，绿泥石的平均相对含量为 11.9%。盆地及其边缘地区，渝东南—黔北地区 65 个样品中，黏土矿物的平均含

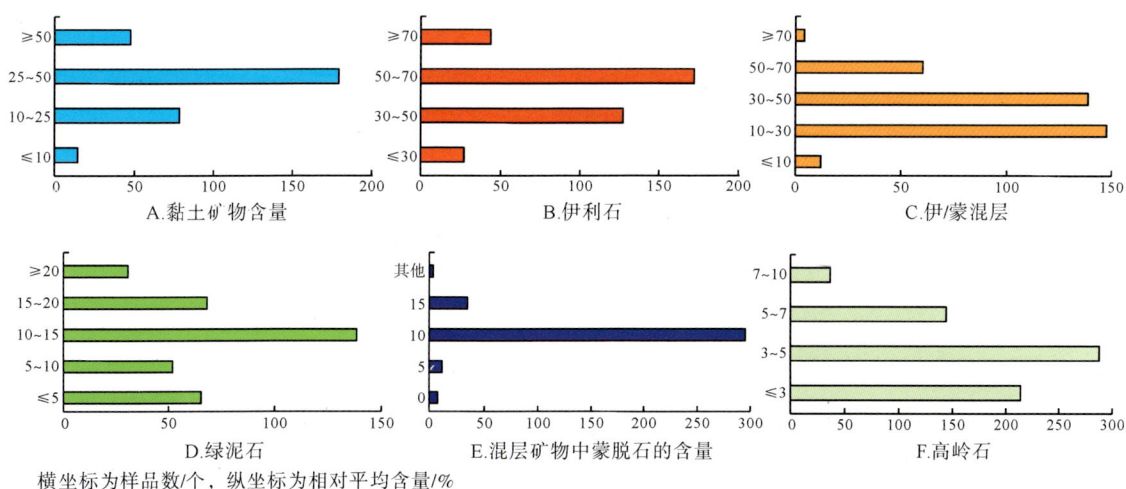

横坐标为样品数/个，纵坐标为相对平均含量/%

图4-35 川南及邻区龙马溪组黑色岩系黏土矿物特征

Figure 4-35 Characteristics of clay minerals of black rocks
in Longmaxi Formation of southern Sichuan Basin and its periphery

量为35.2%，伊/蒙混层的含量最高，为45.8%，伊利石的平均相对含量为43.3%，绿泥石的平均相对含量为11.3%，其中在5件样品中未发现绿泥石；焦页1井中，龙马溪组（包含五峰组）下部优质页岩层段黏土矿物含量为16.6%~49.1%，平均含量为34.6%，以伊/蒙混层和伊利石为主，分别占黏土总量的63.5%和31.4%，绿泥石次之，占黏土总量的4.9%，未见蒙脱石和高岭石（郭彤楼和刘若冰，2013）；渝页1井中黏土矿物含量为18.5%~53.2%，平均为33%，也以伊利石和伊/蒙混层矿物为主，相对含量为75%~91%，绿泥石相对含量为7%~20%，并含少量不均匀分布的高岭石（武景淑等，2013）；长宁地区的长芯1井（包含五峰组和龙马溪组的下部）底部30m为富有机质页岩，黏土矿物含量平均为24.7%，以伊利石为主，相对平均含量为60%（37%~75%），伊/蒙混层矿物相对平均含量为28.4%（12%~49%），绿泥石则为11.2%（1%~23%）（陈文玲等，2013）。黔西—滇北地区223个样品中，黏土矿物平均含量为44.3%，伊利石含量最高，平均相对含量为54.6%，伊/蒙混层的平均相对含量为33.1%，所有的样品均含有绿泥石，平均相对含量为12.3%。川西地区18个样品中，成分比较复杂，黏土矿物平均含量为23.1%，均无高岭石，其中，汉源轿顶山的全部样品（3件）与天全大井坪剖面中8件样品中的6件，其黏土矿物全部为伊利石，岩性为炭质页岩和粉砂质页岩，且天全大井坪剖面中的其余2件样品中无绿泥石；马边下沙腔剖面中除1个样品中含有6%的蒙脱石外，其他5件样品中，只有2件含有伊利石、绿泥石和伊/蒙混层，另外3件样品无伊/蒙混层矿物，伊利石与绿泥石的含量均相对较高，平均相对含量分别为60.6%、24.4%。

表 4-12　川南及邻区不同地区龙马溪组黑色岩系中黏土矿物特征

Table 4-12　Characteristics of clay minerals in different areas of black rocks
in Longmaxi Formation of southern Sichuan Basin and its periphery

地区	样品数/件	黏土矿物含量/%	伊利石相对含量/%	伊/蒙混层相对含量/%	绿泥石相对含量/%	高岭石相对含量/%
盆地东南部和西南部边缘等地区	57	34.5	54.7	28.8	11.9	4.6
渝东南—黔北地区	65	35.2	43.3	45.8	11.3	—
黔西—滇北地区	223	44.3	54.6	33.1	12.3	—
川西地区	18	23.1	81.0	7.5	11.0	局部出现

2. 黏土矿物组合及分布特征

由以上分析可知,四川盆地南部黑色富有机质页岩中,黏土矿物组合以绿泥石＋伊/蒙混层＋伊利石(C＋I/S＋I)为主,共 20 个不同地区的剖面中发育此种类型,主要分布在盆地中心及渝东南—黔北地区和黔西—滇北地区;其次为高岭石＋绿泥石＋伊/蒙混层＋伊利石(K＋C＋I/S＋I)组合,主要分布在四川盆地的东南部和西南部边缘地区,靠近黔中隆起和康滇古陆;少量样品黏土矿物组合表现为高岭石＋绿泥石＋伊利石(K＋C＋I)、伊/蒙混层＋伊利石(I/S＋I)和绿泥石＋伊利石(C＋I)以及全部为伊利石(I)的特征,主要分布在川西地区,靠近康滇古陆。在赵杏媛和何东博(2008)根据泥页岩的分析资料对黏土矿物分布总结出的六种基本模式中,主要属于Ⅰ类——正常转化型。正常转化模式的黏土矿物的纵向分布特征是:随着深度增加存在蒙皂石转化为伊利石和高岭石转化为绿泥石两个序列。蒙皂石向伊利石的转化普遍发生,蒙皂石部分完全转化为伊利石,出现大量的伊/蒙混层矿物。而绿泥石含量在龙马溪组相对稳定,随着深度变化不大,可能存在高岭石向绿泥石的转化。

研究区龙马溪组黑色富有机质页岩中,黏土矿物含量具有一定的规律性(图 4-36)。黏土矿物含量主要在 40% 以下,分布在靠近盆地中心和盆地边缘,主要为浅水陆棚和部分深水陆棚。而靠近隆起区,黏土矿物含量通常较低,其平均含量低于 30%,为水体较浅的过渡性沉积区。而位于地腹内的盆地中心处,远离物源区,沉积水体较深且安静。考虑到研究区龙马溪组下段黑色岩系中黏土矿物以陆源碎屑成因为主(在后面进行详细论述),结合秦建中等(2010b)所指出的:南方海相页岩烃源岩总有机碳含量与矿物含量具有一定的相关性;黏土矿物含量有随 TOC 含量增加而降低的趋势,而石英的含量随 TOC 的增加呈现上升的趋势,这种关系可能是因为有利于海相优质页岩形成的台盆、台内凹陷及潟湖稳定环境不利于大量陆源碎屑黏土随水体搬运沉积所致;且随着沉积水体变浅,研究区龙马溪组由底向上,黏土矿物含量逐渐增多(图 4-37),而靠近龙马溪组最底部,黏土矿物含量介于 5%～47%,平均为 23.8%(表 4-13)。综上所述,盆地中心处,越靠近深水区,黏土矿物含量是相对有所减少的,其平均含量通常低于 50%,平均低于 30%,为远海深水沉积区。由此可见，黏土矿物的分布与沉积环境具有明显的相关性，整体呈现低—高—低的特征。

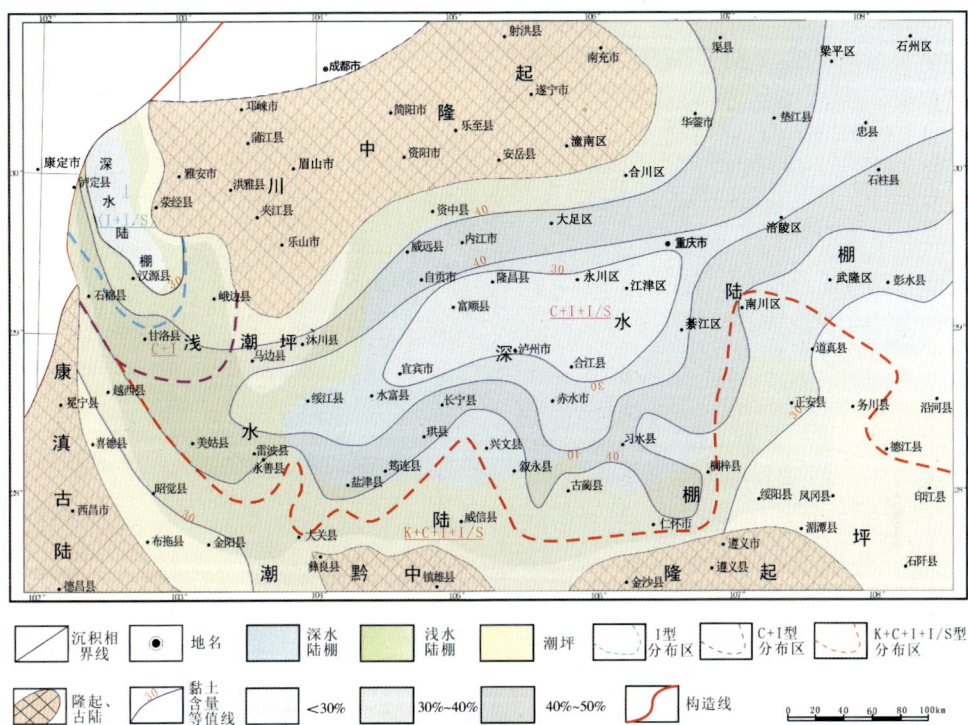

图 4-36 川南及邻区龙马溪组黑色岩系黏土矿物平面分布图

Figure 4-36 Distribution characteristics of clay minerals in different areas of black rocks in Longmaxi Formation of southern Sichuan Basin and its periphery

4.4.5 矿物组分对页岩气的影响

川南及邻区志留系龙马溪组黑色岩系中物质组分可分为有机质和无机矿物两大类。烃源岩中的有机质来源于沉积物中的生物残体，其丰度是评价烃源岩的重要指标。页岩气中有机质不仅作为生烃母质，也是页岩中吸附气的重要吸附介质，页岩气藏作为自生自储的非常规气藏，高有机碳含量和较高的成熟度是页岩气富集的主要控制因素之一。因此，在成熟度较高的龙马溪组黑色岩系中，有机碳含量作为基本的页岩气地质条件之一，是页岩气评价的重要指标之一。而无机矿物组分通常具有不同的来源和成因，不仅表现为不同的储集空间类型和物性，还影响有机质的赋存状态和含量，甚至影响地层的含气量，对页岩气具有重要的影响。因此，在分别对黏土矿物、硅质和碳酸盐矿物进行详细成因分析的基础上，判断其与页岩气地质条件的关系，对页岩气勘探、开发具有重要的指导意义。

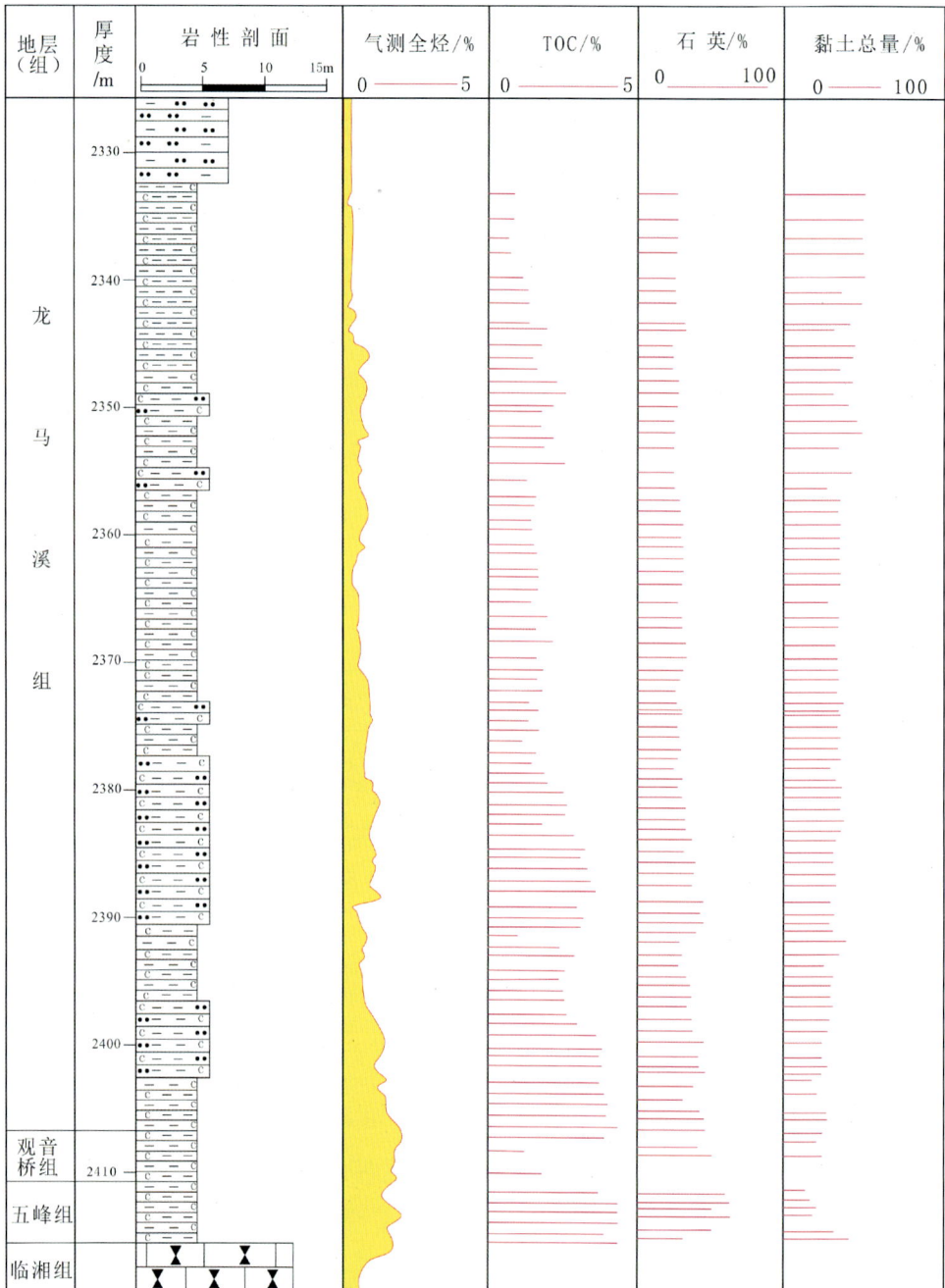

图 4-37　焦页 1 井龙马溪组下段黑色岩系页岩气地质综合柱状图（郭彤楼等，2013，有修改）

Figure 4-37　Comprehensive geological histogram of black rocks in Lower Longmaxi Formation of JY1 well（modified from Guo et al.，2013）

表 4-13 川南及邻区龙马溪组下段黑色岩系底部岩石矿物组分特征

Table 4-13 Mineral composition of black rocks and its minerals in bottom of
Lower Longmaxi Formation in southern Sichuan Basin and its periphery （单位:%）

剖面名称	样品名称	黏土矿物相对含量						全岩定量分析					
		高岭石	绿泥石	伊利石	伊\蒙混层	混层比蒙皂石含量	黏土总量	石英	钾长石	斜长石	方解石	白云石	黄铁矿
綦江观音桥	炭质页岩	0	13	59	28	10	31	54	0	7	2	4	0
	炭质页岩	0	15	45	40	10	35	45	1	7	5	3	3
武隆黄草	炭质页岩	0	0	69	31	10	23	68	1	8	0	0	0
南川三泉	炭质页岩	0	12	29	59	10	40	38	2	8	3	8	1
	含硅炭质页岩	0	15	36	49	10	38	41	2	8	2	7	2
叙永麻城	炭质含钙质页岩	0	22	37	41	10	26	35.1	1	5	8	12	2
	炭质含钙质页岩	0	13	32	55	10	25	37	1	2	16	17	2
桐梓韩家店	炭质页岩	0	23	39	38	10	37	50	0	6	6	0	1
习水良村	含笔石页岩	0	5	33	62	10	25	67	0	8	0	0	0
	含笔石页岩	0	2	41	57	10	27	66	2	5	0	0	0
大关黄葛溪	含钙炭质页岩	0	6	64	30	5	8	9	0	1	45	36	1
	粉砂质页岩	0	26	38	36	10	16	31	0	9	31	13	0
大井坪	炭质页岩	0	0	100	0		5	85	0	2	5	2	1
古蔺铁索桥	粉砂质炭质页岩	0	0	26	74	10	39	52	3	4	2	0	0
	粉砂质炭质页岩	0	1	31	68	10	34	61	1	3	1	0	0
雷波上田坝坝	含碳泥页岩	0	29	35	36	10	60	32	0	4	4	0	0
	含碳泥页岩	0	31	37	32	5	63	33	0	2	2	0	0
永善苏田	炭质页岩	5	14	42	39	15	15	43	1	2	21	16	2
	炭质页岩	0	22	41	37	10	31	31	2	4	12	18	2
	炭质页岩	0	20	41	39	10	33	34	3	4	11	13	1
仁怀中枢	炭质页岩	0	13	29	58	10	42	33	3	12	10	0	0
	炭质页岩	0	16	32	52	10	35	40	2	11	9	2	1
兴文麒麟	含粉砂炭质页岩	0	2	41	57	10	26	69	0	3	0	0	2
	炭质页岩	0	8	51	41	5	17	81	0	2	0	0	0
盐津银厂坝	含炭质钙质页岩	0	26	30	44	10	31	33	4	9	10	10	1
	粉砂质页岩	0	17	33	50	10	47	26	1	5	10	10	1
云南落木柔	含碳页岩	0	6	43	51	5	27	38	1	2	14	17	1
	含碳页岩	0	8	36	56	5	26	27	1	1	10	33	2
沿河新景	炭质页岩	0	6	29	65	10	28	63	2	7	0	0	0
华蓥三百梯	炭质页岩	0	7	41	52	10	8	90	0	0	0	2	0
石柱漆辽	普通页岩	0	0	40	60	10	71	23	0	6	0	0	0

续表

剖面名称	样品名称	黏土矿物相对含量						全岩定量分析					
		高岭石	绿泥石	伊利石	伊\蒙混层	混层比蒙皂石含量	黏土总量	石英	钾长石	斜长石	方解石	白云石	黄铁矿
道真巴渔	含硅质炭质页岩	0	0	0	0	0	19	79	1	1	0	0	0
	含硅质炭质页岩	0	0	0	0	0	22	74	1	3	0	0	0
	炭质页岩	0	0	0	0	0	24	70	2	4	0	0	0
道页1井	深灰－灰黑色页岩	5	11	71	13	10	35	40	0	14	5	0	0
	灰黑色炭质页岩	0	0	0	0	0	31	42	4	13	6	4	0
	灰黑色炭质页岩	0	0	0	0	0	25	44	3	11	7	5	5
务川北	炭质页岩	—	7	76	17	0	10	39	9	24	14	4	0
	炭质页岩	0	0	0	0	0	18	41	8	25	8	0	0
	炭质页岩	3	10	52	35	0	17	44	9	20	8	2	0
沿河新景	炭质页岩	0	0	0	0	0	18	47	10	21	2	2	0
	炭质页岩	—	1	39	60	0	18	64	6	10	2	0	0
	炭质页岩	—	4	75	21	0	17	53	9	20	1	0	0
	粉砂质炭质页岩	0	0	0	0	0	16	41	9	19	15	0	0
长宁双河	硅质炭质页岩	0	0	0	0	0	18	67	0	0	7	8	0
	泥质粉砂岩	0	0	0	0	0	14	60	0	0	14	12	0
彭水鹿角	黑色粉砂质页岩	0	17	50	33	10	29	45	4	15	6	1	0
	黑色粉砂质页岩	0	16	49	35	10	31	43	4	14	7	1	0
	黑色粉砂质页岩	0	15	49	36	10	25	44	5	17	8	1	0
峨边西河	含钙粉砂岩	0	26	74	0	0	34	40	2	3	0	21	0
长芯1井	页岩	0	2	80	18	10	18	30	0	6	41	5	0
	含灰质页岩	0	1	82	17	10	7	27	0	2	25	34	5
	含灰质页岩	0	3	73	24	10	17	46	0	2	27	5	3
	纹层状页岩	0	3	76	21	10	18	56	0	2	15	6	3
	页岩	0	3	69	28	10	27	30	0	2	17	20	4
	页岩	0	4	72	24	10	11	74	0	1	5	6	3
	页岩	0	3	68	29	10	14	68	0	1	8	9	0
	页岩	0	4	70	26	10	16	40	0	1	30	10	3
	含灰质页岩	0	4	68	28	10	20	46	0	2	16	12	4
	页岩	0	3	76	21	10	23	38	0	2	15	18	4
	含灰质页岩	0	2	74	24	10	13	42	0	0	13	28	4

1. 有机碳含量及与矿物组分的关系

中上扬子区古生界海相烃源岩黏土矿物含量有随 TOC 值增加而降低的趋势，而石英含量随 TOC 值的增加有上升的趋势（付小东等，2011）。根据李延钧等（2013）对四川盆地南部地区进行页岩有机质丰度评价的划分依据，据表 4-14 可知，不同有机质含量的黑色岩系，其矿物组分及含量具有一定的差别，而黏土矿物差别不大。其中，TOC>4.0%的黑色页岩石英含量较高，黏土矿物含量最少，碳酸盐含量总体较少且分布不均匀，以硅质型页岩为主，少量黏土质型页岩（图4-38A）。TOC为2.0%～4.0%的黑色页岩石英含量也较高，黏土矿物含量总体较低，碳酸盐不均匀分布，以硅质型页岩为主，部分表现为碳酸盐质型页岩以及二者的过渡类型（图4-38B）。TOC为1.0%～2.0%的黑色页岩碎屑颗粒和碳酸盐矿物含量显著增高，碳酸盐矿物分布极不均匀，石英含量也较高，黏土矿物含量较低，硅质型页岩、黏土质型页岩和碳酸盐质型页岩均有，碳酸盐质型页岩相对较发育（图4-38C）。TOC<1%的暗色页岩，主要分布于黑色岩系段的上部，黏土矿物含量高，石英含量较低，碳酸盐矿物分布也不均匀，以黏土质型和碳酸盐质型为主，硅质型相对较少（图4-38D）。

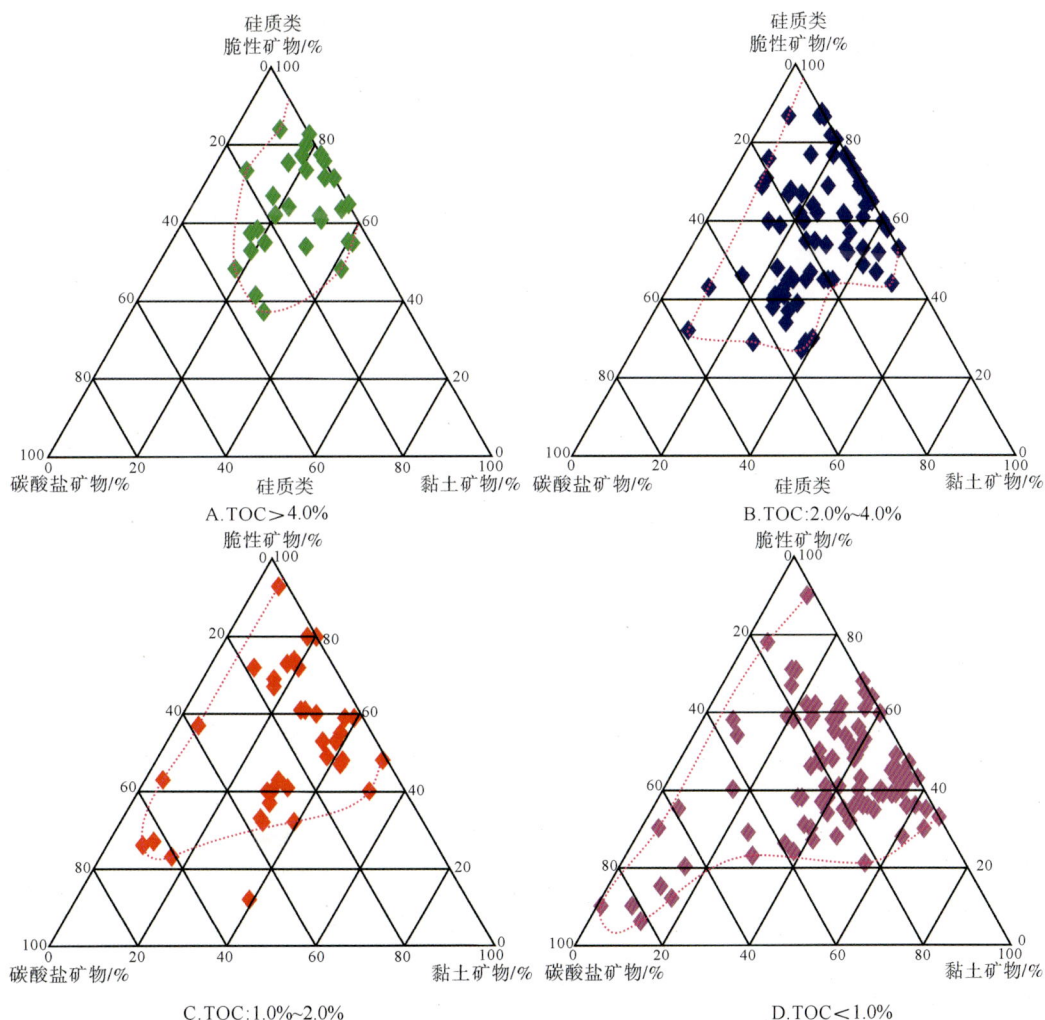

图4-38 川南及邻区龙马溪组黑色岩系的矿物学图解

Figure 4-38 Mineralogy ternary diagrams of different black rocks in Longmaxi Formation of southern Sichuan Basin and its periphery

表 4-14　川南及邻区龙马溪组黑色岩系的岩石组分特征

Table 4-14　Characteristics of composition of the black rocks in Longmaxi Formation of southern Sichuan Basin and its periphery

岩石类型（TOC）/%	样品数/个	石英/%	长石/%		碳酸盐矿物/%		黄铁矿/%	黏土矿物/%				其他矿物/%
			钾长石	斜长石	方解石	白云石		相对含量/%				菱铁矿、石膏等
								伊利石	伊/蒙混层	绿泥石	高岭石	
全部样品	224	42.32	8.84		16.81		1.41	30.29				0.26
			2.37	6.47	9.17	7.64		48.54	38.80	11.63	1.03	
>4	29	54.87	9.00		9.86		0.9	24.14				0.87
			2.28	6.72	5.62	4.24		47.75	39.20	12.10	0.95	
2~4	65	49.09	6.51		15.43		1.89	26.86				0.22
			1.80	4.71	6.49	8.94		53.05	37.11	8.68	1.16	
1~2	37	39.19	12.70		19.82		1.14	27				0.16
			3.54	9.16	9.41	10.41		50.77	38.82	9.95	0.46	
<1	93	34.91	8.89		18.75		1.33	35.90				0.14
			2.33	6.56	12.06	6.69		42.57	40.06	15.80	1.57	

由以上分析可知，研究区黑色岩系的有机质含量与矿物组分具有明显的相关性。考虑到沉积环境的影响，对不同采样点中黑色岩系的有机碳含量及其石英、黏土矿物含量进行对比分析，也呈现相同的规律。同一剖面中，有机碳含量与石英含量呈正比（图 4-39A、C~E），与黏土矿物含量主要呈反比（图 4-39B~E）。而四川天全大井坪龙马溪组剖面中（图 4-39A），黏土矿物含量很低，平均为 13%，且碳酸盐矿物分布极不均匀，受较高石英含量的影响，整体表现为有机碳含量与黏土矿物含量近似呈正比；云南大关黄葛溪龙马溪组黑色岩系（图 4-39B），其有机碳含量与石英含量呈反比，而与碳酸盐矿物含量呈正比，黏土矿物变化不大，这主要是由于其碳酸盐矿物含量很高（为 27%~81%，平均为 55.5%），造成有机碳含量很低且与其他矿物组分含量的相关性不明显。整体看来，垂向上，黑色岩系的有机碳与石英含量呈现向上减少的趋势，而碳酸盐矿物与黏土矿物却向上增加。

因此，川南及邻区龙马溪组黑色岩系的岩石组分对其有机碳含量具有一定的影响，在碳酸盐矿物含量低于 30% 的情况下，石英含量越高、黏土矿物含量越低，有机碳含量越高，即硅质型页岩的有机碳含量较高；而碳酸盐矿物含量越高，其石英与黏土矿物含量越低，有机碳含量也越低，则碳酸盐质型页岩的有机碳含量较低。总体来说，硅质型页岩的有机质含量最高，其次为黏土质型页岩，碳酸盐质型页岩最低。

2. 矿物组分的成因分析

1）黏土矿物形成、分布的主要控制因素

沉积岩中的黏土矿物据成因一般可分为原生、他生和次生三种类型（武羡慧等，1997；

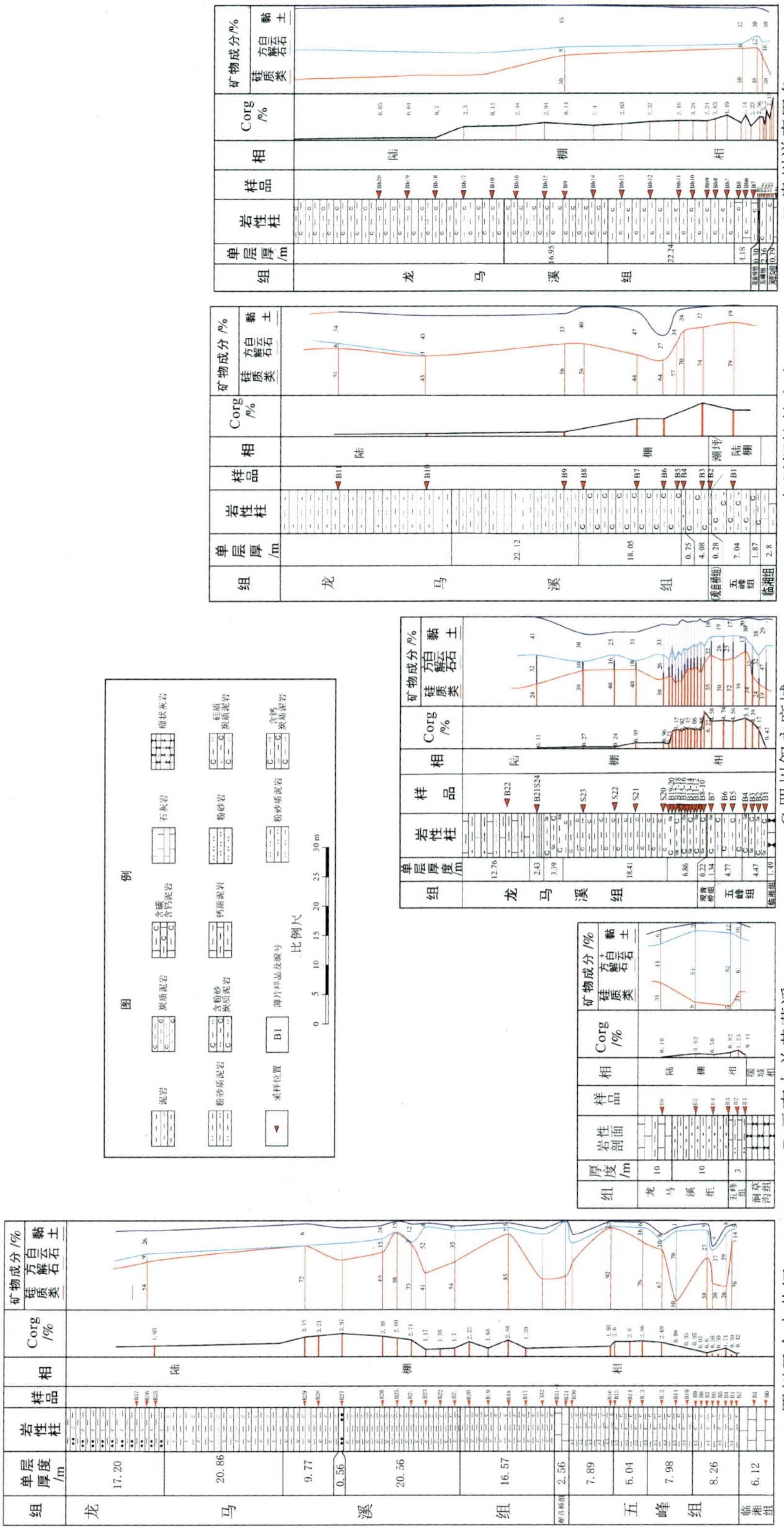

A.四川天全大井坪

B.云南大关黄葛溪

C.四川叙永麻城

D.贵州桐梓韩家店

E.贵州道真巴鱼

图4-39 川南及邻区龙马溪组不同地区黑色岩系有机碳与硅质类矿物、黏土矿物的关系

Figure 4-39 Relationship between TOC, quartz and clay minerals of black rocks in Longmaxi Formation in southern Sichuan Basin and its periphery

Merriman，2005）。在研究中，他生黏土矿物用于分析古气候、物源和沉积环境，原生的黏土矿物可以反演沉积环境和水介质条件等，而次生黏土矿物可以用来分析盆地演化特征和成岩环境（伏万军，2000；曹轲等，2008；赵杏媛和何东博，2008；刘树根等，2011）。另外，不同成因类型的黏土矿物对油气的生、储性具有明显的差别（康毅力等，1998；伏万军，2000）。因此，利用黏土矿物分析古气候、物源、沉积环境、成岩环境及其水介质条件，必须首先区分黏土矿物的成因及形成时期（谢渊等，2010）。

绝大多数泥页岩的主要组分（黏土矿物和粉砂）都是经过风化作用，以碎屑状态被搬运至沉积场所形成的（刘宝珺，1980；宋召军等，2008），且密度相对较小、搬运距离较远。中上扬子地区古生界泥质烃源岩的沉积物，其黏土矿物含量总体低于陆相烃源岩和现代湖泊沉积物，也低于滨海地区陆源沉积物和深海黏土中的黏土矿物含量，这说明其沉积物并非都来自陆源碎屑（付小东等，2011）。

（1）陆源碎屑黏土矿物特征。

陆源碎屑黏土矿物经受过剥蚀、搬运和沉积作用的改造，其原有的晶体形态受到了不同程度的破坏，出现磨损和溶蚀等现象（武羡慧等，1997）。通过偏光显微镜或扫描电镜观察时，碎屑黏土矿物常呈团块状或分散状分布，矿物的结晶形态很差（刘玉林等，1998）。

① 絮状体的大量出现。

受多个物源的影响，碎屑黏土矿物在平面上与垂向上具有不均匀性和多样性（武羡慧等，1997；Slatt et al.，2012）。大量页岩中显示含有差别较大的毫米级和厘米级的矿物组分，具磨蚀的表面以及由粗向上变细的系统性分布特征，呈交叉或平行的叠状结构（Slatt and Aousleiman，2011），也称絮状体结构。这种絮状体被认为与粗粒碎屑物一样，在经历了相同的水动力条件下，由牵引流搬运沉积；由带静电的片状黏土矿物在充满离子的海水中沉淀，形成的片架状结构，矿物间以"边—面"或"边—边"或"面—面"的形式相接触（O'Brien and Slatt，1990；Bennett et al.，1991），并且絮状体的这种形成过程可能有助于大量黏土矿物的长距离搬运（Slatt and O'Brien，2011），它的出现表明海相环境中大量黏土矿物远距离悬浮沉积的特殊性和复杂性。

背散射电镜下，研究区龙马溪组富有机质泥页岩中，富含孔隙的黏土矿物特征与Barnett 和 Woodford 页岩中的十分相似（图 4-40A、B），并与实验室生成的和古代地层中的这种絮状体相似（Slatt and O'Brien，2011），由此说明，研究区龙马溪组黏土矿物中具有大量的陆源碎屑成因类型。

② 稳定性黏土矿物的大量出现。

根据大量岩石薄片、扫描电镜和背散射电镜的观察，研究区龙马溪组泥质岩中黏土矿物，具有明显的碎屑黏土矿物特征（图 4-40C）；伊利石多呈碎屑板片状或弯曲片状，晶形不完整，轮廓圆滑清晰，略具定向性（图 4-40A、B）（谢渊等，2010），此种伊利石是由长石等铝硅酸盐矿物风化改造形成的（张汝藩，1992）；绿泥石平均含量为 4.82%，最多可达 25.3%，主要呈片状或薄板状，形状不规则，晶体边缘不平直，无叶片状集合体结构。一般而言，伊利石是黏土矿物中最稳定的物相，目前比较普遍地认为伊利石主要是来自陆地，形成于物理风化较强的气候环境（靳宁等，2007）。根据 X-衍射分析，研究区龙马溪组伊利石在垂向上和平面上均较稳定分布，平均含量为 19.03%，最多可达 36%。Khormali 和 Abtahi（2009）也指出较高含量的伊利石和绿泥石主要来源于富含此两类矿物的母岩。同时，李娟等（2012）通过对渝东南地区龙马溪组黑色页岩中黏土矿物进行研究后指出，黑色页岩中的绿泥石和伊利石是在古水介质呈盐碱性质的环境中沉淀，并使异地搬来的伊利石和绿泥石保存至今。

③ 成岩反演——蒙皂石含量较高。

蒙皂石具有很好的悬浮力，常与伊利石相伴沉积。蒙皂石的伊利石化过程是埋藏成岩的常见特征（Daoudi et al.，2008），根据 X-衍射分析，研究区龙马溪组下段伊/蒙混层矿物在垂向上和平面上均较稳定分布，平均含量为 13.3%，最多可达 52.7%。伊/蒙混层矿物作为蒙皂石发生伊利石化的间层矿物，其相对较高的含量反映了原始沉积物中含有较多的蒙皂石。

（2）非陆源碎屑黏土矿物特征。

碎屑成因黏土的成岩演化，遵循的一般规律是蒙皂石→伊/蒙混层→伊利石、高岭石→伊利石（康毅力等，1998），研究区伊/蒙混层矿物含量较高，因此发育次生黏土矿物。

分析表明，酸性介质条件下，充分的 SiO_2 和 Al_2O_3 胶体的存在而无其他元素（特别是 K^+）的干扰，相对安定的结晶环境和足够大的结晶空间，是假六方片状高岭石形成的必要条件（张汝藩，1992）。而在泥质岩中，由于缺乏足够大的结晶空间，即使在酸性环境中具有丰富的成岩组分，也很难形成自生高岭石。因此，研究区龙马溪组黑色富有机质页岩中的高岭石，可能有碎屑成因与次生成因两种来源。由于在酸性条件下，长石、蒙皂石、白云母等矿物可以自发蚀变为高岭石（王秀平等，2013），所以，在滨浅海环境中，沉积物在风化、搬运过程中就可以发生长石、云母等蚀变，产生高岭石（黄思静等，2009）。长芯 1 井中取样十分密集，取样间距通常小于 0.5m，岩性及其矿物组分类型和含量相差不大，而高岭石在垂向上不均匀分布（陈文玲等，2013）。如果高岭石是在成岩过程中形成的，那么地层水的性质在垂向上变化十分频繁，相同的沉积背景以及矿物组分相差不大的情况下，发生一定的高岭石化后，长石、石英等矿物含量应具有相应的变化，不会具有现今相似的含量特征；同时在后期充填的方解石脉中，所含有的 4% 的黏土矿物中，具有 25% 的高岭石（陈文玲等，2013），应为后期流体携带而来的碎屑高岭石。由此可以推测，高岭石应是非埋藏成岩过程中的产物。

然而，道页 1 井与长芯 1 井中高岭石与长石之间呈明显的负相关性（图 4-41），说明高岭石的长石蚀变成因。另外，研究区黏土矿物中检测到含有高岭石成分的地区［即盆地东南部（务川、道真、南川等地区）和西南部边缘（金阳、永善等地区）］均分布在盆地边缘与隆起附近，距物源区较近。综上所述，高岭石是在搬运过程中主要由长石等铝硅酸盐矿物蚀变形成，并在水体中呈继承性沉积。

在碱性埋藏成岩环境下，可发生蒙皂石和高岭石的绿泥石化与伊利石化作用。研究区蒙皂石的伊利石化作用十分发育，而所有样品中均无绿/蒙混层矿物，说明其绿泥石化作用可能不发育。长石、高岭石、蒙皂石向绿泥石的转化，只要是有丰富的 Fe^{2+}、Mg^{2+} 供

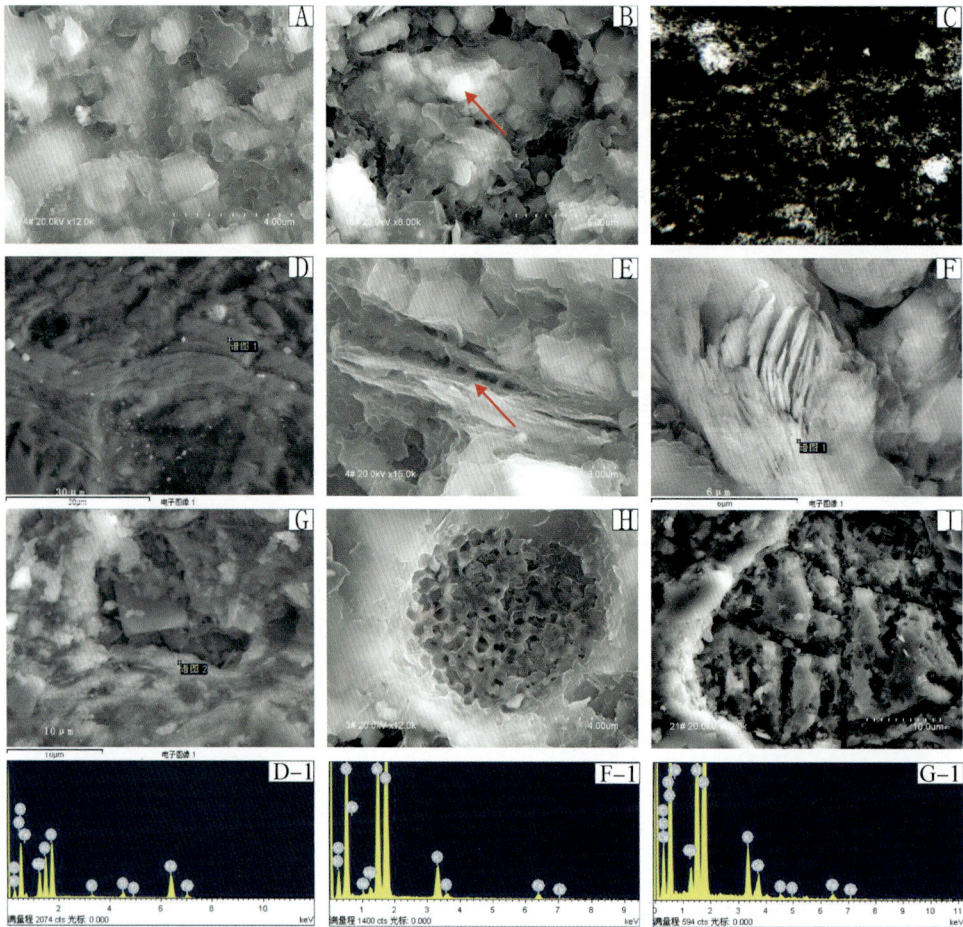

A. 伊利石为主的絮状体结构，重庆武隆黄草剖面；B. 絮状体结构，自生石英（箭头）与黏土矿物共生，贵州习水良村剖面；C. 黏土矿物呈团块状，贵州习水良村剖面；D. 绿泥石由黑云母蚀变形成（图 D-1 为其 X-衍射图谱），重庆南川三泉剖面；E. 次生伊利石呈连接状充填孔隙，重庆武隆黄草剖面；F. 蚀变成因伊利石（图 F-1 为其 X-衍射图谱），重庆武隆黄草剖面；G. 伊/蒙混层矿物包裹孔隙边缘（图 G-1 为其 X-衍射图谱），孔隙内为自生方解石，四川叙永麻城剖面；H. 伊/蒙混层矿物，重庆石柱漆料剖面；I. 黏土矿物充填碎屑溶蚀孔，四川叙永麻城剖面

图 4-40　川南及邻区志留系龙马溪组黑色岩系黏土矿物显微特征

Figure 4-40　Microscopic characteristics of clay minerals of black rocks in Longmaxi Formation of southern Sichuan Basin and its periphery

应，就可以发生，而伊利石化作用却需要 K^+ 的参与（王秀平等，2013）。同时，由于高岭石的伊利石化作用比其绿泥石化需要额外的热量（王秀平等，2013），在成岩离子供应充足的情况下，高岭石通常发生绿泥石化。

研究区龙马溪组黑色页岩段高岭石不均匀分布，而伊/蒙混层矿物的大量出现指示出碱性成岩作用的发育。李娟等（2013）认为龙马溪组具有上淡下咸的特点，较高盐度的古水介质由于富含 Fe^{2+}、Mg^{2+} 等离子，促使高岭石提前消失，出现较多的绿泥石；然而，从彭水鹿角剖面（李娟等，2012）、长芯 1 井（陈文玲等，2013）以及此次研究的分析资料来看，绿泥石在垂向上并不随着古盐度的增大而增多，且高岭石和绿泥石之间并无明显

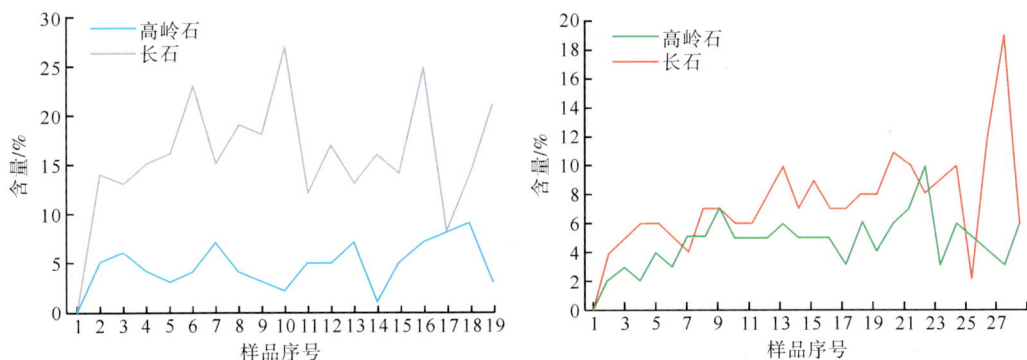

图 4-41　道页 1 井（左）与长芯 1 井（右）高岭石与长石含量对比

Figure 4-41　Content comparation of kaolinite and feldspar in DY1（left）and CX1（right）well

相关性；背散射电镜下，绿泥石呈片状或薄板状，厚度较大，晶体较小且边缘不平直，并常见黑云母蚀变成因的类型（图 4-40D），与黄铁矿共生，具相当高的 Fe^{2+}、Mg^{2+}（表 4-15）。由此推断黏土矿物的绿泥石化作用不发育，这主要是受控于 Fe^{2+}、Mg^{2+} 的含量，次生绿泥石主要来自陆源碎屑蚀变成因。

对比分析发现，同一剖面中五峰组伊利石与伊/蒙混层的平均相对含量分别为 41.9% 与 47%；龙马溪组伊利石与伊/蒙混层的平均相对含量则分别为 31.9% 与 55%。由此可见，随着深度的增加，伊利石含量的增加与伊/蒙混层矿物含量的减少是正相关的，由此可以推断伊利石具有成岩次生类型。根据长石类的热力学特征，钾长石是相对稳定的矿物，而伊利石化作用的发生消耗 K^+，促使钾长石的溶解（王秀平等，2013），研究区龙马溪组泥页岩中钾长石含量明显低于斜长石。说明伊利石化所需的 K^+ 除水介质提供少部分外，主要由钾长石等富钾矿物随深度增加、温度升高溶解提供（李娟等，2012）。因此，伊/蒙混层矿物和部分伊利石为主要的成岩次生矿物，次生伊利石呈不规则叶片状，通常充填在微孔中（图 4-40E）。

利用 X-衍射光谱检测到伊利石含有较高的 K^+ 和 Al_2O_3，相对较低的 SiO_2，而 K^+ 含量超过 6% 时（表 4-15），说明伊利石具有云母蚀变成因类型，背散射电镜下呈长条状（图 4-40F）；伊/蒙混层矿物通常位于孔隙边缘，与次生石英、黄铁矿晶粒以及后期充填的碳酸盐矿物共生，微观形态介于伊利石和蒙皂石（图 4-40G），呈叶片状或鳞片状，边缘呈锯齿状，较弯曲，并出现纤细的丝状突出，似"花瓣状"，分布杂乱而无定向性（张汝藩，1992），具有一定的晶间孔（图 4-40H）；而次生黏土矿物通常沿流体运移通道分布，充填孔隙（图 4-40I）。

表 4-15　川南及邻区龙马溪组黑色岩系黏土矿物组分特征

Table 4-15　Component characteristics of clay minerals of black rocks in Longmaxi Formation in southern Sichuan Basin and its periphery　（单位：%）

样品号	黏土矿物	MgO	Al_2O_3	SiO_2	K_2O	TiO_2	Fe_2O_3	CaO/Na_2O	总量
JKP-B1	伊利石	1.12	26.79	42.40	7.48	0.30	1.44	—	79.53
QLP-B8	伊利石	0.78	26.42	48.39	7.58	0.00	1.60	—	84.76

样品号	黏土矿物	MgO	Al$_2$O$_3$	SiO$_2$	K$_2$O	TiO$_2$	Fe$_2$O$_3$	CaO/Na$_2$O	总量
HCP-B1	伊利石	0.86	28.29	45.50	7.82	0.45	1.07	0.51	83.99
SQP-B6	伊利石	1.39	25.66	45.65	7.52	0.00	2.73	—	82.94
HJDP-B3	伊利石	1.55	29.59	53.12	8.60	0.00	1.82	—	94.67
QGP-B6	绿泥石	4.15	19.73	47.47	2.64	0.00	10.12	—	84.10
XMP-B3	绿泥石	5.60	20.63	49.09	2.52	1.00	18.00	—	96.85
SQP-B4	绿泥石	8.29	22.64	37.03	1.65	0.00	23.32	—	92.93
SQP-B4	伊/蒙混层	2.17	21.79	48.28	5.26	0.47	2.89	0.67	80.86
XMP-B3	伊/蒙混层	1.69	18.18	48.45	4.37	0.58	1.53	2.34	74.81
SQP-B2	伊/蒙混层	1.76	19.35	60.84	6.08	1.00	4.22	—	93.25

综上所述，川南及邻区志留系龙马溪组黏土矿物以陆源碎屑成因为主，并含有一定的成岩次生类型，自生黏土矿物由于缺乏生长空间，含量较少。陆源碎屑成因黏土矿物主要为蒙皂石、伊利石、绿泥石和高岭石，次生成因以伊/蒙混层矿物为主，次为伊利石和少量碎屑蚀变的绿泥石。

2）硅质成因分析

研究区龙马溪组黑色岩系中石英含量较高，大多数学者认为与北美页岩生物成因硅质不同，中国南方志留系龙马溪组石英以陆源输入为主（刘树根等，2011；陈尚斌等，2011曾祥亮等，2011；张春明等，2012；梁超等，2012）；而张正顺等（2013）则认为次生石英的含量较高；秦建中等（2010b）、付小东等（2011）通过对中上扬子地区海相优质烃源岩岩石学、矿物学及生物特征的分析，认为硅质主要为生物成因。石英作为富有机质页岩的重要组分，且为影响页岩脆性的主要矿物之一，其不同成因类型反映了富有机质页岩的不同成因。

硅质表现为颗粒与胶结物两种明显不同的结构，从垂向上来看，有机碳和硅质含量向上减少，而碎屑粉砂向上增加，由此可知有机碳随着粉砂含量的增高而降低；而有机碳含量与硅质呈正比。因此，陆源碎屑石英并非为硅质的主要类型，其所占比例相对较低，研究认为碎屑石英占全部硅质的10%～40%。

硅质胶结表现为微晶石英和片晶状胶结物，含量较高，片晶状胶结物主要形成于蒙皂石的伊利石化过程中（Thyberg and Jahren，2011）。Boles 和 Tranks（1979）认为原岩中含有25%的蒙皂石时，就会产生5%的石英。Kamp（2008）对页岩中的硅质进行了定量研究，在假设铝守恒的前提下，蒙皂石转化为伊利石和伊利石转化为绢云母的过程中，分别释放出17wt%～28wt%与17wt%～23wt%的 SiO$_2$。另外，泥页岩中的石英碎屑，在200℃下可溶蚀产生6%～9%的 SiO$_2$，温度为200～500℃下，可进一步产生10%～15%的 SiO$_2$。所以在埋藏成岩—低变质过程中，黏土矿物转化和硅质碎屑发生溶蚀的泥页岩，可释放出大量的硅质。考虑到长石溶蚀和转化为黏土矿物的过程，及高岭石的伊利石化与绿泥石化作用均可产生一定量的硅质。因此次生石英含量虽不可测量，但理论上来说是泥页岩中不可忽视的重要组分，它不仅影响泥页岩的成岩分析，同时对页岩气储层的孔渗性具有一定的限制。由 Thyberg 和 Janren（2011）给出的上白垩统泥岩中硅质胶结物的特征来看，其含量较高。同时，张正顺等（2013）认为四川盆地志留系龙马溪组页岩的次生石英含量为 15%～80%。根据对黑色岩系中硅质的成分分析，发现其中含有较多的 Al^{3+} 和 K^+，也验证了其次生成因类型。

海洋中的 SiO_2 有 3 种来源：生物硅质介壳和骨骼、来自大陆的母岩风化产物和海底火山喷发沉积物及深层热液物质，其中海洋生物每年产生的 SiO_2 是河流、热液等其他方式注入量的 19.5 倍（赵澄林和朱筱敏，2001）。秦建中等（2010c）认为中国南方海相优质烃源岩（包括志留系龙马溪组）主体矿物的来源主要是底栖的硅质或钙质格架埋藏后形成，南方海相优质烃源岩以生物成因为主。硅质生物发育的海相地层中，硅质生物从海水中直接分解和吸收 SiO_2 后形成生物机体，它们死后 SiO_2 再次进入水溶液中或直接发生沉淀（秦建中等，2010c；付小东等，2011）。研究区龙马溪组为红藻、褐藻和疑源类生物相（梁狄刚等，2009），并识别出硅化的藻类组织（付小东等，2011）及硅质放射虫和硅质海绵骨针等生物（张春明等，2012）。同时，研究区龙马溪组黑色岩系黏土矿物、石英含量与有机质热成熟度无明显的相关性（图 4-42），这与中上扬子古生界海相烃源岩所表现的特征一致（付小东等，2011），说明成岩后期次生硅质含量相对较少，硅质以生物成因或成岩早期的硅质微体化石溶解使沉积物中的 SiO_2 饱和而形成的为主，均与生物作用有关。同时，能谱分析结果显示部分石英团块的 C 元素含量较高（付小东等，2011），也反映其受生物作用的影响。

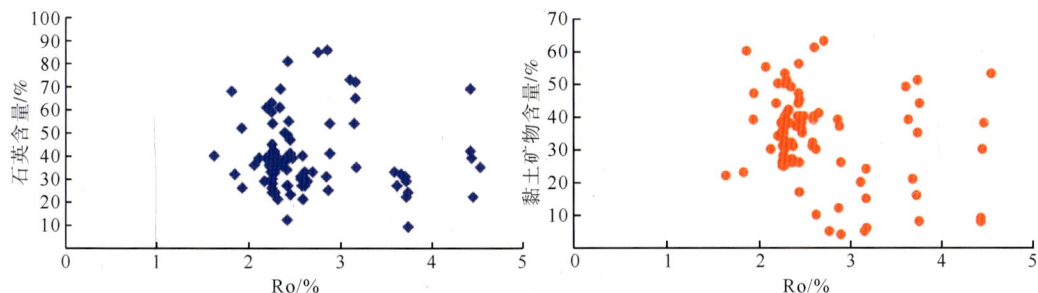

图 4-42　川南及邻区龙马溪组黑色岩系中石英与黏土矿物含量与镜质组反射率（Ro）的关系
Figure 4-42　Relationship between Ro, quartz and clay minerals of black rocks in Longmaxi Formation of southern Sichuan Basin and its periphery

海相沉积背景下，欠补偿的浅水－深水盆地、深水陆棚台内凹陷等沉积环境有利于海相优质烃源岩的形成（秦建中等，2010c），由于这些沉积环境陆源物质输入量少，且水体较深，水体表层生物繁殖，利于海源硅质沉积物的加入，使得主要来自陆源的黏土矿物在沉积过程中被稀释，利于形成硅质型页岩（付小东等，2011）。同时，深水环境中有机质含量高也与陆源碎屑输入量较少有关。如果硅质以陆源碎屑为主，则与盆内深水环境中陆源碎屑输入量不高相悖。

北美页岩中存在碎屑石英、成岩演化过程中生物蛋白石转化和交代成因的石英，但成岩过程中形成的微晶石英含量远远大于碎屑石英粉砂（Bowker，2003；Loucks et al.，2007）。四川盆地龙马溪组页岩与北美 Barnett 页岩的形成地质背景和环境相似，且有机质热演化较 Barnett 页岩高（曾祥亮等，2011），成岩演化程度相对较高。碎屑石英的含量总体上比 Barnett 页岩高，则在较强的热成岩演化过程中形成的次生硅质应较多。但由于研究区有机碳和硅质表现为明显的正相关性，因此，硅质以生物成因为主，其次为成岩次生成因和碎屑成因。

3）碳酸盐矿物的成因

碳酸盐矿物是页岩气研究中极其特殊的岩石组分，既是利于水力压裂的脆性矿物，同时受溶蚀作用又可产生溶蚀孔隙，而作为对有机质吸附能力较弱，并抑制生烃过程的填隙物（姜兰兰等，2009），其沉积、成岩效应及产出状态，对页岩气藏的形成具有不可忽视的影响。研究区碳酸盐矿物主要分布在隆起边缘的潮坪及浅水陆棚环境，这是由于泥页岩在沉积时多含有较高的水分，形成较厚的富水泥质沉积物（程立雪等，2013），同时黔中、雪峰隆起向沉积区提供碎屑量小，有利于碳酸盐自生矿物的形成（刘伟等，2012）。碳酸盐矿物具有较好的亮晶晶形，且部分地区含量很高，可见交代石英、长石等特征。因此，研究区龙马溪组黑色岩系中碳酸盐矿物应存在胶结和交代两种成因。

根据薄片观察结果，首先碳酸盐矿物在同层位的砂岩中以及泥页岩碎屑颗粒聚集的局部微观区域更发育，明显受控于原生粒间孔的发育情况，且碳酸盐胶结物中未见充注的烃类。其次，根据黏土矿物组合的发育特征，说明龙马溪组埋藏成岩过程中水介质具有盐度较高、偏碱性的特点，沉积物反映了较好的原始沉积特征，受水－岩反应较弱，这与早期形成的碳酸盐矿物中溶蚀孔隙不发育且具有碳酸盐交代其他矿物的作用相符。最后，有机碳含量与碳酸盐矿物含量具有明显的负相关性，而后期成岩过程中碳酸盐矿物发生水－岩反应与有机质的生烃演化过程相互影响很小，二者之间的负相关性应受控于相同的形成环境中。综上所述，碳酸盐矿物主要是在大规模生烃之前形成的，即沉积－同生阶段胶结形成，其次为交代成因。

综上所述，川南及邻区龙马溪组黑色岩系中黏土矿物以陆源碎屑成因为主，并含有一定的成岩次生类型，自生成因较少；硅质以生物成因为主，其次为成岩次生类型和碎屑成因；碳酸盐矿物主要为沉积－同生阶段胶结作用的产物，其次为交代成因。三大类矿物组分的成因特征，反映出沉积作用对川南及邻区龙马溪组黑色岩系的重要影响；而有机质的发育情况更多是受控于沉积环境，碳酸盐矿物含量较低的欠补偿、缺氧的深水环境更有利于有机质的保存（张春明等，2012；程立雪等，2013）。正是由于这种沉积对矿物组成和有机质发育特征的共同控制作用，才使矿物组分与有机质丰度具有相关性。

3. 矿物组分的沉积、成岩意义及与页岩气的关系

1）脆性矿物的沉积、成岩意义及与页岩气的关系

根据前述分析可知，硅质作为川南及邻区志留系龙马溪组黑色岩系脆性矿物的最主要组分，具有生物自生成因、成岩次生成因和碎屑成因三种类型，并以第一种为主。其中，碎屑石英颗粒分选较好、磨圆较差，且自隆起区到盆地内呈现含量和粒级递减、分选变好的特征。由此可见，碎屑石英颗粒的含量及结构特征可以反映沉积区距物源区的远近。例如，川西地区的天全大井坪、汉源轿顶山等地区，受近物源区川中古隆起长期剥蚀的影

响，其富有机质页岩比研究区其他地区含有较多的石英粉砂。碎屑颗粒中长石的含量相对较高，而且受成岩过程中较弱的酸性溶蚀作用与较强的黏土矿物转化的影响，相对不稳定的斜长石比钾长石含量高，并广泛分布少量的短柱状白云母，未见碳酸盐和绿泥石等不稳定的碎屑。由此说明，川南及邻区志留系龙马溪组沉积期，陆源碎屑在搬运过程中，大部分不稳定矿物已经完全分解，陆解彻底（张正顺等，2013），导致进入龙马溪组黑色岩系沉积物中的陆源碎屑颗粒相对减少，降低了对其有机质的稀释性。张小龙等（2013）指出，海平面下降导致陆源碎屑物质增加和还原环境一定程度的破坏，是导致龙马溪组上段页岩有机碳含量变低的主要原因。综上所述，靠近盆地中心、距物源区较远且陆源碎屑颗粒含量较少，有利于形成有机质丰度较高的页岩。

自生成因硅质作为硅质矿物的主要类型，主要受控于沉积环境的影响，深水陆棚环境中，表层水体较高的生物生产率造成生物硅质在活性较低的底层水体中逐渐富集。另外，研究区局部地区生物硅质的富集也与上升流有关，例如川西地区的天全大井坪、汉源轿顶山等地区黑色岩系中硅质放射虫大量发育，就主要与上升流有关。古生代扬子板块处于低纬度地区属于热带和亚热带气候，当南极周围富营养盐（硝酸盐和磷酸盐）和 SiO_2 的冷水团从高纬度区沿洋底流向低纬度区时，在适当的大陆块斜坡区便会上升形成上升流，使那里成为高生物生产量区（李双建等，2008）。李双建等（2008）指出，晚奥陶世是全球冰期发育的高峰，上升洋流最为强劲，甚至影响到扬子克拉通的内部，而志留纪时期全球变暖，由温差引起的洋流减弱，洋流影响的范围也大幅度降低，这也就说明了研究区仅在沉积坡度较大的川西地区发育上升流影响形成的富硅质放射虫的页岩。生物硅质与菌藻类有机质均为沉积期的产物，具有相似的成因机制，硅质中以生物硅质为主也验证了硅质与有机碳呈正相关关系，且硅质放射虫发育的地区和层段，生物体腔往往充填有机质，可作为烃类的重要储集空间，利于提高有机质的丰度。川西地区龙马溪组黑色岩系中虽含有相对较多的碎屑粉砂，其黏土矿物含量较低，有机质含量较高，反过来说明了研究区硅质以生物成因为主。由此可见，川南及邻区志留系龙马溪组深水陆棚沉积环境易于形成富生物硅质和有机质的页岩，有利于形成页岩气富集区。

成岩次生硅质与碳酸盐胶结物均为成岩作用的产物，硅质胶结物以片晶状为主，说明其主要形成于黏土矿物转化过程中，结合钾长石受溶蚀作用较强的特征，说明蒙脱石的伊利石化作用发育。碳酸盐胶结物主要形成于沉积—同生阶段，表明沉积水体呈弱碱性的特征，其主要分布在黔中隆起一侧，说明碳酸盐矿物的形成也与陆源区有关。刘伟等（2012）指出汉南古陆和川中隆起暴露时间较长，为稳定剥蚀区，形成了陆源碎屑补给为主的边缘沉积相带，相比之下，黔中—雪峰隆起向沉积区提供的碎屑量少，并有利于碳酸盐自生矿物的形成。烃源岩在生烃演化过程中会形成大量的有机酸，造成长石、碳酸盐等酸性不稳定矿物的大量溶蚀，而龙马溪组黑色岩系中长石含量较高、早期碳酸盐胶结物保存较好，说明成岩流体中酸性介质不发育，结合黏土矿物转化作用的广泛发育和后期交代成因的碳酸盐矿物的产生，说明龙马溪组黑色岩系在成岩过程中，成岩流体主要呈弱碱性。成岩过程中，经历早期强烈压实作用的影响后，在成岩中后期即生烃高峰期，黑色岩系受无机成岩改造较弱。

另外，川南及邻区志留系龙马溪组黑色岩系中广泛发育莓球状黄铁矿集合体，反映出黑色岩系还原的沉积环境，其大量发育的晶间孔可作为良好的储集空间，增强页岩的储集性。

脆性矿物对页岩气的影响主要表现在与有机碳含量的关系和对页岩气水力压裂的效果上。根据岩石矿物组分与有机质的关系分析，沉积水体较深、距物源区较远的深水陆棚沉积环境，硅质碎屑含量较少、生物硅质较发育且碳酸盐自生矿物和碎屑黏土含量相对较少，沉积环境表现为良好的还原环境，有利于形成富有机质页岩。硅质和碳酸盐矿物作为川南及邻区志留系龙马溪组黑色岩系的脆性矿物，二者虽具有不同的成因机制，但均可以提高页岩气储层的脆性，易于形成天然裂缝和诱导裂缝，有利于页岩气的解吸和渗流，并增加游离态页岩气储集空间（Bowker，2007）。综上所述，川南及邻区志留系龙马溪组中脆性矿物含量较高的黑色岩系，有利于形成页岩气富集区。

2）黏土矿物的沉积、成岩意义及与页岩气的关系

（1）黏土矿物的沉积意义。

陆源碎屑成因的黏土矿物通过风和水体的长距离搬运后沉积到海底，此种黏土矿物的组分和特征可以指示源区的古气候和构造背景。古气候是影响蒙皂石和高岭石生成的最主要因素（Daoudi et al.，2008），在陆地风化环境中，蒙皂石和高岭石通常被认为是在湿热—热带环境中经化学风化形成（吴必豪等，1993；隆浩等，2007）。伊利石和绿泥石由沉积岩和变质岩在干冷的环境中物理风化形成（Jeong and Yoon，2001）。袁鹤然等（2007）认为，高岭石＋伊利石（K＋I）黏土矿物组合代表湿润型气候，高岭石＋伊利石＋蒙皂石（K＋I＋S）黏土矿物组合代表半干旱型气候，而伊利石＋绿泥石＋高岭石（极少）（I＋C＋K）型黏土矿物组合往往代表干旱型气候。

川南及邻区志留系龙马溪组黑色富有机质页岩段中，陆源成因黏土矿物为蒙皂石＋伊利石＋绿泥石＋高岭石（S＋I＋C＋K），说明其沉积期为半干旱—干旱气候。碎屑绿泥石往往不稳定，经长期搬运常发生分解，其含量变化可反映陆源区的远近（刘云，1985）。靠近黔中隆起的仁怀中枢龙马溪组剖面中绿泥石的含量为6.23%，而相对靠近盆地中心的长宁地区的长芯1井，其龙马溪组中绿泥石含量为4.91%；相同地，靠近隆起区的彭水鹿角龙马溪组剖面中，绿泥石含量为4.62%（李娟等，2012），而相对靠近盆地中心的道真巴鱼剖面中，龙马溪组绿泥石的含量为3.72%，绿泥石含量的差异表明四川盆地南部及其边缘的物源来自边缘隆起区；并且，高岭石局部存在于靠近黔中隆起的边缘，靠近盆地内部消失，表现了沉积物源搬运和机械分异作用的差异。

研究区龙马溪组黏土矿物以陆源碎屑成因为主，受沉积水体的深度和距物源区的远近影响较大。因此，黏土矿物的类型和含量具有一定的指相意义，含量越高、稳定黏土矿物越多则其沉积水体越深。由此可见，浅海陆棚相对潮坪沉积区黏土矿物含量应较高。而黏土矿物与硅质和碳酸盐矿物作为川南及邻区志留系龙马溪组黑色岩系的主要组分，黏土矿物含量也受后两者含量的影响。通过前面的分析可知，研究区盆地中心及其周围受沉积水体以及气候的影响，其沉积较多的生物硅质，黏土矿物含量相对较低。因此浅海陆棚相中越靠近深水区，黏土矿物含量就越少，其含量通常应低于50%，平均低于30%；黏土矿物含量介于30%～50%的地区通常为浅水陆棚沉积，其沉积水体相对较深，陆源碎屑成因

黏土矿物含量较高，而原生沉积硅质较低；浅海陆棚沉积环境中，黏土矿物组合均以绿泥石＋伊/蒙混层＋伊利石（C＋I/S＋I）为主。而靠近古隆起，陆源碎屑含量较高，使得黏土矿物含量低于 30%，为海陆过渡相沉积，黏土矿物组合以高岭石＋绿泥石＋伊/蒙混层＋伊利石（K＋C＋I/S＋I）为主，由此可见，黏土矿物的分布与沉积环境具有明显的相关性，整体呈现低－高－低的特征。

（2）黏土矿物的成岩意义。

① 黏土矿物反映成岩水体特征。陆源碎屑成因的黏土矿物，在成岩过程中受成岩环境中水介质的影响，发生成岩变化。根据黏土矿物的转化特征，可以反演成岩流体的性质以及盆地的演化特征。川南及邻区龙马溪组黑色富有机质页岩中，以绿泥石＋伊利石＋伊/蒙混层（有序）型（C＋I＋I/S）黏土矿物组合最为发育，伊利石与伊/蒙混层矿物含量最高，缺乏高岭石，极少见蒙皂石，表明龙马溪组埋藏成岩过程中水介质具有盐度较高、偏碱性、富 K^+ 的特点。川西地区龙马溪组泥页岩中伊利石含量最高，钾长石含量很少，反映了川西地区龙马溪组的水介质盐度比其他地区更高，更趋于碱性，伊利石化作用最发育。

② 次生黏土矿物反映成岩组分。伊利石与伊/蒙混层矿物作为黏土矿物的主要成分，其含量与石英呈明显的负相关（图 4-43A），说明石英主要是以碎屑搬运成因为主；而伊利石与伊/蒙混层的相对含量却与石英具有近似正相关性（图 4-43B），黏土矿物中此两种矿物的含量越高则石英含量越高。成岩过程中，长石、蒙皂石的伊利石化作用能释放出一定量的 SiO_2（式 4-1 和式 4-2）（王秀平等，2013），由此说明石英不仅具有陆源成因，还有一部分来自成岩过程中长石蚀变与黏土矿物的转化。张正顺等（2013）对四川盆地长宁双河地区龙马溪组岩石特征和矿物组成进行了详细研究，认为石英具有碎屑石英和次生石英两种类型，并且次生石英含量为 15%～80%，从垂向上看，从底部向顶部石英含量明显减少。由于硅酸离子半径大，不易扩散（郑瑞林，1986），因此黏土矿物转化产生的硅质，通常原地重结晶形成微显晶质细粒石英夹杂在黏土矿物中（图 4-40B）。次生石英的存在虽可降低黏土矿物中的微孔隙，不利于页岩气的储集性（刘立等，2012），然而次生石英作为脆性矿物却可以有效地增强页岩气的压裂效果，有利于页岩气的开发。

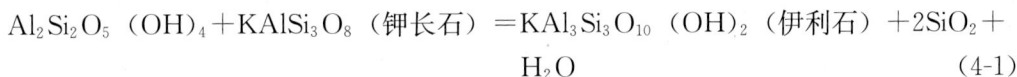

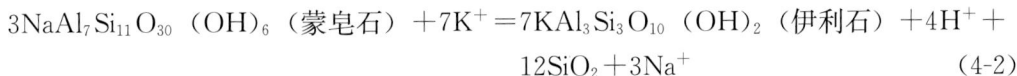

$$Al_2Si_2O_5（OH）_4＋KAlSi_3O_8（钾长石）＝KAl_3Si_3O_{10}（OH）_2（伊利石）＋2SiO_2＋$$
$$H_2O \tag{4-1}$$

$$3NaAl_7Si_{11}O_{30}（OH）_6（蒙皂石）＋7K^+＝7KAl_3Si_3O_{10}（OH）_2（伊利石）＋4H^+＋$$
$$12SiO_2＋3Na^+ \tag{4-2}$$

③ 黏土矿物对成岩演化的指示。页岩气成藏与成熟度关系密切，某些标志性的黏土矿物演化及组合可作为表征成岩作用阶段及其成熟度的指标（陈尚斌等，2011），并可以指示其盆地的演化特征（O'Brien and Slatt，1990；Merriman，2005）。按照黏土矿物类型和组合特征，与有机质的成熟度相对比，对沉积盆地的演化进行综合划分（图 4-44）。黏土矿物组合特征及有序伊/蒙混层矿物的大量出现，说明研究区龙马溪组至少已经进入中成岩阶段。其有机质的镜质体反射率主要为 1.63%～2.46%，平均为 2.23%，说明烃源岩成熟度已达高成熟－过成熟阶段（王庆波等，2012；黄金亮等，2012）。因此，研究区龙马溪组黑色富有机质页岩，成岩演化已达到晚成岩阶段，烃类演化至干气阶段，有助于

页岩气藏的形成。

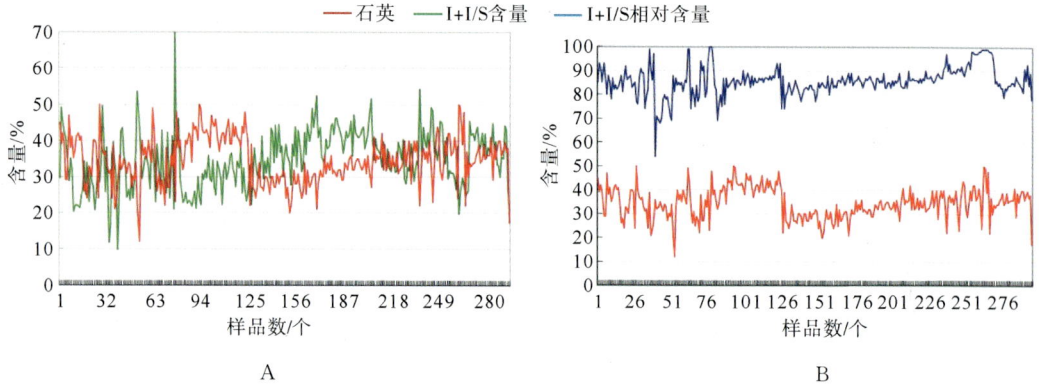

A. 伊利石＋伊/蒙混层矿物（I＋I/S）与石英呈负相关
B. 伊利石＋伊/蒙混层（I＋I/S）相对含量与石英呈近似正相关

图 4-43　川南及邻区志留系龙马溪组黑色岩系伊利石＋伊/蒙混层矿物含量（I＋I/S）与石英的关系

Figure 4-43　Content relationship between I/S and quartz in balck rocks of Longmaxi Formation in southern Sichuan Basin and its periphery

盆地成熟度	黏土矿物来源	黏土矿物组合特征	烃类成熟阶段	伊利石结晶度	镜质体反射率/%	成烃阶段	成岩阶段
未成熟	自生＋继承性	蒙脱石＋高岭石＋伊利石＋绿泥石	未成熟	～1.0	0.5 0.7 1.3	生物气 重质—轻质油阶段 湿气阶段	早成岩阶段 中成岩A期 中成岩B期
成熟	自生＋继承性＋次生	高岭石＋伊/蒙混层＋伊利石＋绿泥石 伊/蒙混层＋伊利石＋绿泥石	成熟 高成熟				
过成熟或低变质	继承性＋次生	伊利石＋绿泥石	过成熟早期 过成熟晚期 变质期	0.42 0.3 0.25	2.0 2.5 3.0 4.0	干气阶段 干气阶段 生烃终止	晚成岩阶段 变质阶段

图 4-44　黏土矿物与盆地演化等指标的关系（Merriman，2005，有修改）

Figure 4-44　Relationship among clay mineral and other indicators of basin maturity (modified from Merriman，2005)

（3）黏土矿物与页岩气的关系。

黏土矿物作为泥页岩最主要的成分之一，其分布、成因和成岩演化特征对页岩气藏的形成具有一定的影响，在某些程度上可以指导页岩气的勘探和开发。一般而言，铁镁质岩石类型的蒙脱石黏土和火山起源的黏土，在钻井和水力压裂时都存在黏土膨胀问题，气体采收率差；高岭石和花岗岩类的伊利石对钻井和清水压裂液的负面影响最小（张卫东等，2011）。研究区龙马溪组黑色富有机质页岩的黏土矿物以伊利石和伊/蒙混层为主，吸水膨胀性强的蒙脱石含量很少，对页岩气的采收影响较小。龙马溪组黑色富有机质页岩的烃类已演化至干气阶段，同时具有地层厚度大、有机碳含量高等特点，具备形成页岩气的气源条件（牟传龙等，2011；左中航等，2012；王庆波等，2012），因此储集空间是决定有利页岩气藏形成的关键因素。龙马溪组页岩气储层具有低孔、特低渗的特征，黏土矿物层间孔为最主要的储集空间之一（王庆波等，2012；王玉满等，2012）。

在相同的成岩环境中，伊利石化作用发育，而绿泥石化作用不发育，说明成岩流体中缺乏 Fe^{2+}、Mg^{2+}，可能是在成岩早期，受强烈成岩作用的影响，储层中的孔渗性变差，流体运移受限，水—岩反应不强烈。同时，龙马溪早期沉积速率较低，利于形成有利烃源岩，而龙马溪晚期沉积速率快速增加（张春明等，2012），使得龙马溪组富有机质页岩段沉积物，受上覆地层的重力影响，在成岩早期就发生了强烈、快速的压实作用，造成页岩气储层中的原生孔隙几近完全丧失。因此，龙马溪组富有机质页岩在成岩早期的快速致密使得成岩流体的活动性受限，造成高岭石、长石等酸性易溶矿物在生烃过程中受到有机酸的作用较弱，溶蚀次生孔隙很少。

呈絮状体的陆源碎屑黏土矿物中含有丰富的纳米—微米孔隙，研究区呈絮状体的黏土矿物受成岩压实较强，具有较好的定向性，但仍保留了一定的原生孔隙（图 4-40A、B），提供了一定的页岩气储集空间。絮状体的出现表明海相环境中大量黏土矿物远距离悬浮沉积的特征，而含有高岭石的地区距物源区较近，沉积水体较浅，富孔的絮状体发育较少，限制了成岩流体的运移，使得高岭石保存下来。另外，含有高岭石的地区往往属于黏土含量大于 30% 的海陆过渡沉积环境，不利于形成黑色富有机质的页岩。

随着地层埋深增加、地温增高和地层水逐渐变为碱性，黏土矿物发生脱水转化而析出大量层间水，在层间形成微裂隙（王玉满等，2012）。同时，黏土矿物脱水转化形成的伊/蒙混层矿物通常具有一定的晶间孔，可增加泥页岩中的次生孔隙。由此可知，研究区在陆源碎屑成因黏土矿物含量较高的背景下，伊/蒙混层含量较高的地区有利于页岩气储层的发育。考虑到深水沉积环境有助于黑色富有机质页岩的发育，并且黏土矿物含量的增加有助于增加页岩气的吸附量，却不利于开发过程中压裂改造的气体扩散（左中航等，2012）；同时，受埋藏深度的影响，越靠近沉积中心，孔隙度越小（聂海宽和张金川，2012）。因此，黏土含量介于 30%～50%、高岭石不发育、伊/蒙混层矿物含量较高的浅水陆棚沉积区域，应为页岩气的较有利区；而黏土含量较高的浅水陆棚沉积为主的区域，由于黑色富有机质页岩发育，含有较高的有机碳和有机质微孔隙，应为页岩气的次级较有利区。

根据黏土矿物对页岩气的影响，并与有机碳的展布特征相叠合，位于盆地中心的宜宾—江津—涪陵呈北东—南西向展布的区域为深水陆棚沉积物，黏土含量小于 40%，硅质含量较高，富含有机质，储集空间以有机质微孔为主，全部为页岩气有利区。渝东南地区的綦江—武隆—彭水一带、黔西—滇北地区的雷波—筠连—兴文—仁怀—桐梓近东西向展布的一带以及研究区西北部的峨边西河地区也为页岩气有利勘探区，有机碳含量大于 2%，黏土矿物组合以绿泥石＋伊利石＋伊/蒙混层（C＋I/S＋I）为主，黏土含量为 30%～50%，其中，渝东南地区的綦江—武隆—彭水一带伊/蒙混层矿物相对含量最高，应为相对最有利区。

4. 矿物组分对页岩气有利区的评价

1）评价方法

李延钧等（2013）认为龙马溪组页岩中硅质含量下限应达到35%，从而使页岩具有较好的脆性，以利于裂缝的形成和后期页岩储层的改造。川南及邻区志留系龙马溪组黑色岩系整体表现为硅质型页岩，具备良好的水力压裂条件。

有机质含量往往与页岩气的生气率和吸附气量呈正比（王社教等，2009；王庆波等，2012），并影响页岩气储集空间的发育（Jarvie et al.，2005b），而黑色岩系的矿物组分与有机质的发育特征具有一定的相关性，因此，黑色岩系的矿物组分分析可以作为判断其成烃潜力和页岩气有利勘探区的间接手段之一。在利用矿物组分对页岩气有利区块进行预测时，应以沉积相和有机质分布特征为基础，脆性矿物选取石英与碳酸盐矿物，并与黏土矿物的分布特征相结合，作为矿物组分判断有机质发育特征的三个重要因素。平面上，分别求取每个采样点石英、黏土矿物以及碳酸盐矿物含量的平均值，并与其有机碳含量相对比，划定合理的评价标准，绘制石英、碳酸盐矿物与黏土矿物含量的平面展布图，在有机碳含量等值线图的基础上，叠合后划分出矿物组分页岩类型，最后给出有利烃源岩分布区，以此作为页岩气有利区评价的一个方面。

2）矿物组分分布特征

研究区不同采样点黑色岩系的厚度、有机碳含量及石英、黏土矿物和碳酸盐矿物的分布特征在不同的地区差别较大（图4-39，表4-16）。例如四川汉源轿顶山剖面明显的发育硅质型页岩，而云南金阳基各剖面则以碳酸盐质型页岩为主，后者的有机碳含量明显低于前者。由石英、黏土矿物与碳酸盐矿物的平面展布特征可知，平面上，石英与碳酸盐矿物的含量具有很好的负相关性，石英含量低于30%的区域与碳酸盐矿物含量超过30%的区域基本吻合，此分布区位于隆起的边缘，有机碳含量通常低于1%，属于潮坪和泥灰质浅水陆棚沉积环境；碳酸盐矿物含量低于10%的界限与石英含量超过50%的界限几乎完全吻合，分布区主要位于浅海陆棚的深水陆棚沉积区，有机碳含量通常在3%以上。黔中隆起的北部地区，远离隆起区，黏土矿物含量逐渐增高，石英含量以30%等值线为界，向北快速增高至50%以上，碳酸盐矿物也近似以此线为界，向北大幅度降低至25%以下，甚至低于10%。由此可见，川南及邻区龙马溪组黑色岩系作为发育硅质型页岩为主的富有机质地层，在平面上，其碳酸盐矿物和黏土矿物含量是决定其有机质发育的重要因素，前者更为突出。

表4-16 研究区不同采样点龙马溪组黑色岩系的矿物组分及 TOC 特征

Table 4-16 **Characteristics of mineral components and TOC of black rocks in Longmaxi Formation in different sampling sites of the study area**

采样位置	样品数/个	石英含量/%	黏土矿物含量/%	碳酸盐矿物含量/%	TOC含量/%	有利区类型
四川汉源轿顶山	9	41~86 68	4~26 13	0~52 16	1.18~3.97 2.73	IV

采样位置	样品数/个	石英含量/%	黏土矿物含量/%	碳酸盐矿物含量/%	TOC 含量/%	有利区类型
云南金阳基各	3	21~27 23.7	10~39 30.5	38~63 46.7	0.3~1.89 0.84	非有利区
长芯 1 井	44	22~74 43.6	6~50 31.2	0~59 22.3	2.41~8.1 4.46	III
道页 1 井	12	43~79 56.4	19~47 33.3	0~7 1.8	2.21~7.02 3.42	I_1
重庆石柱漆辽	3	38~48 43	38~49 43.5	0 0	1.73~6.63 3.63	I_5

在垂向上，龙马溪组随着沉积水体变浅，石英含量减少，而黏土矿物和碳酸盐矿物含量增多（图 4-39）（陈尚斌等，2011；张正顺等，2013）。同沉积的盆地中心，由于沉积水体相对较深，大量海源硅质沉积物的加入，使得主要来自陆源的黏土矿物在沉积过程中被稀释，形成硅质型页岩或碳酸盐质型页岩（付小东等，2011）。张春明等（2012）、刘伟等（2012）通过对上扬子地区龙马溪组的研究，认为龙马溪组早期的沉积中心位于泸州—永川、石柱—彭水地区，沉积中心的有机碳含量最高，富有机质页岩厚度也最大。根据矿物组分的发育特征，沉积中心应含有较多的石英，平均含量在 30% 以上，碳酸盐矿物含量最少，硅质型页岩较发育。

3）矿物组分对页岩气有利区的初步预测

此次研究中，划分有利烃源岩矿物组分的基本评价标准为：石英平均大于 30%，黏土矿物平均小于 50%，碳酸盐矿物平均小于 30%，在此范围内，黑色岩系以发育硅质型页岩为主，其次为黏土质型页岩，碳酸盐质型页岩不发育。龙马溪组富有机质泥页岩中脆性矿物组成和含量及富有机质泥页岩的厚度与富集区，受古地理格局的控制，与所处沉积区位置和物源区提供碎屑沉积物能力有关（刘伟等，2012）。

以沉积相和有机碳含量展布图为基础，首先根据碳酸盐矿物的含量来划分，从绥江向东北方向开口至石柱的广阔地区为页岩气的较为有利区，碳酸盐质型页岩不发育，其碳酸盐矿物、黏土矿物与石英的平均含量分别为小于 10%、小于 50% 与大于 50%，且位于沉积中心及其边缘地区，有机碳含量较高，大多超过 2%（图 4-45）。其中，分布区中心处的宜宾—江津地区（I_1）及其外侧的绥江—水富地区、赤水—綦江、涪陵—忠县和武隆—彭水地区（I_2）（图 4-39E 贵州道真巴鱼剖面，表 4-16），其黏土矿物平均含量分别小于 30% 和 30%~40%，有机碳含量多超过 3%，分别为最为有利和次级有利的地区；宜宾—江津地区（I_1）处于盆地中心，缺少地表资料，而黄金亮等（2012）研究认为其中隆昌—永川地区的富有机质页岩发育，有机碳含量超过 3%，且脆性矿物含量较高，地层具异常高压特征，有利于页岩气的形成与保存，为页岩气的有利区，由此可以验证。除 I_1 与 I_2 有利分布区之外的地区（I_3），黏土矿物含量较高，其平均含量主要为 40%~50%，虽发育较多的黏土质型页岩，然而有机碳平均含量也多在 3% 以上，并含有较多的脆性矿物，也为页岩气有利分布区。

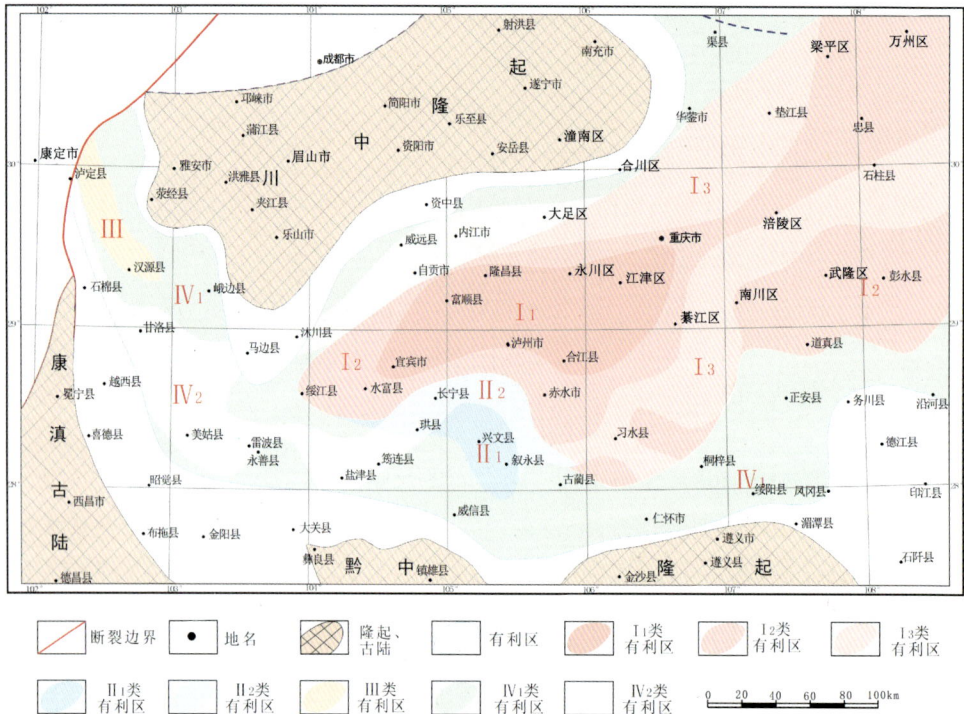

图 4-45　川南及邻区龙马溪组矿物组分对页岩气有利区预测图

Figure 4-45　Evaluation map of development favorable areas for shale gas of
Longmaxi Formation in southern Sichuan Basin and its periphery

长宁—叙永地区（Ⅱ）为次级有利的地区，有机碳含量大多超过 2%，碳酸盐质型页岩开始发育，石英与黏土矿物的平均含量分别为大于 50% 与 30%～50%，碳酸岩矿物含量平均为 10%～30%（图 4-39C，表 4-16 长芯 1 井），该区一口龙马溪组页岩气试验井压裂后日产万方天然气并稳产，证实该区具有良好的勘探前景（黄金亮等，2012）；根据黏土矿物含量的不同，分别划分为兴文—叙永（Ⅱ₁）和珙县—长宁（Ⅱ₂）两个次级分布区，前者黏土矿物含量较低（平均低于 40%），后者较高（平均超过 40%）。

另一较为有利的地区为泸定—汉源地区（Ⅲ）（图 4-39A，表 4-16 四川汉源轿顶山），其有机碳含量较高，大于 3%，且石英含量大于 50%，碳酸盐矿物不均匀分布，而黏土矿物含量较低，通常小于 30%，平均约 15%，较低的黏土矿物含量对页岩吸附天然气的能力是一个不利因素（Ross and Bustin，2008；付小东等，2011），页岩气藏的发育有限。金阳—大关地区及隆起边缘的潮坪沉积相区（图 4-39B，表 4-16 云南金阳基各），为碳酸岩质型页岩发育区，是页岩气的非有利区，其碳酸盐平均含量大于 40%，石英与黏土矿物的平均含量均小于 30%，不利于页岩气的赋存，有机碳含量通常小于 1%。

介于有利区与非有利区之间的浅水陆棚沉积区（Ⅳ），其石英含量为 30%～50%、黏土矿物含量为 30%～50%、碳酸盐矿物为 10%～40%，也为较有利区，富有机质页岩厚度相对较薄，有机碳含量大多超过 2%。以黏土矿物含量（40%）为界，分别划分为甘洛—盐津—筠连、威远—大足（Ⅳ₁）和威信—仁怀—正安、华蓥—渠县（Ⅳ₂）两个次级分布区。矿物组分作为对页岩气有利区评价的一个方面，应结合沉积微相、储层特征、成岩作用等方面对页岩气藏的影响，对页岩气有利区进行综合评价。

4.4.6 本节小结

川南及邻区志留系龙马溪组黑色岩系矿物组分主要为石英（42.32%）、长石（钾长石2.37%、斜长石6.47%）和少量的云母；黄铁矿广泛分布（1.41%），黏土矿物和碳酸盐矿物平均含量分别为30.29%与16.81%，碳酸盐矿物包括方解石和白云石。黏土矿物主要为伊利石、伊/蒙混层、绿泥石和少量的高岭石，蒙皂石很少。不同地区龙马溪组黑色岩系中的黏土矿物组分基本相似，含量存在差别。黏土矿物组合以绿泥石＋伊/蒙混层＋伊利石（C＋I/S＋I）为主，其次为高岭石＋绿泥石＋伊/蒙混层＋伊利石（K＋C＋I/S＋I）组合，其分布具有一定的分带性。根据研究区矿物组分的发育情况，将黑色岩系划分为硅质型页岩（石英＋长石等的含量大于50%，黏土矿物含量小于40%，碳酸盐矿物含量小于30%）、黏土质型页岩（石英＋长石等的含量小于50%，黏土矿物含量大于40%，碳酸盐矿物含量小于30%）和碳酸盐质型页岩（碳酸盐矿物含量大于30%），川南及邻区龙马溪组黑色岩系以硅质型页岩为主。研究区龙马溪组下段黑色岩系的硅质类（石英＋长石等）脆性矿物含量较高，其含量主要在50%以上，局部地区低于30%；碳酸盐矿物含量分布不均匀，其平均含量主要在10%以下，局部富集，其含量超过30%；越靠近盆地中心硅质类（石英＋长石等）脆性矿物含量越高，碳酸盐矿物含量越低，碳酸盐矿物含量与硅质类脆性矿物的含量具有此消彼长的关系，这可能是共同受沉积环境的影响所致。盆地中心处，越靠近深水区，黏土矿物含量是相对有所减少的，黏土矿物的分布与沉积环境也具有明显的相关性，整体呈现低—高—低的特征。

川南及邻区不同有机质含量的黑色岩系其矿物组分及其含量具有一定的差别。由此可见，川南及邻区龙马溪组黑色岩系的岩石组分对其有机碳含量具有一定的影响，总体来说，硅质型页岩的有机质含量最高，其次为黏土质型页岩，碳酸盐质型页岩有机质含量最低。根据矿物组分结构、含量及与有机质的关系可知，石英以生物成因为主，其次为次生成因和碎屑成因，而非国内大多数学者所认为的碎屑成因为主；碳酸盐矿物主要为形成于沉积—同生阶段的自生类型，其次为次生交代成因；黏土矿物以陆源碎屑成因为主，其次为次生成因，自生成因较少。矿物的成因特征说明，川南及邻区龙马溪组黑色岩系的发育受沉积作用的影响较强，正是由于这种沉积对矿物组成和有机质发育特征的共同控制作用，造成了矿物组分与有机质丰度的相关性。平面上，研究区有利黑色岩系矿物组分的基本评价标准为：硅质类（石英＋长石等）脆性矿物含量平均大于30%，黏土矿物含量平均小于50%，碳酸盐矿物含量则平均小于30%。以沉积相和有机碳含量展布图为基础，首先根据碳酸盐矿物的含量来划分，从绥江向东北方向开口至石柱的广阔地区为页岩气的较为有利区。其中，分布区中心处的宜宾—江津地区（I_1）及其外侧的绥江—水富地区、赤水—綦江、涪陵—忠县和武隆—彭水地区（I_2）分别为最为有利和次级有利的地区；长宁—叙永地区（II）为次级有利的地区，分别划分为兴文—叙永（II_1）和珙县—长宁（II_2）两个次级分布区。另一较为有利的地区为泸定—汉源地区（III），其较低的黏土矿物含量，对页岩吸附天然气的能力是一个不利因素，页岩气藏的发育有限。金阳—大关地区及隆起边缘的潮坪沉积相区为碳酸岩质型页岩发育区，是页岩气的非有利区。介于有利区与非有利区之间的浅水陆棚沉积区（Ⅳ），其黏土质型页岩相对较发育，也为页岩气的较有利区，富有机质页岩厚度相对较薄，以黏土矿物含量（40%）为界，分别划分为甘洛—盐津—筠连、威远—大足（Ⅳ₁）和威信—仁怀—正安、华蓥—渠县（Ⅳ₂）两个次级分布区。矿物组分作为对页岩气有利区评价的一个方面，应结合沉积微相、储层特征、成岩作用等方面对页岩气藏的影响，对页岩气有利区进行综合评价。

4.5 储集空间及物性特征

4.5.1 储层物性特征

根据前人的研究，龙马溪组黑色页岩的孔隙度、渗透率及孔隙类型与北美页岩相似，四川盆地及其周缘地区志留系龙马溪组黑色岩系储层的孔隙度主要介于 $0.22\%\sim12.75\%$，孔隙度超过 2% 的占 80% 以上（黄金亮等，2012；聂海宽等，2012b；陈尚斌等，2013；郭彤楼和刘若冰，2013），渗透率很小，一般介于 $0.00025\times10^{-3}\sim1.737\times10^{-3}\mu m^2$，平均为 $0.422\times10^{-3}\mu m^2$（黄金亮等，2012）。此次主要采用压汞手段对川南及邻区志留系龙马溪组黑色岩系物性进行分析，其孔隙度与前人研究相差不大，主要介于 $2\%\sim10\%$，渗透率一般较小，主要介于 $0.001\times10^{-3}\sim0.05\times10^{-3}\mu m^2$，局部裂缝发育的地区渗透率可达 $24.6\times10^{-3}\mu m^2$（表 4-17）。野外露头样品与岩心样品表现为明显的物性差异，岩心样品中孔隙度均较小，介于 $0.2\%\sim1.71\%$，而露头样品中孔隙度均大于 2%，渗透率相差不大，这很可能是由于地表样品受现代表生作用影响造成的。这也进一步验证了，Clarkson 等（2013）运用低角度和极低角度中子扫描（SANS 和 USANS）、低压吸附（N_2 与 CO_2）和高压压汞技术对北美页岩气储层的孔隙结构进行研究后，提出的孔隙度是由孔隙大小决定的这一观点。由于压汞分析检测的物性下限为 3nm，压汞分析不能检测孔隙体积的微孔隙，因此，研究对部分剖面的样品分别采用 Ultrapore-200A 氦孔隙仪与 UL-TRA-PERMTM200 渗透率仪对其黑色岩系进行物性分析（表 4-18），结果显示黑色岩系的渗透率相对有所增加，而孔隙度相差不大，由此可见微孔对页岩储层孔隙度贡献不大。总的来说，川南及邻区志留系龙马溪组黑色岩系储层表现为低孔、超低渗的致密特征。

表 4-17　川南及邻区志留系龙马溪组黑色岩系部分样品储层物性特征（压汞分析）

Table 4-17　Reservoir property of parts of black rocks samples of Longmaxi Formation in southern Sichuan Basin and its periphery by mercury intrusion analysis

样品号	岩性	孔隙度/%	渗透率/($\times10^{-3}\mu m^2$)	样品号	岩性	孔隙度/%	渗透率/($\times10^{-3}\mu m^2$)
DY1-2	钙质页岩	1.17	2.4600	SHP7-CH5	钙质炭质页岩	4.64	0.0016
DY1-6	钙质页岩	1.46	0.6000	SHP8-CH6	炭质硅质页岩	9.53	0.0155
DY1-9	含碳页岩	1.18	3.3200	SHP9-CH7	炭质页岩	6.25	0.0044
DY1-16	炭质页岩	0.84	—	SHP9-CH8	炭质页岩	6.45	0.0395

续表

样品号	岩性	孔隙度/%	渗透率/($\times10^{-3}\mu m^2$)	样品号	岩性	孔隙度/%	渗透率/($\times10^{-3}\mu m^2$)
DY1-23	炭质页岩	1.27	0.6890	SHP12-CH9	含钙粉砂质页岩	8.11	0.0095
DY1-25	炭质页岩	1.52	—	SHP14-CH10	粉砂质页岩	13.09	0.0059
63-CH3	粉砂质页岩	0.60	0.0200	SHP17-CH11	含粉砂炭质页岩	5.50	0.0025
145-CH5	含碳页岩	0.30	0.0100	SHP2-BC1	炭质硅质页岩	5.69	0.0014
214-CH15	含碳页岩	0.40	0.0200	SHP4-BC2	泥质粉砂岩	2.69	0.0015
251-CH22	含碳页岩	0.50	0.0400	SHP5-BC3	泥质粉砂岩	8.17	0.0025
350-CH37	炭质页岩	1.00	0.0100	SHP6-BC4	炭质页岩	12.48	2.0496
355-CH40	含钙炭质页岩	0.20	0.0100	SHP7-BC5	钙质炭质页岩	6.54	0.0012
JDP17-CH10	含粉砂炭质页岩	7.60	0.0400	SHP8-BC6	炭质硅质页岩	9.60	0.0117
JDP16-CH9	含粉砂炭质页岩	7.40	0.0200	SHP9-BC7	炭质页岩	5.44	0.0032
JDP15-CH8	含粉砂炭质页岩	6.60	0.0200	SHP9-BC8	炭质页岩	6.57	0.0028
JDP12-CH7	含粉砂炭质页岩	8.90	0.0300	SHP12-BC9	含钙粉砂质页岩	9.41	0.0022
JDP11-CH6	炭质页岩	4.80	0.0100	SHP14-BC10	粉砂质页岩	7.50	0.0420
JDP8-CH5	含粉砂炭质页岩	9.00	0.0300	MCP8-CH2	炭质页岩	8.40	0.0300
JDP7-CH4	含粉砂炭质页岩	11.00	0.0500	MCP5-CH1	炭质页岩	4.80	0.0200
JDP6-CH3	含粉砂炭质页岩	9.90	0.1000	MNP3-CH2	含钙炭质页岩	18.23	0.0155
SHP2-CH1	炭质硅质页岩	6.87	0.0018	MNP5-CH3	含钙炭质页岩	6.63	0.0012
SHP4-CH2	泥质粉砂岩	3.86	0.0015	MNP7-CH4	含钙炭质页岩	6.99	0.0021
SHP5-CH3	泥质粉砂岩	5.51	0.0021	DPP4-CH1	炭质页岩	8.96	0.0066
SHP6-CH4	炭质页岩	11.71	0.0061	DPP4-CH2	炭质页岩	19.05	0.0513
HYP3-CH2	炭质页岩	4.00	0.0013	LMRP1-BC1	炭质页岩	6.82	0.3778

表 4-18　川南及邻区志留系龙马溪组黑色岩系部分样品储层物性特征（非压汞分析）

Table 4-18　Reservoir property of parts of black rocks samples of Longmaxi Formation in southern Sichuan Basin and its periphery by other analysis

序号	样品编号	岩性	孔隙度/%	渗透率/（$\times10^{-3}\mu m^2$）
1	DZP-CH1	含炭质硅质页岩	6.9	<0.04
2	DZP-CH2	含钙粉砂岩	2.2	<0.04
3	DZP-CH3	炭质页岩	4.4	<0.04
4	DZP-CH4	含粉砂炭质页岩	5.2	0.91
5	DZP-CH5	含粉砂质页岩	9.9	0.67
6	DZP-CH6	含粉砂炭质页岩	5.2	0.1
7	DZP-CH7	含粉砂炭质页岩	5.0	<0.04
8	DZP-CH8	含钙含碳页岩	2.7	<0.04

4.5.2　储集空间类型

根据国际理论与应用化学联合会的分类标准，孔隙直径小于 2nm 的称为微孔隙（micropores），2～50nm 的为中孔隙（mesopores），大于 50nm 的为宏孔隙（macropores）（IUPAC，1994）。根据对孔隙的成因分析，Loucks 等（2009，2012）与 Slatt 和 O'Brien（2011b）分别发现其主要的孔隙为有机质生烃演化形成的粒内孔和粒间孔、莓球状黄铁矿晶间孔、絮状矿物的粒间孔、矿物和碎屑颗粒的粒内溶孔以及微裂缝等。本研究依据于炳松（2013）提出的页岩气储层孔隙分类方案，将川南及邻区龙马溪组下段黑色岩系中孔隙类型划分为两大类，共十种类型（表 4-19）。

表 4-19　川南及邻区志留系龙马溪组黑色岩系储层孔隙分类表（于炳松，2013，有修改）

Table 4-19　Classification of reservoir pore on black rocks samples from Longmaxi Formation in southern Sichuan Basin and its periphery（modified from Yu，2013）

分类依据与类别	孔隙产状与类别			成因	孔隙特征
	大类	类	亚类		
孔隙类型	岩石基质孔	矿物基质孔	粒间孔隙	粒间骨架孔	颗粒堆积形成的粒间孔隙	宏孔隙（>50nm）；形态复杂，一般微米级，连通性较好
				晶间孔隙	晶体间的孔隙	宏孔隙（>50nm）、中孔隙（2～50nm）；发育较少，连通性很差
				凝絮成因孔	黏土矿物堆积形成的孔隙	微孔隙（<2nm）、中孔隙（2～50nm）；较发育，连通性较好
				刚性颗粒边缘溶孔	溶蚀作用形成的颗粒边缘溶孔	微孔隙（<2nm）、中孔隙（2～50nm）；较发育，连通性较差
			粒内孔隙	集合体中的晶间孔隙	黄铁矿等集合体中的晶间孔	微孔隙（<2nm）、中孔隙（2～50nm）为主；较发育，连通性较差
				黏土矿物层间孔隙	片状黏土矿物层间微孔隙	微孔隙（<2nm）、中孔隙（2～50nm）为主；较发育，连通性不好
				粒内溶蚀孔	溶蚀作用产生的粒内孔隙	微孔隙（<2nm）、中孔隙（2～50nm）、宏孔隙（>50nm）均有；发育较少，连通性不好
		有机质孔隙		化石体腔孔	有机生物体内软体组织腐烂溶蚀之后形成的	微孔隙（<2nm）、中孔隙（2～50nm）为主；发育较少，连通性不好
				有机质生烃孔	有机质生烃作用造成的	中孔隙（2～50nm）、宏孔隙（>50nm）为主；较发育，连通性不好
	裂缝			构造缝	局部构造作用形成的或与局部构造作用相伴而生的裂缝	通常为毫米级，局部发育，连通性较好
				微裂缝	成岩作用形成的裂缝和有机质演化形成的异常压力缝等	微孔隙（<2nm）、中孔隙（2～50nm）、宏孔隙（>50nm）均有；较发育，连通性不好

1. 粒间孔隙

1）粒间骨架孔

粒间骨架孔主要是由石英、长石等刚性矿物颗粒支撑形成的孔隙，以微米级为主。同常规的碎屑岩一样，在沉积-成岩过程中，石英、长石等碎屑颗粒之间相互支撑和叠置，彼此接触时会形成具有不规则形状的孔隙；同时，在质软的和塑性的黏土矿物、云母等矿物与硬的和脆性的各种颗粒间，由于物理特征差异也存在粒间骨架孔，粒间骨架孔在浅埋藏沉积物中比较丰富且通常连通性好，形成有效的（可渗透的）孔隙网络。而随着埋深增加、上覆压力和成岩作用的加强而不断演化，粒间孔隙水逐渐排出，颗粒趋于致密排列，塑性颗粒可发生变形而封闭粒间孔隙空间并挤入孔隙吼道，造成原生粒间孔的大量降低。因此在较老和埋藏较深的细粒沉积岩中，粒间骨架孔隙由于压实作用而显著降低。

粒间骨架孔多呈三角形，它们被认为是经压实和胶结作用的刚性颗粒之间的残余孔隙空间（图 4-46A、B）。质软的片状黏土矿物在与上述颗粒接触时，随着成岩过程中压实作用的加强，由于彼此存在硬度差异，黏土矿物可发生塑性变形，在与脆性矿物接触的边缘形成一定的支撑孔，多呈线状产出（图 4-46C、D）。泥页岩中的各种碎屑颗粒堆积形成的孔隙，孔隙直径从几百纳米到几十微米不等，长度在 $1\mu m$ 以内，但可以从 50nm 到几毫米形态复杂，连通性较好，是游离气主要的赋存场所和渗流通道。粒间孔隙不仅仅是因压实作用而降低或破坏，还受颗粒如石英、方解石和长石等周边的胶结作用影响。但在细粒沉积岩中，石英、长石等脆性矿物多以分散状镶嵌于黏土矿物与有机质中，大多不能形成颗粒支撑，因此粒间骨架孔残余较少，主要存在于少量的脆性矿物颗粒或脆性颗粒与黏土矿物之间。川南及邻区志留系龙马溪组黑色岩系中粒间骨架孔隙的分布相对稀少，且除了局部以外，碎屑颗粒几乎均显示优势的定向性。

2）晶间孔隙

自生的方解石、白云石和自生的硅质胶结物间发育的孔隙，以及与石英、长石等脆性矿物颗粒间形成的孔隙，孔隙结构与矿物晶形和脆性矿物颗粒的形状有关，可见三角形、多边形和长条形，大小为大于 50nm 的宏孔类型，多为 $1\sim5\mu m$（图 4-46E）。此种类型的孔隙不发育，主要是受早期压实作用的影响，造成原生孔隙的大量、快速降低，早期形成的碳酸盐胶结物多以泥晶集合体存在，后期形成的胶结物由于生长空间不足，多与泥质和黏土矿物等伴生，很难发育较好的晶间孔隙。

3）凝絮成因孔

由于细粒沉积岩中黏土矿物含量较高，且根据黏土矿物的分析，川南及邻区龙马溪组下段黑色岩系中黏土矿物以陆源碎屑成因为主，因此黏土矿物凝絮成因孔较发育。在黏土矿物凝絮团的内部往往形成网格状或条带状的孔隙，这就是凝絮成因孔（图 4-46F）。O'Brien 和 Slatt 在 1990 年报道了一些古代具微层理构造页岩中絮状黏土矿物的实例，但是无法解释这些开放的孔隙是如何经过数亿年的埋藏和成岩作用后仍被保存下来的（O'Brien and Slatt，1990）。尽管对于凝絮成因孔的解释仍然存在疑问，但是絮状黏土矿物中的这类孔隙提供了大于甲烷分子 3.8nm 直径的孔隙，这些孔隙彼此连通可以形成渗透通道。因此，细粒沉积岩中，这种保留了开放的或部分崩塌的絮状体的存在可以被认为是黏土片之间粒间孔隙存在的场所。川南及邻区志留系龙马溪组黑色岩系黏土矿物凝絮成因孔广泛发育，尤其是在黏土矿物局部富集的部位发育较好，且具有一定的连通性，可作为页岩气不可忽视的储集空间之一。

4）刚性颗粒边缘溶蚀孔

川南及邻区龙马溪组下段黑色岩系中富含长石等铝硅酸盐矿物，在有机质生烃演化过程中，形成大量的有机酸充填孔隙或流经孔隙，在酸性介质中往往会发生长石等铝硅酸盐矿物的溶蚀。但由于细粒沉积物在早期成岩过程中受强烈的压实作用影响，碎屑颗粒与黏土矿物间往往致密接触（图4-46G），且原沉积水体呈弱碱性和生烃过程的持续进行造成酸性介质与长石等接触时间较短，酸性溶蚀作用不是很发育，往往在颗粒的边缘发生溶蚀形成不规则的溶蚀孔隙，且多被有机质或黏土矿物等充填（图4-46H、I）。在成岩早期和后期，成岩流体均表现为一定的弱碱性，这就造成了石英等碱性不稳定矿物的溶蚀，由于石英溶蚀作用的发生需要一定的热力学条件，因此，往往表现为成岩后期石英颗粒的边缘溶蚀孔隙较发育。此种孔隙多呈不规则的长条状，连通性较差，发育较少。

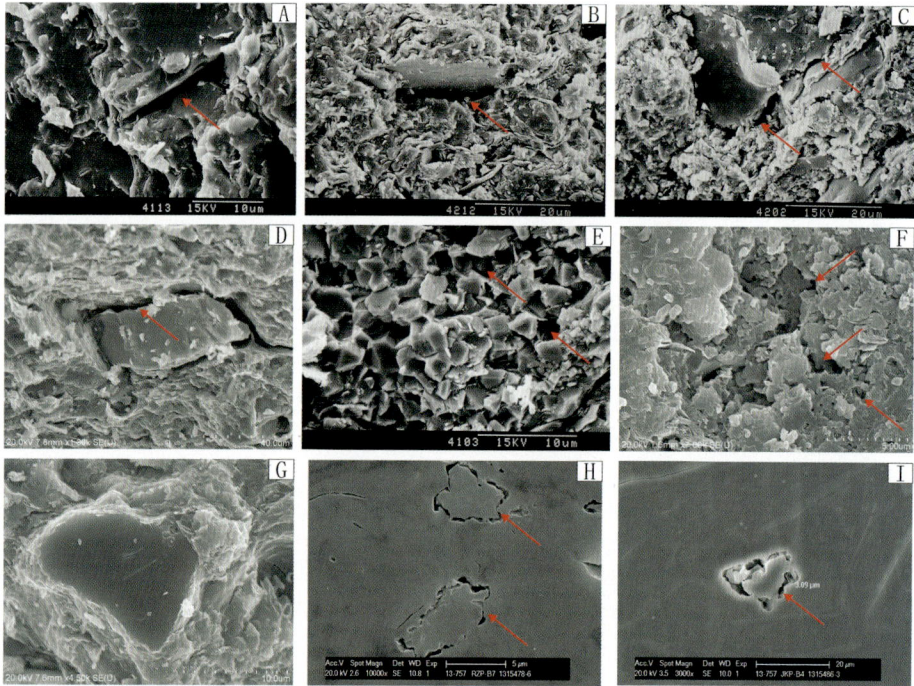

A. 刚性颗粒间的孔隙，呈不规则长条状，DY1-S53；B. 刚性颗粒与泥质之间的孔隙，受颗粒支撑形成，DY1-S99；C. 刚性颗粒与黏土矿物之间的孔隙，形态与颗粒外形相似，DY1-S97；D. 刚性颗粒与黏土矿物之间的孔隙，形态与颗粒外形相似，筇连；E. 晶粒状方解石之间的孔隙，DY1-S47；F. 黏土矿物凝絮成因孔，筇连；G. 碎屑颗粒被黏土矿物致密包裹，筇连；H. 长石颗粒边缘溶蚀孔，仁怀中枢；I. 长石颗粒边缘溶蚀孔，武隆江口

图4-46　川南及邻区志留系龙马溪组黑色岩系粒间孔隙特征

Figure 4-46　Characteristics of intergranular pores in black rocks from Longmaxi Formation in southern Sichuan Basin and its periphery

粒间孔隙中，粒间骨架孔、凝絮成因孔均为原生孔隙，晶间孔隙和刚性颗粒边缘溶蚀孔隙则为成岩过程中形成的次生孔隙，原生孔隙相对较发育。

2. 粒内孔隙

1) 集合体中的晶间孔隙

此种孔隙主要集中在黄铁矿晶粒集合体中。川南及邻区志留系龙马溪组黑色岩系中黄铁矿普遍发育，除部分呈分散状分布外，主要呈莓球状集合体发育，这些莓球状集合体直径为几微米到几十微米，内部由许多大小较均一的黄铁矿晶粒组成，这些黄铁矿晶粒间往往存在一定数量的微米到纳米级孔隙（图 4-47A、B），连通性较差；黄铁矿集合体发生氧化后，则形成较规则的圆形、椭圆形的孔隙（图 4-47C）。

2) 黏土矿物层间孔隙

随着地层埋深增加、古地温逐渐增加以及成岩流体表现为碱性，黏土矿物发生脱水转化而同时析出大量的层间水，形成层间微裂缝。川南及邻区龙马溪组黑色岩系黏土矿物转化主要包括蒙脱石→伊/蒙混层→伊利石的转化过程，高岭石的绿泥石化作用不发育。次生片状的黏土矿物形成不规则的集合体，晶体片层之间往往发育细长条状的几纳米到几十纳米的孔隙（图 4-47D～F）。因此，黏土矿物层间孔隙较发育，但一般体积较小，数量较多，表面积较大，连通性不是很好，具有很强的吸附性，可为天然气提供较好的吸附场所。

3) 粒内溶蚀孔

粒内溶蚀孔的成因机制与粒间孔隙中的刚性颗粒边缘溶蚀孔的形成一样，均与成岩流体的特征相关。在川南及邻区龙马溪组黑色岩系中可观察到长石、方解石、白云石和石英颗粒的粒内溶蚀孔（图 4-47G、H），以最后一种相对较发育，这主要与碱性成岩流体较发育有关。在野外露头样品中，可见大量的长石粒内溶孔甚至是铸模孔发育（图 4-47I），其孔径均达几微米，陈尚斌等（2013）、冉波等（2013）均在野外露头样品中观察到了丰富的长石粒内溶孔、溶蚀铸模孔，此种类型在岩心样品中发育较少，王玉满等（2012）指出上述不稳定矿物溶蚀微孔隙在部分露头（如石柱、秀山等）样品中多见，发现样次达 14次，电镜显示溶蚀孔隙直径可达 $2\sim10\mu m$，在井下样品中较少见到此类孔隙，偶尔可见孤立的粒内溶孔（发现样次仅 4 次）。而泥页岩埋藏过程孔隙度演化与预测模型探讨指出，总体看，有机酸的生成以及相应的溶蚀作用对总孔隙的影响不大，对泥页岩孔隙度增加贡献比预想的小，原因是泥页岩内的孔隙比常规储层内的孔隙小，且渗透率差，流体交换不明显，溶蚀作用、交代作用等成岩作用不如常规储层内强烈（郭秋麟等，2013）。同时，根据汪吉林等（2013）所取的钻探岩心资料分析和龙鹏宇等（2012）对渝页 1 井、郭彤楼和刘若冰（2013）对焦页 1 井的分析（159 件样品，孔径介于 3.8～36nm，含少量溶蚀孔隙和粒间孔隙），结合本研究观察道页 1 井的岩心资料分析，川南及邻区志留系龙马溪组黑色岩系中，溶蚀作用造成的粒内溶蚀孔隙并不发育，且连通性很差，对储层的贡献很小。

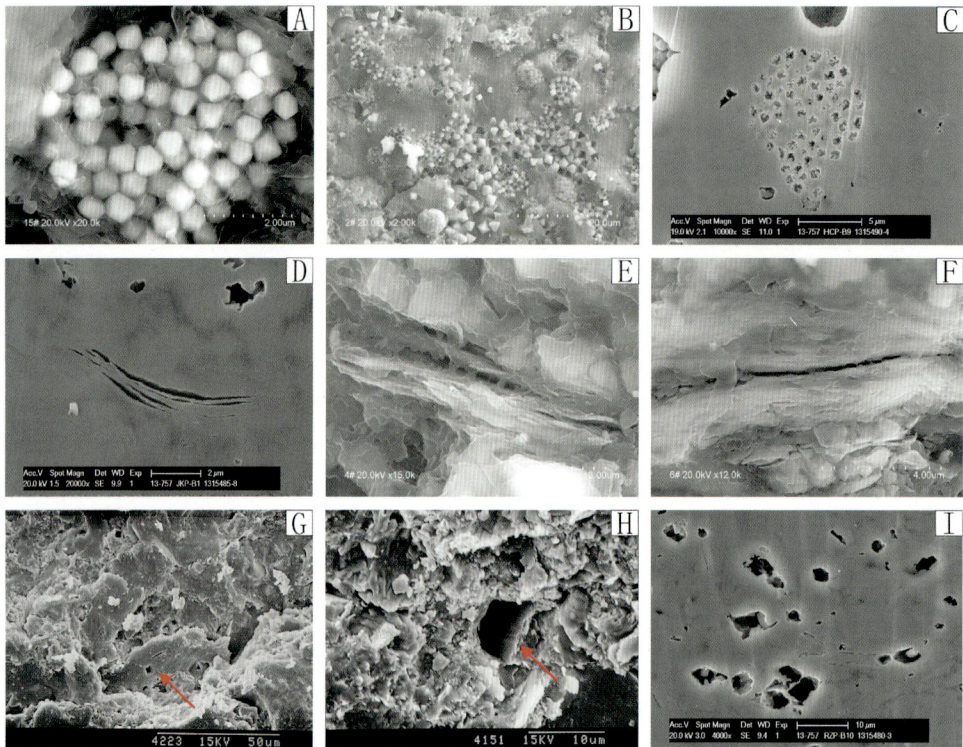

A. 黄铁矿集合体晶间孔，綦江观音桥；B. 黄铁矿晶粒，晶间孔发育以及溶蚀形成铸模孔，叙永麻城；C. 黄铁矿氧化残余孔，武隆黄草；D. 黏土矿物层间微孔隙，武隆江口；E. 黏土矿物层间微孔隙，武隆黄草；F. 黏土矿物层间微孔隙，武隆黄草；G. 长石粒内溶蚀孔隙，DY1；H. 溶蚀铸模孔，DY1；I. 长石溶蚀形成铸模孔，仁怀中枢

图 4-47　川南及邻区志留系龙马溪组黑色岩系粒内孔隙特征

Figure 4-47　Characteristics of intragranular pore in black rocks from Longmaxi Formation in southern Sichuan Basin and its periphery

3. 有机质孔隙

有机质孔主要是指与生物有关的孔隙和有机质生烃演化过程中产生的孔隙。该类孔隙一般相对较小，多为纳米级的中孔隙和宏孔隙，表面积较大，局部富集分布的特征，具有一定的连通性，是大量吸附气储集的空间。

1）化石体腔孔

化石体腔孔是由岩石中保存下来的有机化石物质，后期埋藏成岩时受地下温度、压力升高的影响，体内软体组织腐烂溶蚀之后形成的孔隙。本研究在龙马溪组黑色岩系中观察到了少量的硅藻化石孔，这种硅藻外壳由坚硬的非晶质硅组成，内部有机质腐烂形成许多规则排列的看似筛状的小圆孔，这些纳米级的小孔之间具有很好的连通性，但是和外界孔隙连通性不好（图 4-48A）。另外，可见硅质放射虫等生物化石中的体腔孔，孔径最大可达毫米级，且多被黑色有机质或泥质充填（图 4-48B），由于硅质放射虫不均匀分布，因此，此种孔隙类型不是很发育，五峰组相对龙马溪组硅质放射虫含量较高，可能为五峰组较有利的一类孔隙。

2) 有机质生烃孔

研究区内有机质主要呈分散状分布，局部地区呈条带状。在扫描电镜下观察到，川南及邻区龙马溪组黑色岩系中有机质内部产生大量蜂窝状的纳米级孔隙（图 4-48C～F），这些孔隙是随着有机质热演化程度的进行，在有机质内部裂解生烃残留形成的。通常其形成、分布和大小与有机质的丰度、类型和演化程度有关（黄振凯等，2013）。研究表明，只有当有机质的热成熟水平达到约 0.6% 或以上时，有机质孔隙才开始发育，而这正是生油高峰的开始（Dow，1977）。随着热演化程度增高，有机质生烃后会形成更多的微孔隙，孔径也会相应增大。一个有机质团块内部可含有几百到几千个纳米孔，这些微孔隙大多为不规则的圆形或椭圆形，极大地提高了页岩的吸附能力。有机质生烃孔不仅是吸附气和游离气重要的储集空间，同时也是页岩储集空间的一大特色和重要组成部分（王玉满等，2012）。

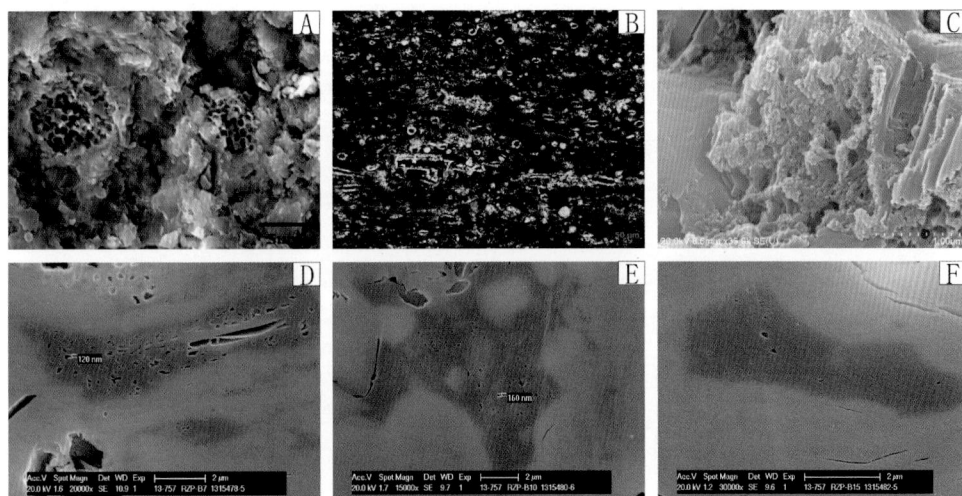

A. 硅藻化石孔，石柱漆辽；B. 硅质放射虫发育体腔孔，天全大井坪；C. 有机质生烃孔，长宁；D. 有机质生烃孔，呈椭圆形和长条状，仁怀中枢；E. 颗粒间的有机质集合体呈不规则状，发育椭圆状的有机质生烃孔，仁怀中枢；F. 块状有机质，发育少量有机质生烃孔，仁怀中枢

图 4-48　川南及邻区志留系龙马溪组黑色岩系有机质孔隙特征

Figure 4-48　Characteristics of organic matter intragranular pores in black rocks from Longmaxi Formation in southern Sichuan Basin and its periphery

4. 裂缝

1) 构造缝

构造缝是指由于局部构造作用所形成或与局部构造作用相伴而生的裂缝，主要为与断层和褶曲有关的裂缝，其方向、分布和形成均与局部构造的形成和发展有关（吴元燕等，2005；李琦等，2005）。构造缝在川南及邻区志留系龙马溪组中较常见，是主要的裂缝类型，井下岩心普遍发育水平层理缝和高角度构造缝，多处见裂缝集中段，单条裂缝最长可达 1.5～2m，缝宽最大达几厘米，多被方解石充填。根据力学性质的差异，又可分为张性

缝、剪性缝和挤压性缝3种（吴元燕等，2005）。构造缝是龙马溪组地层在长期埋藏演化过程中受构造作用影响造成的，对页岩气的保存十分不利，不能作为储集空间，早期形成的构造微裂缝可能成为渗流通道。川南及邻区志留系龙马溪组下段黑色岩系中可见两期形成构造缝。早期裂缝以高角度—垂直缝较为发育，缝面总体平直，方解石充填，宽度为0.5～2mm；后期裂缝高角度、低角度均可见，泥质充填或未充填，见滑动擦痕及煤镜质光泽（图4-49）。

A. 斜交裂缝，发育擦痕，DY1；B. 高角度裂缝，未充填，DY1；C. 高角度裂缝，方解石充填，DY1

图4-49　川南及邻区志留系龙马溪组构造缝特征

Figure 4-49　Tectonic seam features of Longmaxi Formation in southern Sichuan Basin and its periphery

综上可知，方解石充填裂缝在研究区比较发育，野外露头、井下岩心及显微镜下中均可见。这类裂缝多为完全充填，方解石或黄铁矿晶间孔提供的储、渗意义不大，常规测试表明物性较差。碳泥质充填裂缝见缝面镜质光泽，并有滑动擦痕。这类裂缝多为后期构造控制，裂缝提供了油气运移的通道，对页岩气储、渗具有一定的意义。

2）微裂缝

川南及邻区志留系龙马溪组细粒沉积岩中微裂缝不仅为页岩气提供了充足的储集空间与运移通道，更重要的是利于页岩气的后期开发（龙鹏宇等，2012）。通常这些微裂缝是在成岩过程中形成的，区别于宏观构造成因缝，规模较小。这些微裂缝的宽度一般不超过0.5μm，为甲烷分子的渗流提供了充足的空间。成岩过程中，由于岩石体积收缩而体积减小形成的与层面近于平行的裂缝，形成这些裂缝的主要原因是干缩作用、脱水作用、矿物相变或热力收缩作用，与构造作用无关（吴元燕等，2005；李琦等，2005）。成岩收缩缝在页岩层与水平层理泥灰岩的泥质夹层中常见，延伸长度不大但连通性较好，张开度变化较大，部分被充填（图4-50A～D）。一般在沉积时硅质含量高的细粒沉积岩，在成岩过程中由于化学变化而发生收缩作用，从而形成广泛分布的成岩收缩缝（张金功和袁政文，2002）。有机质演化异常压力缝是指有机质演化过程中产生局部异常压力造成岩石破裂而形成的裂缝（吴元燕等，2005），在富有机质页岩段普遍发育，缝面不规则，不成组系性，多充填有机质（图4-50E、F）。

总体来看，有机质孔隙和黏土矿物层间孔隙是川南及邻区志留系龙马溪组下段黑色岩系基质孔隙的主要贡献者，微裂缝则提供主要的渗流通道。

4.5.3　储集空间发育特征影响因素分析

已有研究初步认为，赋存于中—微孔隙中的页岩气主要以吸附态存在，而赋存于宏孔

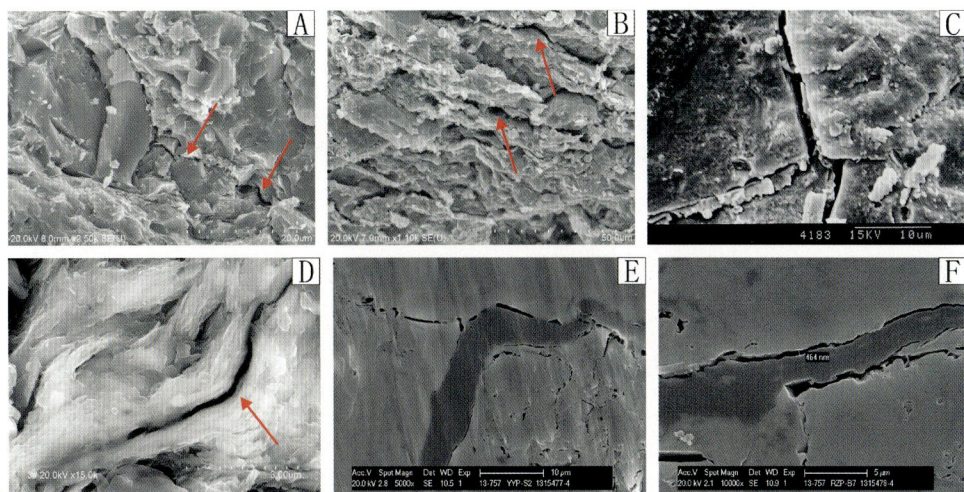

A. 延颗粒边缘分布的微裂缝，筠连；B. 黏土矿物集合体间收缩缝，筠连；C. 颗粒间微裂缝，DY1；D. 黏土矿物集合体间收缩缝，石柱漆辽；E. 有机质与颗粒间的微裂缝，盐津银厂坝；F. 有机质与颗粒间的微裂缝，仁怀中枢

图 4-50　川南及邻区志留系龙马溪组黑色岩系微裂缝特征

Figure 4-50　Microfracture characteristics of black rocks in Longmaxi Formation in southern Sichuan Basin and its periphery

隙和微裂缝中的页岩气则主要以游离气存在（Daniel et al.，2009）。细粒泥页岩的一个显著特点是孔隙结构细小，主体以微孔隙和中孔隙为主，这也决定了页岩气的赋存状态以吸附作用为主（武景淑等，2013）。武景淑等（2013）指出渝页 1 井样品中的孔隙孔径为 3.51～6.76nm，中值半径为 1.75～3.38nm，平均为 2.26nm，中孔为主，中孔体积占总体积的 70% 左右，微孔隙和宏孔隙体积分别为 10% 和 20% 左右。陈尚斌等（2012）认为川南龙马溪组泥页岩孔隙体积中，以中孔体积为主，微孔体积次之，宏孔体积最小，中孔隙提供了主要的孔隙体积空间，微孔和中孔则提供了主要的孔比表面积。川南及邻区志留系龙马溪组黑色岩系以发育有机质孔隙和黏土矿物层间微孔隙为主，表现为孔径小于 50nm 的中、微孔特征，进一步验证了其页岩气以吸附气为主。

根据川南及邻区志留系龙马溪组黑色岩系中孔隙类型的发育特征，其储集空间的发育主要受矿物成分、岩相类型、有机碳类型和含量和有机质成熟度及成岩作用的影响（梁超等，2012）。

影响孔隙结构的因素很多，沉积环境和成岩作用演化决定的物质成分是根本原因（陈尚斌等，2013），泥页岩的成岩作用和原始组分应作为储层评价时考虑的因素（Ross and Bustin，2007）。脆性矿物主要与粒间骨架孔、溶蚀孔隙和晶间孔隙有关，主要表现为宏孔特征；黏土矿物主要形成凝絮成因孔和层间微孔隙，均为小于 50nm 的孔隙。因此，石英含量与微孔隙体积和中孔体积有一定负相关性，与宏孔体积有一定正相关性，说明陆源碎屑含量的增加有利于宏孔体积的增加；黏土矿物含量与孔隙体积的关系与石英正好相反，黏土矿物含量与微孔体积和中孔体积具有正相关性，并且与中孔体积相关性良好，与宏孔体积具有负相关性，说明黏土矿物含量对微孔体积和中孔体积具有控制作用，并且对中孔体积的控制作用更加明显（于炳松，2013；武景淑等，2013）。陈尚斌等（2013）指出，有机碳含量和脆性矿物含量均对孔隙的形成有积极意义，而黏土矿物相反，且黏土矿物的影响程度比有机碳含量和脆性矿物含量的影响要小一个数量级。有机碳含量微小增大会使孔隙度增加较大幅度，若脆性矿物含量增加，会使构造作用形成的微裂隙容易延伸且页岩更容易破碎，使半封闭及封闭孔成为开放孔。尽管黏土矿物在成岩过程中和矿物转化中也能形成大量的无机孔，但至少目前的研究结果表明，这类孔隙对页岩孔隙度所起的贡献作用不大，未来在勘探阶段也不易考虑高黏土区。

有机孔作为页岩气主要的储集空间，其形成与存在除了与自身的有机碳含量有关外，还受到热成熟度的影响。有机碳含量的影响程度是脆性矿物影响程度的 4 倍多，表明有机碳含量是泥页岩中对孔隙影响最为关键和显著的因素。有机碳含量是控制龙马溪组页岩气储层中纳米孔隙体积及其比表面积的主要内因，也是提供页岩气主要储存空间的重要物质（陈尚斌等，2012）。渝东南地区下志留统龙马溪组 TOC 与总孔隙体积呈正相关，样品中孔隙体积以中孔为主，所以其与中孔体积的正相关性最强，拟合度最高，与微孔体积、宏孔体积也呈一定程度的正相关。在一定的 TOC 下，尤其是在 TOC 小于 1.0％时，随着黏土矿物含量的增加，微孔体积和中孔体积在一定程度上增加，宏孔体积变化不明显；当 TOC 大于 1.0％时，孔隙体积主要受 TOC 的控制（据内部资料，2012）。Mastalerz 等（2013）指出孔隙度与有机质和矿物组分有直接关系，而成熟度是影响有机质和矿物组分的主要因素。有机质成熟度较高时和高成熟度有机碳含量都与宏孔隙体积呈正相关，这可能与高成熟度有机质纳米级显微缝的发育导致宏孔体积增加有关（武景淑等，2013）。另外，脆性矿物石英、方解石等的存在有利于微裂隙的形成，其含量的大小决定了微裂隙的数量多少（汪吉林等，2013）。

总体来说，川南及邻区志留系龙马溪组黑色岩系储集空间的发育特征主要受矿物组分和有机质含量及其演化程度的影响。含较多黏土矿物的富有机质泥页岩，在达到高－过成熟度的演化过程中，孔隙度大量减少，中孔、宏孔逐渐减少，微孔逐渐增多（Chalmers et al.，2012），形成以有机质微孔隙和黏土矿物层间孔为主的储集空间，二者均为成岩作用的产物。同时，有机质生烃作用和烃类运移造成有机质的转化，此转化作用是造成孔隙度变化和不同的关键因素（Mastalerz et al.，2013），因此，孔隙的演化过程主要与成岩作用相关。

4.5.4　本节小结

川南及邻区志留系龙马溪组黑色岩系储层表现为低孔、超低渗的致密特征。发育的孔隙类型主要有粒间孔（粒间骨架孔、凝絮成因孔、晶间孔与刚性矿物颗粒边缘溶孔）、粒内孔（黏土矿物层间微孔、粒内溶孔等）、有机质孔隙和微裂缝，其中，有机质孔隙和黏土矿物层间孔隙是川南及邻区志留系龙马溪组下段黑色岩系基质孔隙的主要贡献者，微裂缝则提供主要的渗流通道。因此，研究区黑色岩系储集空间的发育特征主要受矿物组分和有机质含量及其演化程度的影响，孔隙的演化特征主要与成岩作用有关。

4.6　成岩作用研究

4.6.1　成岩作用类型及成岩矿物

相对常规碎屑岩储层,页岩气地层同时作为烃源岩和储层,其成岩作用较复杂。在埋藏成岩过程中,页岩气地层经历了无机和有机成岩作用的共同改造,无机作用主要为压实作用、胶结作用、溶蚀作用和交代作用,有机成岩为有机质的生烃演化作用,二者密不可分、相互影响。

1. 压实作用

压实作用最明显的结果是沉积物体积缩小和发生排水、脱水作用。细粒沉积物沉积后,处于软泥状态,其原始孔隙度大于 50%,孔隙中饱含自由水,随着埋深的增加,在上覆水体和沉积物负荷的重压下,沉积物质点将重新排列、变形或破裂,孔隙水不断排出,原始细粒沉积物孔隙度大大降低,体积缩小,最后被压实固结成岩。细粒沉积物中富含黏土矿物且碎屑粒度较小,抗压实能力很弱,在同生-早成岩阶段,受上覆水体和沉积物的影响,云母、有机质等呈定向分布,成层性好(图 4-51),碎屑颗粒含量高的部分抗压实能力较强,碎屑颗粒与泥质之间呈凹凸接触(图 4-51E),粒度较大且质软的云母等成分发生明显的挤压变形(图 4-51F)。在压实作用下,泥页岩中的细粒沉积物在早成岩期发生第一阶段的快速脱水,使得孔隙水和过量的层间水大量减少(姜在兴,2003)。

2. 胶结作用

胶结作用主要包括硅质胶结、碳酸盐胶结和黄铁矿的形成。硅质胶结表现为微晶石英和片晶状胶结物,微晶石英呈隐晶质与黏土矿物、有机质共生(图 4-52A),其成因与蒙脱石在热力作用下(70～90℃)脱去层间水有关,此过程也可看作是蒙脱石的溶解过程(Thyberg and Jahren,2011),发生在早成岩 B 期。片晶状硅质胶结物为微晶石英集合体,在填隙物中呈斑点状不均匀分布(图 4-52B),其形成于蒙脱石、高岭石在热力作用下持续脱去层间水的过程中(90～100℃以上)(Thyberg and Jahren,2011),即伊/蒙无序混层→有序混层→非混层的伊利石转化过程中。黏土矿物的转化作用所产生的硅质相当多(Thyberg and Jahren,2011),Boles 和 Franks(1979)认为原岩中含有 25% 的蒙脱石时,就会产生 5% 的石英,考虑到高岭石的伊利石化和绿泥石化作用以及长石的高岭石化过程均可产生一定量的硅质,因此,次生石英含量虽不可测量,但理论上来说是泥页岩中不可忽视的重要组分,其不仅影响泥页岩的成岩分析,同时对页岩储层的物性具有一定的限制。根据对黑色岩系中硅质的成分分析结果,发现含有较多的 Al^{3+} 和 K^+(表 4-20),验证了其次生成因特征。硅质胶结物在偏光显微镜下难以分辨,在背散射电镜下,根据其不含有碎屑石英颗粒明显的颗粒边界和较均一的表面(图 4-52C),与石英颗粒区分。

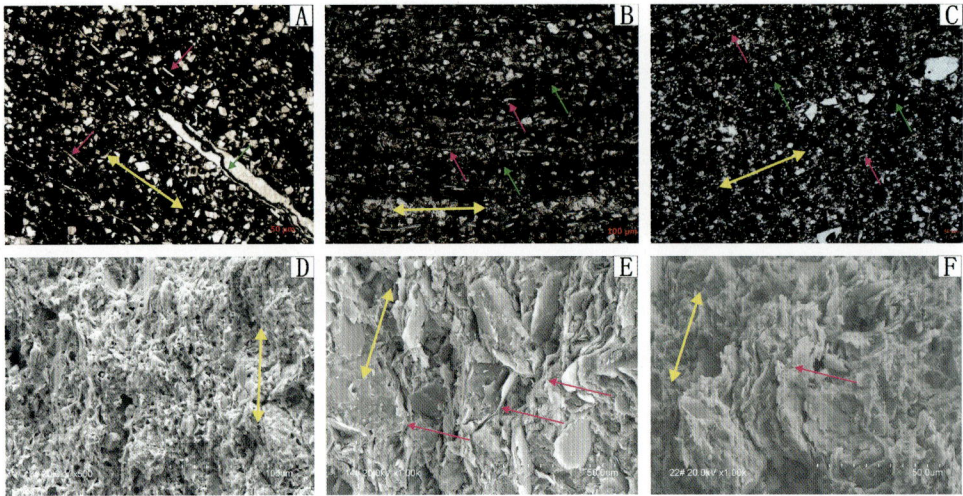

A. 含粉砂炭质页岩，云母呈短柱状（橘红色箭头），具定向排列，可见有机质充填裂缝（绿色箭头），峨边西河，单偏光；B. 含粉砂钙质炭质页岩，云母呈短柱状（橘红色箭头），有机质与泥质共生（绿色箭头），古蔺铁索桥，单偏光；C. 含粉砂钙质炭质页岩，云母（橘红色箭头）、有机质（绿色箭头）和泥质呈定向排列，汉源轿顶山，单偏光；D. 黏土矿物呈定向排列，仁怀中枢；E. 黏土矿物呈定向排列，与碎屑颗粒凹凸接触（橘红色箭头），仁怀中枢；F. 叶片状黏土矿物集合体呈弯曲状（橘红色箭头），盐津银场坝

图 4-51 川南及邻区龙马溪组黑色岩系机械压实作用

Figure 4-51　Compaction of black rocks in Longmaxi Formation in southern Sichuan Basin and its periphery

表 4-20　川南及邻区龙马溪组下段黑色岩系硅质矿物组分特征

Table 4-20　**Mineral composition of quartz in black rocks of Lower Longmaxi Formation in southern Sichuan Basin and its periphery** （单位:%）

品号	样品名称	SiO_2	Al_2O_3	Fe_2O_3	FeO	CaO	MgO	K_2O	Na_2O	TiO_2
HCP-B12	硅质	97.87	1.51	—	—	—	—	0.53	—	—
HJDP-B3	硅质	91.69	3.04	—	—	—	—	0.81	—	—
XMP-B7	硅质	92.86	1.93	—	—	—	—	0.48	—	—

　　次生成因黏土矿物以伊/蒙有序混层矿物为主，其次为伊利石和少量碎屑蚀变的绿泥石，高岭石、蒙脱石和大量绿泥石及部分伊利石均为陆源碎屑成因。黏土质胶结物的形成与硅质胶结物紧密相关，均为黏土矿物转化过程的产物，同时产生晶间孔和黏土矿物层间微孔隙。受同生－早成岩阶段压实作用的影响，孔隙水大量减少，硅质、黏土矿物原地胶结，且常共生（图 4-52A）。

　　研究区龙马溪组黑色岩系中广泛分布黄铁矿，呈分散状（图 4-52D）和莓球状集合体（图 4-52E）分布，晶型较好，并见少量的石膏，说明其沉积水体较正常海水偏咸、偏碱性，沉积环境为分层水体下部及沉积界面以下的强还原环境（秦建中等，2010b；李娟等，2012）。原始沉积物的孔隙水中富含 Ca^{2+}、CO_3^{2-}，在同生－早成岩阶段易形成早期碳酸盐胶结物，其含量较高，颗粒呈悬浮状（图 4-52F、G），与 Lee 和 Lim（2008）描述的早期碳酸盐胶结的特征相符；后期成岩过程中，随着有机酸的生成量减少和消耗，地层流体转化为碱性（王秀平等，2013），发生碳酸盐矿物的胶结、交代作用，考虑到受持续强烈压实作用的影响，成岩后期泥页岩中的孔渗性极低，则此阶段形成的碳酸盐胶结物较少，晶形较好，白云岩为主（图 4-52H），以充填裂缝的形式为主。在偏光显微镜下，早期碳酸盐胶结物（图 4-52F）较均匀地分布在沉积物的周围或与泥质共生，与后期发生交代作用形成的碳酸盐矿物（图 4-52G）区分。因此，研究区龙马溪组黑色岩系中碳酸盐胶结物至少具有两个期次，且以同生－早成岩期的为主。

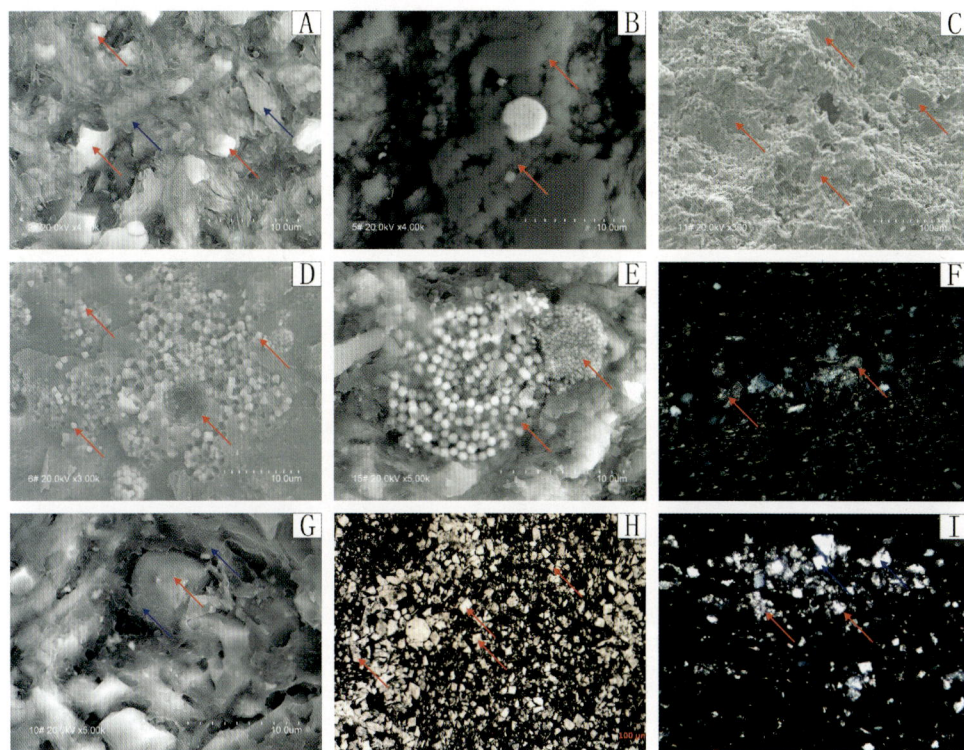

A. 微晶石英（红色箭头）与伊/蒙混层黏土矿物（蓝色箭头）共生，南川三泉；B. 片晶状硅质胶结（红色箭头）包裹黄铁矿（蓝色箭头），武隆黄草；C. 碎屑石英颗粒，仁怀中枢；D. 分散状分布的黄铁矿，天全大井坪；E. 黄铁矿集合体，綦江观音桥；F. 早期碳酸盐胶结物，桐梓韩家店，正交偏光；G. 早期白云石胶结（红色箭头），外侧为片状黏土矿物（蓝色箭头），南川三泉；H. 菱形白云石晶体，峨边西河，单偏光；I. 碳酸盐矿物（红色箭头）胶结并交代石英（蓝色箭头），叙永麻城，正交偏光。

图 4-52　川南及邻区龙马溪组黑色岩系胶结作用

Figure 4-52　Cementation of black rocks in Longmaxi Formation in southern Sichuan Basin and its periphery

3. 溶蚀作用和交代作用

溶蚀作用以长石的溶蚀为主，通常发生长石的部分溶蚀，溶蚀边缘不规则或沿解理缝发育，碳酸盐矿物溶蚀不明显。王玉满等（2012）对川南地区龙马溪组富有机质页岩段的研究发现，不稳定矿物溶蚀孔在部分露头样品中常见，而在井下样品中较少见到，由此推测不稳定矿物溶蚀孔可能为地层抬升后淡水淋滤的结果，而在成岩过程中酸性溶蚀作用不发育。钾长石的溶蚀与黏土矿物的转化相关，次生伊利石的形成消耗 K^+，促进了钾长石的溶蚀（王秀平等，2013），造成其溶蚀作用相对斜长石较发育，长石的溶蚀作用主要产生一定的粒内溶孔（图 4-53A、B）。另外，可见石英颗粒的碱性溶蚀，形成不规则、港湾状的溶蚀边缘（图 4-53C）和少量的粒内溶孔（图 4-53D），对页岩气储层具有一定的贡献。由长石和石英的溶蚀作用来看，成岩流体也表现为较好的碱性优势。

研究区龙马溪组黑色岩系中石英、黏土矿物等多被碳酸盐不同程度的交代（图 4-52I、图 4-53C），交代作用与偏碱性的成岩流体有关，同广泛发育高含量的碳酸盐胶结物以及伊利石＋伊/蒙混层＋绿泥石（I＋I/S＋C）的黏土矿物组合特征，并结合长石和石英颗粒的溶蚀作用，共同反映了成岩过程中盐碱性水介质的控制作用。

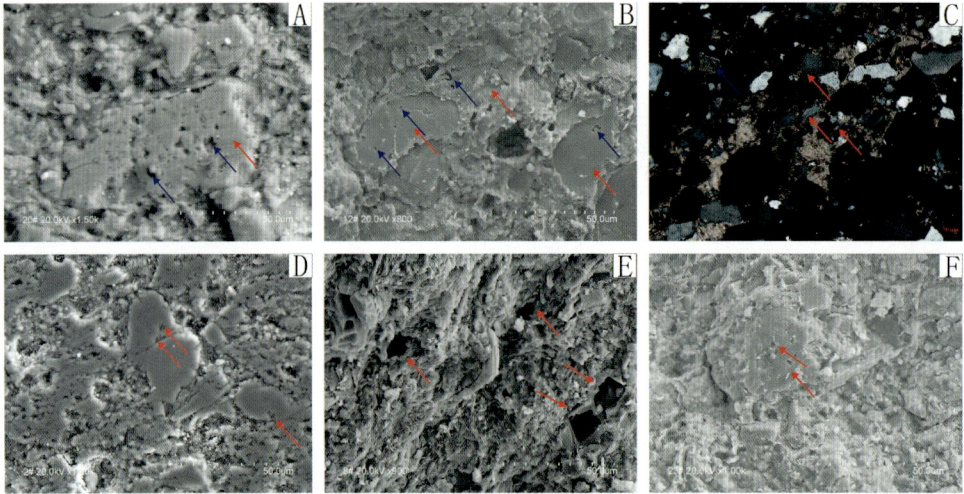

A. 钾长石（红色箭头）被溶蚀，粒内溶孔发育（蓝色箭头），叙永麻城；B. 钾长石和斜长石（红色箭头）被溶蚀，粒内溶孔发育（蓝色箭头），仁怀中枢；C. 石英溶蚀，边缘港湾状（红色箭头），被碳酸盐不完全交代（蓝色箭头），汉源轿顶山，正交偏光；D. 石英颗粒发生溶蚀，溶孔发育（红色箭头），港湾状溶蚀边缘发育，石柱漆江；E. 溶孔发育，呈菱形（红色箭头），应为碳酸盐晶粒形成的铸模孔，天全大井坪；F. 方解石部分溶蚀，粒内溶孔发育（红色箭头），盐津银厂坝

图 4-53　川南及邻区龙马溪组黑色岩系溶蚀作用

Figure 4-53　Dissolution of black rocks in Longmaxi Formation in southern Sichuan Basin and its periphery

4. 有机与无机成岩作用的关系及特征

由上述分析可知，烃源岩中各成岩作用是相互控制、相互影响的。压实作用、硅质和黏土矿物的胶结作用与黏土矿物的转化相关；而溶蚀作用和黏土矿物的转化与烃类的演化密不可分，因此，页岩气储层成岩作用的研究应为无机与有机成岩过程的综合分析。

黏土矿物的脱水、转化作用和有机质的成熟、生烃过程具有很好的对应关系（姜在兴，2003）。众多含油气盆地的研究成果表明，蒙皂石快速向伊利石转化的时期，也就是油气运移和聚集的最有利时期，这主要是由于在埋深 1000～2800m 处，黏土矿物的转化对有机质生气起重要的催化作用，其中蒙皂石的催化作用最强，能使有机烃率提高 2～3 倍，并使热解温度降低 50℃（罗静兰等，2001）；另外，脱水的过程也是矿物颗粒体积收缩、孔隙相对增大的过程，有利于自由水和烃类从泥页岩中排出，也为油气的初次运移提供了良好的通道（姜在兴，2003）。

川南及邻区龙马溪组下段黑色岩系有机质主要呈四种赋存形式：①碎屑颗粒周围，与黏土矿物共生（图 4-51A～C，图 4-54A、D）；②岩石后期充填的细脉中（图 4-54B、C），并可见隐晶质石英、伊利石呈不连续状充填（图 4-54E）；③石英和方解石加大边或碎屑颗粒内部（张正顺等，2013）（图 4-54F）；④原生方解石、白云母的解理缝中。其中，以第一种赋存类型最为发育。有机质的生烃演化过程对水－岩反应主要具有两方面的影响。穆曙光和张以明（1994）认为在整个演化过程中，有机质不断生成有机酸，有机酸脱羧产生的 CO_2 控制了水溶液中的 pH，使之利于溶蚀作用的进行。而烃类物质是多种碳烃化合物的混合物，它本身对各种组成自生矿物的无机盐类无溶解和沉淀能力，因此，烃类在孔隙中的聚集有效地抑制了成岩作用的继续进行（罗静兰等，2001）。由此可见，成岩过程中，烃类物质的持续排出有利于页岩气储层中水－岩反应的进行，而后期排烃停止后，孔隙内被大量的烃类充填，造成水－岩反应的终止。

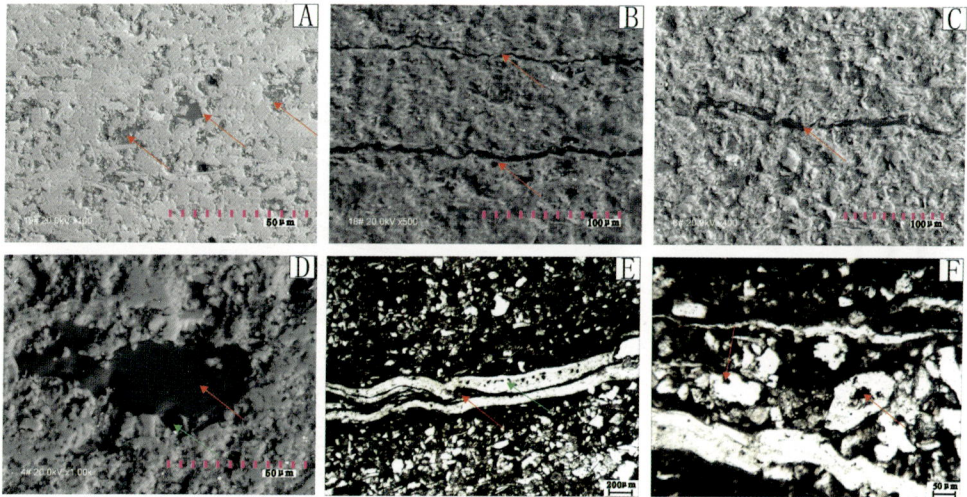

A. 有机质与黏土矿物共生，石柱漆辽；B. 有机质集合体沿裂隙分布，武隆黄草；C. 有机质集合体呈细条带状分布，綦江观音桥；D. 有机质（红色箭头）与黏土矿物共生，有机质具微孔隙（绿色箭头）（BSE），武隆黄草；E. 有机质（红色箭头）充填在硅质（绿色箭头）裂缝中，叙永麻城（DPG）；F. 有机质充填在溶蚀孔洞和溶蚀边缘处，叙永麻城（DPG）

图 4-54 川南及邻区龙马溪组黑色岩系有机质特征

Figure 4-54 Characteristics of organic matter in black rocks of Longmaxi Formation in souther Sichuan Basin and its periphery

龙马溪组黑色岩系有机质在成岩过程中发生脱羧基作用，产生大量的有机酸，造成铝硅酸盐矿物和碳酸盐矿物的大量溶蚀，然而其溶蚀作用不强烈。这可能是由于原生孔隙水为偏减、偏碱性，酸性被中和，同时受生烃作用和压实作用以及黏土矿物第一阶段脱水作用的强烈影响，所产生的酸性流体被快速排出，难以对烃源岩中的易溶矿物进行作用；中成岩期有机酸生成量减少，并发生二元有机酸和一元有机酸的分解，产生较高的 CO_2 分压，同时受黏土矿物第二阶段脱水作用的影响，所产生的有机酸持续向外排出，甚至产生破裂缝，有机酸与易溶物质由于缺乏足够的作用时间，不易发生广泛、强烈的溶蚀。

有机成岩过程即烃类演化过程，为具特定顺序且不可逆的自身成熟过程，可根据现今有机质特征反演其演化，分析对成岩环境的影响。川南及邻区龙马溪组黑色岩系，剩余有机碳含量（TOC）为0.01%～8.06%，主要分布区间为0.5%～4.0%；有机质以I型干酪根为主，其次为II$_1$型，由下向上有机碳含量逐渐减少，且由I型干酪根变为II$_1$型（图4-55）。四川盆地内部基本为早期长时间浅埋－早中期长时间隆升－中期二次埋深－晚期快速抬升的特点，海相页岩经历了长期的构造和热演化，具有演化历史复杂、热成熟度较高、生烃时间早等特征（聂海宽等，2012b）（图4-56）。研究区龙马溪组在早二叠世末处于低成熟阶段（Ro为0.5%～0.7%），三叠纪末期达到生烃高峰（Ro为0.9%～1.1%），早侏罗世进入湿气—凝析油阶段（Ro为1.1%～1.3%），现今为过成熟阶段晚期，液态烃全部裂解成干气（黄金亮等，2012）。

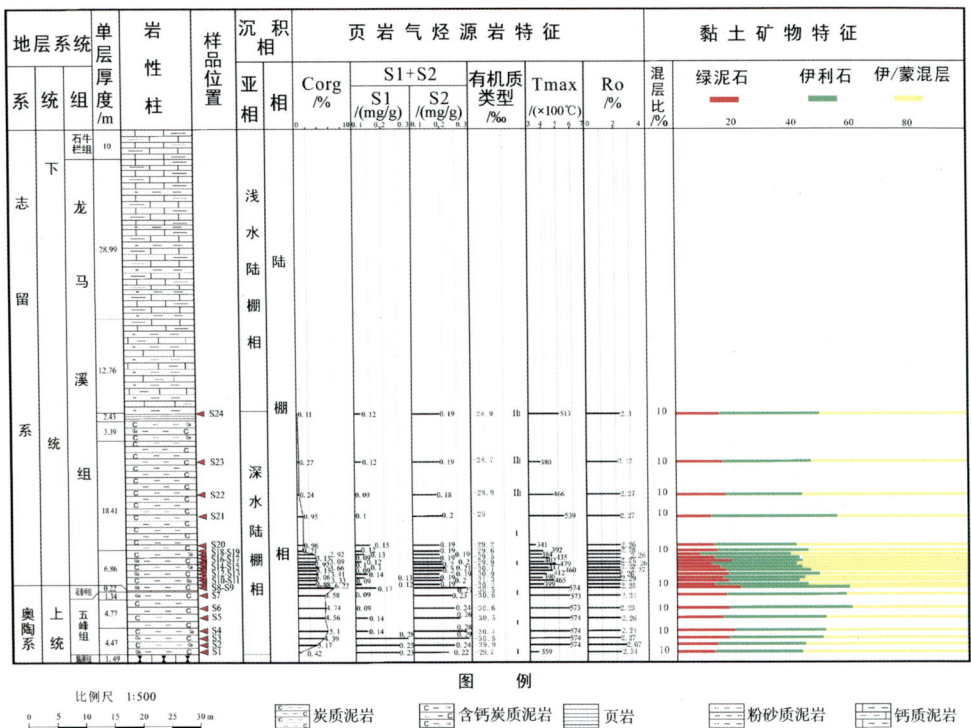

图4-55　四川省叙永麻城龙马溪组页岩气综合地质图

Figure 4-55　Comprehensive geological histogram of Longmaxi Formation in Macheng village of Xuyong county，Sichuan Province

4.6.2　成岩序列

1. 成岩阶段划分依据

除了有机质镜质体反射率（Ro）和最高热解峰温（Tmax）作为有机质成熟度的重要参考指标反映成岩演化的程度外，在沉积成岩过程中自生形成的黏土类矿物伊利石，随着成岩程度的增加、温度的升高，其结晶度不可逆的增大（数值减少）（刘国生等，2009）。

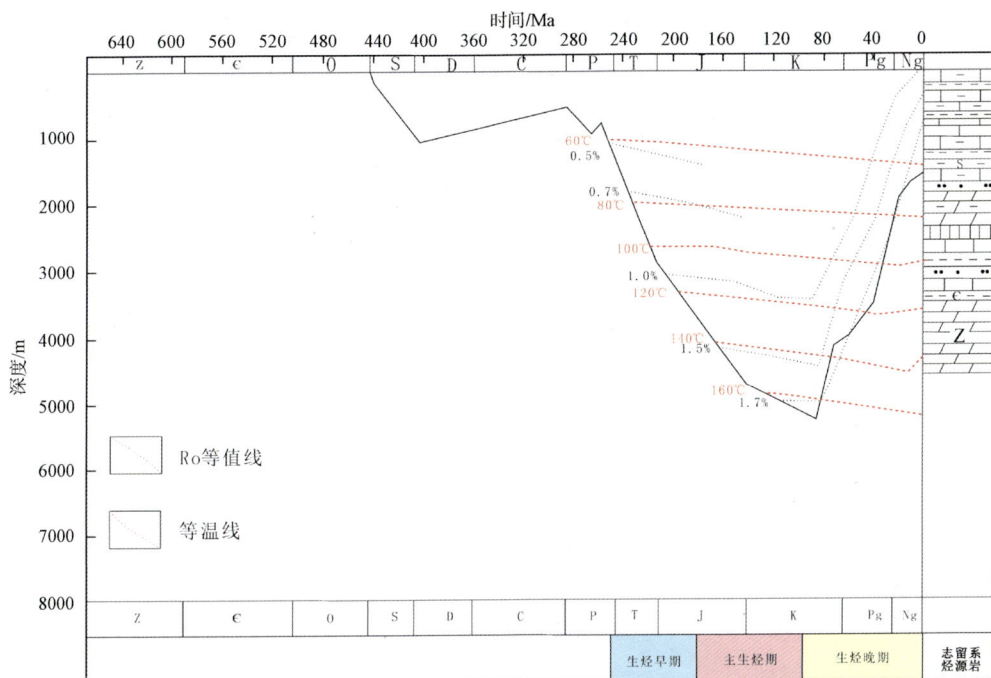

图 4-56　四川盆地志留系沉积演化图（曾祥亮等，2011，有修改）

Figure 4-56　Sedimentary evolution of Silution in Sichuan Basin（modified from Zeng et al.，2011）

据此，本书以中国南方黑色页岩成熟阶段划分标准（聂海宽等，2012a）、有机质演化与成烃模式特征（张厚福等，1999）为基础，结合研究区龙马溪组沉积、成岩环境特征，根据目的层黑色岩系中有机质成熟度、有机质的最高热解峰温（Tmax）、成岩矿物与伊利石结晶度等标志，参照《石油天然气行业标准》（SY/T5477—2003）对成岩阶段进行划分。

　　主要依据有：①研究区龙马溪组黑色页岩段厚度主要为 10～100m，现今埋深主要为 200～3500m，由四川盆地演化史可以看出，研究区龙马溪组烃源岩黑色岩系在白垩纪以后埋深最大，超过 5000m（曾祥亮等，2011），志留系—侏罗纪古地温梯度主要介于 2.5～3.5℃/hm（王洪江和刘兴祥，2011），说明其最高古地温达 170℃ 以上，成岩演化已达到晚成岩阶段；②龙马溪组黑色岩系中有机质的等效镜质体反射率为 1.63%～4.54%，主要分布在 2%～2.5%（图 4-55 和表 4-21），表明龙马溪组黑色页岩段有机质成熟度处于高一过成熟阶段，相当于成岩作用的晚成岩阶段，部分层段已发生低级变质；③有机质的最高热解峰温（Tmax）可能受黏土矿物的催化作用和斑脱岩层等的影响，变化范围较大，为 360～571℃，主要为 360～450℃，平均为 456℃，也说明其有机质已演化到过成熟阶段，对应于晚成岩阶段（表 4-21），垂向上通常具有 2 期热峰值（图 4-55），表明热流体运动呈现幕式活动的特点；④黏土矿物 X-衍射定量分析结果显示，龙马溪组黑色岩系的黏土矿物组合以绿泥石＋伊/蒙混层＋伊利石（C＋I/S＋I）为主，其次为高岭石＋绿泥石＋伊/蒙混层＋伊利石（K＋C＋I/S＋I）组合，部分地区表现为伊/蒙混层＋伊利石（I/S＋I）、绿泥石＋伊利石（C＋I）及全部为伊利石（I）的特征，黏土矿物组合特征表明，成岩演化已达到晚成岩阶段；伊/蒙混层矿物（I/S）中蒙皂石（S）的含量为 0～15%，主要为 5% 与 10%（图 4-55 和表 4-21），从蒙皂石（S）在 I/S 混层中所占的比例来看，本区成岩演化至少已经进入中成岩 B 期，部分地区达到晚成岩阶段，结合黏土矿物组合特征，说明川南及邻区龙马溪组黑色岩系成岩演化至晚成岩阶段；⑤龙马溪组黑色岩系黏土矿物的伊利石结晶度主要介于 0.39°～0.69°Δ2θ（表 4-21），其中约 81% 的伊利石结晶度大于 0.42°Δ2θ，依据 Merriman（2005）给出的利用伊利石结晶度对有机质成熟度和成岩演化阶段的划分标准，表明其成岩演化已达到晚成岩阶段，且以晚成岩 A 期为主，局部地区层段达到晚成岩 B 早期，尚未进入低级变质阶段。综上所述，研究区龙马溪组黑色岩系成岩演化已达到晚成岩阶段。

表 4-21　川南及邻区龙马溪组黑色岩系成岩阶段划分依据

Table 4-21　The division of diagenesis stages of black rocks in Longmaxi Formation of southern Sichuan Basin and its periphery

划分标志	样品数/件	分布范围/主要类型	平均值/次要类型	最高成岩阶段
镜质体反射率（Ro）	132	1.63%～4.54%	2.61%	低级变质
最高热解峰值（Tmax）	95	360～571℃	456℃	晚成岩阶段
黏土矿物组合	368	绿泥石＋伊/蒙混层＋伊利石（C＋I/S＋I）	高岭石＋绿泥石＋伊/蒙混层＋伊利石（K＋C＋I/S＋I）；伊/蒙混层＋伊利石（I/S＋I）；绿泥石＋伊利石（C＋I）；伊利石（I）	晚成岩阶段
蒙皂石（S）含量比	368	0～15%	10%为主	晚成岩阶段
伊利石结晶度	26	0.39°～0.69°Δ2θ	大于 0.42°Δ2θ（21 个样品）为主	晚成岩 A 期为主，局部层段达晚成岩 B 早期

2. 成岩演化与成岩序列

页岩气储层中无机与有机成岩作用是同步进行、相互影响的，根据上述成岩矿物组合及成岩现象，结合有机质演化特征、矿物反应关系以及成岩环境特征等，综合确定了川南及邻区龙马溪组黑色岩系成岩序列及演化特征（图 4-57）。研究区龙马溪组黑色岩系作为海相有利烃源岩（苏文博等，2007），其沉积环境主要为深水陆棚相，富含有机质，并广泛发育黄铁矿，表明其沉积于厌氧－缺氧的还原环境（李娟等，2012；秦建中等，2010b），沉积水体较正常海水偏咸、偏碱性（秦建中等，2010b）。李娟等（2012）根据黏土矿物中的硼含量计算出渝东南地区龙马溪组的古盐度范围是 6%～49%，平均值为 22.5%，垂向上呈上淡下咸的特征，属 α-中盐水－多盐水的范畴（李娟等，2012）。成岩流体受沉积水体的影响，原始孔隙水偏咸、偏碱性。

1）同生成岩阶段

同生成岩阶段沉积物疏松，原生孔隙发育，孔隙水的化学性质继承了沉积底水性质，

富含 Ca^{2+}、Na^+ 和 Mg^{2+} 等金属离子以及呈还原态的 Fe^{2+}、Mn^{2+}。成岩环境保持为缺氧的还原环境，形成少量的菱铁矿、泥晶-微粒状方解石及粉末状、莓球状黄铁矿；石英等硅酸盐矿物在碱性介质作用下，发生弱溶蚀现象。研究区龙马溪组黑色岩系中常见土黄色、紫色斑脱岩，在同生阶段发生海解作用，可形成少量蒙皂石。

2）早成岩 A 期

早成岩 A 期古地温低于 65℃，有机质未成熟。随着温度的升高，厌氧细菌非常活跃，对有机质进行选择性溶解，少量 CH_4、CO_2、H_2S 和 H_2O 等生成，部分 CO_2 溶于水中形成碳酸，含量很少，成岩流体仍保持碱性。受强烈压实作用的影响，岩石弱固结-半固结，原生粒间孔快速降低；受富含 Fe^{2+} 碱性介质的影响，少量的菱铁矿、黄铁矿继续生成，微晶方解石胶结；黏土矿物以蒙皂石为主，可能含有一定量的高岭石（分布不均匀），由于高岭石、蒙皂石及长石等铝硅酸盐矿物，在富含 Fe^{2+}、Mg^{2+} 的水体中，可自发进行绿泥石化作用，生成绿泥石（王秀平等，2013），此阶段生长空间相对仍较充足，所形成的次生绿泥石多呈叶片状。

3）早成岩 B 期

早成岩 B 期有机质半成熟，仍为生物化学生气阶段，随着温度的升高，羧酸开始从干酪根中释放出来，形成少量的羧酸阴离子，部分降低了成岩流体的碱性。受持续强烈压实作用的影响，岩石逐渐由半固结到固结，原生粒间孔也持续降低。受温度的影响，蒙皂石脱去层间水，明显开始向伊/蒙混层转变，伊/蒙混层矿物（I/S）中，蒙皂石（S）含量为 70%～50%，属无序混层带。产生的硅质在原地或近距离迁移胶结，形成石英小雏晶，并开始形成石英次生加大边，然而生物化学气的大量生成对原生孔隙中的流体产生排驱压力，造成孔隙流体向外排出，水-岩反应相对早成岩 A 期减弱。随着成岩流体中碳酸、羧酸含量的逐渐累积，以及 OH^- 的消耗，成岩流体的碱性逐渐减弱，甚至可能完成弱碱性→中性→弱酸性的转变过程。

4）中成岩 A 期

中成岩 A 期岩石已完全固结，原生粒间孔已基本完全为微孔特征。沉积物埋藏深度超过 1500～2500m，有机质进入热催化生油气阶段，即进入"生油窗"；受温度和黏土矿物的催化作用，羧酸大量从干酪根中释放出来，浓度快速增加，并形成大量水溶性一元-二元短链有机酸；有机酸持续生成，首先与地层流体中的 OH^- 中和，使成岩流体完成由碱性→弱酸性的转变；由于 I、II 型干酪根在"生油窗"（Ro 为 0.5%～1.0%）以液态烃为主，仅有少量气态烃生成，液态烃分子直径大于孔喉直径，不利于烃类排出，大量烃类仍残留在烃源岩内（刘树根等，2011），使得可用的开放孔隙减少并限制了流体流动。同时，由于烃类物质对无机成岩作用中自生矿物的生成和矿物的交代、转变的抑制（罗静兰等，2001），以及强烈生烃作用对孔隙水的排驱作用和压实作用造成的页岩气储层的严重破坏，使得水-岩反应不强烈，自生矿物难以形成；此外，长石、碳酸盐等酸性易溶组分不易受酸性介质的作用，造成溶蚀作用不发育，溶蚀次生孔隙发育较少。受温度的影响，蒙皂石持续脱去层间水，发生伊利石化，伊/蒙混层矿物（I/S）中蒙皂石（S）的含量为 50%～15%，主要成岩作用为无序混层矿物逐渐变为有序混层，反应过程中形成的硅质原地胶结，多表现为与次生黏土矿物共生的特征。

5）中成岩 B 期

中成岩 B 期受压实作用、胶结作用的影响，页岩气储层基本已具有超低孔、低渗的特征。沉积物埋深超过 3500～4000m，有机质进入热裂解生凝析气阶段，形成凝析油和湿气；在高温、高压作用下，羧酸发生脱酸作用，分解形成 CH_4 和 CO_2，酸性介质生成终止，且部分被中成岩 A 期的溶蚀消耗，溶蚀作用使 Na^+、Ca^{2+}、Fe^{2+} 和 Mg^{2+} 等金属离子进入孔隙溶液，水体又逐渐变为弱碱性，产生硬石膏等矿物，铝硅酸盐矿物溶蚀较少，因此自生绿泥石形成很少，而碳酸盐矿物在较高温度和较大埋深下容易发生溶解（Merriman，2005；闫建萍等，2010），所以未有大量铁白云石、铁方解石形成。蒙脱石已完全消失，次生矿物中伊/蒙混层、伊利石含量增加，混层矿物全部表现为有序，其中蒙皂石（S）含量比小于 15%，部分已完全转变为伊利石。

6）晚成岩阶段

晚成岩阶段岩石极致密，有机质已演化至过成熟阶段，研究区龙马溪组黑色岩系主要为过成熟早期，生成大量干气，水-岩反应基本停止。在 K^+ 充足的情况下，伊/蒙混层矿物基本消失，黏土矿物组合表现为伊利石＋绿泥石（I＋C）。

前人研究表明，在蒙脱石向伊利石的转化过程中，地层流体中的 K^+、Al^{3+} 含量对其有明显的控制作用（隋风贵等，2007）。研究区龙马溪组有机质已演化到晚成岩阶段，而大多数地区和层段内伊/蒙混层矿物含量较高，且蒙皂石（S）含量比多为 10% 与 5%，表明未进入晚成岩阶段，这很可能是由于在生烃过程中，水-岩反应较弱，钾长石溶蚀不完全（钾长石现今含量最高可达 20%）；页岩气储层自身的 K^+ 供应不足所致；同时，生烃过程中排驱压力造成孔隙水被排出，水体中的 K^+ 难以参与水-岩反应，对伊利石化作用不大；另外，页岩中伊利石化作用所需的 K^+，可能来自开放系统中砂岩的钠长石化作用和交代作用（Barbera et al.，2011），而龙马溪组黑色岩系无直接接触的砂岩层，且成岩、成藏系统较封闭，很难有额外丰富的 K^+ 补给，所以，研究区多数地区的龙马溪组黑色岩系中伊利石化作用未进行彻底。全岩化学分析数据表明（表 4-20），K_2O 含量随埋深的增加呈无规律性变化，暗示可能没有外部来源的 K^+ 供应（刘立等，2012）。而靠近川中隆起的汉源、泸定地区，碎屑物质供应较多（刘伟等，2012），在成岩过程中，砂岩中的 K^+ 可部分进入烃源岩的黏土矿物转化过程，其黏土矿物组合以伊利石＋绿泥石（I＋C）和伊利石（I）为主。同时，受低浓度 K^+ 的影响，高岭石在地温大于 130℃ 的碱性成岩环境中，伊利石化作用受到抑制，使得高岭石保存下来。

总体来说，按照成岩环境特征和地层埋藏史（黄福喜等，2011）来看，川南及邻区龙马溪组黑色岩系主要经历了四个阶段的成岩演化过程（图 4-57）：①早期长时间浅埋藏－二次埋藏初期的快速压实阶段，对应于同生-早成岩 A 期；②二次埋藏早期的弱碱性弱溶蚀－压实阶段，发生于早成岩 B 期；③二次埋藏中期的弱碱性－弱酸性弱溶蚀、胶结阶段，与中成岩 A 期的热催化生油气阶段相匹配；成岩演化终止后，地层抬升过程中，地层压力释放，同时受构造作用的影响，产生了大量微裂缝，大量游离烃和部分吸附烃首先散失，流体中残留的 Ca^{2+}、CO_3^-、Fe^{2+} 和 Mg^{2+} 等，在地温降低至 105～130℃ 以下后，形

成铁方解石、铁白云石，因此，将中成岩 B 期及以后的成岩演化，划分为④二次埋藏晚期
—快速抬升阶段的弱碱性弱胶结、交代阶段。另外，所测样品主要取自野外露头剖面，部
分剖面中见少量蒙皂石，这可能是由于地层抬升后，受表生成岩过程中伊利石的去 K^+ 作
用转变形成（Khormali and Abtahi，2009）。

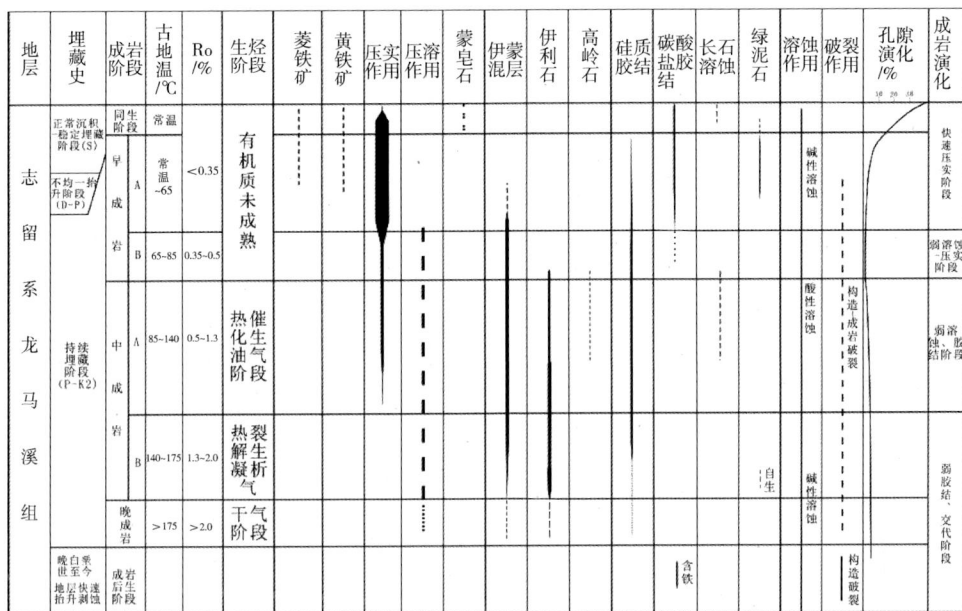

地层	埋藏史	成岩阶段		古地温/℃	Ro/%	生烃阶段	菱铁矿	黄铁矿	压实作用	压溶作用	蒙皂石	伊蒙混层	伊利石	高岭石	硅质胶结	碳酸盐胶结	长石溶蚀	绿泥石	溶蚀作用	破裂作用	孔隙演化/%	成岩演化
志留系龙马溪组	正常沉积稳定埋藏阶段(S)	同生阶段		常温		有机质未成熟																快速压实阶段
	不均一抬升阶段(D-P)	早成岩	A	常温~65	<0.35													碱性溶蚀				弱溶蚀-生压实阶段
			B	65~85	0.35~0.5																	
	持续埋藏阶段(P-K2)	中成岩	A	85~140	0.5~1.3	热催化生油气阶段											酸性溶蚀	构造成岩破裂			弱溶蚀-胶结阶段
			B	140~175	1.3~2.0	热裂解凝析气阶段							自生				碱性溶蚀				弱胶结-交代阶段
	晚白垩世至今地层快速抬升剥蚀	晚成岩		>175	>2.0	干气阶段							含铁					构造破裂			
		岩石后生阶段																				

图 4-57　川南及邻区龙马溪组黑色岩系成岩序列与成岩演化

Figure 4-57　Diagenetic sequence and evolution of black rocks in Longmaxi
Formation of southern Sichuan Basin and its periphery

4.6.3　成岩作用对页岩气的影响

成岩作用中的有机成岩演化不仅控制了页岩气的烃类特征，还影响了页岩气的丰度；
川南及邻区志留系龙马溪组黑色岩系成岩演化已达到晚成岩阶段的 A 期，有机质达到高成
熟，主要以生成大量的干气为主。有机质的生烃演化过程中产生了大量孔隙，可以作为页
岩气良好的储集空间，无机矿物的成岩演化也主要对页岩气的储集空间产生影响，因此，
成岩作用对页岩气的影响，主要表现在对页岩气储集空间的发育上。

1. 无机成岩对页岩气储层的影响

页岩作为一种特殊类型的油气储集层，具有特低孔渗、储集空间类型多样等特征（王
玉满等，2012），成岩作用对页岩气储集物性产生了控制性影响。强烈的压实作用是导致
原生孔隙大量丧失、储层超低孔低渗的主要原因，早期胶结作用的发育使得原生孔隙几乎
消失殆尽也是其原因。页岩气储层中黏土矿物的转化为其代表性且极为发育的成岩作用，硅
质、黏土矿物胶结物的发育与其关系密切，胶结作用过程中形成的碳酸盐、硅质和黏土矿物
及黄铁矿等胶结物，发育晶间孔和层间微孔，对页岩气储集物性具有一定的改善。受早期机

械压实作用、胶结作用的影响，以及生烃过程的抑制和成岩过程中盐碱水介质的控制作用，后期溶蚀作用发育有限，仅在长石、碳酸盐矿物的内部发育微米级的溶孔，且连通性很差，产生的次生孔隙对储层物性具有部分改善。成岩后期发生的碳酸盐矿物的交代作用不仅造成了黏土矿物中微孔的减少，同时堵塞了喉道，造成页岩气储层孔隙度的进一步降低。

页岩的脆性对于微裂缝的形成和后期水力压裂具有重要的影响，脆性矿物含量对孔隙的形成有积极意义（王社教等，2012）。页岩的脆性与石英和碳酸盐的含量有关，碳酸盐和硅质是页岩裂缝发育的物质基础，在相同的应力下，碳酸盐矿物和硅质含量高的页岩因其脆性强而易产生破裂形成裂缝（龙鹏宇等，2012）。硅质等脆性矿物含量自上向下呈增加的趋势，且硅质与残余有机碳含量呈正相关关系，有机质丰度高、脆性矿物含量高是龙马溪组页岩富集高产的重要地质因素；龙马溪组下部优质烃源岩多期层滑和构造作用形成的网状裂缝为页岩气富集高产提供了储层条件（郭彤楼等，2013）。因此，发生在成岩作用早期的压实作用、胶结作用使泥页岩的力学性质逐渐向脆性转变，对页岩气储层具有有利影响。

总体来说，压实作用、胶结作用造成原生孔隙的大量丧失；溶蚀作用、黏土矿物的转化产生部分溶蚀孔、层间微孔隙，对页岩气储层具有一定的改善，主要发生于早成岩 B 期－中成岩 A 期；无机成岩作用造成泥页岩向脆性转变，有利于后期微裂缝的形成和开采过程中的水力压裂效果，对页岩气储层产生有利的影响。

2. 有机成岩对页岩气储层的影响

页岩气储层同时作为烃源岩，有机质的演化过程是其特殊且重要的方面，是改善页岩气储层物性的重要因素。有机质在生烃过程中，发生转变是造成孔隙变化的主要原因（Jarvie，1991）。有机质含量为 7% 的页岩，体积上占 14%，在生烃演化过程中，假设消耗了 35% 的有机碳，可使页岩孔隙度增加 4.9%（刘树根等，2011）。Mastalerz 等（2013）通过对 New Albany 页岩的研究指出，在成岩过程中，随着有机质的逐渐成熟，受无机成岩作用的影响，孔隙会大量减少；在有机质成熟阶段的晚期，由于早期孔隙被油或固态沥青充填，使得可用的开放孔隙减少并限制了流体流动；随着热演化的进一步进行，孔隙度随油和沥青向干气转化产生微裂隙而增加，使得原孔隙开放。由此可见，高－过成熟度页岩气的形成与储集空间的演化具有良好的匹配特性。有机质孔隙作为页岩储集空间的一大特色和重要组成部分（王玉满等，2012），主要包括与生物化石有关的孔隙和有机质生烃热演化过程中产生的孔隙，研究区龙马溪组黑色岩系以有机质生烃孔为主。结合有机质演化对储集空间的影响，有机质生烃孔主要形成于中成岩－晚成岩阶段的有机质成熟→高成熟→过成熟的生烃演化过程中，即弱溶蚀、胶结阶段与弱碱性弱胶结、交代阶段。

3. 页岩气储层孔隙演化过程

结合成岩演化特征和储集空间的发育特征，总体来看，黏土矿物在早成岩 B 期开始转化，并脱去层间水，形成黏土矿物次生层间微孔隙，与此同时，有机质逐渐成熟，开始产生羧酸阴离子，向孔隙水中输入酸性离子；中成岩 A 期，黏土矿物发生大量的转化，受温度的影响，有机质达到成熟，在黏土矿物，尤其是蒙脱石的催化作用下，有机质发生热降解，大量转化为石油和湿气，并生成大量有机酸，形成弱酸性的成岩环境。以上两个成岩阶段与成岩演化的弱溶蚀－压实阶段与弱溶蚀、胶结阶段相对应，后者是形成黏土矿物层间微裂缝、有机质生烃孔的主要时期，同时产生一定的溶蚀微孔，增加页岩气储层的储集空间。另外，微裂缝作为页岩气储层的重要储集空间之一，与石英、长石、碳酸盐等脆性矿物含量高并具较高脆度相关（聂海宽等，2012b）。在黏土矿物转化过程中产生一定量的硅质胶结物，使得泥页岩的脆性增加，在后期成岩、地层抬升过程中，受成岩作用和破裂作用的影响，容易产生微裂缝。泥页岩中微裂隙发育不仅为页岩气提供了充足的储集空间与运移通道，更重要的是有利于页岩气的后期开发（龙鹏宇等，2012）。碳酸盐矿物的产生虽增加了泥页岩的脆性，并为酸性溶蚀提供易溶物质，然而总体呈现堵塞泥页岩的粒间孔和后期溶蚀微孔，使得基质孔降低。由上可推测，中成岩 A 期的弱碱性－弱酸性弱溶蚀、胶结阶段中的黏土矿物转化和有机质生烃的协同作用是页岩气储层发育的主要原因。

研究区龙马溪组黑色岩系孔隙的演化可分为两个阶段：早期原生孔隙大量、快速丧失阶段和中晚期次生微孔隙、微裂缝形成阶段，分别对应于同生－早成岩的①、②与中成岩及以后的③、④成岩演化阶段。根据成岩演化特征，至早成岩 B 期，受压实作用、胶结作用的影响，使得原生孔隙几乎消失殆尽，且溶蚀作用与黏土矿物的转化较弱，储层孔隙度达到最低；随着有机质逐渐成熟和蒙脱石开始向伊利石发生转化，进入中成岩 A 期后，黏土矿物层间次生微孔隙和有机质生烃孔逐渐增多，同时弱溶蚀作用产生了一定的溶蚀微孔及高温、高压作用下产生了一定的成岩裂缝，造成孔隙度缓慢增加；后期地层抬升过程中，受构造作用的影响，产生一定的构造微裂缝，也使得页岩气储层物性具有一定的改善，最终表现为现今超低孔、超低渗的特征。

4.6.4 本节小结

在埋藏成岩过程中，页岩气地层经历了无机和有机成岩作用的共同改造，无机作用主要为压实作用、胶结作用、溶蚀作用和交代作用，有机成岩为有机质的生烃演化作用，二者密不可分、相互影响。受压实作用、黏土矿物的脱水及生烃作用的影响，有机酸造成的溶蚀作用不强烈。以中国南方黑色页岩成熟阶段划分标准、有机质演化与成烃模式特征为基础，结合研究区龙马溪组沉积、成岩环境特征，根据有机质成熟度、有机质的最高热解峰温（Tmax）、成岩矿物等标志，认为研究区龙马溪组黑色岩系成岩作用已达晚成岩阶段，尚未达到低级变质阶段。按照成岩环境特征，川南及邻区龙马溪组黑色岩系主要经历了四个阶段的成岩演化过程：①早期长时间浅埋藏－二次埋藏初期的快速压实阶段，对应于同生－早成岩 A 期；②二次埋藏早期的弱碱性弱溶蚀－压实阶段，发生于早成岩 B 期；③二次埋藏中期的弱碱性－弱酸性弱溶蚀、胶结阶段，与中成岩 A 期的热催化生油气阶段相匹配；成岩演化终止后，地层抬升过程中，地层压力释放，同时受构造作用的影响，产生了大量的微裂缝，大量游离烃和部分吸附烃首先散失，流体中残留的 Ca^{2+}、CO^{3-}、Fe^{2+} 和 Mg^{2+} 等，在地温降低至 $105 \sim 130\,^{\circ}\mathrm{C}$ 以下后，形成铁方解石、铁白云石，因此，将中成岩 B 期及以后的成岩演化，划分为④二次埋藏晚期－快速抬升阶段的弱碱性弱胶结、交代阶段。由于页岩气储层自身的 K^+ 供应不足，以及无额外丰富的 K^+ 补给，造成研究区多数地区的龙马溪组黑色岩系中伊利石化作用未进行彻底；受低浓度 K^+ 的影响，部分高岭石在成岩过程中保存了下来。

压实作用、胶结作用造成原生孔隙的大量丧失；溶蚀作用、黏土矿物的转化产生部分溶蚀孔、层间微孔隙，对页岩气储层具有一定的改善，主要发生于早成岩 B 期－中成岩 A 期；无机成岩作用造成泥页岩向脆性转变，有利于后期微裂缝的形成和开采过程中的水力压裂效果，对页岩气储层产生有利的影响。有机质孔隙作为页岩储集空间的一大特色和重要组成部分，主要形成于中成岩－晚成岩阶段的有机质成熟→高成熟→过成熟的生烃演化过程中，即弱溶蚀、胶结阶段与弱碱性弱胶结、交代阶段。然而，相对于有机质，尽管黏土矿物在成岩演化过程中的矿物转化也能形成大量的无机孔，但至少目前的研究结果表明，这类孔隙对页岩孔隙度所起的贡献作用不大，未来在勘探阶段也不易考虑高黏土区。

中成岩 A 期的弱碱性－弱酸性弱溶蚀、胶结阶段中的黏土矿物转化和有机质生烃的协同作用是页岩气储层发育的主要原因。因此，只有成岩演化已进入中成岩阶段的黑色岩系，发生了有机质的大量生烃作用和无机矿物的转化、溶蚀作用，才能形成有效的页岩气储层。川南及邻区龙马溪组黑色岩系孔隙的演化可分为两个阶段：早期原生孔隙大量、快速丧失阶段和中晚期次生微孔隙、微裂缝形成阶段。根据成岩演化特征，至早成岩 B 期，受压实作用、胶结作用的影响，使得原生孔隙几乎消失殆尽，且溶蚀作用与黏土矿物的转化较弱，储层孔隙度达到最低；随着有机质逐渐成熟和蒙皂石开始向伊利石发生转化，进入中成岩 A 期后，黏土矿物层间次生微孔隙和有机质生烃孔逐渐增多，同时弱溶蚀作用产生了一定的溶蚀微孔及高温、高压作用下产生了一定的成岩裂缝，造成孔隙度缓慢增加；后期地层抬升过程中，受构造作用的影响，产生一定的构造微裂缝，也使得页岩气储层物性具有一定的改善，最终表现为现今超低孔、超低渗的特征。

4.7　沉积相对页岩气的影响

页岩气发育的层段均为烃源岩层，而沉积环境是控制烃源岩发育的主要因素，既控制有机质丰度，又影响有机质质量，并可以综合反映沉积速率、原始生产力等多个方面的因素（李双建等，2008；张春明等，2012；刘安等，2013；张小龙等，2013）。秦建中等（2010a）特别指出中国南方地区沉积环境是控制优质烃源岩有机质的主要因素，因此对研究区志留系龙马溪组黑色、暗色泥页岩发育的古环境进行研究显得尤为重要。上扬子地区志留系龙马溪组陆棚沉积环境有利于富有机质页岩的形成，而页岩气评价的主要标准包括富有机质页岩中有机碳含量、脆性矿物含量、有机质成熟度、储集物性及保存条件等（王社教等，2012；胡昌蓬和徐大喜，2012），前两者均受沉积相的控制，后两者与沉积作用有关。岩相作为研究页岩气的基本要素之一，影响页岩气的评价及勘探开发，同时岩相作为沉积环境的重要物质表现，反映了沉积环境的特征。根据前人的研究（曾祥亮等，2011；刘树根等，2011；梁超等，2012；陈文玲等，2013；王志峰等，2014），按照不同的划分标准，龙马溪组在不同的地区发育不同的岩相类型，且受沉积环境的影响，岩相与有机碳含量之间具有一定的相关性。

综上所述，川南及邻区志留系龙马溪组沉积环境控制了黑色页岩及有机碳含量的分布特征。而不同的沉积环境发育不同的岩相组合，岩相的划分是识别沉积环境的重要手段；同一沉积环境中也具有不同的岩相组合，进一步反映不同的页岩气地质条件。因此，通过对沉积环境和岩相的详细研究，给出二者对页岩气地质条件的影响，在有利的沉积环境基础上，叠加有利的岩相组合，对页岩气的评价即有利区的划分，具有重要的指导意义。

4.7.1　岩相与页岩气地质条件的关系

不同岩相具有不同的岩石物理、机械力学性质和不同的有机质含量（Hickey and Heak，2007）。王志峰等（2014）指出四川盆地五峰组－龙马溪组岩相与有机碳含量具有良好的对应关系。有机质可以赋存于原生方解石、白云母的解理缝中，大量被黏土矿物吸附（张正顺等，2013），这也说明岩相与有机质存在一定的相关性。

川南及邻区龙马溪组下段的有机碳含量较高且分布不均匀，有机碳含量平均为 0.02% ～ 5.37%，大部分地区都在 1.0% 以上。根据李延钧等（2013）对四川盆地南部地区进行页岩有机质丰度进行评价时的划分依据，将总有机碳含量下限值定为 1.0%，并将有机质丰度分为 4 级，即：TOC<1% 为差，1.0% ～2.0% 为一般，2.0% ～4.0% 为好，大于4.0% 为很好。为了弄清岩石微相与页岩气的关系，根据有机质丰度的四级划分标准，对龙马溪组岩石微相类型进行分类统计（表 4-22 ～表 4-25）。TOC>4.0% 的岩相主要为炭质硅质页岩、含粉砂（含钙）炭质页岩，其次为含粉砂钙质炭质页岩，全部为陆棚相沉积物，其中碳硅质页岩的有机碳含量最高；TOC 为 2.0% ～4.0% 的岩相主要发育含粉砂、粉砂质炭质页岩与含粉砂钙质炭质页岩（叙永麻城剖面），其次为炭质硅质页岩，也全部为陆棚相沉积物，明显表现为浅水陆棚；TOC 为 1.0% ～2.0% 的岩相多样，主要为含碳含粉砂含钙页岩、含碳钙质粉砂质页岩及含碳钙质页岩，并见含碳泥质灰岩或白云岩，碳酸盐矿物相对增加，表现为少量的潮坪相沉积物；有机质含量较少的岩性主要表现为含钙粉砂质页岩、钙质页岩、灰岩、普通泥岩及泥质粉砂岩、粉砂岩，碳酸盐矿物和陆源碎屑含量均较高，潮坪相沉积物明显增多。

表 4-22　川南及邻区龙马溪组黑色岩系 TOC>4.0%的岩相类型

Table 4-22　Lithofacies types of black rocks（TOC>4.0%）of Lower Longmaxi Formation in southern Sichuan Basin and its periphery

（单位：%）

序号	样品号	薄片定名	陆源碎屑	硅质＋长石	碳酸盐矿物
1	XJP-B13	炭质粉砂质页岩	30	72	0
2	XJP-B16	条带状黏土质、钙质石英粉砂岩	70	—	—
3	XJP-B17	含粉砂钙质页岩	15	—	—
4	XQP-B3	炭质硅质页岩	10	83	0
5	XQP-B4	炭质硅质页岩	10	72	0
6	JDSP-B16	含钙炭质硅质页岩	5	—	—

序号	样品号	薄片定名	陆源碎屑	硅质+长石	碳酸盐矿物
7	XLP-B9	炭质含粉砂页岩	10	75	0
8	XLP-B11	炭质含粉砂页岩	10	68	0
9	QGP-B5	炭质页岩	6	61	6
10	RZP-B7	含粉砂钙质炭质页岩	13	47	10

表 4-23　川南及邻区龙马溪组黑色岩系 TOC 为 2.0%～4.0%的岩相类型

Table 4-23　Lithofacies types of black rocks（TOC＝2.0%～4.0%）of Lower

Longmaxi Formation in southern Sichuan Basin and its periphery　　　（单位:%）

序号	样品号	薄片定名	陆源碎屑	硅质+长石	碳酸盐矿物	TOC
1	JDSP-B18	含云炭质硅质页岩	5	71	18	2.63
2	XLP-B13	含粉砂炭质页岩	15	43	0	2.34
3	DJP-B18	含钙含生屑碳硅质页岩	10	87	7	2.88
4	DJP-B25	硅质页岩	5	77	3	2.77
5	HCP-B12	粉砂质炭质页岩	42	77	0	3.53
6	HCP-B14	粉砂质炭质页岩	15	—	—	3.44
7	QLP-B28	黏土质石英粉砂岩	75	—	—	2.28
8	XHP-B4	含云含粉砂炭质页岩	15	45	27	2.98
9	XHP-B5	含泥含粉砂炭质白云质灰岩	30	27	35	2.96
10	XMP-B9	含粉砂钙质炭质页岩	15	41	20	2.98
11	XMP-B10	含粉砂钙质炭质页岩	15	40	33	3.33
12	XMP-B11	含粉砂钙质炭质页岩	15	45	25	3.06
13	XMP-B12	含粉砂钙质炭质页岩	15	46	25	3.41
14	XMP-B13	含粉砂钙质炭质页岩	15	45	25	3.15
15	XMP-B14	含粉砂钙质炭质页岩	15	45	21	3.66
16	XMP-B15	含粉砂钙质炭质页岩	15	39	28	2.92
17	XMP-B16	含粉砂碳酸盐质炭质页岩	13	30	29	3.09
18	XMP-B17	含粉砂钙质炭质页岩	16	34	32	3.15
19	XMP-B18	含粉砂钙质炭质页岩	20	30	26	2.92
20	LMRP-B4	含云钙质炭质页岩	6	41	31	2.92
21	LMRP-B5	钙质炭质页岩	5	29	43	2.27

表 4-24　川南及邻区龙马溪组黑色岩系 TOC 为 1.0%～2.0% 的岩相类型

Table 4-24　Lithofacies types of black rocks（TOC＝1.0%～2.0%）of Lower

Longmaxi Formation in southern Sichuan Basin and its periphery　　　（单位：%）

序号	样品号	薄片定名	陆源碎屑	硅质＋长石	碳酸盐矿物	TOC
1	DJP-B17	含粉砂含钙含碳页岩	18	—	—	1.39
2	DJP-B19	含碳钙硅质页岩	10	—	—	1.66
3	DJP-B21	含碳含粉砂碳酸盐质页岩夹钙质条带	10	57	35	1.70
4	DJP-B22	含泥晶粒灰质白云岩	5	—	—	1.38
5	DJP-B23	含泥晶粒灰质白云岩	5	43	52	1.173
6	DJP-B36	含碳粉砂质页岩	32	61	9	1.93
7	DJP-B40	含碳含粉砂钙质页岩	30	46	42	1.75
8	GTP-S1	含碳粉砂质页岩	33	59	2	1.14
9	JGP-B5	泥晶灰岩	10	27	63	1.89
10	QGP-B6	含碳粉砂质页岩	35	53	8	1.55
11	QLP-B18	含粉砂炭质页岩	13	—	—	1.71
12	QLP-B22	含碳页岩	10	49	0	1.30
13	QLP-B26	黏土质石英粉砂岩	80	—	—	1.76
14	QLP-B27	黏土质石英粉砂岩	80	—	—	1.95
15	RZP-B9	含粉砂含碳碳酸盐质页岩	17	48	12	1.68
16	RZP-B10	含粉砂含碳碳酸盐质页岩	17	49	10	2.00

表 4-25　川南及邻区龙马溪组黑色岩系 TOC＜1.0% 的岩相类型

Table 4-25　Lithofacies types of black rocks（TOC＜1.0%）of Lower

Longmaxi Formation in southern Sichuan Basin and its periphery　　　（单位：%）

序号	样品号	薄片定名	陆源碎屑	硅质＋长石	碳酸盐矿物	TOC
1	XQP-B5	含碳粉砂质页岩	15	43	11	0.71
2	YYP-B2	含碳含钙粉砂质页岩	25	46	20	0.80
3	YYP-B3	含钙泥质粉砂岩	60	32	20	0.06
4	YYP-B4	含钙页岩	5	38	21	0.39
5	YYP-B6	含钙页岩	5	35	14	0.14
6	DHP-B5	泥晶灰岩	0	10	81	0.62
7	DHP-B6	钙质页岩	5	40	44	0.10
8	DJP-B32	含灰质硅质白云岩	5	35	50	0.43
9	DJP-B35	含碳含泥钙质石英粉砂岩	49	—	—	0.70
10	DJP-B37	含碳泥质粉砂质泥晶白云质灰岩	55	—	—	0.67

序号	样品号	薄片定名	陆源碎屑	硅质＋长石	碳酸盐矿物	TOC
11	DJP-B39	含碳泥质粉砂质泥晶白云质灰岩	20	20	63	0.46
12	GTP-S2	含碳粉砂质页岩	45	65	1	0.71
13	GTP-S3	含碳粉砂质页岩	50	64	0	0.82
14	GTP-S4	含碳粉砂质页岩	25	68	0	0.67
15	GTP-S5	含碳粉砂质页岩	50	60	0	0.56
16	HJDP-B9	普通页岩	5	46	8	0.14
17	JGP-B1	钙质页岩	7	24	38	0.30
18	JGP-B3	钙质页岩	5	26	39	0.34
19	QGP-B7	含粉砂页岩	32	47	0	0.42
20	QGP-B8	含粉砂页岩	15	46	4	0.11
21	QGP-B9	含粉砂页岩	15	45	5	0.11
22	QGP-B10	含粉砂页岩	5	35	21	0.08
23	QGP-B11	普通页岩	7	33	26	0.70
24	QGP-B12	细一粉晶灰岩	95	—	—	0.63
25	QLP-B16	含粉砂炭质页岩	15	—	—	0.71
26	QLP-B20	含粉砂含泥灰岩	15	—	—	0.97
27	QLP-B24	黏土质石英粉砂岩	75	—	—	0.92
28	QLP-B25	黏土质石英粉砂岩	80	—	—	0.92
29	RZP-B13	含碳页岩	10	—	—	0.46
30	RZP-B14	含粉砂含碳页岩	15	—	—	0.34
31	RZP-B15	含粉砂含碳页岩	15	49	9	0.29
32	RZP-B17	含粉砂页岩	14	—	—	0.16
33	RZP-B20	含钙泥质粉砂岩	60	—	—	0.11
34	RZP-B21	含粉砂页岩夹泥质粉砂岩	35	—	—	0.34
35	SBTP-B14	泥质粉砂岩	40	—	—	0.79
36	SBTP-B18	泥质粉砂岩	8	—	—	0.94
37	SBTP-B20	泥质粉砂岩	45	—	—	0.95
38	XDP-B4	含碳含粉砂页岩	15	39	8	0.11
39	XDP-B5	钙质粉砂岩	50	—	—	0.10
40	XDP-B6	钙质粉砂岩	70	—	—	0.10
41	XMP-B19	含钙含碳粉砂质页岩	30	41	31	0.71
42	XMP-B20	含钙含碳粉砂质页岩	30	41	19	0.96
43	XMP-B21	泥质泥晶灰岩	0	27	32	0.95

续表

序号	样品号	薄片定名	陆源碎屑	硅质+长石	碳酸盐矿物	TOC
44	XMP-B22	泥质泥晶灰岩	0	—	—	0.24
45	XMP-B23	泥质泥晶灰岩	0	—	—	0.27
46	XMP-B24	泥晶灰岩	0	—	—	0.11
47	LMRP-B6	含粉砂质页岩	18	37	16	0.27
48	SQP-B8	含粉砂含钙质含碳页岩	20	40	11	0.91
49	SQP-B9	含钙含碳粉砂质页岩	25	43	10	0.90

由此可见，研究区龙马溪组黑色富有机质页岩随着碳酸盐矿物、陆源碎屑的增加，有机碳含量降低。总体来说，炭质硅质页岩、炭质页岩的有机质含量最高，其次为含粉砂炭质（含碳）页岩，局部地区的含粉砂（粉砂质）钙质炭质（含碳）页岩的有机质含量也较高，而粉砂岩及钙质页岩或碳酸盐岩的有机质含量很低。根据不同沉积环境中岩相组合的发育特征，可以得出浅海陆棚相利于有机质的富集，而潮坪环境中不发育有利的岩相类型，不利于页岩气的形成。因此，川南及邻区龙马溪组下段，沉积相与页岩气地质条件关系的研究主要是对浅海陆棚相进行分析。

4.7.2 沉积环境与页岩气地质条件的关系

有利于页岩气成藏的主控因素和基本要素之一为有机质的富集，有机质的富集主要与高生物产率和缺氧环境的叠加有关（金强，2001），前者的高生产力提供有机质，后者则作为保存条件，二者同时作为形成优质烃源岩的必要条件，主要是受沉积环境的控制（李双建等，2008）。沉积环境不仅控制有机质的发育，也影响页岩岩相、矿物组分特征，对页岩气的勘探、开发具有一定的控制作用。沉积物地球化学记录了古环境性质及其演化信息（陈衍景等，1996），而沉积环境又是影响沉积物地球化学特征的重要因素，因此，利用沉积物的地球化学分析可以反演沉积环境的特征。

1. 局限滞留的缺氧还原环境造成有机质的富集及保存

当时的构造格局决定了研究区处于一个闭塞的滞留环境，根据龙马溪组下段黑色页岩的地球化学特征，沉积环境为缺氧的还原环境（图 4-58A～C），有机质在缺氧的环境下得到了很好的保存（李双建等，2008；张春明等，2012）。海相沉积背景下，欠补偿的浅水-深水盆地、深水陆棚盆地、深水陆棚相、台内凹陷等沉积环境有利于海相优质烃源岩的形成（陈践发等，2006a；秦建中等，2009，2010b）；同时，由于这些沉积环境陆源物质输入量少，水体相对较深，水体表层生物繁殖，大量海源硅质沉积物的加入，易形成硅质型页岩或钙质型页岩（付小东等，2011），利于页岩气的水力压裂。志留系龙马溪组局限滞留环境发育，且发育硅质型页岩，由此可以进一步推测其硅质为有机成因（王志峰等，2014），而非诸多学者认为的以碎屑成因为主（刘树根等，2011；曾祥亮等，2011；梁超等，2012；张春明等，2012）。

样品中富含黄铁矿，可能说明在较深的沉积水体中，有机质发生细菌硫化作用降低（Beener and Raiswell，1983；Rimmer et al.，2004）。该套地层中自生黄铁矿特别发育，多呈分散的微晶集合体出现，呈球粒状、鱼子状、莓球状和生物假象的也较为常见，黄保家等（2012）指出这是局限流通还原环境的特征。总体来看，黄铁矿与TOC近似呈正比，说明沉积环境为缺氧的以及较低离子浓度的沉积水体（Hackley，2012）（图4-58D）。另外，李双建等（2008）指出有机碳含量（TOC）能独立用于缺氧条件的识别，川南及邻区有机碳含量在平面上和垂向上均呈不均匀分布，垂向上由下向上总体呈现降低的趋势，平面上由盆地中心向隆起区也在逐渐降低，更直观的说明缺氧的还原环境利于有机质的富集与保存。

Hill等（2007a）认为，Barnett页岩的主要生油气层沉积于缺氧、正常盐度且具有强烈上升流的海水中。而硅质岩的发育作为上升流发育的判定标志之一（吕炳全等，2004；李双建等，2008），在龙马溪组不发育，仅分布在扬子板块西、北缘（王清晨等，2008；刘伟等，2010）且集中在底部，表明龙马溪组沉积时上升洋流并不发育（李双建等，2008；王清晨等，2008）。另外，在上升流活跃的大陆边缘，生物活动也十分活跃，因此，富有机质的生油（气）岩常常与富磷矿物共生。然而分析表明，研究区龙马溪组下段黑色页岩中的磷元素与有机碳含量没有明显的正相关趋势（图4-58E），反映了当时上升流并不活跃，对有机质生产的贡献不大（王清晨等，2008）。由此可见，上扬子区龙马溪组优质烃源岩发育的主要因素之一为有利的滞留缺氧环境（肖开华等，2008；张春明等，2012）。

2. 快速海侵形成分层水体利于有机质的富集

川南及邻区龙马溪组有机质富集的另一重要因素为海侵初期对陆源碎屑的抑制作用（肖开华等，2008）。龙马溪组沉积时，全球气候已经进入暖期，冰川的快速融化使海平面快速上升（李双建等，2008）。显生宙最广泛的页岩沉积大多对应着全球海平面升高（Arthur and Sageman，1994），而且页岩的发育主要是海侵的初期阶段，而不是海侵最高位（Wignall and Maynard，1993）。中上扬子区烃源岩系也表现为集中发育于海侵体系域，且主要分布在各地质历史时期沉积旋回的中下部（陈洪德等，2009a；李一凡等，2012），即海侵的初期（李双建等，2008）。而海侵的后期由于深层海水和表层海水长时间的混合，加上陆源碎屑物质的注入，致使底部缺氧环境遭受破坏，有机质保存条件变差，表现为志留系龙马溪组由下向上有机碳含量变低（李双建等，2008）。

奥陶世晚期（即赫南特期）发生全球冰川事件，形成观音桥组浅水颗粒碳酸盐或陆源碎屑沉积物。在早志留世古气候迅速转暖时，扬子地区富氧表层水因直接受太阳辐射而迅速变暖，缺氧底层因得不到太阳辐射而在长时期内继续保持冰期时的古水温（陈践发等，2006b）。程立雪等（2013）通过分析也发现，上扬子地区下组合产出有底栖生物的黑色页岩的沉积环境为上层水体充氧（oxic）而下层水体贫氧（suboxic），且下层水体具有一定水动力的环境。黑色页岩的沉积环境中，上层水体的充氧以供给生物的生长生活和繁殖，为沉积物提供了丰富的有机质来源；而下层水体的贫氧阻碍了沉积有机质的分解，有利于有机物质的保存（陈践发等，2006b；程立雪等，2013）。缺氧底层水体温度较低，使得碳酸盐矿物难以达到饱和而进行化学沉淀，由此可见，水体较深的深水陆棚环境及浅水陆棚靠近盆地中心处，碳酸盐矿物含量较低，有利于有机质的富集；龙马溪组沉积后期，底层水体逐渐与上层温暖水体混合，使水温增高，碳酸盐矿物含量增加，并造成有机质的稀释，丰度降低。另外，上层水体中富硅生物体的沉降，促使硅质型页岩的形成，利于页岩气的水力压裂。因此，光合作用造成的表层水高生产力和潮湿气候条件下的缺氧分隔盆地是造成有机质富集的另一重要因素（王清晨等，2008）。

3. 沉积速率控制有机质的稀释率

由于扬子地区的滞留环境在早志留世早期以后的较长时间内仍然存在（张春明等，2012），笔石在龙马溪组上段的黄绿色页岩中也见发育，而志留纪的黑色页岩只发育在早期很短的时间内，这说明有其他因素改变或者破坏了早期有机质沉积的平衡条件。

有机质作为岩石组分，其丰度受其他组分含量的控制，这主要与沉积速率有关（陈践发等，2006b；Passey et al.，2010）。地质实际和模拟实验均表明，沉积速率较慢不利于有机质的保存；而沉积速率较快时，则单位体积中有机质含量被明显稀释而降低，因而适当的沉积速率是有机质富集的有利条件（陈践发等，2006a）。Pedersen 和 Calvert（1990）认为最有利于有机质保存的沉积速率应为 20～80m/Ma，古水体深度范围为 30～400m；沉积水体处于中性或弱碱性的酸碱度中，pH 为 7.0～7.8（付小东等，2008）。龙马溪组早期沉积速率慢（张春明等，2012），冯增昭等（1994）认为龙马溪组早期的沉积速率为 6～60m/Ma，有利于有机质的保存。富有机质页岩发育于陆源碎屑输入量大量减少的环境中（Hickey and Henk，2007），而龙马溪组晚期，相对浅水的沉积环境（张春明等，2012），发生快速的沉积，碎屑沉积物的大量增加造成对有机质的稀释，使得有机质含量降低。另外，早期沉降速率较慢，晚期沉降速率较快的岩石孔隙度损失最小（何小胡等，2010），有利于形成良好的页岩气储层。而龙马溪组早期在沉积时间上超过龙马溪组的一半，但沉积厚度仅占龙马溪组沉积厚度的 10%～30%；龙马溪组晚期沉积速率明显大于早期，在沉积时间上不足龙马溪组的一半，厚度却占 70%～90%（张春明等，2012），利于页岩气储层的形成。因此，龙马溪组在水体适中的陆棚环境中，早期适宜的沉积速率利于有机质的富集与保存。

4. 较高的生物产率控制有机质的丰度

我国古生代海相沉积中生物生产率是控制沉积物中有机质丰富的重要因素之一（陈践发等，2006b）。川南及邻区龙马溪组下段黑色页岩干酪根碳同位素主要分布在（−31‰）～（−28‰），有机质类型以 I 型为主，含少量的 II₁ 型，说明形成有机碳的主要以海相浮游生物为主。

海洋学研究表明，Ba 积累率与有机碳含量、生物生产力呈正相关，Ba 富集指示上层水体的高生产力（李双建等，2009）。中上扬子地区磺厂剖面和吼滩剖面，上奥陶统—下志留统有机碳含量与 Ba 含量有较好的正相关关系（李双建等，2009），川南及邻区志留系龙马溪组富有机质黑色页岩的生物 Ba 与有机碳含量之间也具较好的相关性（图 4-58F），表明古生产力对有机碳含量的影响较大。磷元素是生物生息繁衍的必须营养元素，磷参与生物的大部分新陈代谢活动，海水中磷的分布明显受生物作用控制，生物死亡后其遗体中所含的磷将随生物体一起沉积于水底。高含磷沉积地层反映了高有机质产率，富有机质的生油岩常常与富磷矿物共生，因此，通过分析沉积物中元素磷的丰度可以了解沉积物形成时水体中生物生产率的高低。研究区磷与有机碳含量之间的相关性不是很明显（图 4-58E），但有机碳含量低于 1% 时仍表现为明显的相关性，说明生物作用对有机质的富集具有一定影响。Clavert（1987）甚至认为并不是还原环境控制海洋富有机质沉积物的发育和分布，海相沉积岩中高有机碳丰度是高生产力的结果，即使在非还原环境中如有足够丰富的有机质，在其分解时可以消耗大量的氧气，造成水体缺氧并形成还原环境。高的生物产率也可以造成富有机质页岩的脆性矿物（生物成因的硅质、钙质）含量增加，增加页岩的脆性，增强页岩气的压裂效果。

5. 沉积环境控制岩相类型及矿物组分影响页岩气的地质特征

页岩的矿物组成、有机碳含量和有机质成熟度是页岩储层发育的三个最重要的因素（Curtis，2002；Jarvie et al.，2005）。沉积环境不仅影响有机碳的含量，也控制了页岩的矿物组成。张春明等（2012）指出，四川盆地南部龙马溪组有机质的发育情况更多是受控于沉积环境，碳酸盐矿物含量较低的欠补偿、缺氧的深水环境更有利于有机质的保存。

由岩相分析发现，发育于深水陆棚环境的（含钙）炭质（硅质）页岩与含粉砂（含钙）炭质页岩的有机碳含量均较高，且多发育于海侵初期，沉积水体较深，其碳酸盐矿物含量较低、硅质含量较高，多以硅质型页岩为主，利于页岩气的富集成藏与勘探、开发；含碳（含钙）粉砂质页岩、含碳页岩及含碳泥质灰岩主要发育于浅水陆棚环境中，其有机碳含量也相对较高，且随着碎屑颗粒与碳酸盐矿物含量的增高，有机碳含量逐渐降低，前者与有机碳含量的相关性更敏感，说明陆源碎屑提供量大的较富氧的沉积环境不利于有机质保存，碳酸盐矿物的增加可能只起到稀释有机质丰度的作用；水体较浅、氧含量较高且快速回暖的潮坪环境不利于有机质的保存，且陆源碎屑与碳酸盐矿物含量很高，很难形成较高丰度的有机碳，为页岩气的非有利区。由此可见，沉积环境影响岩相的类型及展布，进而影响有机质的展布特征。通过对川南及邻区矿物组分的详细研究，黏土矿物、硅质与碳酸盐矿物这三大类矿物组分的成因特征反映出沉积作用对研究区龙马溪组黑色页岩的重要影响。正是由于这种沉积对矿物组成和有机质发育特征的共同控制作用，才造成了矿物组分与有机质丰度的相关性。

由 Macquaker 等（2010）对有机质沉积、成岩过程的研究可知，细粒富有机质页岩形成条件为：在低能环境下，沉积物发生持续悬浮沉降，由径流或上升流提供大量的营养物质使得上覆水体中有高的有机质生产率，初级有机质注入盆地中而未被其他物质稀释，底层水长期保持缺氧的环境，受微生物降解作用影响较小的有机质多吸附在黏土颗粒表面，沉积水体保持适当的沉积速率使得有机质免受氧化或稀释。总体来说，局限滞留的缺氧还原环境、快速海侵形成的分层水体、适宜的沉积速率及较高的生物产率造成了研究区龙马溪组下段有机质富集，并主要形成硅质型页岩，利于页岩气的富集与开发。

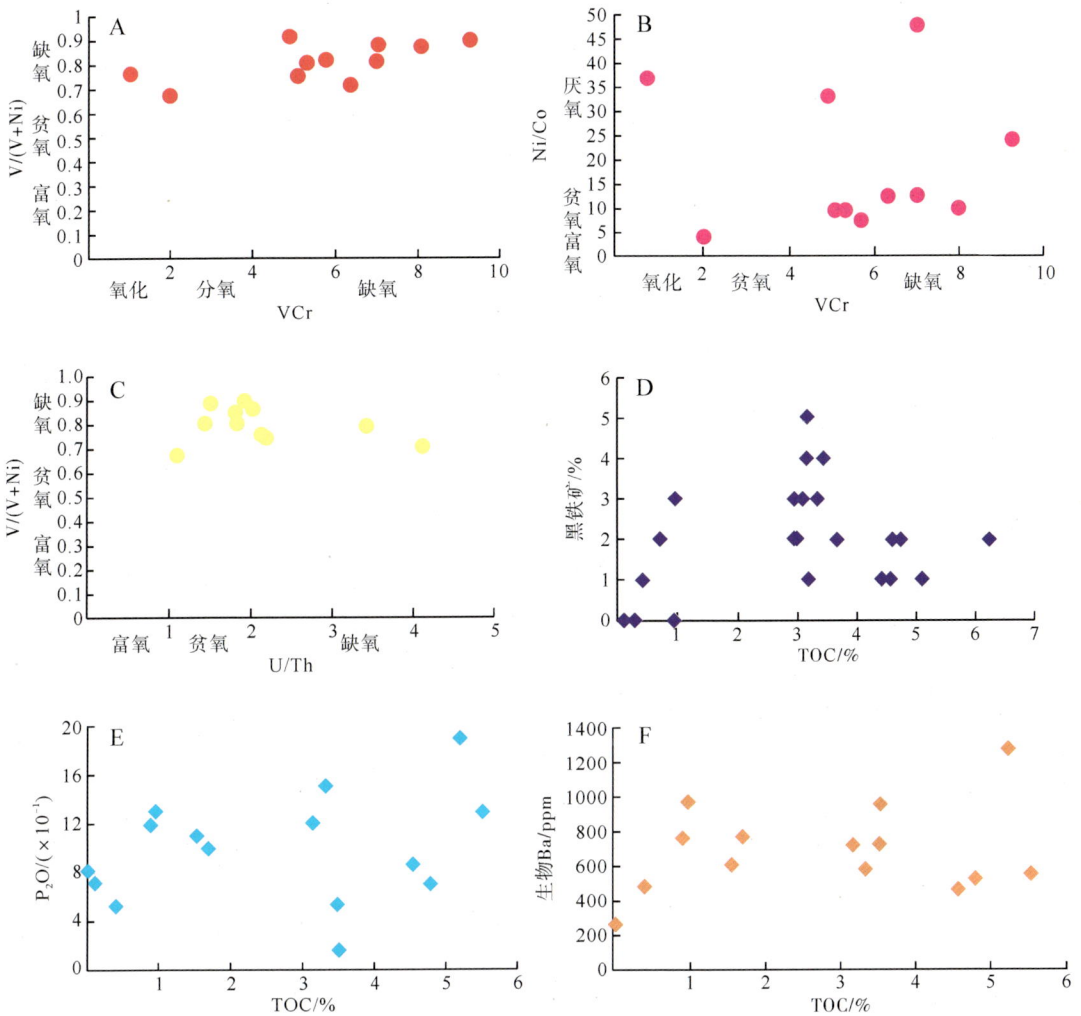

图 4-58　川南及邻区龙马溪组黑色页岩地化特征

Figure 4-58　Geochemical signatures of organic-rich shale of Longmaxi Formation

4.7.3　沉积相对页岩气有利区的划分

由川南及邻区龙马溪组下段沉积相发育特征及其与有机质的关系可知，沉积环境对页岩气的发育具有基础性的控制作用。隆起边缘的潮坪沉积以发育潮间带为主，其次为潮下带，表现为混积潮坪的特征。沉积环境多以氧化环境为主，且富含陆源碎屑及碳酸盐矿物，有机质含量很低，均为页岩气的非有利区。沉积中心的深水陆棚沉积区，在较高的古生产力条件下，多以缺氧的还原环境为主，利于有机质的富集与保存。受志留世早期气候快速回暖及海侵作用的影响，沉积物中碳酸盐矿物含量较少，而生物成因的硅质含量较高，利于页岩气的水力压裂效果，因此，深水陆棚相全部为页岩气的有利区。其中炭质硅质页岩中脆性矿物含量最高，为页岩气发育的最有利区。浅水陆棚相总体可划分为砂泥质浅水陆棚和灰泥质浅水陆棚，砂泥质浅水陆棚主要发育含粉砂含钙炭质页岩＋含钙粉砂质含碳页岩与粉砂质页岩＋含碳页岩岩相组合,为研究区浅水陆棚的主要沉积类型,所发育岩相类型比较复杂,碎屑颗粒、碳酸盐矿物及硅质等生物化学沉积物均可发育,且分布及含量不均匀,含有较高的有机质。其中,含粉砂含钙炭质页岩＋含钙粉砂质含碳页岩微相主要分布在深水陆棚环境的南侧及川西地区,表现为受较强的局限环境影响,具有相对较高的有机质含量,应为页岩气发育的次级有利区;灰泥质浅水陆棚主要发育钙质页岩＋含碳泥质灰岩,表现为混积陆棚的特征,碳酸盐矿物含量较高,主要为20%~30%,以发育碳酸盐质型页岩为主,受较高的碳酸盐矿物影响,有机质含量相对较低,通常低于2%,为页岩气的较不利发育区。

4.7.4 本节小结

川南及邻区志留系龙马溪组下段黑色岩系的岩相与有机碳含量具有良好的对应关系,炭质硅质页岩、炭质页岩的有机质含量最高,其次为含粉砂炭质(含碳)页岩,局部地区的含粉砂(粉砂质)钙质炭质(含碳)页岩的有机质含量也较高,而粉砂岩及钙质页岩或碳酸盐岩的有机质含量很低。沉积环境不仅控制有机质的发育,也影响页岩岩相、矿物组分特征,对页岩气的勘探、开发具有一定的控制作用。川南及邻区志留系龙马溪组黑色岩系页岩气富集的主要沉积因素为:①局限滞留的缺氧还原环境造成有机质的富集及保存;②快速海侵形成分层水体利于有机质的富集;③适宜的沉积速率不仅利于有机质的保存,也有效地控制了有机质的稀释率;④较高的生物产率控制了有机质的丰度;⑤沉积环境控制了岩相类型及矿物组分特征,造成龙马溪组富有机质页岩段以硅质型页岩为主,利于页岩气的勘探、开发。隆起边缘的潮坪相沉积多以氧化环境为主,且富含陆源碎屑及碳酸盐矿物,有机质含量很低,均为页岩气的非有利区。沉积中心的深水陆棚相沉积区,在较高的古生产力条件下,多以缺氧的还原环境为主,且碳酸盐矿物含量较少,而生物成因的硅质含量较高,全部为页岩气的有利区。其中炭质硅质页岩中脆性矿物含量最高,利于页岩气的水力压裂效果,为最为有利的沉积区。浅水陆棚相总体可划分为砂泥质和灰泥质浅水陆棚,砂泥质浅水陆棚最为发育,含有较高的有机质,应为页岩气发育的次级有利区;灰泥质浅水陆棚受较高的碳酸盐矿物影响,有机质含量相对较低,为页岩气的较不利发育区。

4.8 页岩气选区评价

页岩气藏是以富有机质页岩为气源岩、储层及盖层,不间断供气、持续聚集而形成的一种连续型天然气藏(李建青等,2014)。富有机质泥页岩具有普遍的含气性,寻找页岩气富集区并通过合适的工程措施获得工业气流,是页岩气勘探开发的关键和目标(陈新军等,2012)。北美近10年对构造较简单、中—高成熟度(Ro<3.0%)、埋藏深度较浅地层(<4000m)页岩气的形成、赋存与富集机理、评价方法与核心区预测做了大量研究,取得了突破性进展,并实现了页岩气的大规模工业开发(肖贤明等,2013)。近几年,中国

页岩气研究飞速发展，通过大量研究与分析，也取得了一定的进展。陈波等（2011）、曾祥亮等（2011）诸多学者对中国南方下古生界页岩与北美 Barnett 页岩地质特征进行了详细对比，越来越多的学者认为，与北美相比，中国南方海相页岩气具有热演化程度较高，储集层具有构造改造强、地应力复杂、埋藏较深、地表条件特殊等特点，照搬国外理论与技术难以实现有效开发（郭旭升等，2012；王红岩等，2013；李建青等，2014）。因此，进行南方海相页岩气选区评价，不能照搬国外的页岩气评价体系，须在参考北美各公司评价参数的基础上，根据中国南方的实际地质条件，建立适合中国南方海相页岩气的勘探评价体系（赵靖舟等，2011；李建青等，2014）。

目前中国南方海相页岩气勘探仍处于选区评价阶段，未形成较为成熟的页岩气选区评价体系（刘成林等，2009；陈尚斌等，2010；刘洪林等，2010；张大伟，2010；李世臻等，2010；刘洪林和李红岩，2012；葛忠伟和樊莉，2013），并且，由于适合我国实际地质条件的页岩气地质选区技术与评价方法的建立还不够完善，不同的学者提出的评价指标各不相同，同时考虑到北美现有理论对我国页岩气勘探、开发应用的限制，本研究主要是在总结和综合分析国内页岩气评价方法的基础上，结合本研究的结果，选择合适的评价指标及其下限，对川南及邻区志留系龙马溪组页岩气进行评价，划分出页岩气勘探的远景区及有利区。

4.8.1　页岩气选区评价指标

对于页岩气选区评价的研究，前人根据中国南方海相地质特点，结合页岩气的研究程度，先后提出了相应的评价标准（聂海宽等，2009a；蒲泊伶等，2010；张卫东等，2011；李玉喜等，2012；李延钧等，2013；聂永生等，2013；李建青等，2014）。通常选取含气页岩厚度、有机碳、有机质热成熟度、储集性、埋藏深度、保存条件和含气性等参数对页岩气有利区进行评价。然而，不同的研究区类型及范围在进行页岩气评价时也可能会选择不同的评价指标，例如，聂永生等（2013）对黔东南地区岑巩页岩气区块进行勘探潜力研究时，结合美国页岩气勘探成功经验，根据区块内资料的实际情况，筛选出有机质含量、有机质热演化程度、页岩层厚度、页岩埋深、保存条件与地表地形条件共 6 个关键地质因素对页岩储层有利勘探方向进行预测；而李玉喜等（2011）、涂乙等（2014）分别选择构造特征、岩相和储集层特征等 12 个和 10 个指标对页岩气勘探开采和页岩气储层进行评价。所选择相关地质因素的下限范围也不尽相同，例如，王世谦等（2013b）认为要达到页岩气的规模、效益化开发目标，一般要求页岩气储层在区域上呈连续稳定分布（数千至上万平方千米），而且在纵向上连续分布的厚度也较大，一般而言，页岩气藏的页岩有效厚度最好大于 15m，核心区的页岩有效厚度最好大于 30~50m；而李延钧等（2013）认为龙马溪组页岩单层厚度下限定为 30m，并且至少还应包含 15m 的优质页岩（TOC>2.0%），以满足生烃量，硅质含量下限应达到 35%，从而使页岩具有较好的脆性，应用页岩钻井资料，首次通过有机碳恢复法、含气量反演法、测试法等方法，TOC>1.0%左右可作为四川盆地南部下古生界志留系龙马溪组页岩有机碳评价指标下限；王世谦等（2013a）则认为现今很多国内学者对总有机碳含量的选择下限过低，应最好选择有机碳含量大于 2.0%或 2.5%的页岩进行勘探。

根据国土资源部油气资源战略研究中心与中国地质大学（北京）2011 年 8 月制定的《页岩气资源潜力评价与有利区优选方法》和李玉喜等（2012）总结性给出的《页岩气资源潜力评价与有利区评选》方案，结合我国油气勘探现状及页岩气资源特点，将页岩气分布区划分为远景区、有利区和目标区（核心区）三级（图 4-59）。

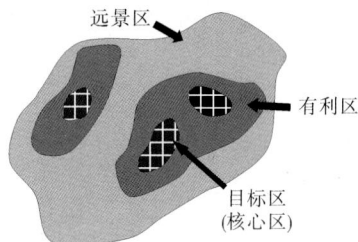

图 4-59 页岩气分布区划分示意图（国土资源部油气资源战略中心等，2010b）

Figure 4-59 Shale gas distribution area dividing diagram (according to the Ministry of Land and Resources of Oil and Gas Resources Strategic Center et al., 2010b)

1. 页岩气远景区评价指标

李玉喜等（2012）指出页岩气远景区评价即含气页岩评价，是指在区域地质调查基础上，结合地质、地球化学、地球物理等资料，优选出的具备规模性页岩气形成条件的潜力区域。远景区优选基础是以区域地质资料为基础，了解区域构造、沉积及地层发育背景，查明含有机质泥页岩发育的区域地质条件，初步分析页岩气的形成条件，对评价区进行以定性－半定量为主的早期评价。选区方法是基于沉积环境、地层、构造等研究，主要研究页岩的有机质含量、有机质演化程度、岩石矿物组分和页岩气显示，划分含气页岩层段；研究含气页岩分布、厚度、埋深、纵向和横向变化规律等，采用类比、叠加、综合等技术，选择具有页岩气发育条件的区域，即远景区（表 4-26）。

表 4-26 川南及邻区海相页岩气远景区优选参考指标

Table 4-26 Optimization reference index of marine shale gas prospect area in southern Sichuan Basin and its periphery

主要参数	变化范围
TOC	大于 0.5%，平均不小于 1.0%
Ro	不小于 1.3%
埋深	100～4500m
地表条件	平原、丘陵、山区、沙漠及高原等
保存条件	有区域性页岩的发育、分布，保存条件一般

2. 页岩气有利区评价指标

有利区的优选主要是在远景区的基础是上进行页岩气资源潜力评价（李玉喜等，2012），主要依据页岩分布情况、地球化学指标、钻井天然气显示以及少量含气性参数优选出来，经过进一步钻探能够或可能获得页岩气工业气流的区域。选区基础是结合泥页岩空间分布，在进行了地质条件调查并具备了地震资料、钻井（含参数浅井）以及实验测试等资料，掌握了页岩沉积相特点、构造模式、页岩地化指标及储集特征等参数基础上，依据页岩发育规律、空间分布及含气量等关键参数在远景区内进一步优选出的有利区域。选区方法是基于页岩分布、地化特征等资料，主要研究含气页岩的含气量、吸附能力、储集空间类型、储集物性、储集裂缝及其变化规律，采用多因素叠加、综合地质评价、地质类比等多种方法，开展页岩气有利区优选及资源量评价（表 4-27）。

表 4-27　川南及邻区海相页岩气有利区优选参考指标

Table 4-27　Optimization reference index of marine shale gas favorable distribution area in southern Sichuan Basin and its periphery

主要参数	变化范围
页岩面积下限	根据地表条件及资源分布等多因素考虑，面积下限为 $200\sim500km^2$
泥页岩厚度	厚度稳定，厚度大于 30m，单层不小于 10m
TOC	大于 1.0%，平均不小于 2.0%
Ro	Ⅰ型干酪根不小于 1.3%；Ⅱ型干酪根不小于 0.7%；Ⅲ型干酪根不小于 0.5%
埋深	$500\sim4500m$
矿物组成	脆性矿物大于 50%（石英＋长石等大于 30%、碳酸盐矿物小于 30%）；黏土矿物含量小于 50%
地表条件	地形高差较小，如平原、丘陵、低山、中山、沙漠等
总含气量	不小于 $0.5m^3/t$
保存条件	有一定上覆地层厚度，构造较稳定，保存条件较好

总体看，页岩气勘探有利区需要具备较厚的含气页岩厚度、较高的有机质丰度、较高的热演化程度、较高的含气量、较好的保存条件和适合勘探的地表条件等。

（1）较厚的含气页岩层。川南及邻区龙马溪组在地质历史时期经历了多期次的构造活动，可能会造成富有机质页岩中的天然气很难保存下来，而富有机质页岩的厚度越大，对生成的天然气的自我封闭性就越好，则形成页岩气的地质条件就越有利，同时，含气页岩的厚度越大，生成的天然气量就越大，则页岩气的规模也就越大。根据美国页岩气勘探开发经验，选择 30m 为有利区优选中富有机质页岩厚度的评价下限。

（2）较高的有机质丰度。页岩中有机碳含量越高，生气量就越大，由于川南及邻区龙马溪组页岩吸附气量与有机碳的含量呈现正相关关系，则有机碳含量越高，页岩的吸附能力也就越强，吸附量也就越高，同时有机质含量越高，游离气的含量也会逐渐增加。因此，有机碳含量越高，页岩的含气量越高。根据目前的资料及勘探经验，本研究选择 TOC≥2.0% 作为有利区优选的标准。

（3）较高的热演化程度。美国 Barnett 页岩气是热演化中晚期由页岩中滞留液态烃裂解形成的，页岩气富集带主要位于高成熟（Ro＞1.3%）分布区。上扬子地区海相富有机质泥页岩成熟度普遍较高，全部满足成熟度要求，但由于成熟度过高，其对页岩气成藏富集机理的控制作用目前尚不清楚，规定 Ro＜4.0% 作为上限。川南及邻区龙马溪组黑色岩系以Ⅰ型和Ⅱ₁型干酪根为主，虽然干酪根类型不同，开始生气的热演化程度的底线不同，但差别不大，所以选择 Ro>1.3% 为下限，上限为 Ro<4.0%。

（4）较高的含气量。含气量的高低是页岩气经济开发的关键，含气量越高，开发的前景越好，收益也就越好，考虑到我国特殊的地质特征，含气量参数暂定为不小于 $0.5m^3/t$。

此外，沉积构造、地表地形条件、交通条件、工程条件等也是有利区评价的重要参数。总之，页岩气有利勘探区优选是在具体参数指标的基础上，结合具体地质特征进行的综合分析。

3. 页岩气目标区评价指标

目标区（核心区）主要是对页岩气开发条件和开发经济性进行评价（李玉喜等，2012），是在页岩气有利区内，主要依据页岩发育规模、深度、地球化学指标和含气量等参数，确定在自然条件或经过储层改造后能够具有页岩气商业开发价值的区域。选区基础是基本掌握页岩空间展布、地化特征、储层物性、裂缝发育、实验测试、含气量及开发基础等参数，有一定数量的探井实施，并已见到了良好的页岩气显示。选区方法是基于页岩空间分布、含气量及钻井资料，研究储层温度、流体压力、流体饱和度及流体性质，以及页岩的敏感性、页岩岩石力学参数、现今应力场特征、地表条件和开发保障条件，通过试验井产量数据，分析开发经济条件，采用地质类比、多因素叠加及综合地质分析技术优选能够获得工业气流或具有工业开发价值的地区。其中，地面地形和水文等条件控制了页岩气的可采性（李建青等，2014），是页岩气目标区优选的主要参考因素之一。

4.8.2　川南及邻区志留系龙马溪组黑色岩系页岩气选区评价

1. 远景区优选

在获取了研究区一定量的富有机质页岩岩矿数据和分布资料后，就具备了开展页岩气远景区优选的基本条件。由于此次研究主要是针对研究区页岩选区评价的地质类参数进行，因此在远景区划分标准中（表4-26），以 TOC 和 Ro 为主要依据，参考其埋深和保存条件进行远景区的优选。选区方法为：在沉积相研究的基础上，通过编制岩相古地理图，并根据有机碳含量（TOC）和有机质的热演化程度（Ro）确定含气页岩层段的厚度和分布范围，之后结合其埋深和产状，以及断裂发育情况，进一步明确页岩气远景区范围。

受川南及邻区沉积构造演化的影响，通过对研究区龙马溪组黑色岩系的野外露头识别和埋深预测发现：龙马溪组黑色岩系分布面积约占该区总面积的 1/2，以北东—南西向条带状分布于渝东南、黔北和川东南地区，主要集中在该区的中部和东北部，西部分布范围较小，成狭长的不连续条带状。川南及邻区由东北部向西南部地层剥蚀量逐渐加大，在其西部的甘洛、峨眉等地区甚至出露了中—新元古界地层。该区由隆起区向中心围限区龙马溪组地层的埋深逐渐加大，同时由于该区主要呈现"向斜成山，背斜成谷"的特点，最大埋深均为背斜构造的中心位置。在川南低缓背斜构造带和川东高陡背斜构造带中，荣昌附近的盘1井最大埋深为 3856m，其周围的阳深 2 井和东深 1 井，最大埋深分别为 3565m 和 3428m；邻水南部的座 3 井五峰组—龙马溪组最大埋深达 4307m；在武隆县附近的青岗向斜龙马溪组黑色岩系底界最大埋深为 4900m，彭水县附近普子向斜最大埋深为 3400m，黔江区附近铜西向斜最大埋深为 3200m。而位于川中低平构造带中、靠近川中隆起的窝深 1 井和威基 1 井，最大埋深分别为 2761m 与 1518m，南部剥蚀区附近的丁山 1 井，其五峰组－龙马溪组最大埋深为 1523m。总体上，志留系龙马溪组在川南及邻区中部和东北部分布范围大、埋深大，西南部和东南部分布范围小、埋深浅。

川南及邻区志留系龙马溪组黑色岩系有机质热演化程度较高，有机碳含量平均大于 1.0% 的区域，其 Ro 均大于 1.3%，结合埋深特征，划分出横贯全区的页岩气勘探远景区（图 4-60）。研究区页岩气远景区展布面积广、分布稳定，相对于川南—黔北及渝东南地区，川西地区处于高山区，地形高差较大，且发育众多深部断层，地层抬升剥蚀强烈，地表水文、交通等条件较差，页岩气勘探程度也较低。因此，川西地区为研究区次级页岩气勘探远景区。

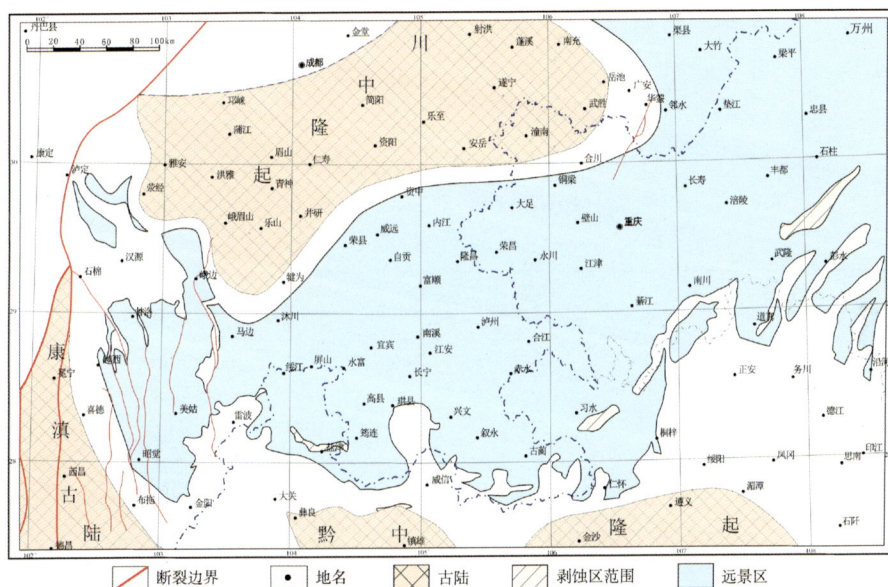

图 4-60 川南及邻区志留系龙马溪组黑色岩系页岩气远景区展布图

Figure 4-60 Prospect area distribution for shale gas of black rocks in Longmaxi Formation of southern Sichuan Basin and its periphery

2. 有利区优选

依据页岩地质地化指标，在远景区评价的基础上，结合页岩含气量和资源潜力、页岩储集能力，按照有利区选区评价指标（表 4-27），优选川南及邻区志留系龙马溪组页岩气的有利发育区。此次研究主要应用页岩气选区评价中的地质条件类参数：富有机质页岩的厚度、TOC、Ro、矿物组成及总含气量为划分依据，并参考其地层埋深、页岩面积下限及地表条件、保存条件，对页岩气有利区进行优选。

其中，由于页岩含气性研究，以页岩气地质调查井或勘探井为基础，通过岩心解析、等温吸附模拟，以及录井、测井数据分析，确定含气页岩的含气量及其在剖面、平面上的变化规律（李玉喜等，2011）。而在页岩气地质调查阶段，页岩气地质调查井或勘探井的资料相对较少，难以满足页岩气资源潜力评价的要求。而含气量指标虽是页岩气地质评价、资源潜力预测和有利区优选的重要指标，但不是唯一的指标，开展页岩气地质评价需要综合地质特征、地球化学特征、储层理化特征、流体性质等多方面因素（李玉喜等，2011）。并且，通过前面的分析，有机碳含量、矿物组分等均影响页岩气的含气量，王世谦等（2013a）分析指出当页岩中的 TOC<2.0% 时，其含气量往往较低，一般低于 $1m^3/t$ 或在 $1m^3/t$ 左右；而 TOC>2.0%（尤其是超过 2.5%）时，则页岩的含气量明显增高。对于页岩含气量的获得主要是通过钻井岩心的现场解析和等温吸附试验等获得，或者是通过公式法进行推测，在页岩气区域地质调查过程中，由于缺少页岩气钻井及资料，在进行页岩气选区评价过程中，主要是借鉴前人的研究成果。因此，此次研究主要是在岩矿和有机地球化学详细的基础上，结合少量的含气量分析结果，参照前人对川南及邻区龙马溪组含气量的分析（表 4-28）（聂海宽等，2012b；林腊梅等，2012；王庆波等，2012；黄金亮等，2012；韩双彪等，2013a；郭彤楼和刘若冰，2013），对研究区志留系龙马溪组页岩气有利区进行选区评价。

表 4-28　川南及邻区志留系龙马溪组黑色岩系含气量

Table 4-28　Shale gas content in black rocks of Longmaxi formation in southern Sichuan Basin and its periphery

研究区范围及层位	含气量/（m^3/t）	平均含气量/（m^3/t）	备注	引自
四川盆地及其周缘上奥陶统—下志留统	0.39~2.97	1.19	含气量小于 0.50m^3/t 的仅占 13.60%，分布在 0.50~1.00m^3/t 的占 39.10%，分布在 1.00~2.00m^3/t 的占 34.80%，大于 2.00m^3/t 的占 13.00%	聂海宽等，2012b
黔北地区龙马溪组	0.80~1.40，在四川盆地南部边界超过 1.40	—		聂海宽等，2012a
渝东地区达州—开州区—万州一带龙马溪组	1.00~1.40	—	川西地区常规油气勘探程度较弱，页岩气研究基础也较薄弱	
渝东地区石柱—彭水一带龙马溪组	0.80~1.20	—		
湘鄂西地区黔江—彭水—武隆一带龙马溪组	0.80~1.20	—		
威 201 井龙马溪组 1503.6~1543.3m	1.70~4.50	—	累产 29.98×10^4m^3	林腊梅等，2012
宁 201 井龙马溪组 2479~2525m	1.72~3.50	—		
渝东南龙马溪组	0.42~1.68	0.97		韩双彪等，2013a

研究区范围及层位	含气量/（m³/t）	平均含气量/（m³/t）	备注	引自
宁 201 井龙马溪组	1.42～2.83	2.08		王庆波等，2012
渝页 1 井龙马溪组	1.00～2.10	—		
川东南彭水区块龙马溪组	—	2.20		
威远地区龙马溪组	0.30～5.09	1.82		黄金亮等，2012
长宁地区龙马溪组	0.90～3.50	1.93		
JY1 井五峰组－龙马溪组	0.89～5.19	2.96	现场岩心含气量测试	郭彤楼和刘若冰，2013
	1.72～4.66		岩心等温吸附实验	
长宁地区五峰组－龙马溪组	3.50～6.50	—	岩心等温吸附实验	据"川南地区下古生界页岩气资源勘探区块评价和优选"项目（内部资料）
	2.40～4.00		现场岩心含气量测试	
彭页 1 井五峰组－龙马溪组	0～4.00	0.50	现场岩心含气量测试	
	1.79～3.11		岩心等温吸附实验	

　　根据页岩气有利区评价标准，首先依据有机碳含量、有机质热演化程度和地层埋深特征初步划分出研究区龙马溪组的页岩气有利勘探区。受地层埋深的控制，有利区主要分布在盆内及边缘。再结合研究区龙马溪组矿物组分对页岩气勘探、开发的影响，硅质型页岩发育区有利于页岩气的富集与开发，结合远景区和构造及地表条件的分布特征，将有利区划分为两个大类，共六类有利勘探区类型（图 4-61）。其中，在有机碳含量大于 2%、富有机质页岩厚度大于 30m、镜质体反射率（Ro）大于 1.3% 的基础上，川西地区深部断裂发育、地形高差大，将其划分为 Ⅱ 类有利区，其有机碳含量平均大于 2%、富有机质页岩厚度大于 30m、石英含量介于 30%～50%、黏土矿物含量较高为 40%～50%、碳酸盐矿物含量介于 10%～30%。

　　盆地内部及边缘的川南及渝东南地区，根据各参数不同，划分为五类有利区。其中，分布区中心处的宜宾—江津地区（Ⅰ₁），发育最有利于页岩气富集的"炭质硅质页岩"深水陆棚相，其碳酸盐矿物平均含量小于 10%、石英＋长石等脆性矿物平均含量大于 50%、黏土矿物平均含量小于 30%，且有机碳含量多大于 3%，平均含量大于 5%，富有机质页岩（TOC>1.0%）的厚度大于 80m，为研究区最有利分布区。该区地势呈现北缓南陡，地层埋深小于 1500m，断裂不发育，保存条件较好。

　　位于 Ⅰ₁ 类有利区边缘的绥江—重庆—忠县（Ⅰ₂）的广阔地区为次级有利地区，由西南向北东方向依次发育"含粉砂含钙炭质页岩＋含钙粉砂质炭质页岩"与"粉砂质页岩＋含碳页岩"浅水陆棚相，前者更有利于页岩气的富集。此地区龙马溪组黑色岩系的矿物组分与 Ⅰ₁ 类有利区相似，而有机质含量及富有机质页岩厚度稍有降低，分别为 TOC>3.0% 和厚度大于 60m。①该区的页岩气调查井——道页 1 井，有利富有机质页岩段（TOC>1.5%）为井段 570.1～597.1m，钻厚 27.0m；次有利富有机质泥页岩段（TOC<1.5%）为井段 489.0～570.1m，钻厚 81.1m。有利富有机质泥页岩段石英＋长石等脆性矿物含量平均为 67.56%，碳酸盐矿物含量平均为 13.58%，黏土矿物含量平均为

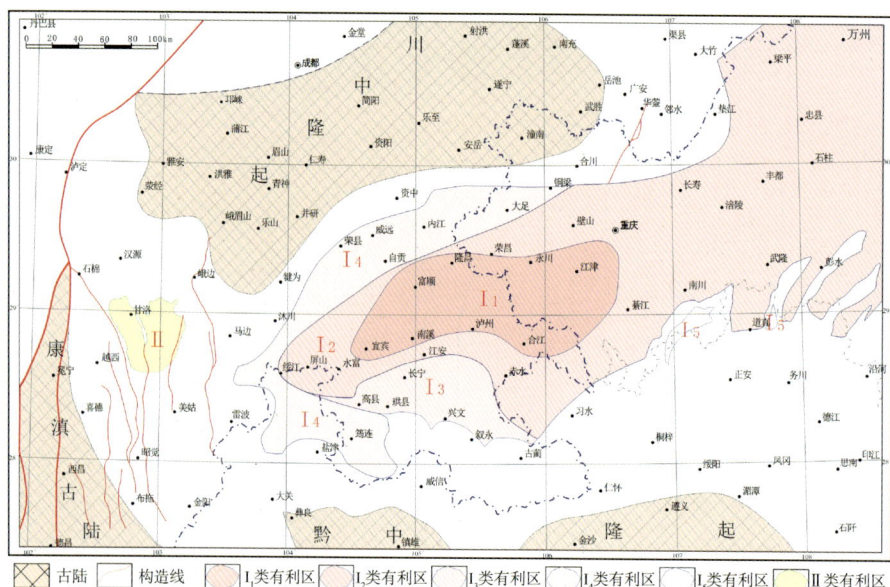

图 4-61　川南及邻区志留系龙马溪组黑色岩系页岩气有利区展布图

Figure 4-61　Favorable distribution area for shale gas of black rocks
in Longmaxi formation in southern Sichuan Basin and its periphery

18.86%；气测录井 404～423m 气测异常，全烃最大 2.947%，597m 停钻 24h 后效全烃最大 1.935%。现场解析 4 件样品计算总含气量为 1.84～2.69m³/t，取得了较好的含气显示，总体表明该地区具有较好的页岩气勘探潜力。②分布于四川盆地川东高陡断褶带的涪陵地区，埋深 4000m 以内，分布稳定，有机碳含量以大于 3.0% 为主，石英＋长石等脆性矿物含量在 50% 以上，碳酸盐矿物普遍无或含量小于 10%，纳米级孔隙（特别是微裂缝）发育，地表出露侏罗系为主，向斜带出露三叠系，异常压力高值分布区，压力系数为 1.5～2.0，保存条件较好，应力场集中分布区，压裂产生裂缝潜力大，已在涪陵焦石坝获得规模性页岩气突破，焦页 1HF 测试 20.3 万 m³，且已钻井基本上都高产，勘探前景好。③主要分布在川南低缓背斜构造带的綦江—习水地区，地表出露二叠－三叠系，埋深相对较浅，多为 1000～3000m，綦江观音桥地区龙马溪组 TOC 平均值为 3.18%，有利页岩厚度大于 30m，干酪根以 II₁ 型为主，Ro 普遍大于 2.0%，最高达 2.279%，达到生气阶段，石英＋长石等脆性矿物平均含量大于 40%，碳酸盐矿物在 16% 左右，黏土矿物占 40%，该区块页岩普遍以硅质型页岩和黏土质页岩为主，碳酸盐质型页岩不发育。

长宁—叙永（I₃）地区碳酸盐质型页岩开始发育，石英＋长石等矿物与黏土矿物的平均含量分别为大于 50% 与 30%～50%，碳酸岩矿物含量平均为 10%～30%，有机碳含量大多超过 2%，富有机质页岩厚度大于 30m。该区块位于川南低缓背斜构造带，区域内大部分被三叠系—侏罗系地层所覆盖，其次为志留系地层，区块南部发育少量奥陶系地层。①叙永麻城剖面龙马溪组黑色岩系 TOC 平均为 3.21%，Ro 在 2.2% 左右，已达生气阶段，石英＋长石等脆性矿物约占 35.2%，碳酸盐矿物占 34%，黏土矿物约占 30%，碳酸盐矿物含量增多，脆性矿物含量相对较高，也易于压裂，埋深在 2000～3000m，且断裂相对不发育，保存条件较好。②长宁双河剖面龙马溪组黑色岩系 TOC 平均为 3.36%，有利厚度大于 30m，石英＋长石等脆性矿物占 45.2%，碳酸盐矿物约 24.7%，黏土矿物达30%，五峰—龙马溪组黑色页岩中碳酸盐矿物含量均有所增加，碳酸盐质型页岩增多，该区五峰—龙马溪组地层整体埋深在 3500m 以内，断裂相对不发育，保存条件较好。③长宁页岩气有利勘探区主要勘探目的层为下寒武统牛蹄塘组和下志留统龙马溪组，其中龙马溪组埋藏深度为 1500～3000m。区内共钻井 9 口，除宁 206 井外，均见页岩气，其中宁201～H1 井日产气 $5 \times 10^4 m^3$。目前，中石油在叙永县震东乡伏龙村钻探一口常规兼探页岩气井——阳 1 井，该井从二叠系茅口组开孔，完钻深度 3620m，其中，钻遇龙马溪组底为 986m。从其气测曲线和测井曲线看，该井共揭示龙马溪组富有机质泥页岩 58m。通过对龙马溪组岩心进行浸水实验，岩心气泡明显，含气量较好。

介于川西强烈构造改造区与川南盆内地区之间的浅水陆棚沉积区，均发育"含粉砂含钙炭质页岩＋含钙粉砂质炭质页岩"岩相组合，其石英含量为 30%～50%、黏土矿物含量为 30%～50%、碳酸盐矿物为 10%～30%，也为较有利区，富有机质页岩厚度相对较薄，有机碳含量大多超过 2%，富有机质页岩厚度大于 30m，主要分布在大足—自贡—筠连（I_4）呈半弧状的地区。①威远—自贡—泸州地区位于威远国家页岩气示范区和富顺—永川页岩气合作区之间，通过区块地震剖面及自深 1 井揭示，该区块龙马溪组富有机质泥页岩层较发育，均深埋于地腹，埋深范围在 4500m 以内，上部主要被侏罗—白垩系地层所覆盖。区内黑色岩系的有机碳含量普遍大于 3%，石英＋长石等脆性矿物含量大于 50%，碳酸盐矿物含量小于 10%，黏土矿物含量为 30%～50%。②在威远构造带，截至 2012 年7 月，中石油已完钻多口页岩气钻井，其中中国第一口页岩气钻井威 201 井钻遇龙马溪组富有机质泥页岩层 43m，压裂后，龙马溪组日产气 0.3 万～1.7 万 m^3，其中龙马溪组已累计生产 49.58 万 m^3 页岩气。其次，威 202 井和威 201～H1 井龙马溪组页岩气日产量均过万立方米，已分别累计生产 34.14 万 m^3 和 319.9 万 m^3，勘探前景好。③雷波—绥江之间的有利区，分布于川西南古隆起构造带，龙马溪组黑色岩系分布较稳定，有机碳含量为1%～3%，平均大于 2%的展布区呈狭窄的条带状分布，脆性矿物含量达 70%以上，但碳酸盐矿物含量相对较多为 20%～40%，碳酸盐质型页岩较硅质型或黏土型页岩发育，地表出露寒武—侏罗系为主，埋深为 2000～3000m，断裂不甚发育，保存条件较好。

位于綦江和南川的东南角处以及道真的东侧局部地区（I_5），介于高山之间的洼地处，发育有利于页岩气富集的"含粉砂炭质页岩＋少量含粉砂含钙炭质页岩"深水陆棚相沉积，龙马溪组黑色岩系有机碳含量较高（超过 2%）、富有机质页岩厚度大于 30m，且碳酸盐矿物含量较低（小于 10%）、石英＋长石等脆性矿物含量较高（大于 50%）、黏土矿物含量平均小于 50%，利于页岩气的发育，考虑到强烈的地层抬升和复杂地表条件的影响，以及展布面积较小等因素，将其划分为最不利的 I 类页岩气有利勘探区。

分布在川西低隆构造带和滇东北冲断褶皱带间的荥经—汉源地区，发育"含钙炭质硅质页岩"深水陆棚相沉积，有利于形成页岩气分布区。然而，汉源轿顶山剖面龙马溪组有机碳含量较高（大于 3%），Ro 大于 3.0%，石英＋长石等脆性矿物含量较高（大于50%），碳酸盐矿物不均匀分布，而黏土矿物含量较低，通常小于 30%，平均约 15%，较低的黏土矿物含量，对页岩吸附天然气的能力是一个不利因素，另外川西地区地形高差相对较大，隐伏断层较发育，保存条件一般。结合聂海宽等（2012b）对研究区龙马溪组含气量的研究，该区龙马溪组含气量较低（小于 $0.5 \text{ m}^3/\text{t}$），因此为研究区页岩气勘探的非有利区。

通过以上分析可知，为了进一步验证"岩相古地理研究可作为页岩气地质调查之指南"，即"对于川南及邻区志留系龙马溪组，只要成岩演化进入中成岩阶段的浅海陆棚相黑色岩系，就能形成页岩气储层"，将各影响因素进行对比分析。王志刚（2015）、郭旭升等（2014）分别提出南方海相页岩气"三元富集"与"二元富集"理论，均提出深水陆棚相优质页岩是页岩气富集的基础。综上所述，寻找有利的沉积相（亚相、微相）是页岩气地质调查的基础和页岩气有利区评价最重要的依据之一。

由上可知，对于地质调查过程中的页岩气选区评价，应在详细的构造背景下，首先进行沉积相划分，确定出页岩气藏富集的沉积相和沉积微相，结合成岩作用、成岩演化的分析，进一步选择合适的 TOC、Ro 和矿物组分等参数界限，并最终对页岩气进行综合选区评价。其中，岩相古地理研究作为相和古沉积环境的综合反映，是影响富有机质页岩发育的主控因素和基础要素，应是页岩气地质调查工作中的基础和关键技术。在页岩气地质调查阶段，应从主要分析页岩气评价的地质条件类参数出发，结合实际资料情况，以沉积相（岩相古地理）平面展布图为基础，叠合有机碳含量等值线图、富有机质页岩厚度等值线图及有机质镜质体反射率等值线图（主要控制因素），再将矿物组分（黏土矿物、脆性矿物）平面展布图与之叠加，最后通过研究区埋深图进一步限制，并通过含气量资料进行验证和校正。

4.8.3　本节小结

本研究从页岩气富集影响因素出发，主要根据页岩气选区评价的地质条件类参数指标，结合实际资料情况，以沉积相（岩相古地理）平面展布图为基础，叠合有机碳含量等值线图、富有机质页岩厚度等值线图及有机质镜质体反射率等值线图（主要控制因素），再将矿物组分（黏土矿物、脆性矿物）平面展布图与之叠加，最后通过研究区埋深图进一步限制，并通过含气量资料进行验证和校正。

按照海相页岩气远景区的选区标准，主要应用地质条件类参数，对川南及邻区志留系龙马溪组黑色岩系的页岩气远景区进行评价。研究区页岩气远景区展布面积广、分布稳定，相对于川南—黔北及渝东南地区，川西地区处于高山区，地形高差较大，且发育众多深部断层，地层抬升剥蚀强烈，地表水文、交通等条件较差，页岩气勘探程度也较低，为研究区次级页岩气勘探远景区。

根据页岩气有利区评价标准，亦主要利用其地质条件类参数，在详细岩相古地理研究的基础上，首先依据有机碳含量、有机质热演化程度和地层埋深特征初步划分出研究区龙马溪组的页岩气有利勘探区，结合远景区和构造及地表条件的分布特征，将有利区划分为两个大类、共六类有利勘探区类型。川西地区深部断裂发育、地形高差大，将甘洛等地区划分为Ⅱ类有利区。盆地内部及边缘的川南及渝东南地区，根据各参数不同，划分为五类有利区，依次为盆地中心处的宜宾—江津地区（I_1）、位于 I_1 类有利区边缘的绥江—重庆—忠县（I_2）的广阔地区、长宁—叙永（I_3）地区、介于川西强烈构造改造区与川南盆内地区之间的大足—自贡—筠连（I_4）呈半弧状的地区，以及位于綦江和南川的东南角处以及道真的东侧局部地区（I_5）。分布在川西低隆构造带和滇东北冲断褶皱带间的荥经—汉源地区，黏土矿物含量较低，地形高差相对较大，隐伏断层较发育，保存条件一般，含气量较低（小于 $0.5\mathrm{m}^3/\mathrm{t}$），为研究区页岩气勘探非有利区。

4.9　本章小节

本章以川南及邻区志留系龙马溪组为例，对岩相古地理与页岩气地质调查的关系进行了研究和论证。川南及邻区志留系龙马溪组下段以浅海陆棚相最为发育，深水陆棚相主要分布于盆地中心处以及川西的天全—汉源呈狭长的西北—东南向展布的地区，为页岩气最有利沉积相带；浅水陆棚相分布在深水陆棚相的外侧，在龙马溪组下段相对发育。研究区龙马溪组黑色岩系的有机质含量较高，平面上分布不均匀，平均含量大多超过 1%，垂向上呈现由底向上逐渐减少的特征；越靠近沉积中心，富有机质页岩沉积厚度越大。有机质主要以 I 型干酪根为主，其次为 II_1 型；干酪根处于高成熟—过成熟演化阶段，局部地区达低级变质阶段。矿物组分主要为石英、黏土矿物和碳酸盐矿物，黄铁矿广泛分布，川南及邻区龙马溪组黑色岩系以硅质型页岩为主，有利于有机质的发育。储层表现为低孔、超低渗的致密特征，发育的孔隙类型主要有粒间孔、粒内孔、有机质孔隙和微裂缝，其中，有机质孔隙和黏土矿物层间孔隙是研究区龙马溪组下段黑色岩系基质孔隙的主要贡献者，微裂缝则提供主要的渗流通道。储集空间的发育特征主要受矿物组分和有机质含量及其演化程度的影响，孔隙的演化特征主要与成岩作用有关。在埋藏成岩过程中，页岩气地层经历了无机和有机成岩作用的共同改造，二者密不可分、相互影响。研究区龙马溪组黑色岩系成岩作用已达到晚成岩阶段，主要经历了四个阶段的成岩演化过程，中成岩 A 期的弱碱性—弱酸性弱溶蚀、胶结阶段中的黏土矿物转化和有机质生烃的协同作用是页岩气储层发育的主要原因。按照海相页岩气远景区和有利区的选区标准，主要应用地质条件类参数，对川南及邻区志留系龙马溪组黑色岩系的页岩气远景区和有利区进行评价。研究区页岩气远景区展布面积广、分布稳定；而有利区共划分为两个大类、共六类有利勘探区类型，盆地内部及边缘的川南及渝东南地区，为 I 类有利发育区。

结　论

涪陵页岩气田的诞生表明中国南方的扬子板块具有非常良好的页岩气发育条件。而已有的资料表明，不仅中国南方，中国西北地区、青藏地区及中东部地区同样具有巨大的页岩气潜力。国内正在规模化进行的页岩气地质调查工作的最终目的则是使这些巨大的潜力转化为生产力。本专著按照页岩气地质调查工作的总体要求，在统一的指导思想和编图技术细则框架下，以"四川盆地南部下组合页岩气成藏条件研究与选区评价"及"四川盆地下古生界海相页岩气基础地质调查"两个项目研究成果为基础，全面清理、收集、查阅了10多个区调资料、科研报告及大量科学研究文献成果中有关页岩气富集的影响因素、页岩气地质调查工作的理论及方法技术等资料，以活动论构造学、沉积学、岩相古地理学及相关编图技术、地球化学等的综合运用、相互验证与约束来探讨页岩气远景区、有利区及目标区的评价方法，并以四川盆地南部页岩气发育层系龙马溪组为例，编制完成了一系列图件，优选了其有利区块，基本实现了页岩气地质调查工作就是"寻找页岩气的远景区和有利区"的根本目标，为页岩气进一步的勘探开发提供科学依据。并最终确定了"岩相古地理研究与编图技术可为页岩气地质调查工作之指南（或关键）"的重要认识与观点。取得了以下几点主要成果。

（1）全面系统地梳理了国内外页岩气研究现状及岩相古地理学研究现状，总结了页岩气地质调查工作的各类方法技术，为进一步探讨页岩气远景区、有利区及目标区评价优选方法奠定了坚实的资料基础。

（2）页岩气是烃源岩中未被及时排出的"残留气"，以吸附气、游离气或溶解气形式存在，主要为生物成因气、热成因气或者两者的混合。限定了页岩气的赋存载体——泥页岩必须是"烃源岩"，因为形成页岩气藏的首要条件和关键因素是泥页岩中必须具有充足的原位含气量和足够的有机质，能够产生大量的生物成因气和热成因气，同时烃源岩中必须要有足够的基质孔隙（包括孔裂隙和裂缝等）。并指出其具有"页岩气藏的发育与分布不受构造控制，不存在明显或者固定界限的圈闭，只受烃源岩本身生气源面积和封盖层的控制"和"具源储一体特征，其生烃残余孔也为主要的储集空间"等典型特征。

（3）全面系统地分析了影响页岩气富集的七大重要因素，在"区域地质调查中对页岩气富集影响因素的分析，实际上为影响页岩含气量因素的分析"认识的基础上，指出有机质的含量及类型、成熟度是影响页岩气富集的基本要素。前者作为生烃物质，直接控制页岩气藏的存在与否，同时其生烃孔也为主要的储集空间，控制页岩气的吸附潜力和吸附气量；而页岩本身所独特具有的储集空间及其物性又主要受有机质热演化程度，即成熟度与有机质含量、矿物组分等的综合影响。深入研究发现，有机质含量及类型、烃源岩的岩石类型和矿物组分特征等又均受到沉积环境的控制，进而提出了"沉积环境是决定页岩气富集程度的根本因素"的重要认识。

（4）"沉积环境是决定页岩气富集程度的根本因素"认识的得出，对页岩气地质调查工作方法技术的探讨具有决定性意义。而岩相古地理作为相和沉积环境的综合反映，理所当然是影响页岩气发育的主控因素和基础要素。在开展区域沉积相及岩相古地理研究的基础上，通过岩相古地理编图技术，可以明确烃源岩发育有利相带的时空展布及其规律，从而可以初步圈定页岩气勘探的范围。实际上，岩相古地理研究与编图技术一直以来都是一种找矿、找油气方法，由此，本专著首次明确提出了"岩相古地理研究与编图为页岩气地质调查工作之指南（或关键）"的重要认识与观点。岩相古地理学理论作为调查工作中的理论基础，其相关编图技术作为调查过程中的关键方法技术，这对于我国现阶段的页岩气地质调查工作应具有重要的科学指导意义和实践意义。

（5）结合国内页岩气的研究与勘探现状，明确提出了现今国内页岩气地质调查工作的三大主要任务目标：①弄清烃源岩的特征，如岩性特征、沉积环境、沉积微（岩）相类型及特征、有机质含量、矿物组成等；②明确烃源岩的时空分布规律，包括其厚度、埋深、精细的展布及面积等；③优选页岩气藏的远景区与有利区。其根本的目标是第三点。因此，在深入论述岩相古地理研究与页岩气关系的基础上，进一步确定了"岩相古地理研究与编图为页岩气地质调查工作之指南（或关键）"的重要认识及其对页岩气地质调查工作的指导和关键性技术作用，并拟定了具体的编图技术方法与步骤，概括起来为：页岩气地质调查过程中的选区评价，应在详细的构造背景分析下，进行精细沉积相和成岩作用、成岩演化的分析，确定出影响页岩气藏富集的关键影响因素，选择合适的参数界限，以精细的岩相古地理图为基础，在其基础上分别叠加已确定出的关键影响因素，如 TOC 等值线图、Ro 等值线图、矿物组分平面展布图等，并依据选区评价等级（即远景区、有利区及目标区）的不同，实时灵活地选择关键影响因素的范围值，再通过对应研究区埋深图进一步的限制，最终圈定出不同选区的范围。最后还可以通过含气量资料进行验证和校正。这样综合圈定出的远景区、有利区及目标区将为页岩气进一步的勘探开发工作提供坚实的基础和科学依据。

（6）以四川盆地南部页岩气发育层系龙马溪组为例，按照第（5）点提出的指导思想和选区评价方法，对其进行了精细的研究并编制完成了一系列图件，优选了龙马溪组页岩气发育层段的有利区块，实现了预计的有利区优选目标。所以，在页岩气的地质调查工作中，不论涉及多少科学理论及勘探开发技术方法，以沉积学和古地理学为核心开展页岩气地质调查工作的认识不能偏离，具广泛性、强综合性的岩相古地理学可作为页岩气地质调查工作的指南，相关岩相古地理编图技术可作为关键的技术方法能够实现页岩气地质调查工作的任务。此过程中，岩相古地理学不仅仅是一种区域性的、多信息的和多学科的综合基础性研究，更为重要的是其本身就是一种页岩气地质调查工作的方法，是一种"找"页岩气的方法。这一共识性和方法论的认识应是古地理学和页岩气勘探开发实践高度结合的产物。

当然，在现今的页岩气地质调查工作中，大范围的地震、钻井工作程度偏低，无法进行较为全面的精细对比研究，特别是高精度的层序岩相古地理研究，使得产页岩气段烃源岩的岩石类型等地质特征、空间展布规律及受控因素等研究与认识具有一定的局限性，进而影响了页岩气藏富集程度相关方面的研究。页岩含气量等关键地质参数及其相互之间的关系，以及它们对页岩气富集的影响程度还需要进一步研究，这不仅影响着页岩气评价标准体系的建立，更影响着页岩气选区评价方法技术的探讨。

参考文献

安晓璇，黄文辉，刘思宇，等，2010. 页岩气资源分布、开发现状及展望 [J]. 资源与产业，12 (2)：103-109.

白兆华，时保宏，左学敏，2011. 页岩气及其聚集机理研究 [J]. 天然气与石油，29 (3)：54-57.

白振瑞. 2012. 遵义—綦江地区下寒武统牛蹄塘组页岩沉积特征及页岩气评价参数研究 [D]. 北京：中国地质大学.

蔡进功，徐金鲤，杨守业，2006. 泥质沉积物颗粒分级及其有机质富集的差异性 [J]. 高校地质学报，12 (2)：234-241.

蔡进功，包于进，杨守业，2007. 泥质沉积物和泥岩中有机质的赋存形式与富集机制 [J]. 中国科学 D 辑，37 (2)：244-253.

曹柯，李祥辉，王成善，2008. 四川盆地白垩系黏土矿物特征及古气候探讨 [J]. 地质学报，82 (1)：115-123.

陈波，兰正凯，2009a. 上扬子地区下寒武统页岩气资源潜力 [J]. 中国石油勘探，14 (3)：15-20.

陈波，皮定成，2009b. 中上扬子地区志留系龙马溪组页岩气资源潜力评价 [J]. 中国石油勘探，14 (3)：15-19.

陈波，关小曲，马佳，2011. 上扬子地区早古生代页岩气与北美 Barnett 页岩气潜力对比 [J]. 石油天然气学报（江汉石油学报），33 (12)：23-27.

陈诚，史晓颖，裴云鹏，等，2012. 鄂尔多斯盆地南缘晚奥陶世钾质斑脱岩——Shrimp 测年及其成因环境 [J]. 现代地质，26 (2)：205-219.

陈更生，董大忠，王世谦，等，2009. 页岩气藏形成机理与富集规律初探 [J]. 天然气工业，29 (5)：17-21.

陈更生，黄玉珍，2011. 中国页岩气地质研究进展 [M]. 北京：石油工业出版社.

陈洪德，王成善，1999. 华南二叠纪层序地层与盆地演化 [J]. 沉积学报，17 (4)：529-525.

陈洪德，覃建雄，田景春，等，2000. 右江盆地层序格架中的生储盖组合特征及勘探意义 [J]. 沉积学报，18 (2)：215-220.

陈洪德，倪新锋，2005. 陇东地区三叠纪延长组沉积层序及充填动力学特征 [C]. 鄂尔多斯盆地及邻区中新生代演化动力学和其资源环境效应学术研讨会论文摘要汇编.

陈洪德，倪新锋，田景春，等，2006. 华南海相下组合层序地层格架与油气勘探 [J]. 石油与天然气地质，27 (3)：370-377.

陈洪德，黄福喜，徐胜林，等，2009a. 中上扬子地区海相成烃物质聚集分布规律及主控因素 [J]. 成都理工大学学报（自然科学版），36 (6)：569-577.

陈洪德，钟怡江，侯明才，等，2009b. 川东北地区长兴组—飞仙关组碳酸盐岩台地层序充填结构及成藏效应 [J]. 石油与天然气地质，30 (5)：539-547.

陈践发，雷怀彦，师育新，等，1995. 铝硅酸盐矿物成岩作用对形成过渡带气的影响 [J]. 沉积学报，13 (2)：22-33.

陈践发，张水昌，鲍志东，等，2006a. 海相优质烃源岩发育的主要影响因素及沉积环境 [J]. 海相油气地质，11 (3)：49-54.

陈践发，张水昌，孙省利，等，2006b. 海相碳酸盐岩优质烃源岩发育的主要影响因素 [J]. 地质学报，80 (3)：467-472.

陈尚斌，朱炎铭，王红岩，等，2010. 中国页岩气研究现状与发展趋势 [J]. 石油学报，31 (4)：689-694.

陈尚斌，朱炎铭，王红岩，等，2011. 四川盆地南缘下志留统龙马溪组页岩气储层矿物成分特征及意义 [J]. 石油学报，32 (5)：775-782.

陈尚斌，朱炎铭，王红岩，等，2012. 川南龙马溪组页岩气储层纳米级孔隙结构特征及成藏意义 [J]. 煤炭学报，37 (3)：438-444.

陈尚斌，夏筱红，秦勇，等，2013. 川南富集区龙马溪组页岩气储层孔隙结构分类 [J]. 煤炭学报，38 (5)：760-765.

陈尚斌，秦勇，王阳，等，2015. 中上扬子区海相页岩气储层孔隙结构非均质性特征 [J]. 天然气地球科学，26 (8)：1455-1463.

陈文玲，周文，罗平，等，2013. 四川盆地长芯 1 井下志留统龙马溪组页岩气储层特征研究 [J]. 岩石学报，29 (3)：1073-1086.

陈祥，王敏，严永新，等，2011a. 泌阳凹陷陆相页岩油气成藏条件 [J]. 石油与天然气地质，32 (4)：568-576.

陈祥，严永新，章新文，等，2011b. 南襄盆地泌阳凹陷陆相页岩气形成条件研究 [J]. 石油实验地质，33 (2)：137-141.

陈新军，包书景，侯读杰，等，2012. 页岩气资源评价方法与关键参数探讨 [J]. 石油勘探与开发，39 (5)：566-571.

陈旭，肖承协，陈洪冶，1987. 华南五峰期笔石动物群的分异及缺氧环境 [J]. 古生物学报，26 (3)：106-118.

陈旭，戎嘉余，樊隽轩，等，2000. 扬子区奥陶纪末赫南特亚阶的生物地层学研究 [J]. 地层学杂志，24 (3)：169-175.

陈旭，戎嘉余，周志毅，等，2001. 上扬子区奥陶—志留纪之交的黔中隆起和宜昌上升 [J]. 科学通报，46 (12)：1052-1056.

陈衍景，邓健，胡桂兴，1996. 环境对沉积物微量元素含量和分配形式的制约 [J]. 地质地球科学，(3)：97-105.

程克明，王世谦，董大忠，等，2009. 上扬子区下寒武统筇竹寺组页岩气成藏条件 [J]. 天然气工业，29 (5)：40-44.

程立雪，王元君，陈洪德，等，2013. 上扬子地区震旦系—早古生界黑色页岩的沉积和埋藏环境 [J]. 岩石学报，29 (8)：2906-2912.

邓宏文，王洪亮，李小孟，1997. 高分辨率层序地层对比在河流相中的应用 [J]. 石油与天然气地质，18 (2)：90-95.

董大忠，程克明，王世谦，等，2009. 页岩气资源评价方法及其在四川盆地的应用 [J]. 天然气工业，29 (5)：33-39.

董大忠，程克明，王玉满，等，2010. 中国上扬子区下古生界页岩气形成条件及特征 [J]. 石油与天然气地质，31 (3)：288-299.

董大忠，邹才能，李建忠，等，2011. 页岩气资源潜力与勘探开发前景 [J]. 地质通报，30 (2/3)：324-336.

董大忠，王玉满，李登华，等，2012a. 全球页岩气发展启示与中国未来发展前景展望 [J]. 中国工程科学，14 (6)：69-76.

董大忠，邹才能，杨桦，等，2012b. 中国页岩气勘探开发进展与发展前景 [J]. 石油学报，33 (增刊)：

107-114.

杜金虎，杨华，徐春春，等，2011. 关于中国页岩气勘探开发工作的思考 [J]. 天然气工业，31（5）：6-8.

冯增昭，吴胜和，1987. 下扬子地区中、下三叠统青龙群岩相古地理研究及编图 [J]. 沉积学报，5（3）：40-58.

冯增昭，吴胜和，1988. 从岩相古地理论下扬子地区青龙群油气潜景 [J]. 石油学报，9（2）：1-11.

冯增昭，1991. 中下扬子地区二叠纪岩相古地理 [M]. 北京：地质出版社.

冯增昭，吴胜和，何幼斌，1993. 中下扬子地区二叠纪岩相古地理 [J]. 沉积学报，11（3）：13-24.

冯增昭，王英华，刘焕杰，等，1994. 中国沉积学 [M]. 北京：石油工业出版社.

冯增昭，鲍志东，杨玉卿，等，1997a. 南方海相油气为什么久攻不下？[J]. 海相油气地质，2（4）：4-7.

冯增昭，李尚武，杨玉卿，等，1997b. 从岩相古地理论中国南方二叠系油气潜景 [J]. 石油学报，18（1）：10-17.

冯增昭，杨玉卿，金振奎，等，1999. 从岩相古地理论中国南方石炭系油气潜景 [J]. 古地理学报，1（4）：86-92.

冯增昭，金振奎，鲍志东，等，2000. 从定量岩相古地理论中国南方海相碳酸盐岩油气 [J]. 海相油气地质，（Z1）：123-123.

冯增昭，2004. 中国寒武纪和奥陶纪岩相古地理 [M]. 北京：石油工业出版社.

冯增昭，2005. 从定量岩相古地理学谈华南地区海相地层油气勘探 [J]. 古地理学报，79（1）：1-11.

冯增昭，2008. 我国古地理学的形成、发展、特点与展望 [C]. 全国古地理学及沉积学学术会议.

冯增昭，鲍志东，邵一龙，等，2013. 中国沉积学（第二版）[M]. 北京：石油工业出版社.

伏万军，2000. 黏土矿物成因及对砂岩储集性能的影响 [J]. 古地理学报，2（3）：59-68。

付小东，秦建中，腾格尔，2008. 四川盆地东南部海相层系优质烃源层评价——以丁山1井为例 [J]. 石油实验地质，30（6）：621-628.

付小东，秦建中，滕格尔，等，2011. 烧源岩矿物组成特征及油气地质意义——以中上扬子古生界海相优质经源岩为例 [J]. 石油勘探与开发，38（6）：671-684.

高林志，章雨旭，王成述，等，1996. 天津蓟县中新元古代层序地层初探 [J]. 中国区域地质，（1）：64-74.

高志勇，张水昌，刘烨，等，2012. 新疆柯坪大湾沟剖面中上奥陶统烃源岩高频海平面变化与有机质的关系 [J]. 石油学报，33（2）：232-240.

葛祥英，牟传龙，周恳恳，等，2013. 湖南奥陶纪沉积演化特征 [J]. 中国地质，40（6）：1829-1841.

葛祥英，牟传龙，周恳恳，等，2014. 湖南晚奥陶世凯迪晚期－赫南特期沉积相及岩相古地理 [J]. 沉积学报，32（1）：8-18.

葛忠伟，樊莉，2013. 页岩气研究中应注意的问题 [J]. 油气地质与采收率，20（6）：19-22.

龚建明，李刚，李桂海，等，2012a. 页岩气成藏的关键因素 [J]. 海洋地质前沿，28（10）：28-32.

龚建明，王蛟，孙晶，等，2012b. 前陆盆地——页岩气成藏的有利场所 [J]. 海洋地质前沿，28（12）：25-29.

顾家裕，张兴阳，2003. 油气沉积学发展回顾和应用现状 [J]. 沉积学报，21（1）：137-141.

关士聪，演怀玉，丘东洲，等，1980. 中国晚元古代至三叠纪海域沉积环境模式探讨 [J]. 石油与天然气地质，1（1）：2-17.

关士聪，1984. 中国海陆变迁、海域沉积相与油气晚元古代—三叠纪 [M]. 北京：科学出版社.

郭岭，姜在兴，姜文利，2011. 页岩气储层的形成条件与储层的地质研究内容 [J]. 地质通报，31（2）：385-392.

郭秋麟，陈晓明，宋焕琪，等，2013. 泥页岩埋藏过程中孔隙演化与预测模型探讨 [J]. 天然气地球科学，24（3）：439-449.

郭彤楼，李宇平，魏志红，2011. 四川盆地元坝地区自流井组页岩气成藏条件 [J]. 天然气地球科学，22（1）：1-7.

郭彤楼，刘若冰，2013. 复杂构造区高演化程度海相页岩气勘探突破的启示——以四川盆地东部盆缘JY1井为例 [J]. 天然气地球科学，24（4）：643-651.

郭彤楼，张汉荣，2014. 四川盆地焦石坝页岩气田形成与富集高产模式 [J]. 石油勘探与开发，41（1）：28-36.

郭伟，刘洪林，薛华庆，等，2015. 鄂尔多斯盆地北部山西组页岩沉积相及其对页岩储层的控制作用 [J]. 地质学报，89（5）：931-941.

郭旭升，2010. 川西地区中、晚三叠世岩相古地理演化及勘探意义 [J]. 石油与天然气地质，31（5）：610-631.

郭旭升，郭彤楼，魏志红，等，2012. 中国南方页岩气勘探评价的几点思考 [J]. 中国工程科学，14（6）：101-105.

郭旭升，胡东风，文治东，等，2014. 四川盆地及周缘下古生界海相页岩气富集高产主控因素——以焦石坝地区五峰组－龙马溪组为例 [J]. 中国地质，41（3）：893-901.

郭英海，李壮福，李大华，等，2004. 四川地区早志留世岩相古地理 [J]. 古地理学报，6（1）：20-29.

国土资源部油气资源战略研究中心，2010a. 全国石油天然气资源评价 [M]. 北京：中国大地出版社.

国土资源部油气资源战略研究中心，2010b. 全国油页岩资源评价 [M]. 北京：中国大地出版社.

韩双彪，张金川，Brian，等，2013a. 页岩气储层孔隙类型及特征研究：以渝东南下古生界为例 [J]. 地学前缘，20（3）：247-253.

韩双彪，张金川，李玉喜，等，2013b. 黔北地区下寒武统牛蹄塘组页岩气地质调查井位优选 [J]. 天然气地球科学，24（1）：182-187.

韩双彪，张金川，邢雅文，等，2013c. 渝东南下志留统龙马溪组页岩气聚集条件与资源潜力 [J]. 煤炭学报，38（增刊）：168-172.

韩双彪，张金川，杨超，等，2013d. 渝东南下寒武页岩纳米级孔隙特征及其储气性能 [J]. 煤炭学报，38（6）：1038-1043.

何发岐，朱彤，2012. 陆相页岩气突破和建产的有利目标——以四川盆地下侏罗统为例 [J]. 石油实验地质，34（3）：246-251.

何金先，段毅，张晓丽，等，2011，贵州地区下寒武统牛蹄塘组黑色页岩地质特征及其油气资源意义 [J]. 西安石油大学学报（自然科学版），26（3）：37-42.

何小胡，刘震，梁全胜，等，2010. 沉积地层埋藏过程对泥岩压实作用的影响 [J]. 地学前缘，17（4）：167-173.

侯读杰，张善文，肖建新，等，2008. 济阳坳陷优质烃源岩特征与隐蔽油气藏的关系分析 [J]. 地学前缘，15（2）：137-146.

胡昌蓬，徐大喜，2012. 页岩气储层评价因素研究 [J]. 天然气与石油，30（5）：38-42.

胡东风，张汉荣，倪楷，等，2014. 四川盆地东南缘海相页岩气保存条件及其主控因素 [J]. 地质勘探，34（6）：17-23.

胡艳华，刘健，周明忠，等，2009a. 奥陶纪和志留纪钾质斑脱岩研究评述 [J]. 地球化学，38（4）：

393-404.

胡艳华，孙卫东，丁兴，等，2009b. 奥陶纪－志留纪边界附近火山活动记录：来华南周缘钾质斑脱岩的信息 [J]. 岩石学报，25 (12)：3298-3308.

华夏，张勤勤，2009. 岩相古地理研究现状及展望 [J]. 科教前沿，(33)：436.

黄保家，黄合庭，吴国瑄，等，2012. 北部湾盆地始新统湖相富有机质页岩特征及成因机制 [J]. 石油学报，33 (1)：25-31.

黄福喜，2011. 中上扬子克拉通盆地沉积层序充填过程与演化模式 [D]. 成都：成都理工大学.

黄福喜，陈洪德，侯明才，等，2011. 中上扬子克拉通加里东期（寒武－志留纪）沉积层序充填过程与演化模式 [J]. 岩石学报，27 (8)：2299-2317.

黄籍中，2009a. 从四川盆地看古隆起成藏的两重性 [J]. 天然气工业，29 (2)：12-17.

黄籍中，2009b. 四川盆地页岩气与煤层气勘探前景分析 [J]. 岩性油气藏，21 (2)：116-120.

黄金亮，邹才能，李建忠，等，2012. 川南志留系龙马溪组页岩气形成条件与有利区分析 [J]. 煤炭学报，37 (5)：782-787.

黄盛，王国芝，邹波，等，2012. 中上扬子区志留系龙马溪组页岩气勘探区优选 [J]. 成都理工大学学报（自然科学版），39 (2)：190-197.

黄思静，黄可可，冯文立，等，2009. 成岩过程中长石、高岭石、伊利石之间的物质交换与次生孔隙的形成：来自鄂尔多斯盆地上古生界和川西凹陷三叠系须家河组的研究 [J]. 地球化学，38 (5)：498-506.

黄俨然，张枝焕，李友川，等，2011. 全球深水区含油气盆地有效烃源岩的发育规律和控制因素 [J]. 海相油气地质，16 (3)：15-21.

黄振凯，陈建平，薛海涛，等，2013. 松辽盆地白垩系青山口组泥页岩孔隙结构特征 [J]. 石油勘探与开发，40 (1)：58-65.

吉利明，邱军利，张同伟，2012. 泥页岩主要黏土矿物组分甲烷吸附实验 [J]. 中国地质大学学报，37 (5)：1043-4050.

贾承造，郑民，张永峰，2014. 非常规油气地质学重要理论问题 [J]. 石油学报，35 (1)：1-10.

姜兰兰，潘长春，刘金钟，2009. 矿物对原油裂解影响的实验研究 [J]. 地球化学，38 (2)：165-173.

蒋维红，董春梅，闫家宁，2007. 岩相古地理学研究现状及发展趋势 [J]. 断块油气田，14 (3)：1-3.

姜文超，张新荣，方石，等，2014. 沉积学发展及油气勘探领域热点问题概述 [J]. 地质与资源，23 (4)：398-407.

姜在兴，2003. 沉积学 [M]. 北京：石油工业出版社.

姜在兴，梁超，吴靖，等，2013. 含油气细粒沉积岩研究的几个问题 [J]. 石油学报，34 (6)：1031-1039.

蒋裕强，董大忠，漆麟，等，2010. 页岩气储层的基本特征及其评价 [J]. 天然气工业，30 (10)：7-12.

焦方正，冯建辉，易积正，等，2015. 中扬子地区海相天然气勘探方向、关键问题与勘探对策 [J]. 中国石油勘探，20 (2)：1-8.

金强，2001. 有效烃源岩的重要性及其研究 [J]. 油气地质与采收率，8 (1)：1-4.

靳宁，李安春，刘海志，等，2007. 帕里西维拉海盆西北部表层沉积物中黏土矿物分布特征及物源分析 [J]. 海洋与湖沼，38 (6)：504-511.

敬乐，潘继平，徐国盛，等，2012. 湘中拗陷海相页岩层系岩相古地理特征 [J]. 成都理工大学学报：自然科学版，39 (2)：215-222.

康毅力，罗平亚，焦棣，等，1998. 川西致密含气砂岩的黏土矿物与潜在地层损害 [J]. 西南石油学院学报，20（4）：1-5.

李登华，李建忠，王社教，等，2009. 页岩气藏形成条件分析 [J]. 天然气工业，29（5）：22-27.

李桂范，赵鹏大，2009. 地质异常找矿理论在页岩气勘探中的应用 [J]. 天然气工业，29（12）：119-124.

李海，白云山，王保忠，等，2014. 湘鄂西地区下古生界页岩气保存条件 [J]. 油气地质与采收率，21（6）：22-25.

李虎，秦启荣，曾杰，等，2010. 对我国页岩气勘探开发的思考 [J]. 特种油气藏，4（6）：6-8.

李建青，高玉巧，花彩霞，2014. 北美页岩勘探经验对建立中国目前南方海相页岩气选区评价体系的启示 [J]. 油气地质与采收率，21（4）：23-27.

李建忠，董大忠，陈更生，等，2009. 中国页岩气资源前景与战略地位 [J]. 天然气工业，29（5）：11-16.

李建忠，李登华，董大忠，等，2012a. 中美页岩气成藏条件分布特征、差异研究与启示 [J]. 中国工程科学，14（6）：56-63.

李建忠，郑民，张国生，等，2012b. 中国常规与非常规天然气资源潜力及发展前景 [J]. 石油学报，33（增刊）：89-98.

李娟，于炳松，刘策，等，2012. 渝东南地区黑色页岩中粘土矿物特征兼论其对储层物性的影响——以彭水县鹿角剖面为例 [J]. 现代地质，26（4）：732-740.

李娟，于炳松，郭峰，等，2013. 黔北地区下寒武统底部黑色页岩沉积环境条件与源区构造背景分析 [J]. 天然气工业，31（1）：20-31.

李琦，刘魁元，邵素薇，等，2005. 泥岩裂缝油气藏地质模型与成因机制——以河口地区沙三段泥岩裂缝油气藏为例 [M]. 武汉：中国地质大学出版社.

李儒峰，1998. 北京十三陵中、新元古代层序地层格架中碳、氧同位素分布规律 [J]. 地质学报，72（2）：190-191.

李善营，于炳松，Dong H，等，2006. 青海湖底沉积物的矿物物相及有机质保存研究 [J]. 岩石矿物学杂志，25（6）：493-498.

李世臻，乔德武，冯志刚，等，2010. 世界页岩气勘探开发现状及对中国的启示 [J]. 地质通报，29（6）：918-924.

李世臻，姜文利，王倩，等，2013. 中国页岩气地质调查评价研究现状与存在问题 [J]. 地质通报，32（9）：1440-1446.

李双建，肖开华，沃玉进，等，2006. 南方海相上奥陶统—下志留统优质烃源岩发育的控制因素 [J]. 沉积学报，26（5）：872-880.

李双建，肖开华，沃玉进，等，2008. 湘西、黔北地区志留系稀土元素地球化学特征及其地质意义控制因素 [J]. 现代地质，22（2）：273-282.

李双建，肖开华，沃玉进，等，2009. 中上扬子地区上奥陶统—下志留统烃源岩发育的古环境恢复 [J]. 岩石矿物学杂志，28（5）：450-458.

李天义，何生，杨智，2008. 海相优质烃源岩形成环境及其控制因素分析 [J]. 地质科技情报，7（6）：63-70.

李委员，桑树勋，王冉，2015. 赣东北地区下寒武统荷塘组页岩气保存条件分析 [J]. 科学技术与工程，15（11）：25-30.

李贤庆，赵佩，孙杰，等，2013. 川南地区下古生界页岩气成藏条件研究 [J]. 煤炭学报，38（5）：864-869.

李欣，段胜楷，孙杨，等，2011. 美国页岩气勘探开发最新进展 [J]. 天然气工业，31（8）：124-126.

李新景，胡素云，程克明，2007. 北美裂缝性页岩气勘探开发的启示 [J]. 石油勘探与开发，34（4）：392-400.

李新景，吕宗刚，董大忠，等，2009. 北美页岩气资源形成的地质条件 [J]. 天然气工业，29（5）：27-32.

李延钧，刘欢，张烈辉，等，2013. 四川盆地南部下古生界龙马溪组页岩气评价指标下限 [J]. 中国科学：地球科学，43（7）：1088-1095.

李艳丽，2009. 页岩气储量计算方法探讨 [J]. 天然气地球科学，20（3）：466-470.

李一凡，樊太亮，高志前，等，2012. 渝东南地区志留系层序地层研究及黑色页岩分布 [J]. 天然气地球科学，23（2）：299-306.

李玉喜，聂海宽，龙鹏宇，等，2009. 我国富含有机质泥页岩发育特点与页岩气战略选区 [J]. 天然气工业，29（12）：115-118.

李玉喜，乔德武，姜文利，等，2011. 页岩气含量和页岩气地质评价综述 [J]. 地质通报，30（2）：308-317.

李玉喜，张金川，姜生玲，等，2012. 页岩气地质综合评价和目标优选 [J]. 地学前缘，19（5）：332-338.

李志荣，邓小江，杨晓，等，2011. 四川盆地南部页岩气地震勘探新进展 [J]. 天然气工业，31（4）：40-43.

梁超，姜在兴，郭岭，等，2011. 陆棚相黑色泥岩发育特征、沉积演化及页岩气勘探前景——以瓮安永和剖面牛蹄塘组为例 [J]. 大庆石油学院学报，35（6）：11-22.

梁超，姜在兴，杨镇婷，等，2012. 四川盆地五峰组—龙马溪组页岩岩相及储集空间特征 [J]. 大庆石油学院学报，39（6）：691-697.

梁狄刚，郭彤楼，边立曾，等，2009. 中国南方海相生烃成藏研究的若干新进展（三）南方四套区域性海相烃源岩的沉积相及发育的控制因素 [J]. 海相油气地质，14（2）：1-19.

梁薇，牟传龙，周恳恳，等，2014，湘中—湘南地区寒武纪岩相古地理 [J]. 古地理学报，16（1）：41-54.

梁兴，叶熙，张介辉，等，2011. 滇黔北坳陷威信凹陷页岩气成藏条件分析与有利区优选 [J]. 石油勘探与开发，38（6）：693-699.

梁兴，张廷山，杨洋，等，2014. 滇黔北地区筇竹寺组高演化页岩气储层微观孔隙特征及其控制因素 [J]. 天然气工业，34（2）：18-26.

林俊峰，郝芳，胡海燕，等，2015. 廊固凹陷沙河街组烃源岩沉积环境与控制因素 [J]. 石油学报，36（2）：163-173.

林腊梅，张金川，刘锦霞，等，2012. 页岩气勘探目标层段优选 [J]. 地学前缘，19（3）：259-263.

林腊梅，张金川，唐玄，等，2013. 中国陆相页岩气的形成条件 [J]. 天然气工业，33（1）：35-40.

刘安，李旭兵，王传尚，等，2013. 湘鄂西寒武系烃源岩地球化学特征与沉积环境分析 [J]. 沉积学报，31（6）：1122-1132.

刘宝珺，1980. 沉积岩石学 [M]. 北京：地质出版社.

刘宝珺，曾允孚，1985. 岩相古地理基础和工作方法 [M]. 北京：地质出版社.

刘宝珺，周名魁，王汝植，1990. 中国南方早古生代古地理轮廓及构造演化 [J]. 地球学报，（1）：97-98.

刘宝珺，许效松，潘杏南，等，1993. 中国南方古大陆沉积地壳演化与成矿 [M]. 北京：科学出版社.

刘宝珺，许效松，1994. 中国南方岩相古地理图集（震旦纪—三叠纪）[M]. 北京：地质出版社.

刘宝珺，韩作振，杨仁超，2006. 当代沉积学研究进展、前瞻与思考 [J]. 特种油气藏，15（5）：1-9.

刘成林，李景明，李剑，等，2004a. 中国天然气资源研究 [J]. 西南石油学院学报，26（1）：9-12.

刘成林，刘人和，罗霞，等，2004b. 天然气资源评价重点参数研究 [J]. 沉积学报，22（增刊）：79-83.

刘成林，范柏江，葛岩，等，2009. 中国非常规天然气资源前景 [J]. 油气地质与采收率，16（5）：26-29.

刘国生，徐菲，徐春华，等，2009. 合肥盆地安参 1 井粘土矿物 XRD 及成岩程度分析 [J]. 合肥工业大学学报（自然科学版），32（12）：1911-1915.

刘洪林，宁宁，2009. 美国页岩气发展启示及对我国页岩气勘探开发建议 [J]. 天然气工业，12（3）：6-8.

刘洪林，王红岩，刘人和，等，2010. 中国页岩气资源及其勘探潜力分析 [J]. 地质学报，84（9）：1374-1378.

刘洪林，王红岩，2012. 中国南方海相页岩吸附特征及其影响因素 [J]. 天然气工业，32（9）：5-9.

刘鸿允，1955. 中国古地理图 [M]. 北京：科学出版社.

刘立，王力娟，杨永智，等，2012. 松辽盆地南部 HX 井上白垩统青山口组黑色泥岩的矿物组成与自生微晶石英成因 [J]. 吉林大学学报（地球科学版），42（5）：1358-1365.

刘树根，曾祥亮，黄文明，等，2009. 四川盆地页岩气藏和连续型－非连续型气藏基本特征 [J]. 成都理工大学学报（自然科学版），36（6）：578-592.

刘树根，马文辛，Jansa，等，2011. 四川盆地东部地区下志留统龙马溪组页岩储层特征 [J]. 岩石学报，27（8）：2239-2252.

刘树根，樊太亮，高志前，等，2012. 渝东南地区志留系黑色页岩层序地层研究 [J]. 天然气地球科学，23（2）：299-306.

刘伟，许效松，冯心涛，等，2010. 中上扬子上奥陶统五峰组含放射虫硅质岩与古环境 [J]. 沉积与特提斯地质，30（3）：65-70.

刘伟，余谦，闫剑飞，等，2012. 上扬子地区志留系龙马溪组富有机质泥岩储层特征 [J]. 石油与天然气地质，33（3）：346-352.

刘小平，潘继平，董清源，等，2011. 苏北地区古生界页岩气形成地质条件 [J]. 天然气地球科学，22（6）：1100-1108.

刘玉林，邱世祥，薛祥煦，1998. 巴州坳陷下白垩统—中侏罗统的黏土矿物特征 [J]. 岩相古地理，18（5）：10-15.

刘云，1985. 松辽盆地晚白垩世黏土矿物特征及沉积环境分析 [J]. 沉积学报，3（4）：131-137.

龙鹏宇，张金川，李玉喜，等，2009. 重庆及其周缘地区下古生界页岩气资源勘探潜力 [J]. 天然气工业，29（12）：125-128.

龙鹏宇，张金川，唐玄，等，2011. 泥页岩裂缝发育特征及其对页岩气勘探和开发的影响 [J]. 天然气地球科学，22（3）：525-532，

龙鹏宇，张金川，姜文利，等，2012. 渝页 1 井储层孔隙发育特征及其影响因素分析 [J]. 中南大学学报（自然科学版），43（10）：3954-3963.

隆浩，王晨华，刘勇平，等，2007. 黏土矿物在过去环境变化研究中的应用 [J]. 盐湖研究，15（2）：456-459.

卢进才，李玉宏，魏仙样，等，2006. 鄂尔多斯盆地三叠系延长组长 7 油层组油页岩沉积环境与资源潜

力研究 [J]. 吉林大学学报：地球科学版，36（6）：928-932.

卢双舫，黄文彪，陈方文，等，2012. 页岩油气资源分级评价标准探讨 [J]. 石油勘探与开发，39（2）：249-250.

卢衍豪，朱兆玲，钱义元，1965. 中国寒武纪岩相古地理轮廓初探 [J]. 地质学报，45（4）：349-357.

卢衍豪，张文堂，朱兆玲，等，1994. 关于我国寒武系建阶的建议 [J]. 地层学杂志，18（4）：1.

陆现彩，胡文宣，符琦，等，1999. 烃源岩中可溶有机质与粘土矿物结合关系：以东营凹陷沙四段低熟烃源岩为例 [J]. 地质科学，34（1）：69-77.

路琳琳，纪友亮，2013. 下扬子地区寒武纪层序格架及古地理演化 [J]. 古地理学报，15（6）：765-776.

吕炳全，王红罡，胡望水，等，2004. 扬子地块东南古生代上升流沉积相及与页岩气的关系 [J]. 海洋地质与第四系地质，24（4）：29-35.

罗静兰，Morad S，阎世可，等，2001. 河流—湖泊三角洲相砂岩成岩作用的重建及其对储层物性演化的影响——以延长油区侏罗纪—上三叠统砂岩为例 [J]. 中国科学D辑，31（12）：1006-1016.

马丽亚，李江海，王洪浩，等，2014. 侏罗系烃源岩发育有利环境及条件探讨——古地理古环境编图研究 [J]. 地质学报，88（10）：1981-1991.

马永生，郭彤楼，付孝悦，等，2002. 中国南方海相石油地质特征及勘探潜力 [J]. 海相油气地质，7（3）：19-27.

马永生，傅强，郭彤楼，等，2005. 川东北地区普光气田长兴—飞仙关气藏成藏模式与成藏过程 [J]. 石油实验地质，27（5）：455-461.

马永生，蔡勋育，2006. 四川盆地川东北区二叠系—三叠系天然气勘探成果与前景展望 [J]. 石油与天然气地质，27（6）：741-750.

马永生，储昭宏，2008. 普光气田台地建造过程及其礁滩储层高精度层序地层学研究 [[J]. 石油与天然气地质，29（5）：548-556.

马永生，陈洪德，王国力，等，2009. 中国南方层序地层与古地理 [M]. 北京：科学出版社.

马永生，蔡勋育，赵培荣，等，2010. 四川盆地大中型天然气田分布特征与勘探方向 [J]. 石油学报，31（3）：347-354.

马永生，冯建辉，牟泽辉，等，2012. 中国石化非常规油气资源潜力及勘探进展 [J]. 中国工程科学，14（6）：101-105.

马永生，蔡勋育，赵培荣，2014. 元坝气田长兴组—飞仙关组礁滩相储层特征和形成机理 [J]. 石油学报，35（6）：1001-1011.

梅冥相，徐德斌，1996. 沉积地层旋回性记录中几个理论问题的认识，兼论"露头层序地层"的工作方法 [J]. 现代地质，10（1）：85-92.

梅冥相，马永生，邓军，等，2005. 上扬子区下古生界层序地层格架的初步研究 [J]. 现代地质，19（4）：551-562.

梅冥相，张丛，张海，等，2006. 上扬子区下寒武统的层序地层格架及其形成的古地理背景 [J]. 现代地质，20（2）：195-208.

梅冥相，马永生，张海，等，2007. 上扬子区寒武系的层序地层格架：寒武纪生物多样性事件形成背景的思考 [J]. 地层学杂志，31（1）：68-77.

牟传龙，1990. 从被动边缘到前陆盆地的演化模式——兼论前陆盆地的控矿作用 [J]. 岩相古地理，（2）：56-62.

牟传龙，许效松，林明，1992. 层序地层与岩相古地理编图——以中国南方泥盆纪地层为例 [J]. 岩相古地理，4（1）：1-9.

牟传龙，朱晓镇，邢雪芳，1997a. 海相火山沉积盆地层序地层研究：以新疆阿舍勒、冲乎尔地区泥盆系地层为例 [J]. 岩相古地理，17（3）：11-21.

牟传龙，丘东洲，王立全，等，1997b. 湘鄂赣二叠纪沉积盆地与层序地层 [J]. 岩相古地理，17（5）：1-22.

牟传龙，王剑，余谦，等，1999. 兰坪中新生代沉积盆地演化 [J]. 矿物岩石，19（3）：30-36.

牟传龙，丘东洲，王立全，等，2000. 湘鄂赣二叠系层序岩相古地理与油气 [M]. 北京：地质出版社.

牟传龙，谭钦银，王立全，等，2003a. 四川宣汉盘龙洞晚二叠世生物礁古油藏的发现及其重要意义 [J]. 地质论评，49（3）：60-64.

牟传龙，谭钦银，余谦，等，2003b. 四川宣汉盘龙洞晚二叠世生物礁古油藏剖面序列 [J]. 沉积与特提斯地质，23（3）：60-64.

牟传龙，谭钦银，余谦，等，2004. 川东北地区上二叠统长兴组生物礁组成及成礁模式 [J]. 沉积于特提斯地质，24（3）：65-76.

牟传龙，马永生，余谦，等，2005. 四川宣汉盘龙洞生物礁古油气藏油气源分析 [J]. 石油实验地质，27（6）：570-574.

牟传龙，马永生，谭钦银，等，2007. 四川通江—南江—巴中地区长兴组—飞仙关组沉积模式 [J]. 地质学报，81（6）：820-826.

牟传龙，许效松，2010. 华南地区早古生代沉积演化与油气地质条件 [J]. 沉积与特提斯地质，30（3）：24-29.

牟传龙，周恳恳，梁薇，等，2011. 中上扬子地区早古生代烃源岩沉积环境与油气勘探 [J]. 地质学报，85（4）：526-532.

牟传龙，梁薇，周恳恳，等，2012. 中上扬子地区早寒武世（纽芬兰世—第二世）岩相古地理 [J]. 沉积与特提斯地质，32（3）：41-53.

牟传龙，葛祥英，许效松，等，2014. 中上扬子地区晚奥陶世岩相古地理及其油气地质意义 [J]. 古地理学报，16（4）：427-440.

牟传龙，王启宇，王秀平，等，2016a. 岩相古地理研究可作为页岩气地质调查之指南 [J]. 地质通报，35（1）：10-19.

牟传龙，周恳恳，陈小炜，等，2016b. 中国岩相古地理图集（埃迪卡拉纪—志留纪）[M]. 北京：地质出版社.

牟传龙，王秀平，王启宇，等，2016c. 川南及邻区下志留统龙马溪组下段沉积相与页岩气地质条件的关系 [J]. 古地理学报，18（3）：457-472.

穆曙光，张以明，1994. 成岩作用及阶段对碎屑岩储层孔隙演化的控制 [J]. 西南石油学院学报，16（3）：22-27.

聂海宽，唐玄，边瑞康，2009a. 页岩气成藏控制因素及中国南方页岩气发育有利区预测 [J]. 石油学报，30（4）：484-491.

聂海宽，张金川，张培先，等，2009b. 福特沃斯盆地 Barnett 页岩气藏特征及启示 [J]. 地质科技情报，28（2）：87-93.

聂海宽，张金川，2010. 页岩气藏分布地质规律与特征 [J]. 中南大学学报：自然科学版，41（2）：700-708.

聂海宽，何发岐，包书景，2011a. 中国页岩气地质特殊性及其勘探对策 [J]. 天然气工业，31（11）：111-116.

聂海宽，张金川，李玉喜，2011b. 四川盆地及其周缘下寒武统页岩气聚集条件 [J]. 石油学报，32

（6）：961-965.

聂海宽，张金川，2011c. 页岩气储层类型和特征研究——以四川盆地及其周缘下古生界为例［J］. 石油实验地质，33（3）：219-227.

聂海宽，张金川，包书景，等，2012a. 四川盆地及其周缘上奥陶统-下志留统页岩气聚集条件［J］. 石油与天然气地质，33（3）：337- 345.

聂海宽，包书景，高波，等，2012b. 四川盆地及其周缘下古生界页岩气保存条件研究［J］. 地学前缘，19（3）：280-294.

聂海宽，张金川，2012c. 页岩气聚集条件及含气量计算——以四川盆地及其周缘下古生界为例［J］. 地质学报，86（2）：349-361.

聂永生，冷济高，韩建辉，2013. 黔东南地区岑巩页岩气区块勘探潜力［J］. 石油与天然气地质，34（2）：274-280.

潘继平，乔德武，李世臻，等，2011. 下扬子地区古生界页岩气地质条件与勘探前景［J］. 地质通报，30（2 /3）：337-343.

潘仁芳，黄晓松，2009. 页岩气及国内勘探前景展望［J］. 中国石油勘探，14（3）：1-6.

庞雄奇，李丕龙，金之钧，等，2003. 油气成藏门限研究及其在济阳坳陷中的应用［J］. 石油与天然气地质，24（3）：204-208.

庞雄奇，李素梅，金之钧，等，2004. 排烃门限存在的地质地球化学证据及其应用［J］. 中国地质大学学报，29（4）：384-390.

蒲泊伶，蒋有录，王毅，等，2010. 四川盆地下志留统龙马溪组页岩气成藏条件及有利地区分析［J］. 石油学报，3（12）：225-230.

秦建中，腾格尔，付小东，2009. 海相优质烃源层评价与形成条件研究［J］. 石油实验地质，31（4）：366-372.

秦建中，付小东，申宝剑，等，2010a. 四川盆地上二叠统海相优质页岩超显微有机岩石学特征研究［J］. 石油实验地质，32（2）：164-171.

秦建中，陶国亮，腾格尔，等，2010b. 南方海相优质页岩的成烃生物研究［J］. 石油实验地质，32（3）：262-269.

秦建中，申宝剑，付小东，等，2010c. 中国南方海相优质烃源岩超显微有机岩石学与生排烃潜力［J］. 石油与天然气地质，31（6）：826-837.

邱小松，胡明毅，胡忠贵，2014. 中扬子地区下寒武统岩相古地理及页岩气成藏条件分析［J］. 中南大学学报自然科学版，（9）：3174-3185.

冉波，刘树根，孙玮，等，2013. 四川盆地南缘骑龙村剖面五峰-龙马溪组黑色页岩孔隙大小特征的重新厘定［J］. 成都理工大学学报（自然科学版），40（5）：532-542.

戎嘉余，1984. 上扬子区晚奥陶世海退的生态地层证据与冰川活动影响［J］. 地层学杂志，8（1）：19-28.

戎嘉余，陈旭，2000. 中国志留纪年代地层学述评［J］. 地层学杂志，24（1）：27-35.

石油地质勘探专业标准化委员会，2003. 碎屑岩成岩阶段划分（SY/T 5477－2003）［S］. 北京：石油工业出版社.

司马立强，李清，闫建平，等，2013. 中国与北美地区页岩气储层岩石组构差异性分析及其意义［J］. 石油天然气学报（江汉石油学院学报），35（9）：29-33.

四川省地质矿产局，1991. 四川省区域地质志［M］. 北京：地质出版社.

宋召军，张志珣，余继峰，等，2008. 南黄海表层沉积物中粘土矿物分布及物源分析［J］. 山东科技大学学报，27（3）：1-4.

苏文博，何龙清，王永标，等，2002. 华南奥陶—志留系五峰组及龙马溪组底部斑脱岩与高分辨综合地层 [J]. 中国科学（D辑）：地球科学，32（3）：207-219.

苏文博，李志明，史晓颖，等，2006. 华南五峰组—龙马溪组与华北下马岭组的钾质斑脱岩及黑色岩系——两个地史转折期板块构造运动的沉积响应 [J]. 地学前缘，13（6）：82-95.

苏文博，李志明，Ettensohn F R，等，2007. 华南五峰组—龙马溪组黑色岩系时空展布的主控因素及其启示 [J]. 中国地质大学学报，32（6）：819-827.

隋风贵，刘庆，张林晔，2007. 济阳断陷盆地烃源岩成岩演化及其排烃意义 [J]. 石油学报，28（6）：12-16.

唐颖，刑云，李乐忠，等，2012. 页岩储层可压裂性影响因素及评价方法究 [J]. 地学前缘，19（5）：356-363.

田景春，陈洪德，覃建雄，2004. 层序—岩相古地理图及其编制 [J]. 地球科学与环境学报，26（1）：6-12.

田文广，姜振学，庞雄奇，等，2005. 岩浆活动热模拟及其对烃源岩热演化作用模式研究 [J]. 西南石油学院学报，27（1）：12-16.

田在艺，万仑昆，1993. 中国侏罗系岩相古地理与含油气远景 [J]. 新疆石油地质，14（2）：101-115.

田在艺，万仑昆，1994. 中国第三系岩相古地球与油气远景 [J]. 石油地质与工程，（2）：1-10.

田在艺，张庆春，1997. 中国含油气盆地岩相古地理与油气 [M]. 北京：地质出版社.

涂乙，邹海燕，孟海平，等，2014. 页岩气评价标准与储层分类 [J]. 石油与天然气地质，35（1）：153-158.

汪吉林，刘桂建，王维忠，等，2013. 川东南龙马溪组页岩孔裂隙及渗透性特征 [J]. 煤炭学报，38（5）：772-777.

汪明，李金发，叶建良，2012. 页岩气知识读本 [M]. 北京：科学出版社.

汪正江，谢渊，杨平，等，2012. 雪峰山西侧震旦纪早古生代海相盆地演化与油气地质条件 [J]. 地质通报，31（11）：1796-1811.

王朝晖，肖正辉，杨荣，等，2013. 丰湘中地区石炭系测水组页岩气生气物质基础研究 [J]. 中国煤炭地质，25（5）：19-31.

王成善，李祥辉，2003. 沉积盆地分析原理与方法 [M]. 北京：高等教育出版社.

王德海，郭峰，任国选，等，2006. 松辽盆地南部白垩系天然气成藏条件 [J]. 世界地质，25（3）：282-290.

王德海，孟祥化，罗平，等，2007. 天津蓟县高于庄组微亮晶（MT）碳酸盐岩的沉积环境及成因初探 [J]. 矿物岩石地球化学通报，26（s1）：396-403.

王多云，郑希民，李凤杰，2003. 含油气区岩相古地理学的几个问题 [J]. 沉积学报，21（1）：133-135.

王洪江，刘光祥，2011. 中上扬子区热场分布与演化 [J]. 石油实验地质，33（2）：160-164.

王红岩，刘玉章，董大忠，等，2013. 中国南方海相页岩高校开发的科学问题 [J]. 石油勘探与开发，40（5）：574-578.

王鸿祯，1985. 中国古地理图集 [M]. 北京：地图出版社.

王剑，段太忠，谢渊，等，2012. 扬子地块东南缘大地构造演化及其油气地质意义 [J]. 地质通报，31（11）：1739-1749.

王兰生，邹春艳，郑平，等，2009. 四川盆地下古生界存在页岩气的地球化学依据 [J]. 天然气工业，29（5）：59-62.

王丽波，久凯，曾维特，等，2013. 上扬子黔北地区下寒武统海相黑色泥页岩特征及页岩气远景区评价 [J]. 岩石学报，29（9）：3263-3278.

王鹏万，陈子炓，贺训云，等，2012. 桂中坳陷泥盆系页岩气成藏条件与有利区带评价 [J]. 石油与天然气地质，33（3）：353-363.

王清晨，严德天，李双建，2008. 中国南方志留系底部优质烃源岩发育的构造－环境模式 [J]. 地质学报，82（3）：289-297.

王庆波，刘若冰，李春燕，等，2012. 四川盆地及周缘五峰—龙马溪组页岩气地质条件研究 [J]. 重庆科技学院学报（自然科学版），14（4）：17-21.

王社教，王兰生，黄金亮，等，2009. 上扬子区志留系页岩气成藏条件 [J]. 天然气工业，29（5）：45-50.

王社教，李登华，李建忠，等，2011. 鄂尔多斯盆地页岩气勘探潜力分析 [J]. 天然气工业，31（12）：40-46.

王社教，杨涛，张国生，等，2012. 页岩气主要富集因素与核心区选择及评价 [J]. 中国工程科学，14（6）：94-100.

王世谦，陈更生，董大忠，等，2009. 四川盆地下古生界页岩气藏形成条件与勘探前景 [J]. 天然气工业，29（5）：51-58.

王世谦，2013a. 中国页岩气勘探评价若干问题评述 [J]. 天然气工业，33（12）：13-29.

王世谦，王书彦，满玲，等，2013b. 页岩气选区评价方法和关键参数 [J]. 成都理工大学学报（自然科学版），40（6）：609-620.

王世玉，刘树根，孙玮，等，2012. 黔中隆起北部上奥陶统—下志留统页岩特征 [J]. 成都理工大学学报（自然科学版），39（6）：599-605.

王顺玉，戴鸿鸣，王海清，等，2000. 大巴山—米仓山南缘烃源岩特征研究 [J]. 天然气地球科学，11（4）：4-16.

王祥，刘玉华，张敏，等，2010. 页岩气形成条件及成藏影响因素研究 [J]. 天然气地球科学，21（2）：350-356.

王秀平，牟传龙，贡云云，等，2013. 苏里格气田 Z30 区块下石盒子组 8 段储层成岩演化与成岩相 [J]. 石油学报，34（5）：883-895.

王秀平，牟传龙，葛祥英，等，2014. 四川盆地南部及其周缘龙马溪组黏土矿物研究 [J]. 天然气地球科学，25（11）：1781-1794.

王秀平，牟传龙，葛祥英，等，2015a. 川南及邻区龙马溪组黑色岩系矿物组分特征及评价 [J]. 石油学报，36（2）：150-162.

王秀平，牟传龙，葛祥英，等，2015b. 川南及邻区龙马溪组黑色岩系成岩作用研究 [J]. 石油学报，36（9）：1035-1047.

王阳，陈洁，胡琳，等，2013. 沉积环境对页岩气储层的控制作用——以中下扬子区下寒武统筇竹寺组为例 [J]. 煤炭学报，38（5）：845-850.

王玉满，董大忠，李建忠，等，2012. 川南下志留统龙马溪组页岩气储层特征 [J]. 石油学报，33（4）：551-561.

王志峰，张元福，梁雪莉，等，2014. 四川盆地五峰组—龙马溪组不同水动力成因页岩岩相特征 [J]. 石油学报，35（4）：623-632.

王志刚，2015. 涪陵页岩气勘探开发重大突破与启示 [J]. 石油与天然气地质，36（1）：1-6.

邬立言，顾信章，盛志伟，等，1986. 生油岩热解快速定量评价 [M]. 北京：科学出版社.

吴必豪，杨惠宁，李松筠，1993. 太平洋中部沉积物的矿物组成与沉积作用的研究 [M]. 北京：地质出版社.

吴陈君，张明峰，刘艳，等，2013. 四川盆地古生界泥页岩的地球化学特征 [J]. 煤炭学报，38（5）：794-8799.

吴勘，2012. 高一过成熟区页岩气藏烃源岩评价方法探索 [J]. 石油天然气学报，34（10）：37-39.

吴馨，任志勇，王勇，等，2013. 世界页岩气勘探开发现状 [J]. 资源与矿业，15（5）：61-67.

吴艳艳，曹海虹，丁安徐，等，2015. 页岩气储层孔隙特征差异及其对含气量影响 [J]. 石油实验地质，37（2）：231-236.

吴元燕，吴胜和，蔡正其，等，2005. 油矿地质学 [M]. 北京：石油工业出版社.

武景淑，于炳松，张金川，等，2013. 渝东南渝页1井下志留统龙马溪组页岩孔隙特征及其主控因素 [J]. 地学前缘，20（3）：260-269.

武羡慧，刘成武，巨军昌，1997. 他生、原生及次生粘土矿物的鉴别方法研究 [J]. 咸宁师专学报（自然科学版），17（3）：74-76.

肖开华，李双建，汪新伟，等，2008. 中上扬子区志留系油气成藏特点与勘探前景 [J]. 石油与天然气地质，29（5）：589-596.

肖贤明，宋之光，朱焱铭，等，2013. 北美页岩气研究及对我国下古生界页岩气开发的启示 [J]. 煤炭学报，38（5）：721-727.

肖贤明，王茂林，魏强，等，2015. 中国南方下古生界页岩气远景区评价 [J]. 天然气地球科学，26（8）：1433-1445.

谢家荣，1947. 淮南新煤田及大淮南盆地地质矿产 [J]. 地质论评，12（5）：317-348.

谢尚克，汪正江，王剑，等，2012. 湖南桃源郝坪奥陶系五峰组顶部斑脱岩 LA-ICP-MS 锆石 U-Pb 年龄 [J]. 沉积与特提斯地质，32（4）：65-69.

谢树成，龚一鸣，童金南，等，2006. 从古生物学到地球生物学的跨越 [J]. 科学通报，51（19）：2327-2336.

谢小敏，腾格尔，秦建中，等，2015. 贵州凯里寒武系底部硅质岩系生物组成、沉积环境与烃源岩发育关系研究 [J]. 地质学报，89（2）：425-439.

谢渊，王剑，李令喜，等，2010. 鄂尔多斯盆地白垩系黏土矿物的分布特征及其沉积－成岩意义 [J]. 地质通报，29（1）：93-104.

徐昉昊，钱劲，袁海锋，等，2015. 湘中－湘东南拗陷泥页岩层系沉积模式及储层特征 [J]. 成都理工大学学报（自然科学版），42（1）：80-89.

徐国盛，徐志星，段亮，等，2011. 页岩气研究现状及发展趋势 [J]. 成都理工大学学报（自然科学版），38（6）：603-610.

徐国盛，张震，罗小平，等，2013. 湘中和湘东南拗陷上古生界泥页岩含气性及其影响因素 [J]. 成都理工大学学报（自然科学版），40（5）：578-587.

徐士林，包书景，2009. 鄂尔多斯盆地三叠系延长组页岩气形成条件及有利发育区预测 [J]. 天然气地球科学，20（3）：460-465.

徐政语，蒋恕，熊绍云，等，2015. 扬子陆块下古生界页岩发育特征与沉积模式 [J]. 沉积学报，33（1）：21-34.

许效松，牟传龙，林明，1993. 露头层序地层与华南泥盆纪古地理 [M]. 成都：成都科技大学出版社.

许效松，牟传龙，林明，1994. 中国南方泥盆纪板内盆地层序地层与控矿 [J]. 沉积学报，12（1）：1-7.

许效松，徐强，潘桂堂，等，1996. 中国南方大陆演化与全球古地理对比［M］. 北京：地质出版社.

许效松，刘宝珺，牟传龙，等，2004. 中国中西部海相盆地分析与油气资源［M］. 北京：地质出版社.

许效松，刘伟，周棣康，等，2009. 黔中－黔东南地区下志留统沉积相［J］. 古地理学报，21（3）：13-20.

薛华庆，王红岩，刘洪林，等，2013. 页岩吸附性能及孔隙结构特征——以四川盆地龙马溪组页岩为例［J］. 石油学报，34（5）：826-832.

闫存章，黄玉珍，葛春梅，等，2009. 页岩气是潜力巨大的非常规天然气资源［J］. 天然气工业，29（5）：1-6.

闫建萍，刘池阳，张卫刚，等，2010. 鄂尔多斯盆地南部上古生界低渗砂岩储层成岩作用特征研究［J］. 地质学报，84（2）：272-279.

杨超，张金川，唐玄，2013. 鄂尔多斯盆地陆相页岩微观孔隙类型及度页岩气储渗的影响［J］. 地学前缘，20（4）：240-250.

杨峰，宁正福，胡昌蓬，等，2013. 页岩储层微观孔隙结构特征［J］. 石油学报，34（2）：301-311.

杨仁超，王秀平，樊爱萍，等，2012. 苏里格气田东二区砂岩成岩作用与致密储层成因［J］. 沉积学报，30（1）：111-119.

杨瑞东，程伟，周汝贤，2012. 贵州页岩气源岩特征及页岩气勘探远景分析［J］. 天然气地球科学，23（2）：340-347.

杨振恒，李志明，申宝剑，等，2009. 页岩气成藏条件及我国黔南坳陷页岩气勘探前景浅析［J］. 中国石油勘探，14（3）：24-28.

杨振恒，李志明，王果寿，等，2010. 北美典型页岩气藏岩石学特征、沉积环境和沉积模式及启示［J］. 地质科技情报，29（6）：59-64.

叶军，曾华胜，2008. 川西须家河组泥页岩成藏条件与勘探潜力［J］. 天然气工业，28（12）：18-25.

《页岩气地质与勘探开发实践丛书》编委会，2009. 北美地区页岩气勘探开发新进展［M］. 北京：石油工业出版社.

殷鸿福，谢树成，秦建中，等，2008. 对地球生物学－生物地质学和地球生物相的一些探讨［J］. 中国科学 D 辑：地球科学，38（11）：1-8.

尹福光，许效松，万方，等，2001. 华南地区加里东期前陆盆地演化过程中的沉积响应［J］. 地球学报，22（5）：425-428.

尹福光，许效松，万方，等，2002. 加里东期上扬子区前陆盆地演化过程中的层序特征与地层划分［J］. 地层学杂志，26（4）：315-319.

于炳松，2012. 页岩气储层的特殊性及其评价思路和内容［J］. 地学前缘，19（3）：252-258.

于炳松，2013. 页岩气储层孔隙分类与表征［J］. 地学前缘，20（4）：211-220.

于兴河，2008. 碎屑岩系油气储层沉积学［M］. 北京：石油工业出版社.

余和中，谢锦龙，王行信，等，2006. 有机黏土复合体与油气生成［J］. 地学前缘，13（4）：254-280.

袁鹤然，叵贞，刘俊英，等，2007. 广西百色盆地古近系沉积特征及古气候探讨［J］. 地质学报，81（12）：1692-1697.

曾祥亮，刘树根，黄文明，等，2011. 四川盆地志留系龙马溪组页岩与美国 Fort Worth 盆地石炭系 Barnett 组页岩地质特征对比［J］. 地质通报，30（Z1）：372-384.

张春明，张维生，郭英海，2012. 川东南—黔北地区龙马溪组沉积环境及对烃源岩的影响［J］. 地学前缘，19（1）：136-145.

张春明，姜在兴，郭英海，等，2013. 川东南—黔北地区龙马溪组地球化学特征与古环境恢复［J］. 地质科技情报，32（2）：124-130.

张大伟，2010. 加速我国页岩气资源调查和勘探开发战略构想［J］. 石油与天然气地质，2（31）：135-150.

张大伟，2011. 加快中国页岩气勘探开发和利用的主要路径［J］. 天然气工业，31（5）：1-5.

张海全，许效松，余谦，等，2010. 扬子板块西北缘晚奥陶世—早志留世岩相古地理演化与烃源岩的关系［J］. 石油天然气学报，32（2）：43-47.

张海全，余谦，李玉喜，等，2011. 中上扬子区下志留统页岩气勘探潜力［J］. 新疆石油地质，32（4）：353-355.

张海全，许效松，刘伟，等，2013. 中上扬子地区晚奥陶世—早志留世岩相古地理演化与黑色页岩的关系［J］. 沉积与特提斯地质，33（2）：17-23.

张厚福，方朝亮，高志先，等，1999. 石油地质学［M］. 北京：石油工业出版社.

张金川，薛会，张德明，等，2003. 页岩气及其成藏机理［J］. 现代地质，17（4）：466.

张金川，金之钧，袁明生，2004. 页岩气成藏机理和分布［J］. 天然气工业，24（7）：15-18.

张金川，徐波，聂海宽，等，2007. 中国天然气勘探的两个重要领域［J］. 天然气工业，27（11）：1-6.

张金川，聂海宽，徐波，等，2008a. 四川盆地页岩气成藏地质条件［J］. 天然气工业，28（2）：151-156.

张金川，汪宗余，聂海宽，等，2008b. 页岩气及其勘探研究意义［J］. 现代地质，22（4）：640-646.

张金川，徐波，聂海宽，等，2008c. 中国页岩气资源勘探潜力［J］. 天然气工业，28（6）：136-140.

张金川，姜生玲，唐玄，等，2009. 我国页岩气富集类型及资源特点［J］. 天然气工业，29（12）：109-114.

张金川，李玉喜，聂海宽，等，2010. 渝页 1 井地质背景及钻探效果［J］. 天然气工业，30（12）：114-118.

张金川，边瑞康，荆铁亚，等，2011. 页岩气理论研究的基础意义［J］. 地质通报，30（2）：318-323.

张金川，林腊梅，李玉喜，等，2012. 页岩气资源评价方法与技术：概率体积法［J］. 地学前缘，19（2）：184-191.

张金功，袁政文，2002. 泥质岩裂缝油气藏的成藏条件及资源潜力［J］. 石油与天然气地质，23（4）：336-338.

张俊鹏，樊太亮，张金川，等，2013. 露头层序地层学在上扬子地区页岩气初期勘探中的应用：以下寒武统牛蹄塘组为例［J］. 现代地质，27（4）：978-985.

张恺，1991. 论中国大陆板块的裂解、漂移、碰撞和聚敛活动与中国含油气盆地的演化［J］. 新疆石油地质，12（2）：91-106.

张丽雅，李艳霞，李净红，等，2011. 页岩气成藏条件及中上扬子区志留系页岩气勘探前景分析［J］. 地质科技情报，30（6）：90-93.

张林晔，孔祥星，张春荣，等，2003. 济阳坳陷下第三系优质烃源岩的发育及其意义［J］. 地球化学，32（1）：35-42.

张林晔，李政，朱日房，等，2008. 济阳坳陷古近系存在页岩气资源的可能性［J］. 天然气工业，28（12）：26-29.

张林晔，李政，李钜源，等，2012. 东营凹陷古近系泥页岩中存在可供开采的油气资源［J］. 天然气地球科学，23（1）：1-13.

张汝藩，1992. 扫描电镜在矿物变化研究中的应用——长石的黏土矿物转化［J］. 地质科学，（1）：66-70.

张维生，2015. 古沉积环境对烃源岩发育的影响——以川东南地区龙马溪组为例 [J]. 内蒙古石油化工，18（1）：141-143.

张卫东，郭敏，姜在兴，2011. 页岩气评价指标和方法 [J]. 天然气地球科学，22（6）：1093-1099.

张文正，杨华，傅锁堂，等，2007. 鄂尔多斯盆地长 91 湖相优质烃源岩的发育机制探讨 [J]. 中国科学 D 辑：地球科学，37（增刊）：33-38.

张文正，杨华，解丽琴，等，2010. 湖底热水活动及其对优质烃源岩发育的影响——以鄂尔多斯盆地长 7 烃源岩为例 [J]. 石油勘探与开发，37（4）：424-429.

张小龙，李艳芳，吕海刚，等，2013. 四川盆地志留系龙马溪组有机质特征与沉积环境的关系 [J]. 煤炭学报，38（5）：851-856.

张振晗，辛初波，2006. 沉积学研究的新进展与发展趋势 [J]. 山西建筑，32（6）：91-92.

张正顺，胡沛青，沈娟，等，2013. 四川盆地志留系龙马溪组页岩矿物组成与机质赋存状态 [J]. 煤炭学报，38（5）：766-771.

赵澄林，朱筱敏，2001. 沉积岩石学（第三版）[M]. 北京：石油工业出版社.

赵靖舟，方朝阳，张洁，等，2011. 由北美页岩勘探开发看我国页岩气选区评价 [J]. 西安石油大学学报（自然科学版），36（2）：1-7.

赵群，王红岩，刘人和，等，2008. 世界页岩气发展现状及我国勘探现状 [J]. 天然气技术，2（3）：11-14.

赵文智，邹才能，宋岩，等，1996. 石油地质理论与方法进展 [M]. 北京：石油工业出版社.

赵杏媛，陈洪起，1988. 我国含油盆地粘土矿物分布特征及控制因素 [J]. 石油学报，9（3）：28-37.

赵杏媛，何东博，2008. 黏土矿物分析及其在石油地质应用中的几个问题 [J]. 新疆石油地质，29（6）：756-758.

郑和荣，高波，彭勇民，等，2013. 中上扬子地区下志留统沉积演化与页岩气勘探方向 [J]. 古地理学报，15（5）：645-656.

郑荣才，尹世民，彭军，2000. 基准面旋回结构与叠加样式的沉积动力学分析 [J]. 沉积学报，18（3）：369-375.

郑荣才，彭军，吴朝容，2001. 陆相盆地基准面旋回的级次划分和研究意义 [J]. 沉积学报，19（2）：249-255.

郑荣才，彭军，2002. 陕北志丹三角洲长 6 油层组高分辨率层序分析与等时对比 [J]. 沉积学报，20（1）：92-100.

郑荣才，罗平，文其兵，等，2009. 川东北地区飞仙关组层序－岩相古地理特征和鲕滩预测 [J]. 沉积学报，27（1）：1-8.

郑荣才，周刚，董霞，等，2010. 龙门山甘溪组谢家湾段混积相和混积层序地层学特征 [J]. 沉积学报，18（1）：33-41.

郑荣才，李国晖，戴朝成，等，2012. 四川类前陆盆地盆：山耦合系统和沉积学响应 [J]. 地质报，86（1）：170-180.

郑瑞林，1986. 陕甘宁盆地煤系地层中石英砂岩成岩作用及其孔隙演化 [J]. 石油勘探与开发，（6）：31-40.

郑秀娟，鲍志东，冯增昭，2013. 21 世纪初十年中国古地理学发展概要 [J]. 矿物岩石地球化学通报，32（3）：301-309.

周洪瑞，梅冥相，罗志清，等，2006. 燕山地区新元古界青白口系沉积层序与地层格架研究 [J]. 地学前缘，13（6）：280-289.

周恩恩. 2015，中上扬子及其东南缘中奥陶世－早志留世沉积特征与岩相古地理演化 ［D］. 北京：中国地质科学院.

周明忠，罗泰义，黄智龙，等，2007. 钾质斑脱岩的研究进展 ［J］. 矿物学报，27 (3)：351-359.

周文，苏媛，王付斌，等，2011. 鄂尔多斯盆地富县区块中生界页岩气成藏条件与勘探方向 ［J］. 天然气工业，31 (2)：29-33.

周小琳，王剑，余谦，等，2012. 页岩气藏地质学特征研究新进展——来自 2011 年 AAPG 年会的信息 ［J］. 地质通报，31 (7)：1155-1163.

朱定伟，丁文龙，邓礼华，等，2012. 中扬子地区泥页岩发育特征与页岩气形成条件分析 ［J］. 特种油气藏，19 (1)：34-37.

朱华，姜文利，边瑞康，等，2009. 页岩气资源评价方法体系及其应用——以川西坳陷为例 ［J］. 天然气工业，29 (12)：130-134.

朱筱敏，杨俊生，张喜林，2004. 岩相古地理研究与油气勘探 ［J］. 古地理学报，6 (1)：102-108.

朱筱敏，2008. 沉积岩石学 ［M］. 北京：石油工业出版社.

朱筱敏，董艳蕾，杨俊生，等，2008. 辽东湾地区古近系层序地层格架与沉积体系分布 ［J］. 中国科学：地球科学，(S1)：4-13.

朱炎铭，陈尚斌，方俊华，等，2010. 四川地区志留系页岩气成藏的地质背景 ［J］. 煤炭学报，35 (7)：1160-1164.

邹才能，陶士振，朱如凯，等，2009. "连续型"气藏及其大气区形成机制与分布——以四川盆地上三叠统须家河组煤系大气区为例 ［J］. 石油勘探与开发，36 (3)：307-319.

邹才能，董大忠，王社教，等，2010a. 中国页岩气形成机理、地质特征及资源潜力 ［J］. 石油勘探与开发，37 (6)：641-653.

邹才能，李建忠，董大忠，等，2010b. 中国首次在页岩气储集层中发现丰富的纳米级孔隙 ［J］. 石油勘探与开发，37 (5)：插页.

邹才能，张光亚，陶士振，等，2010c. 全球油气勘探领域地质特征、重大发现及非常规石油地质 ［J］. 石油勘探与开发，37 (2)：129-145.

邹才能，董大忠，杨桦，等，2011a. 中国页岩气形成条件及勘探实践 ［J］. 天然气工业，31 (12)：26-39.

邹才能，陶士振，侯连华，等，2011b. 非常规油气地质（第二版）［M］. 北京：地质出版社.

邹才能，朱如凯，白斌，等，2011c，中国油气储层中纳米孔首次发现及其科学价值 ［J］. 岩石学报，27 (6)：1857-1864.

邹才能，杨智，陶士振，等，2012a. 纳米油气与源储共生型油气聚集 ［J］. 石油勘探与开发，39 (1)：13-26.

邹才能，朱如凯，吴松涛，等，2012b. 常规与非常规油气聚集类型、特征、机理及展望：以中国致密油和致密气为例 ［J］. 石油学报，33 (2)：173-187.

邹才能，杨智，崔景伟，等，2013a. 页岩油形成机制、地质特征及发展对策 ［J］. 石油勘探与开发，40 (1)：14-26.

邹才能，张国生，杨智，等，2013b. 非常规油气概念、特征、潜力及技术—兼论非常规油气地质学 ［J］. 石油勘探与开发，40 (4)：385-399.

左中航，杨飞，张操，等，2012. 川东南地区志留系龙马溪组页岩气有利区评价优选 ［J］. 化工矿产地质，34 (3)：135-142.

Abouelresh M O, Slatt R M, 2012. Lithofacies and sequence stratigraphy of the Barnett Shale in east-central Fort Worth Basin, Texas [J]. AAPG Bulletin, 96 (1): 12-22.

Algeo T J, Maynard J B, 2008. Trace-metal covariation as a guide to water-mass conditions in ancient anoxic marine environments [J]. Geosphere, 4 (5): 872-887.

Aplin A C, Macquaker J S H, 2011. Mudstone diversity: origin and implications for source, seal, and reservoir properties in petroleum systems [J]. AAPG Bulletin, 95 (12): 2031-2059.

Arthur M A, Dean W E, Stow D A V, 1984. Models for the deposition of Mesozoic-Cenozoic fine-grained organic-carbon-rich sediment in the deep sea [J]. Geological Society of London, 15 (1): 367-368.

Arthur M A, Sageman B B, 1994. Marine black shales: depositional mechanisms and environments of ancient deposits [J]. Earth and Planetary Sciences, (22): 499-551.

Bai B, Elgmati M, Zhang H, et al, 2013. Rock characterization of Fayetteville shale gas plays [J]. Fuel, 105: 645-652.

Barbera G, Critelli S, Mazzoleni P, 2011. Petrology and geochemistry of cretaceous sedimentary rocks of the Monte Soro Unit (Sicily, Italy): constraints on weathering, diagenesis, and provenance [J]. Journal of Geology, (119): 51-68.

Batzer D P, 2001. Wetland ecology: principles and conservation [J]. Freshwater Science, 20 (4): 683-685.

Beliveau D, 1993. "Honey, I shrunk the pores!" [J]. Journal of Canadian Petroleum Technology, 32 (8): 15-17.

Bennett R H, Bryant W R, Hulbert M H, et al, 1991a. Microstructure of Fine-Grained Sediments: From Mud to Shale [M]. Berlin: Springer-Verleg.

Bennett R H, O'Brien N R, Hulbert M H, 1991b. Determinants of Clay and Shale Microfabric Signatures: Processes and Mechanisms [M] // Microstructure of Fine-Grained Sediments, 5-32.

Berner R A, Raiswell R, 1983. Burial of organic carbon and pyrite sulfur in sediments over phanerozoic time: a new theory [J]. Geochimica Et Cosmochimica Acta, 47 (5): 855-862.

BjØrlykke K, Kaare H, 1997. Effects of burial diagenesis on stresses, compaction and fluid flow in sedimentary basins [J]. Marine and Petroleum Geology, 14 (3): 267-276.

Bohacs K M, 1998. Introduction: Mud rock sedimentology and stratigraphy—challenges at the basin to local scales [J] //J. Schieber, W. Zimmerle, P. Sethi. Shales and mudstones: Basin studies, sedimentology and paleontology: Stuttgart, Schweizerbart'sche Verlagsbuchhandlung. 1: 13-20.

Boles J R, Franks S G, 1979. Clay diagenesis in Wilcox Sandstones of SW Texas: implications of smectite diagenesis on sandstone cementation [J]. Journal of Sedimentary Petrology, 49 (1): 55-70.

Bowker K A, 2003. Recent development of the Barnett Shale play, Fort Worth Basin [J]. West Texas Geological Society Bulletin, 42 (6): 4-11.

Bowker K A, 2007. Barnett Shale gas production Fort Worth Basin: issues and discussion [J]. AAPG Bulletin, 91 (4): 523~533.

Boyer C, Clark B, Jochen V, et al, 2011. Shale gas: A global resource [J]. Oilfield Review, 23 (3): 28-37.

Bust V K, Majid A A, Oletu J U, et al, 2011. The petrophysics of shale gas reservoirs: Technical challenges and pragmatic solutions [J]. Petroleum Geoscience, 19 (1): 91-103.

Calvert S E, 1987. Oceanographic controls on the accumulation of organic matter in marine sediments [J]. Geological Society London Special Publications, 26 (1): 137-151.

Cander H, 2012. What is unconventional resources? [R]. Long Beach, California: AAPG Annual Convention and Exhibition.

Cappellen P V, Ingall E D, 1994. Benthic phosphorus regeneration, net primary production, and ocean anoxia: A model of the coupled marine biogeochemical cycles of carbon and phosphorus [J]. Paleoceanography, 9 (5): 677-692.

Cardott B J, 2012. Thermal maturity of Woodford Shale gas and oil plays, Oklahoma, USA [J]. International Journal of Coal Geology, (103): 109-119.

Castle J W, 2000. Recognition of Facies, Bounding Surfaces, and Stratigraphic Patterns in Foreland-Ramp Successions: An Example from the Upper Devonian, Appalachian Basin, U. S. A. [J]. Journal of Sedimentary Research, 70 (4): 896-912.

Chalmers G R L, Bustin R M, 2007. The organic matter distribution and methane capacity of the Lower Cretaceous strata of Northeastern British Columbia, Canada [J]. International Journal of Coal Geology, 70 (1): 223-239.

Chalmers G R L, Bustin R M, 2008a. Lower Cretaceous gas shales in northeastern British Columbia, Part I: geological controls on methane sorption capacity [J]. Bulletin of Canadian Petroleum Geology, 56 (1): 1-21.

Chalmers G R L, Bustin R M, 2008b. Lower Cretaceous gas shale in northern British Columbia, Part II: evaluation of regional potential gas resources [J]. Bulletin of Cnadian Petroleum Geology, 56 (1): 22-61.

Chalmers G R L, Bustin R M, Power I M, 2012a. Characterization of gas shale pore systems by porosimetry, pycnometry, surface area, and field emission scanning electron microscopy/transmission electron microscopy image analyses: examples from the Barnett, Woodford, Haynesville, Marcellus, and Doig units [J]. AAPG Bulletin, 96 (6): 1099-1119.

Chalmers G R L, Bustin R M, 2012b. Light volatile liquid and gas shale reservoir potential of the Cretaceous Shaftesbury Formation in northeastern British Columbia, Canada [J]. AAPG Bulletin, 96 (7): 1333-1367.

Chalmers G R L, Bustin R M, 2012c. Geological evaluation of Halfway-Doig-Montney hybrid gas shale-tight gas reservoir, northeastern British Columbia [J]. Marine & Petroleum Geology, 38 (1): 53-72.

Chen S, Zhu Y, Wang H, et al, 2011. Shale gas reservoir characterisation: A typical case in the southern Sichuan Basin of China [J]. Fuel & Energy Abstracts, 36 (11): 6609-6616.

Clarkson C R, Solano N, Bustin R M, et al, 2013. Pore structure characterization of North American shale gas reservoirs using USANS/SANS, gas adsorption, and mercury intrusion [J]. Fuel, 103 (1): 606-616.

Compston W, 2000. Interpretation of SHRIMP and isotope dilution zircon ages for the geological timescale: the early Ordovician and late Cambrian [J]. Mineralogical Magazine, 64 (1): 43-57.

Curtis J B, 2002. Fractured shale-gas systems [J]. AAPG Bulletin, 86 (11): 1921-1938.

Curtis J B, Hill D G, Lillis P G, 2008. Shale gas resources: classic and emerging plays, the resource pyramid and a perspective on future E&P [C]. San Antonio, Texas: AAPG Annual Convention.

Curtis M E, Sondergeld C H, Ambrose R J, et al, 2012. Microstructural investigation of gas shales in two and three dimensions using nanometer-scale resolution imaging [J]. AAPG Bulletin, 96 (4):

665-677.

Daniel J K, Marc R B, 2008. Characterizing the shale gas resource potential of Devonian-Mississippi-an strata in the Western Canada sedimentary basin: application of an integrated formation evaluation [J]. AAPG Bulletin, 92 (1): 87-125.

Daniel M J, Ronald J H, Tim E R, et al, 2007. Unconventional shale gas systems: The Mississippian Barnett shale of north-central Texas as one model for thermogenic shale-gas assessment [J]. AAPG Bulletin, 91 (4): 475-499.

Daoudi L, Rocha F, Ouajhain B, et al, 2008. Palaeoenvironmental significance of clay minerals in Upper Cenomanian-Turonian sediments of the Western High Atlas Basin (Morocco) [J]. Clay Minerals, 43 (4): 615-630.

Daoudi L, Ouajhain B, Rocha F, et al, 2010. Comparative influence of burial depth on the clay mineral assemblage of the Agadir-Essaouira basin (western High Atlas, Morocco) [J]. Clay Minerals, 45 (4): 453-467.

Dapples E C, Rominger J F, 1945. Orientation analysis of fine-grained clastic sediments: a report of progress [J]. Journal of Geology, 53 (4): 246-261.

Dellwig L F, 1955. Origin of the salina salt of Michigan [J]. Journal of Sedimentary Research, 25 (2): 83-110.

Dietz R S, 1961. Continent and ocean basin evolution by spreading of the sea floor [J]. Nature, 190 (7): 854-857.

Dill R F, Dietz R S, 1954. Stewart H. Deep-sea channels and delta of the Monterey submarine canyon [J]. Geological Society of America Bulletin, 65 (2): 191-194.

Dow W G, 1977. Kerogen studies and geological interpretations [J]. Journal of Geochemical Exploration, 7 (2): 79-99.

Egenhoff S, Fishman N, 2014. Traces in the dark——sedimentary processes and facies gradients in the Upper Devonian-Lower Mississippian Upper Shale Member of the Bakken Formation, Williston Basin, North Dakota, U. S. A. ——reply [J]. Journal of Sedimentary Research, 83 (9): 803-824.

Erbacher J, Huber B T, Norris R D, et al, 2001. Increased thermohaline stratification as a possible cause for an ocean anoxic event in the Cretaceous period [J]. Nature, 409 (6818): 325-327.

Folk R L, 1959. Practical petrographic classification of limestone [J]. AAPG Bulletin, 43 (1): 1-38.

Folk R L, 1962. Spectral subdivision of limestone types [J]. AAPG Special Volumes, 38 (1): 62-84.

Gaarenstroom L, Tromp R A J, Jong M C D, et al, 1993. Overpressures in the Central North Sea: Implications for trap integrity and drilling safety [M] // Petroleum Geology of Northwest Europe: Proceedings of the 4th Conference, 1305-1313.

Gault B, Stotts G, 2007. Improve shale gas production forecasts [J]. E & P, 80 (3): 85-87.

Giles J M, Soreghan M J, Benison K C, et al, 2013. Lakes, loess, and paleosols in the permian wellington formation of Oklahoma, U. S. A: implications for paleoclimate and paleogeography of the Midcontinent [J]. Journal of Sedimentary Research, 83 (10): 825-846.

Guo T L, 2013. Evaluation of Highly Thermally Mature Shale-Gas Reservoirs in Complex Structural Parts of the Sichuan Basin [J]. Journal of Earth Science, 1 (24): 863-873.

Hackley P C, 2012. Geological and geochemical characterization of the Lower Cretaceous Pearsall Formation, Maverick Basin, south Texas: a future shale gas resource? [J]. AAPG Bulletin, 96 (8):

1449-1482.

Hammes U, Hamlin H S, Ewing T E, 2011. Geologic analysis of the Upper Jurassic Haynesville Shale in east Texas and west Louisiana [J]. AAPG Bulletin, 95 (10): 1643-1666.

Hao F, Chen J, 1992. The cause and mechanism of vitrinite reflection anomalies [J]. Journal of Petroleum Geology, 15 (4): 419-434.

Hao F, Guo T L, Zhu Y M, et al, 2008. Evidence for multiple stages of oil cracking and thermochemical sulfate reduction in the Puguang gas field, Sichuan basin, China [J]. AAPG Bulletin, 92 (5): 611-637.

Hao F, Zou H Y, Lu Y C, 2013. Mechanisms of shale gasstorage: implications for shalegas exploration in China [J]. AAPG Bulletin, 97 (8): 1325-1346.

Harris N B, 2011. Expression of Sea Level Cycles in a Black Shale: Woodford Shale, Permian Basin [C]. Abstracts Volume of AAPG AnnualConvention and Exhibition.

Hemmesch N T, Harris N B, Mnich C A, et al, 2014. A sequence-stratigraphic framework for the Upper Devonian Woodford Shale, Permian Basin, west Texas [J]. AAPG Bulletin, 98 (1): 23-47.

Henry J D, 1982. Stratigraphy of the Barnett Shale (Mississippian) and Associated Reefs in the Northern Fort Worth Basin [M]. Dallas: Dallas Geological Society.

Hickey J J, Henk B, 2007. Lithofacies summary of the Mississippian Barnett Shale, Mitchell 2 T. P. Sims well, Wise County, Texas [J]. AAPG Bulletin, 91 (4): 437-443.

Hill D G, Nelson C R, 2000a. Gas productive fractured shales: an overview and update [J]. Gas TIPS, 6 (2): 4-13.

Hill D G, Nelson C R, 2000b. Reservoir properties of the Upper Cretaceous Lewis Shale, a new natural gas play in the San Juan Basin. AAPG Bulletin, 84 (8): 1240.

Hill R J, Jarvie D M, Zumberge J, et al, 2007a. Oil and gas geochemistry and petroleum systems of the Fort Worth Basin [J]. AAPG Bulletin, 91 (4): 445-473.

Hill R J, Zhang E, Katz B J, et al, 2007b. Modeling of gas generation from the Barnett Shale, Fort Worth Basin, Texas [J]. AAPG Bulletin, 91 (4): 501-521.

Huang J Z, Chen J J, Song J R, et al, 1997. Hydrocarbon source systems and formation of gas fields in Sichuan Basin [J]. Science China Earth Sciences, 40 (1): 32-42.

Hunt J M, 1996. Petroleum geolgoy and geochemistry [M]. San Fransisco: Freeman Company.

IUPAC (International Union of Pure and Applied Chemistry), 1994. Physical chemistry division commission on colloid and surface chemistry, subcommittee on characterization of porous soild (technical report) [J]. Pure and Applied Chemistry, 66 (8): 1739-1758.

Hsieh C Y, 1948. Palaeogeography as a guide to mineral exploration [J]. Bulletin of the Geological Society of China, 28 (Z1): 1-12.

Jarvie D M, 1991. Total organic carbon (TOC) analysis, in R. K. Merrill, ed., Source and migration processes and evaluation techniques: AAPG Treatise of Petroleum Geology [J]. Handbook of Petroleum Geology, (37): 113-118.

Jarvie D M, Hill R J, Pollastro R M, 2005a. Assessment of the gas potential and yields from shales: the Barnett shale model [J] //Cardott B J. Unconventional energy resources in the southern Midcontinent. Oklahoma: Norman Oklahoma University Press, 37-50.

Jarvis D M, Hill R J, Plastron R M, 2005b. Assessment of the gas potential and yields from shale's: The

Barnett Shale model [C] //Unconventional Energy Resources in the Southern-Midcontinent，2004 Symposium. Oklahoma Geological Survey Circular，110：34.

Jarvie D M，Hill R J，Ruble T E，et al，2007. Unconventional shale-gas system：The Mississippian Barnett Shale of north-central Texas as one model for thermogenic shale-gas assessment [J]. AAPG Bulletin，91（4）：475-499.

Jenkins C D，Boyer C M，2008. Coalbed- and shale-gas reservoirs. Distinguished Author Series. Journal of Petroleum Technology [J]. February Issue，103（514）：92-99.

Jeong G Y，Yoon H I，2001. The origin of clay minerals in soils of King George Island，South Shetland Islands，West Antarctica，and it's implications for the clay-mineral compositions of marine sediments [J]. Journal of Sedimentary Research，71（5）：833-842.

Jones K P N，Mccave I N，Patel D，1988. A computer-interfaced sedigraph for modal size analysis of fine-grained sediment [J]. Sedimentology，35（1）：163-172.

Kamp P C，2008. Smectite-liiete-muscoveite transformations，quarzt dissolution，and silica release in shales [J]. Clays and Clay Minerals，56（1）：66-81.

Keller L M，Holzer L，Wepf R，et al，2011. 3D geometry and topology of pore pathways in Opalinus clay：implications for mass transport [J]. Applied Clay Science，52（1）：85-95.

Khormali，Abtahi A，2009. Origin and distribution of clay minerals in calcareous arid and semi-arid soils of Fars Province，southern Iran [J]. Clay Minerals，38（4）：511-527.

Kinley T J，Cook L W，Breyer J A，et al，2008. Hydrocarbon potential of the Barnett Shale (Mississippian)，Delaware Basin，west Texas and southeastern New Mexico [J]. AAPG Bulletin，92（8）：967-991.

Kranck K，2011. Experiments on the significance of flocculation in the settling of fin [J]. Canadian Journal of Earth Sciences，17（11）：1517-1526.

Kuenen P H，1951. Properties of turbidity currents of high density [J]. Society of Economic Paleontologists and Mineralogists，（2）：14-33.

Laughrey C D，Lemmens H，Ruble T E，et al，2011. Black shale diagenesis：insights from integrated high-definition analyses of Post-Mature Marcellus Formation Rocks，Northeastern Pennsylvania [C]. Abstracts Volume of AAPG Annual Convention and Exhibition，10-13.

Leckie D A，Singh C，Goodarzi F，et al，1991. Organic-rich，radioactive marine shale：a case study of a Shallow-Water Condensed Section，Cretaceous Shaftesbury Formation，Alberta，Canada [J]. Aapg Bulletin，75（1）：101-117.

Lehmann D，Brett C E，Cole R，et al，1995. Distal sedimentation in a peripheral foreland basin：Ordovician black shales and associated flysch of the western Taconic foreland，New York State and Ontario [J]. Geological Society of America Bulletin，107（6）：708-724.

Lick W，1982. Entrainment，deposition，and transport of fine-grained sediments in lakes [J]. Hydrobiologia，20（1）：599-612.

Loucks G R，Bustin M R，Power I M，2012. Characterization of gas shale pore systems by porosimetry，pycnonmetry，surface area，and field emission scanning electron microscopy/transmission electron microscope image analyses：examples from the Barnett，Woodford，Haynesville，Marcellus and Doig units [J]. AAPG Bulletin，96（6）：1099-1119.

Loucks R G，Reed R M，Ruppel S C，et al，2009. Morphology，genesis，and distribution of Nanometer-

Scale Pores in Siliceous Mudstones of the Mississippian Barnett Shale [J]. Journal of Sedimentary Research, 79 (12): 848-861.

Loucks R G, Ruppel S C, 2007. Mississippian Barnett Shale: lithofacies and depositional setting of a deep-water shale-gas succession in the Fort Worth Basin, Texas [J]. AAPG Bulletin, 91 (4): 579-601.

Loydell D K, 1998. Early Silurian sea-level changes [J]. Geological Magazine, 135: 447-471.

Lüning S, Shahin Y M, Loydell D, et al, 2005. Anatomy of a world-class source rock: distribution and depositional model of Silurian organic-rich shales in Jordan and implications for hydrocarbon potential [J]. AAPG Bulletin, 89 (10): 1397-1427.

Macquaker J H S, Adams A E, 2003. Maximizing information from Fine-Grained Sedimentary Rocks: an inclusive nomenclature for mudstones [J]. Journal of Sedimentary Research, 73 (5): 735-744.

Macquaker J H S, Keller M A, Davies S J, 2010. Algal blooms and "marine snow": mechanisms that enhance preservation of organic carbon in ancient fine-grained sediments [J]. Journal of Sedimentary Research, 80 (11): 934-942.

Mahlstedt N, Horsfield B, 2012. Metagenetic methane generation in gas shales I. Screening protocols using immature samples [J]. Marine & Petroleum Geology, 31 (1): 27-42.

Martineau D F, 2001. Newark East, Barnett Shale field, Wise and Denton counties, Texas; Barnett Shale frac-gradient variances (abs.): AAPG Southwest Section Meeting, March 1~4, 2003, Fort Worth, Texas, http://www.searchanddiscovery.com/document s/abstracts/southwest/index.htm.

Martineau D F, 2007. History of the Newark East Field and the Barnett Shale as a gas reservoir [J]. AAPG Bulletin, 91 (4): 399-403.

Martini A M, Walter L M, Mcintosh J C, 1980. Identification of mi-crobial and thermogenic gas components from Upper Devonianblack shale cores, Illinois and Michigan basins [J]. Journal of Sedimentary Research, 50 (1): 77-81.

Martini A M, Walter L M, Budai J M, et al, 1998. Genetic and temporal relations between formation waters and biogenic methane: Upper Devonian Antrim Shale, Michigan Basin, USA [J]. Geochimica Et Cosmochimica Acta, 62 (10): 1699-1720.

Martini A M, Walter L M, Ku T C W, et al, 2003. Microbial production and modification of gases in sedimentary basins: a geochemical case study from a Devonian shale gas play, Michigan basin [J]. AAPG Bulletin, 87 (8): 1355-1375.

Mastalerz M, Schimmelmann A, Drobniak A, et al, 2013. Porosity of Devonian and Mississippian New Albany Shale across a maturation gradient: insights from organic petrology, gas adsorption, and mercury intrusion [J]. AAPG Bulletin, 97 (10): 1621-1643.

Mccave I N, 1970. Deposition of Fine-grained Sediment from tidal currents [J]. Journal of Geophysical Research Atmospheres, 75 (21): 4151-4159.

Mccave I N, Swift S A, 1976. A physical model for the rate of deposition of fine-grained sediments in the deep sea [J]. Geological Society of America Bulletin, 87 (4): 541-546.

Mccave I N, 1984. Mechanics of deposition of fine-grained sediments from nepheloid layers [J]. Geo-Marine Letters, 4 (3): 243-245.

Mcintosh J C, Walter L M, Martini A M, 2004. Extensive microbial modification of formation water geochemistry: Case study from a Midcontinent sedimentary basin, United States [J]. Geological Society of America Bulletin, 116 (5): 743-759.

Merriman R J, 2005. Clay minerals and sedimentary basin history [J]. European Journal of Mineralogy, 17 (1): 7-20.

Meyer R F, Attanasi E D. Heavy oil and natural bitumen-strategic petroleum resources [J]. Proceedings of the National Academy of Sciences of the United States of America, 1997, 94 (23): 12331-6.

Milici R C, Swezey C S, 2006. Assessment of Appalachian Basin oil and gas resources: Devonian Shale-Middle and Upper Paleozoic Total Petroleum System [J]. Center for Integrated Data Analytics Wisconsin Science Center, 1237: 1-70.

Milliken K L, Esch W L, Reed R M, et al, 2012. Grain assemblages and strong diagenetic overprinting in siliceous mudrocks, Barnett Shale (Mississippian), Fort Worth Basin, Texas [J]. AAPG Bulletin, 96 (8): 1553-1578.

Mitsch W, Gosselink J. Wetlands (Third edition) [M]. New York : John Wiley & Sons Inc.

Modica C J, Lapierre S G, 2012. Estimation of kerogen porosity in source rocks as a function of thermal transformation: example from the Mowry Shale in the Powder River Basin of Wyoming [J]. AAPG Bulletin, 96 (1): 87-108.

Montgomery S L, Jarvie D M, Bowker K A, et al, 2005. Mississippian Barnett Shale, Fort Worth basin, north-central Texas: Gas-shale play with multi-trillion cubic foot potential [J]. AAPG Bulletin, 89 (2): 155-175.

Nelson P H, Batzle M L, 2006. Single-phase permeability, in J. Fanchi, ed. , Petroleum engineering handbook, Volume I: general engineering: Richardson, Texas, Society of Petroleum Engineers [J]. 1: 687~726.

Nelson R A, 1985. Geologic Aanalysis of Naturally Fractured Reservoirs: Contributions in Petroleum Geology and Engineering [M]. Houston: Gulf Publishing Company.

Niu B, 2000. Smectite diagenesis in Neogene Marine Sandstone and Mudstone of the Niigata Basin, Japan [J]. Clays & Clay Minerals, 48 (1): 26-42.

O'Brien N R, Slatt R M, 1990. Argillaceous Rock Atlas [M]. New York: Springer- Verlag.

Papazis P K, 2005. Petrographic characterization of the Barnettshale, Fort Worth Basin, Texas [D/CD]. Austin, Texas: University of Texas at Austin, CD-ROM (SW0015).

Papazis P K, 2010. Petrologic characterization of processes control-ling fracture evolution in the Barnett shale and their financial implications, Fort Worth Basin, Texas [EB/OL]. http: // www. geo. utexas. edu/scientist/milliken/barnettshale. htm.

Passey Q R, Bohacs K M, Esch W L, et al, 2010. From oil-prone source rock to gas-producing shale reservoir-geologic and petrophy characterization of unconventional shale gas reservoir [J]. International Oil and Gas Conference.

Pedersen T F, Calvert S E, 1990. Anoxia vs. productivity: what controls the formation of organic-carbon-rich sediments and sedimentary rocks? [J]. AAPG Bulletin, 74 (4): 454-466.

Peters K E, 1986. Guidelines for evaluating petroleum source rock using programmed pyrolysis [J]. AAP Bulletin, 70 (3): 318-329.

Piasecki S, Christiansen F G, Stemmerik L, 1990. Depositional history of an Upper Carboniferous organic-rich lacustrine shale from East Greenland [J]. Bulletin of Canadian Petroleum Geology, 38 (3): 273-287.

Picard M D, 1971. Classification of fine-grained sedimentary rocks [J]. Journal of Sedimentary Research,

41 (1): 179-195.

Pollastro R M, Jarvie D M, Hill R J, et al, 2007. Geologic framework of the Mississippian Barnett Shale, Barnett-Paleozoic total petroleum system, Bend arch-Fort Worth Basin, Texas [J]. Aapg Bulletin, 91 (4): 405-436.

Radczewski O E, 1939. Eolian deposits in marine sediments, Part 6: special features of sediments [J]. AAPG Special Volumes, (142): 496-502.

Rahm D, 2011. Regulating hydraulic fracturing in shale gas plays: The case of Texas [J]. Energy Policy, 39 (5): 2974-2981.

Ray B, 1996. Play UDs: Upper Devonian Black Shaless (in the Atlas of Major Appalachian Gas Plays) [M]. USA: West Virginia Geological and Economic Survey, 93-99.

Reed R M, Loucks R G, 2007. Imaging nanoscale pores in the Mississippian Barnett Shale of the northern Fort Worth Basin [J]. AAPG Annual Convention Abstracts, (16): 115.

Rimmer S M, Thompson J A, Goodnight S A, et al, 2004. Multiple controls on the preservation of organic matter in Devonian-Mississippian marine black shales: geochemical and petrographic evidence [J]. Palaeogeography Palaeoclimatology Palaeoecology, 215 (1): 125-154.

Rippen D, Littke R, Bruns B, et al, 2013. Organic geochemistry and petrography of Lower Cretaceous Wealden black shales of the Lower Saxony Basin: the transition from lacustrine oil shales to gas shales [J]. Organic Geochemistry, 63 (63): 18-36.

Romero A M, Philp R P, 2012. Organic geochemistry of the Woodford Shale, southeastern Oklahoma: how variable can shales be? [J]. AAPG Bulletin, 96 (3): 493-517.

Ross D J K, Bustin R M, 2003. Shale gas potential of the Lower Ju-rassic Gordondale Member, northeastern British Columbia, Canada [J]. AAPG Bulletin, 87 (8): 1355-1375.

Ross D J K, Bustin R M, 2007. Shale gas potential of the Lower Jurassic Gordondale Member, northeastern British Columbia, Canada [J]. Bulletin of Canadian Petroleum Geology, 55 (1): 51-75.

Ross D J K, Bustin R M, 2008. Characterizing the shale gas resource potential of Devonian-Mississippian strata in the Western Canada sedimentary basin: application of an integrated formation evaluation [J]. AAPG Bulletin, 92 (1): 87-125.

Ross D J K, Bustin R M, 2009. The importance of shale composition and pore structure upon gas storage potential of shale gas reservoirs [J]. Marine & Petroleum Geology, 26 (6): 916-927.

Schettler P D, Parmoly C R, 1990. The measurement of gas desorption isotherms for Devonian shale [J]. GRI Devonian Gas Shale Technology Review, (7): 4-9.

Schieber J, Zimmerle W, 1998. The history and promise of shale research [J] //Schieber J, Zimmerle W, Sethi P. Shales and Mudstones (V01. 1): Basin Studies, Sedimentology and Paleontology. Stuttgart: Schweizerbart'sche Verlagsbuchhandlung: 1-10.

Schlanger S O, Jenkyns H C, Premoli-Silva I, 1981. Volcanism and vertical tectonics in the Pacific Basin related to global Cretaceous transgressions [J]. Earth and Planetary Science Letters, 52 (2): 435-449.

Schmoker J W, 1989. Thermal Maturity of the Anadarko Basin [M] //Johnson D G. Anadarko Basin Symposium, 1988. Oklahoma : Geological Survey Circular, 90: 25-31.

Schmoker J W, 1995. Method for assessing continuous-type (unconven-tional) hydrocarbon accumulations [M/CD] //Gautier D L, Dolton G L, Takahashi K I, et al. US Geological Survey Digital Data Series

DDS-30: National assessment of United States oil and gas resources. Tulsa: USGS.

Schmoker J W, 2002. Resource-assessment perspectives for unconventional gas systems [J]. Aapg Bulletin, 86 (11): 1993-1999.

Schmoker J W, 2005. U. S. Geological Survey Assessment Concepts for Continuous Petroleum Accumulations [J]. Us Geological Survey.

Schubel J R, Kana T W, 1972. Agglomeration of fine-grained suspended sediment in Northern Chesapeake Bay [J]. Powder Technology, 6 (1): 9-16.

Shirley K, 2001. Shale gas exciting again [J]. AAPG Explorer, 22 (3): 24-25.

Simons D B, Richardson E V, 1962. The Effect of Bed Roughness on Depth-discharge Relations in Alluvial Channels [M]. US Government Printing Office.

Slatt R M, Abousleiman Y, 2011. Merging sequence stratigraphy and geomechanics for unconventional gas shales [J]. Leading Edge, 30 (3): 274-282.

Slatt R M, O'Brien N R, 2011. Pore types in the Barnett and Woodford gas shales: contribution to understanding gas storage and migration pathways in fine-grained rocks [J]. Aapg Bulletin, 95 (12): 2017-2030.

Slatt R M, Rodriguez N D, 2012. Comparative sequence stratigraphy and organic geochemistry of gas shales: commonality or coincidence? [J]. Journal of Natural Gas Science & Engineering, (8): 68-84.

Smith J T, Ehrenberg S N, 1989. Correlation of carbon dioxide abundance with temperature in clastic hydrocarbon reservoirs: relationship to inorganic chemical equilibrium [J]. Marine & Petroleum Geology, 6 (2): 129-135.

Spears D A, Lundegard P D, Samuels N D, 1981. Field classification of fine-grained sedimentary rocks; discussion and reply [J]. Journal of Sedimentary Research, 51 (3): 1031-1033.

Stow D A V, Bowen A J, 1980. A physical model for the transport and sorting of fine-grained sediment by turbidity currents [J]. Sedimentology, 27 (1): 31-46.

Stow D A V, Piper D J W, 1984. Deep-water fine-grained sediments: facies models [J]. Geological Society London Special Publications, 15 (1): 611-646.

Stow D A V, Tabrez A R, 1998. Hemipelagites: processes, facies and model [J]. Geological Society London Special Publications, 129 (1): 317-337.

Stow D A V, Huc A Y, Bertrand P, 2001. Depositional processes of black shales in deep water [J]. Marine & Petroleum Geology, 18 (4): 491-498.

Straaten L M J U V, Kuenen P L H, 1958. Tidal action as a cause of clay accumulation [J]. Journal of Sedimentary Research, 28 (4): 406-413.

Su W B, He L Q, Gong S X, et al, 2003. K-bentonite beds and high-resolution integrated strati-graphy of the uppermost Ordovician Wufeng and the lowest Silurian Longmaxi formations in South China [J]. Science China Earth Sciences, 46 (11): 1121-1133.

Sullwold H H, 1960. Tarzana fan, deep submarine fan of late Miocene age, Los Angeles County, California [J]. Aapg Bulletin, (4): 433-457.

Survey Digital Data Series DDS-69-D, 2005. Petroleum systems and geologic assessment of oil and gas in the southwestern Wyoming Province, Wyoming, Colorado, and Utah. Tulsa: USGS: 1-9.

Swanson V E, 1961. Geology and geochemidtry of uranium in marine black shales, a review [J]. U. S. Geol. Surv. Prof, 356-C: 67-112.

Thyberg B, Jahren J, 2011. Quartz cementation in mudstones: sheet-like quartz cement from clay mineral reactions during burial [J]. Petroleum Geoscience, 17 (1): 53-63.

USGS, 2013. World petroleum assessment [EB/OL]. http: // pubs. usgs. gov/dds/dds-060.

Vail P R, Mitchum R M, Thompson S, 1977. Seismic stratigraphy-applications to hydrocarbon exploration [J]. AAPG Memoir, (26): 49-212.

Vail P R, Posamentier H W, 1988. Principles of Sequence Stratigraphy [J]. CSPG Special Publications, (15): 572-572.

Webb J B, 1951. Geological history of plains of western Canada [J]. AAPG Bulletin, 35 (11): 2291-2315.

Wheeler B D, Proctor M C F, 2000. Ecological gradients, subdivisions and terminology of north-west European mires [J]. Journal of Ecology, 88 (2): 187-203.

Wignall P B, 1991. Model for transgressive black shales? [J]. Geology, 19 (2): 167-170.

Wignall P B, Maynard J R, 1993. The sequence sratigraphy of transgressive black shales [C] // Katz B J, Pratt L M, eds. Source Rocks in a Sequencestratigraphy Framwork. AAPG Stud. Geol, 37: 35-47.

Wijsman J W M, Herman P M J, Middelburg J J, et al, 2002. A model for early diagenetic processes in sediments of the Continental Shelf of the Black Sea [J]. Estuarine Coastal & Shelf Science, 54 (3): 403-421.

Yong I L, Dong H L, 2008. Sandstone diagenesis of the Lower Cretaceous Sindong Group, Gyeongsang Basin, southeastern Korea: Implications for compositional and paleoenvironmental controls [J]. Island Arc, 17 (1): 152-171.

Zhang T, Ellis G S, Ruppel S C, et al, 2012. Effect of organic-matter type and thermal maturity on methane adsorption in shale-gas systems [J]. Organic Geochemistry, 47 (6): 120-131.